一般共通事項

電力設備工事

受変電設備工事

静止形電源設備工事

通信・情報設備工事

無線機器設置工事

情報処理機器設置工事

無線用鉄塔

付録

航空無線工事共通仕様書

平成25年版

国土交通省航空局 監修

編集／一般財団法人 航空保安無線システム協会
発行／一般財団法人 経済調査会

はじめに

　航空機の安全かつ効率的な運航を行ううえで、航空無線施設（通信・航行援助・管制の各施設）の重要性はますます大きな役割を担っております。

　近年、航空無線工事を含む公共工事は、その社会的な要請として、安全対策の充実・地球環境への配慮・資源の有効活用等が求められる中、新素材の開発および新技術活用の促進により、諸施設の整備についてもより一層の安全性と信頼性が求められております。

　このような時代背景の中、今回、平成15年に発行してから10年を経過した「航空無線工事共通仕様書」の改訂を行うことといたしました。

　改訂の主な内容は、平成23年7月に電気設備の技術基準の解釈の改正（経済産業省）が行われたことに伴い、航空無線工事に共通する技術基準の解釈の全面改正を行うと共に、新しい航空保安無線システムの導入について全面的に改訂いたしました。

　改訂作業にあたりましては、国土交通省航空局、航空無線工事関係のコンサルタント会社、航空管制システム等製造会社、ならびに工事施工関係者等から構成いたしました「航空無線工事共通仕様書検討委員会」を設置し、各委員からの貴重なご意見、ご指摘を参考にしつつ、本書に取りまとめました。

　本書の編集にあたってご協力をいただいた各委員および関係各位に感謝を申し上げます。

平成26年3月

　　　　　　　　　　　　　　　一般財団法人航空保安無線システム協会

目　次

第1編　一般共通事項

第1章　一般事項

第1節　総　　則　　1-1-1
- 1.1.1　共通仕様書の適用範囲　1-1-1
- 1.1.2　用語の定義　1-1-1
- 1.1.3　同等規格の使用　1-1-2
- 1.1.4　計量単位　1-1-2
- 1.1.5　ＳＩ単位　1-1-2
- 1.1.6　契約書類の相互補完　1-1-2
- 1.1.7　監督職員の権限の行使　1-1-2
- 1.1.8　受注者の責任および義務　1-1-2
- 1.1.9　協調および協力義務　1-1-3
- 1.1.10　受注者の異議申立書の提出　1-1-3
- 1.1.11　官公署その他への手続き　1-1-3
- 1.1.12　工事実績情報の提出　1-1-3
- 1.1.13　低入札価格調査制度調査対象工事　1-1-3
- 1.1.14　提出書類の様式　1-1-4
- 1.1.15　工事の開始　1-1-4
- 1.1.16　工事の一時中止、工期の変更および請負代金額の変更　1-1-4
- 1.1.17　現場発生品　1-1-4
- 1.1.18　支給材料（官給材料）および貸与品　1-1-5
- 1.1.19　数量の検測　1-1-5
- 1.1.20　工事の測量　1-1-5
- 1.1.21　空港用地の使用　1-1-5
- 1.1.22　諸法規の遵守　1-1-5

第2節　工事現場管理　1-1-6
- 1.2.1　現場代理人および監理（主任）技術者等　1-1-6
- 1.2.2　電気保安技術者　1-1-6
- 1.2.3　施工時間等　1-1-6
- 1.2.4　工事現場の安全衛生管理および電気保安管理　1-1-6
- 1.2.5　建設副産物処理　1-1-7
- 1.2.6　環境保全　1-1-8
- 1.2.7　文化財の保護　1-1-8
- 1.2.8　災害時の安全確保　1-1-8
- 1.2.9　保険の付保　1-1-8
- 1.2.10　作業報告　1-1-8
- 1.2.11　作業時間帯　1-1-9
- 1.2.12　養　　生　1-1-9
- 1.2.13　測定器等の用意　1-1-9
- 1.2.14　特許・意匠登録等の処理　1-1-9
- 1.2.15　後片付け　1-1-9

第3節　工程表、施工計画書その他　1-1-9
- 1.3.1　実施工程表　1-1-9
- 1.3.2　施工計画書　1-1-9
- 1.3.3　施工体制台帳および施工体系図の作成　1-1-10
- 1.3.4　製作図・施工図・見本その他　1-1-10
- 1.3.5　色の指示　1-1-11
- 1.3.6　作業員への指示　1-1-11

第4節　機器および材料　1-1-11
- 1.4.1　使用材料　1-1-11
- 1.4.2　機材搬入の報告　1-1-11
- 1.4.3　機材の検査　1-1-11
- 1.4.4　機材検査に伴う試験　1-1-11
- 1.4.5　機材の保管　1-1-12

第5節　施　　工　1-1-12
- 1.5.1　施　　工　1-1-12
- 1.5.2　施工管理　1-1-12
- 1.5.3　安全管理　1-1-12
- 1.5.4　工事検査　1-1-13
- 1.5.5　工法等の提案　1-1-14

第6節　制限区域内における施工 1-1-14
　1.6.1　制限区域内への立入りに必要な諸手続き 1-1-14
　1.6.2　制限区域内の施工 1-1-14
　1.6.3　安全管理 1-1-14

第7節　記録 1-1-14
　1.7.1　指示および協議事項の記録 1-1-14
　1.7.2　施工状況の記録 1-1-14
　1.7.3　完成図その他 1-1-14

第8節　工事検査および技術検査 1-1-15
　1.8.1　工事検査 1-1-15
　1.8.2　技術検査 1-1-15

第2章　共通工事

第1節　仮設工事 1-2-1
　2.1.1　一般事項 1-2-1
　　2.1.1.1　適用範囲 1-2-1
　　2.1.1.2　仮設材料 1-2-1
　2.1.2　縄張り、遣り方、足場その他 1-2-1
　　2.1.2.1　敷地の状況確認および縄張り 1-2-1
　　2.1.2.2　ベンチマーク 1-2-1
　　2.1.2.3　遣り方 1-2-1
　　2.1.2.4　足場その他 1-2-1
　2.1.3　仮設物 1-2-2
　　2.1.3.1　監督職員事務所、受注者事務所等 1-2-2
　　2.1.3.2　危険物貯蔵所 1-2-2
　　2.1.3.3　材料置場、下小屋 1-2-2
　2.1.4　仮設物撤去その他 1-2-2

第2節　土工事 1-2-2
　2.2.1　一般事項 1-2-2
　　2.2.1.1　適用範囲 1-2-2
　　2.2.1.2　基本要求品質 1-2-2
　　2.2.1.3　災害および公害の防止 1-2-2
　2.2.2　根切りおよび埋戻し 1-2-3
　　2.2.2.1　根切り 1-2-3
　　2.2.2.2　排水 1-2-3
　　2.2.2.3　埋戻しおよび盛土 1-2-3
　　2.2.2.4　地均し 1-2-3
　　2.2.2.5　建設発生土の処理 1-2-4
　2.2.3　山留め 1-2-4
　　2.2.3.1　山留めの設置 1-2-4
　　2.2.3.2　山留めの管理 1-2-4
　　2.2.3.3　山留めの撤去 1-2-4

第3節　地業工事 1-2-4
　2.3.1　一般事項 1-2-4
　　2.3.1.1　適用範囲 1-2-4
　　2.3.1.2　基本要求品質 1-2-4
　　2.3.1.3　施工一般 1-2-4
　　2.3.1.4　施工中の安全確保および環境保全 1-2-5
　2.3.2　試験および報告書 1-2-5
　　2.3.2.1　一般事項 1-2-5
　　2.3.2.2　試験杭 1-2-6
　　2.3.2.3　杭の載荷試験 1-2-6
　　2.3.2.4　地盤の載荷試験 1-2-6
　　2.3.2.5　報告書等 1-2-6
　2.3.3　既製コンクリート杭地業 1-2-6
　　2.3.3.1　適用範囲 1-2-6
　　2.3.3.2　材料 1-2-6
　　2.3.3.3　打込み工法 1-2-7
　　2.3.3.4　セメントミルク工法 1-2-8
　　2.3.3.5　特定埋込杭工法 1-2-10
　　2.3.3.6　継手 1-2-10
　　2.3.3.7　杭頭の処理 1-2-11
　　2.3.3.8　施工記録 1-2-11
　2.3.4　鋼杭地業 1-2-11
　　2.3.4.1　適用範囲 1-2-11
　　2.3.4.2　材料 1-2-11
　　2.3.4.3　工法 1-2-12
　　2.3.4.4　継手 1-2-12
　　2.3.4.5　杭頭の処理 1-2-14
　　2.3.4.6　施工記録 1-2-14
　2.3.5　場所打ちコンクリート杭地業 1-2-14
　　2.3.5.1　適用範囲 1-2-14
　　2.3.5.2　施工管理技術者 1-2-14

2.3.5.3	材料その他	1-2-14
2.3.5.4	アースドリル工法、リバース工法およびオールケーシング工法	1-2-18
2.3.5.5	場所打ち鋼管コンクリート杭工法および拡底杭工法	1-2-19
2.3.5.6	杭頭の処理	1-2-19
2.3.5.7	施工記録	1-2-19
2.3.6	砂利、砂、割り石および捨てコンクリート地業等	1-2-19
2.3.6.1	適用範囲	1-2-19
2.3.6.2	材料	1-2-19
2.3.6.3	砂利および砂地業	1-2-19
2.3.6.4	割り石地業	1-2-20
2.3.6.5	捨てコンクリート地業	1-2-20
2.3.6.6	床下防湿層	1-2-20
2.3.6.7	施工記録	1-2-20
2.3.7	無筋コンクリート	1-2-20
2.3.7.1	一般事項	1-2-20
2.3.7.2	材料	1-2-20
2.3.7.3	品質	1-2-21

第4節 鉄筋工事 …… 1-2-21

2.4.1	一般事項	1-2-21
2.4.1.1	適用範囲	1-2-21
2.4.1.2	基本要求品質	1-2-21
2.4.1.3	配筋検査	1-2-21
2.4.2	材料	1-2-21
2.4.2.1	鉄筋	1-2-21
2.4.2.2	溶接金網	1-2-21
2.4.2.3	材料試験	1-2-21
2.4.3	加工および組立て	1-2-22
2.4.3.1	一般事項	1-2-22
2.4.3.2	加工	1-2-22
2.4.3.3	組立て	1-2-23
2.4.3.4	継手および定着	1-2-24
2.4.3.5	鉄筋のかぶり厚さおよび間隔	1-2-26
2.4.3.6	鉄筋の保護	1-2-27
2.4.3.7	各部配筋	1-2-27
2.4.4	ガス圧接	1-2-27
2.4.4.1	適用範囲	1-2-27
2.4.4.2	技能資格者	1-2-28
2.4.4.3	圧接部の品質	1-2-28

2.4.4.4	圧接一般	1-2-28
2.4.4.5	鉄筋の加工	1-2-28
2.4.4.6	圧接端面	1-2-28
2.4.4.7	天候による処置	1-2-28
2.4.4.8	圧接作業	1-2-28
2.4.4.9	圧接完了後の試験	1-2-29
2.4.4.10	不合格となった圧接部の修正	1-2-29

第5節 コンクリート工事 …… 1-2-30

2.5.1	一般事項	1-2-30
2.5.2	コンクリートの材料	1-2-30
2.5.3	コンクリートの調合	1-2-30
2.5.4	コンクリートの打込み等	1-2-30
2.5.5	型枠	1-2-31

第6節 金属工事 …… 1-2-31

2.6.1	一般事項	1-2-31
2.6.1.1	適用範囲	1-2-31
2.6.1.2	基本要求品質	1-2-31
2.6.1.3	工法	1-2-31
2.6.1.4	養生その他	1-2-32
2.6.2	表面処理	1-2-32
2.6.2.1	ステンレスの表面仕上げ	1-2-32
2.6.2.2	アルミニウムおよびアルミニウム合金の表面処理	1-2-32
2.6.2.3	鉄鋼の亜鉛めっき	1-2-33
2.6.3	溶接、ろう付けその他	1-2-33
2.6.3.1	一般事項	1-2-33
2.6.3.2	鉄鋼の溶接	1-2-33
2.6.3.3	アルミニウムおよびアルミニウム合金の溶接ならびにろう付け	1-2-34
2.6.3.4	ステンレスの溶接およびろう付け	1-2-34

第7節 左官工事 …… 1-2-34

2.7.1	一般事項	1-2-34
2.7.2	材料	1-2-34
2.7.3	モルタル塗り	1-2-34
2.7.4	コンクリートこて仕上げ	1-2-35

第8節 溶接工事 …… 1-2-35

2.8.1	一般事項	1-2-35

2.8.2	溶接工…………………1-2-35	2.11.3.4	工　　法……………………1-2-39
		2.11.3.5	試　　験……………………1-2-40
第9節	塗装工事………………………1-2-35	2.11.4	アスファルト舗装……………1-2-40
2.9.1	一般事項…………………1-2-35	2.11.4.1	適用範囲……………………1-2-40
		2.11.4.2	舗装の構成および仕上り……1-2-40
第10節	スリーブ工事……………………1-2-36	2.11.4.3	材　　料……………………1-2-41
2.10.1	一般事項…………………1-2-36	2.11.4.4	配合その他…………………1-2-42
		2.11.4.5	工　　法……………………1-2-43
第11節	舗装工事………………………1-2-36	2.11.4.6	試　　験……………………1-2-44
2.11.1	一般事項…………………1-2-36	2.11.5	排水性アスファルト舗装……1-2-45
2.11.1.1	適用範囲…………………1-2-36	2.11.5.1	適用範囲……………………1-2-45
2.11.1.2	基本要求品質……………1-2-37	2.11.5.2	舗装の構成および仕上り……1-2-45
2.11.1.3	再生材……………………1-2-37	2.11.5.3	材　　料……………………1-2-45
2.11.2	路　床……………………1-2-37	2.11.5.4	配合その他…………………1-2-46
2.11.2.1	適用範囲…………………1-2-37	2.11.5.5	工　　法……………………1-2-47
2.11.2.2	路床の構成および仕上り…1-2-37	2.11.5.6	試　　験……………………1-2-47
2.11.2.3	材　　料…………………1-2-37	2.11.6	砂利敷き………………………1-2-47
2.11.2.4	工　　法…………………1-2-38	2.11.6.1	適用範囲……………………1-2-47
2.11.2.5	試　　験…………………1-2-38	2.11.6.2	材料および種別……………1-2-47
2.11.3	路　盤……………………1-2-38	2.11.6.3	工　　法……………………1-2-47
2.11.3.1	適用範囲…………………1-2-38	2.11.7	区画線…………………………1-2-48
2.11.3.2	路盤の構成および仕上り…1-2-38	2.11.7.1	材料および工法等…………1-2-48
2.11.3.3	材　　料…………………1-2-39		

第2編　電力設備工事

第1章　機　材

第1節	電線類…………………………2-1-1		付属品………………………2-1-3
1.1.1	電線類……………………2-1-1	1.2.4	金属製可とう電線管および付属品…2-1-3
1.1.2	圧着端子類………………2-1-2	1.2.5	特殊管………………………2-1-4
1.1.3	平形導体合成樹脂絶縁電線および付属品…2-1-2	1.2.6	金属線ぴおよび付属品………2-1-4
1.1.4	バスダクトおよび付属品…2-1-2	1.2.7	プルボックス…………………2-1-4
1.1.5	ライティングダクトおよび付属品…2-1-2	1.2.8	金属ダクト……………………2-1-4
		1.2.9	ケーブルラック………………2-1-5
		1.2.10	防火区画等の貫通部に用いる材料…2-1-6
第2節	電線保護物類……………………2-1-3		
1.2.1	金属管および付属品………2-1-3	第3節	配線器具………………………2-1-6
1.2.2	合成樹脂管（PF管、CD管、波付硬質合成樹脂管）および付属品…2-1-3	1.3.1	配線器具……………………2-1-6
1.2.3	合成樹脂管（硬質ビニル管）および	第4節	照明器具………………………2-1-6

1.4.1	一般事項	2-1-6	1.7.1 一般事項	2-1-16
1.4.2	構造一般	2-1-7	1.7.2 構造一般	2-1-16
1.4.3	部品	2-1-9	1.7.3 キャビネット	2-1-17
1.4.4	光源	2-1-9	1.7.4 導電部	2-1-18
1.4.5	照明制御装置	2-1-10	1.7.5 制御回路等の配線	2-1-21
1.4.6	表示	2-1-10	1.7.6 器具類	2-1-21
			1.7.7 予備品等	2-1-23
			1.7.8 表示	2-1-23

第5節 防災用照明器具 …………………… 2-1-11
　1.5.1 一般事項 ……………………………… 2-1-11
　1.5.2 構造一般および部品 ………………… 2-1-11
　1.5.3 光源 …………………………………… 2-1-11
　1.5.4 表示 …………………………………… 2-1-12

第8節 耐熱形分電盤 ……………………… 2-1-24
　1.8.1 一般事項 ……………………………… 2-1-24
　1.8.2 構造一般 ……………………………… 2-1-24
　1.8.3 キャビネット ………………………… 2-1-24
　1.8.4 導電部 ………………………………… 2-1-24
　1.8.5 器具類 ………………………………… 2-1-24
　1.8.6 表示 …………………………………… 2-1-24
　Coffee Break（盤の種類と内容）………… 2-1-25

第6節 LED照明器具 ……………………… 2-1-12
　1.6.1 一般事項 ……………………………… 2-1-12
　1.6.2 LED照明の普及を助長させる法律
　　　　 ………………………………………… 2-1-12
　　1.6.2.1 グリーン購入法（2000年5月成立）
　　　　 ………………………………………… 2-1-12
　　1.6.2.2 省エネルギー法（エネルギーの使
　　　　　 用の合理化に関する法律）……… 2-1-12
　1.6.3 規制する主要な法律等……………… 2-1-13
　　1.6.3.1 電気用品安全法 ………………… 2-1-13
　　1.6.3.2 電気設備の技術基準 …………… 2-1-13
　　1.6.3.3 内線規定 ………………………… 2-1-13
　　1.6.3.4 日本工業規格（JIS）…………… 2-1-13
　　1.6.3.5 建築基準法 ……………………… 2-1-14
　　1.6.3.6 消防法 …………………………… 2-1-14
　　1.6.3.7 団体規格 ………………………… 2-1-14
　1.6.4 照明用光源 …………………………… 2-1-14
　　1.6.4.1 人体への影響 …………………… 2-1-14
　　1.6.4.2 市販のLED光源の生体安全性リ
　　　　　 スク評価 …………………………… 2-1-14
　1.6.5 LED照明器具の総合効率 …………… 2-1-14
　1.6.6 演色性 ………………………………… 2-1-15
　1.6.7 LEDのグレア問題 …………………… 2-1-15
　1.6.8 LED器具の平均照度算出 …………… 2-1-15
　1.6.9 LED電球の配光（照明効果）……… 2-1-15
　1.6.10 LED電球のガイドライン ………… 2-1-16
　1.6.11 直管形LEDランプ ………………… 2-1-16

第9節 OA盤 ……………………………… 2-1-26
　1.9.1 構造一般 ……………………………… 2-1-26
　1.9.2 キャビネット ………………………… 2-1-26
　1.9.3 導電部 ………………………………… 2-1-26
　1.9.4 制御回路等 …………………………… 2-1-26
　1.9.5 器具類 ………………………………… 2-1-26
　1.9.6 予備品等 ……………………………… 2-1-26
　1.9.7 表示 …………………………………… 2-1-26

第10節 実験盤 …………………………… 2-1-26
　1.10.1 構造一般 …………………………… 2-1-26
　1.10.2 キャビネット ……………………… 2-1-27
　1.10.3 導電部 ……………………………… 2-1-27
　1.10.4 制御回路等 ………………………… 2-1-27
　1.10.5 器具類 ……………………………… 2-1-27
　1.10.6 予備品等 …………………………… 2-1-27
　1.10.7 表示 ………………………………… 2-1-27

第11節 開閉器箱 ………………………… 2-1-27
　1.11.1 構造一般 …………………………… 2-1-27
　1.11.2 キャビネット ……………………… 2-1-27
　1.11.3 導電部 ……………………………… 2-1-28
　1.11.4 器具類 ……………………………… 2-1-28
　1.11.5 表示 ………………………………… 2-1-28

第7節 分電盤 ……………………………… 2-1-16

第12節	制御盤……………………………2-1-28	1.15.2	突針の支持管および取付け金物……2-1-39
1.12.1	構造一般…………………………2-1-28		
1.12.2	キャビネット……………………2-1-28	第16節	外線材料……………………………2-1-39
1.12.3	導電部……………………………2-1-29	1.16.1	電柱……………………………2-1-39
1.12.4	制御回路等の配線………………2-1-29	1.16.2	塗柱材料…………………………2-1-40
1.12.5	器具類……………………………2-1-30	1.16.3	がいしおよびがい管類…………2-1-40
1.12.6	表示………………………………2-1-37	1.16.4	地中ケーブル保護材料…………2-1-40
		1.16.5	ハンドホールおよび埋設標……2-1-40
第13節	消防防災用制御盤…………………2-1-37		
1.13.1	一般事項…………………………2-1-37	第17節	機材の試験…………………………2-1-41
1.13.2	構造一般…………………………2-1-37	1.17.1	試験………………………………2-1-41
1.13.3	キャビネット……………………2-1-37		
1.13.4	制御回路等の配線………………2-1-38	第18節	電気自動車用急速充電装置（参考）…2-1-45
1.13.5	表示………………………………2-1-38	1.18.1	一般事項…………………………2-1-45
		1.18.2	構造一般…………………………2-1-45
第14節	電熱装置……………………………2-1-38	1.18.3	キャビネット……………………2-1-45
1.14.1	一般事項…………………………2-1-38	1.18.4	電力変換装置……………………2-1-45
1.14.2	制御盤……………………………2-1-38	1.18.5	給電コネクタ……………………2-1-46
1.14.3	発熱線等…………………………2-1-38	1.18.6	盤内器具…………………………2-1-46
1.14.4	接続用電線………………………2-1-38	1.18.7	状態・警報表示項目……………2-1-48
1.14.5	温度検出部等……………………2-1-38	1.18.8	予備品等…………………………2-1-48
		1.18.9	表示………………………………2-1-48
第15節	受雷部………………………………2-1-39	1.18.10	標準化について…………………2-1-48
1.15.1	一般事項…………………………2-1-39	1.18.11	安全性確保のしくみ……………2-1-49

第2章　施　工

第1節	共通事項……………………………2-2-1	2.1.9	発熱部との離隔…………………2-2-5
2.1.1	低圧屋内配線の布設場所による工事の種類…………………………2-2-1	2.1.10	メタルラス張り等との絶縁……2-2-5
		2.1.11	電線等の防火区画等の貫通……2-2-5
2.1.2	電線の接続………………………2-2-2	2.1.12	延焼防止処置を要する床貫通…2-2-6
2.1.3	電線と機器端子との接続………2-2-3	2.1.13	外壁貫通の管路等………………2-2-6
2.1.4	電線の色別………………………2-2-3	2.1.14	絶縁抵抗および絶縁耐力………2-2-6
2.1.5	異なる配線の接続………………2-2-3	2.1.15	耐震施工…………………………2-2-7
2.1.6	低圧屋内配線と弱電流電線等、水管、ガス管等との離隔………………2-2-3		
		第2節	金属管配線…………………………2-2-7
2.1.7	高圧屋内配線と他の高圧屋内配線、低圧屋内配線、管灯回路の配線、弱電流電線等、水管、ガス管等との離隔……………………………2-2-4	2.2.1	電線………………………………2-2-7
		2.2.2	管および付属品…………………2-2-7
		2.2.3	隠ぺい配管の布設………………2-2-7
		2.2.4	露出配管の布設…………………2-2-8
2.1.8	地中電線相互および地中電線と地中弱電流電線等との離隔……………2-2-4	2.2.5	位置ボックス、ジョイントボックス等…………………………………2-2-8

2.2.6 管の接続 …………………… 2-2-9	第7節 金属ダクト配線 ……………………… 2-2-15
2.2.7 配管の養生および清掃 ……… 2-2-10	2.7.1 電線 …………………… 2-2-15
2.2.8 通線 …………………… 2-2-10	2.7.2 ダクトの布設 ……………… 2-2-15
2.2.9 回路種別の表示 ……………… 2-2-11	2.7.3 ダクトの接続 ……………… 2-2-15
2.2.10 接地 …………………… 2-2-11	2.7.4 ダクト内の配線 …………… 2-2-16
	2.7.5 その他 …………………… 2-2-16
第3節 合成樹脂管配線（PF管およびCD管）	
…………………………………… 2-2-11	第8節 金属線ぴ配線 ……………………… 2-2-16
2.3.1 電線 …………………… 2-2-11	2.8.1 電線 …………………… 2-2-16
2.3.2 管および付属品 …………… 2-2-11	2.8.2 線ぴの付属品 ……………… 2-2-16
2.3.3 隠ぺい配管の布設 …………… 2-2-11	2.8.3 線ぴの布設 ………………… 2-2-16
2.3.4 露出配管の布設 ……………… 2-2-11	2.8.4 線ぴの接続 ………………… 2-2-16
2.3.5 位置ボックス、ジョイントボックス	2.8.5 線ぴ内の配線 ……………… 2-2-16
等 …………………… 2-2-11	2.8.6 その他 …………………… 2-2-17
2.3.6 管の接続 …………………… 2-2-12	
2.3.7 配管の養生および清掃 ……… 2-2-12	第9節 バスダクト配線 ……………………… 2-2-17
2.3.8 通線 …………………… 2-2-12	2.9.1 ダクトの付属品 …………… 2-2-17
2.3.9 回路種別の表示 ……………… 2-2-12	2.9.2 ダクトの布設 ……………… 2-2-17
2.3.10 接地 …………………… 2-2-12	2.9.3 ダクトの接続 ……………… 2-2-17
	2.9.4 その他 …………………… 2-2-18
第4節 合成樹脂管配線（硬質ビニル管） …… 2-2-13	
2.4.1 電線 …………………… 2-2-13	第10節 ケーブル配線 ……………………… 2-2-18
2.4.2 管および付属品 …………… 2-2-13	2.10.1 ケーブルラックの布設 …… 2-2-18
2.4.3 隠ぺい配管の布設 …………… 2-2-13	2.10.2 ケーブルの布設 …………… 2-2-18
2.4.4 露出配管の布設 ……………… 2-2-13	2.10.3 位置ボックス、ジョイントボックス
2.4.5 位置ボックス、ジョイントボックス	等 …………………… 2-2-20
等 …………………… 2-2-13	2.10.4 ケーブルの造営材貫通 …… 2-2-20
2.4.6 管の接続 …………………… 2-2-14	2.10.5 接地 …………………… 2-2-20
2.4.7 配管の養生および清掃 ……… 2-2-14	
2.4.8 通線 …………………… 2-2-14	第11節 平形保護層配線 …………………… 2-2-20
2.4.9 回路種別の表示 ……………… 2-2-14	2.11.1 一般事項 ………………… 2-2-20
2.4.10 接地 …………………… 2-2-14	2.11.2 電線 …………………… 2-2-20
	2.11.3 平形保護層および付属品 … 2-2-21
第5節 金属製可とう電線管配線 …………… 2-2-14	2.11.4 平形保護層配線の布設 …… 2-2-21
2.5.1 電線 …………………… 2-2-14	2.11.5 電線相互、端子台、コンセント等と
2.5.2 管および付属品 …………… 2-2-14	の接続 …………………… 2-2-21
2.5.3 管の布設 …………………… 2-2-14	
2.5.4 その他 …………………… 2-2-15	第12節 架空配線 …………………………… 2-2-21
	2.12.1 建柱 …………………… 2-2-21
第6節 ライティングダクト配線 …………… 2-2-15	2.12.2 腕金等の取付け …………… 2-2-22
2.6.1 ダクトの付属品 …………… 2-2-15	2.12.3 がいしの取付け …………… 2-2-22
2.6.2 ダクトの布設 ……………… 2-2-15	2.12.4 架線 …………………… 2-2-22

2.12.5　機器の取付けおよびケーブルの取付け……………………………………2-2-22
2.12.6　支線および支柱……………………2-2-23
2.12.7　接　　　地………………………2-2-23

第13節　地中配線……………………………2-2-23
2.13.1　芝　　　生………………………2-2-23
2.13.2　掘削および埋戻し…………………2-2-24
2.13.3　ハンドホールの設置………………2-2-25
2.13.4　管路の布設………………………2-2-27
2.13.5　ケーブルの布設…………………2-2-27
2.13.6　高圧、低圧および弱電との離隔……2-2-28
2.13.7　ケーブルの接続…………………2-2-28
2.13.8　接　　　地………………………2-2-29
2.13.9　そ　の　他………………………2-2-29

第14節　接　　　地…………………………2-2-29
2.14.1　Ａ種接地工事を施す電気工作物 …2-2-29
2.14.2　Ｂ種接地工事を施す電気工作物……2-2-29
2.14.3　Ｃ種接地工事を施す電気工作物……2-2-29
2.14.4　Ｄ種接地工事を施す電気工作物……2-2-30
2.14.5　Ｄ種接地工事の省略………………2-2-30
2.14.6　Ｃ種接地工事をＤ種接地工事にする条件……………………………………2-2-31
2.14.7　照明器具の接地……………………2-2-31
2.14.8　電熱装置の接地……………………2-2-32
2.14.9　接　地　線…………………………2-2-32
2.14.10　Ａ種およびＢ種接地工事の施工方法……………………………………2-2-33
2.14.11　Ｃ種およびＤ種接地工事の施工方法……………………………………2-2-33
2.14.12　各接地と避雷設備および避雷器の接地との離隔……………………………2-2-33
2.14.13　接地極位置等の表示………………2-2-33
2.14.14　そ　の　他…………………………2-2-33

第15節　電灯設備……………………………2-2-34
2.15.1　配　　　線………………………2-2-34
2.15.2　電線の貫通………………………2-2-34
2.15.3　機器の取付けおよび接続…………2-2-34
2.15.4　そ　の　他………………………2-2-35

第16節　電熱設備……………………………2-2-35
2.16.1　一　般　事　項…………………2-2-35
2.16.2　発熱線等の布設…………………2-2-35
2.16.3　発熱線等の接続…………………2-2-35
2.16.4　温度検出部等の設置………………2-2-36
2.16.5　配線および機器の取付け等………2-2-36
2.16.6　接　　　地………………………2-2-36

第17節　雷保護設備…………………………2-2-36
2.17.1　一　般　事　項…………………2-2-36
2.17.2　受雷部の取付け……………………2-2-36
2.17.3　避雷導線の布設……………………2-2-37
2.17.4　接地極の埋設………………………2-2-37
2.17.5　導線棟上げ導体と他の工作物との離隔……………………………………2-2-37
2.17.6　鉄骨等と導線との接続……………2-2-37
2.17.7　接地極位置等の表示………………2-2-38

第18節　施工の立会いおよび試験…………2-2-38
2.18.1　施工の立会い………………………2-2-38
2.18.2　施工の試験…………………………2-2-38

第3編　受変電設備工事

第1章　機　　　材

第1節　キュービクル式配電盤……………3-1-1
1.1.1　一　般　事　項……………………3-1-1
1.1.2　構　造　一　般……………………3-1-1
1.1.3　キャビネット………………………3-1-2
1.1.4　導　電　部…………………………3-1-3
1.1.5　盤内器具類…………………………3-1-6
1.1.6　接　　　地…………………………3-1-11
1.1.7　表　　　示…………………………3-1-12

第2節　高圧閉鎖配電盤……………………3-1-12	1.5.4　高圧進相コンデンサ……………………3-1-15
1.2.1　一般事項……………………………3-1-12	1.5.5　高圧進相コンデンサ用直列リアクト
1.2.2　構造一般……………………………3-1-12	ル…………………………………………3-1-15
1.2.3　キャビネット…………………………3-1-12	1.5.6　断路器…………………………………3-1-15
1.2.4　導電部………………………………3-1-12	1.5.7　高圧負荷開閉器（受電点区分開閉器）
1.2.5　接地…………………………………3-1-12	……………………………………………3-1-15
1.2.6　表示…………………………………3-1-12	1.5.8　避雷器…………………………………3-1-15
Coffee Break（JEM 1425「金属閉鎖形スイッ	1.5.9　計器用変成器…………………………3-1-16
チギヤ及びコントロールギヤ」）……………3-1-13	1.5.10　零相変流器……………………………3-1-16
	1.5.11　零相電圧検出器（コンデンサ形）…3-1-16
第3節　変圧器盤……………………………3-1-13	1.5.12　高圧地絡継電器………………………3-1-16
1.3.1　一般事項……………………………3-1-13	1.5.13　過電流継電器…………………………3-1-17
1.3.2　構造一般……………………………3-1-13	1.5.14　その他の保護継電器…………………3-1-17
1.3.3　導電部………………………………3-1-13	1.5.15　計器類…………………………………3-1-17
	1.5.16　高圧限流ヒューズ……………………3-1-17
第4節　低圧閉鎖配電盤……………………3-1-13	1.5.17　配線用遮断器…………………………3-1-17
1.4.1　一般事項……………………………3-1-13	1.5.18　漏電遮断器……………………………3-1-18
1.4.2　構造一般……………………………3-1-13	1.5.19　電磁開閉器……………………………3-1-18
	1.5.20　制御用継電器…………………………3-1-18
第5節　盤内収容機器………………………3-1-14	1.5.21　操作開閉器……………………………3-1-18
1.5.1　交流遮断器……………………………3-1-14	Coffee Break（遮断器、開閉器、真空電磁接
1.5.2　高圧電磁開閉器………………………3-1-14	触器の機能表）……………………………………3-1-20
1.5.3　配電用変圧器…………………………3-1-14	

第2章　施　　工

第1節　据付け………………………………3-2-1	2.2.2　ケーブル配線……………………………3-2-1
2.1.1　キュービクル式配電盤等……………3-2-1	2.2.3　金属管配線等……………………………3-2-1
	2.2.4　コンクリート貫通箇所…………………3-2-2
第2節　配　　線……………………………3-2-1	2.2.5　接地………………………………………3-2-2
2.2.1　機器への配線…………………………3-2-1	

第4編　静止形電源設備工事

第1章　機　　材

第1節　直流電源装置………………………4-1-1	Coffee Break（相表示の注意）……………4-1-4
1.1.1　一般事項……………………………4-1-1	1.1.5　盤内器具類……………………………4-1-5
1.1.2　構造一般……………………………4-1-1	1.1.6　状態・警報表示項目…………………4-1-8
1.1.3　キャビネット…………………………4-1-2	1.1.7　整流装置………………………………4-1-8
1.1.4　導電部………………………………4-1-2	1.1.8　蓄電池…………………………………4-1-9

1.1.9　接　　　地……………… 4-1-9	1.2.6　性　　　能……………… 4-1-11
1.1.10　表　　　示……………… 4-1-9	1.2.7　状態故障表示項目……… 4-1-12
1.1.11　予備品等………………… 4-1-10	1.2.8　整流装置………………… 4-1-13
	1.2.9　蓄電池…………………… 4-1-13
第2節　交流無停電電源装置（UPS）…… 4-1-10	1.2.10　接　　　地……………… 4-1-13
1.2.1　一般事項………………… 4-1-10	1.2.11　表　　　示……………… 4-1-13
1.2.2　構造一般………………… 4-1-10	1.2.12　予備品等………………… 4-1-14
1.2.3　キャビネット…………… 4-1-10	
1.2.4　導電部…………………… 4-1-10	第3節　機器の試験……………………… 4-1-14
1.2.5　盤内器具類……………… 4-1-10	1.3.1　試　　　験……………… 4-1-14

第2章　施　　　工

第1節　据付け…………………………… 4-2-1	2.2.3　コンクリート貫通箇所… 4-2-2
2.1.1　盤　　　類……………… 4-2-1	2.2.4　接　　　地……………… 4-2-2
2.1.2　架台式蓄電池…………… 4-2-1	
	第3節　施工の立会いおよび試験……… 4-2-2
第2節　配　　　線……………………… 4-2-1	2.3.1　施工の立会い…………… 4-2-2
2.2.1　ケーブル配線…………… 4-2-1	2.3.2　施工の試験……………… 4-2-2
2.2.2　金属管配線等…………… 4-2-1	

第5編　通信・情報設備工事

第1章　機　　　材

第1節　電線類…………………………… 5-1-1	1.4.2　端子盤等………………… 5-1-3
1.1.1　電線類…………………… 5-1-1	1.4.3　機器収納ラック………… 5-1-4
	1.4.4　端子類…………………… 5-1-5
第2節　電線保護物類…………………… 5-1-2	1.4.5　通信用SPD……………… 5-1-5
1.2.1　金属管等………………… 5-1-2	1.4.6　表　　　示……………… 5-1-6
1.2.2　プルボックス、ダクトおよびラック	1.4.7　端子（MDF/IDF）……… 5-1-6
……………………………… 5-1-2	
1.2.3　防火区画等の貫通部に用いる材料… 5-1-2	第5節　構内交換装置…………………… 5-1-7
	1.5.1　一般事項………………… 5-1-7
第3節　配線器具………………………… 5-1-2	1.5.2　交換機…………………… 5-1-7
1.3.1　通信用プラグユニット… 5-1-2	1.5.3　局線中継台……………… 5-1-10
1.3.2　光コネクタ……………… 5-1-2	1.5.4　電話機等………………… 5-1-10
1.3.3　BNCコネクタ …………… 5-1-2	1.5.5　ボタン電話装置………… 5-1-11
	1.5.6　予備品等………………… 5-1-12
第4節　端子盤・機器収納ラック等…… 5-1-3	1.5.7　表　　　示……………… 5-1-12
1.4.1　一般事項………………… 5-1-3	

第6節　構内情報通信網装置 …… 5-1-13
- 1.6.1　一般事項 …… 5-1-13
- 1.6.2　リピータ …… 5-1-15
- 1.6.3　ルータ …… 5-1-15
- 1.6.4　スイッチ …… 5-1-15
- 1.6.5　ファイヤウォール …… 5-1-16
- 1.6.6　ネットワーク管理装置 …… 5-1-16
- 1.6.7　収納ラック …… 5-1-17
- 1.6.8　予備品等 …… 5-1-17
- 1.6.9　表示 …… 5-1-17

第7節　情報表示装置 …… 5-1-17
- 1.7.1　一般事項 …… 5-1-17
- 1.7.2　マルチサイン装置 …… 5-1-17
- 1.7.3　出退表示装置 …… 5-1-18
- 1.7.4　時刻表示装置 …… 5-1-19
  - 1.7.4.1　一般事項 …… 5-1-19
  - 1.7.4.2　親時計 …… 5-1-19
  - 1.7.4.3　電源装置 …… 5-1-20
  - 1.7.4.4　子時計 …… 5-1-20
  - 1.7.4.5　プログラムタイマおよび電子式チャイム …… 5-1-20
- 1.7.5　予備品等 …… 5-1-21
- 1.7.6　表示 …… 5-1-21

第8節　拡声装置 …… 5-1-21
- 1.8.1　一般事項 …… 5-1-21
- 1.8.2　Hi形増幅器 …… 5-1-22
- 1.8.3　スピーカ …… 5-1-22
- 1.8.4　その他の機器 …… 5-1-23
- 1.8.5　予備品等 …… 5-1-23
- 1.8.6　表示 …… 5-1-23

第9節　非常警報装置 …… 5-1-24
- 1.9.1　一般事項 …… 5-1-24
- 1.9.2　非常放送装置 …… 5-1-24
  - 1.9.2.1　増幅器および操作装置 …… 5-1-24
  - 1.9.2.2　マイクロホン …… 5-1-24
  - 1.9.2.3　スピーカ …… 5-1-24
- 1.9.3　非常ベル（自動式サイレンを含む） …… 5-1-24
  - 1.9.3.1　起動装置 …… 5-1-24
- 1.9.4　予備品等 …… 5-1-24
- 1.9.5　表示 …… 5-1-25

第10節　映像・音響装置 …… 5-1-25
- 1.10.1　一般事項 …… 5-1-25
- 1.10.2　Lo形増幅器 …… 5-1-26
- 1.10.3　スピーカ …… 5-1-26
- 1.10.4　プロジェクタ …… 5-1-27
- 1.10.5　切替装置 …… 5-1-27
- 1.10.6　スクリーン …… 5-1-27
- 1.10.7　その他の機器 …… 5-1-28
  - 1.10.7.1　マイクロホン …… 5-1-28
  - 1.10.7.2　CDプレーヤ …… 5-1-28
  - 1.10.7.3　DVD …… 5-1-28
  - 1.10.7.4　カラーモニタ・カラーテレビ …… 5-1-29
  - 1.10.7.5　書画カメラ …… 5-1-29
- 1.10.8　予備品等 …… 5-1-29
- 1.10.9　表示 …… 5-1-29

第11節　入退室管理装置 …… 5-1-30
- 1.11.1　一般事項 …… 5-1-30
- 1.11.2　制御装置 …… 5-1-30
- 1.11.3　認識部 …… 5-1-31
- 1.11.4　その他の機器 …… 5-1-31
- 1.11.5　予備品等 …… 5-1-32
- 1.11.6　表示 …… 5-1-32

第12節　呼出し装置 …… 5-1-32
- 1.12.1　一般事項 …… 5-1-32
- 1.12.2　インターホン …… 5-1-32
- 1.12.3　テレビインターホン …… 5-1-32
- 1.12.4　予備品等 …… 5-1-32
- 1.12.5　表示 …… 5-1-32

第13節　テレビ共同受信装置 …… 5-1-33
- 1.13.1　一般事項 …… 5-1-33
- 1.13.2　機器 …… 5-1-33
- 1.13.3　アンテナおよびアンテナマスト …… 5-1-33
- 1.13.4　機器収容箱 …… 5-1-33
- 1.13.5　予備品等 …… 5-1-33
- 1.13.6　表示 …… 5-1-33

第14節　テレビ電波障害防除装置……………5-1-34	1.16.10　表　　　示………………………5-1-42
1.14.1　一 般 事 項………………………5-1-34	
1.14.2　機　　　器………………………5-1-34	第17節　自動閉鎖装置（自動閉鎖機構）………5-1-43
1.14.3　ヘッドエンドおよび機器収容箱等…5-1-34	1.17.1　一 般 事 項………………………5-1-43
1.14.4　アンテナマスト…………………5-1-34	1.17.2　連動制御器………………………5-1-43
1.14.5　予 備 品 等………………………5-1-34	1.17.3　自動閉鎖装置……………………5-1-43
1.14.6　表　　　示………………………5-1-34	1.17.4　感 知 器………………………5-1-43
	1.17.5　予 備 品 等………………………5-1-43
第15節　監視カメラ装置…………………………5-1-34	1.17.6　表　　　示………………………5-1-44
1.15.1　一 般 事 項………………………5-1-34	
1.15.2　カ メ ラ………………………5-1-37	第18節　非常警報装置……………………………5-1-44
1.15.3　ビデオモニタ……………………5-1-37	1.18.1　一 般 事 項………………………5-1-44
1.15.4　録 画 装 置………………………5-1-37	1.18.2　非常放送装置……………………5-1-44
1.15.5　その他の機器……………………5-1-38	1.18.2.1　増幅器および操作装置………5-1-44
1.15.6　予 備 品 等………………………5-1-38	1.18.2.2　マイクロホン…………………5-1-44
1.15.7　表　　　示………………………5-1-38	1.18.2.3　ス ピ ー カ…………………5-1-44
	1.18.3　非常ベル（自動式サイレンを含む）
第16節　自動火災報知装置………………………5-1-39	………………………………………5-1-44
1.16.1　一 般 事 項………………………5-1-39	1.18.3.1　起 動 装 置…………………5-1-44
1.16.2　受信機（P型）……………………5-1-39	1.18.4　予 備 品 等………………………5-1-44
1.16.3　受信機（R型）……………………5-1-40	1.18.5　表　　　示………………………5-1-44
1.16.4　副受信機・表示装置……………5-1-40	
1.16.5　中　継　器………………………5-1-41	第19節　外 線 材 料……………………………5-1-45
1.16.6　発　信　機………………………5-1-41	1.19.1　電　　　柱………………………5-1-45
1.16.7　感 知 器………………………5-1-41	1.19.2　装 柱 材 料………………………5-1-45
1.16.8　その他の機器……………………5-1-41	1.19.3　地中ケーブル……………………5-1-45
1.16.9　予 備 品 等………………………5-1-42	

第2章　施　　　工

第1節　共 通 事 項……………………………5-2-1	2.1.10　電線等の防火区画等の貫通………5-2-2
2.1.1　電線の接続…………………………5-2-1	2.1.11　管路の外壁貫通等…………………5-2-2
2.1.2　電線と機器端子との接続……………5-2-1	2.1.12　絶 縁 抵 抗………………………5-2-2
2.1.3　電線の色別…………………………5-2-1	2.1.13　耐 震 施 工………………………5-2-2
2.1.4　端子盤内の配線処理等……………5-2-1	
2.1.5　屋内配線と強電流電線との離隔……5-2-2	第2節　金属管配線………………………………5-2-3
2.1.6　地中配線と地中強電流電線との離隔	2.2.1　管および付属品………………………5-2-3
………………………………………5-2-2	2.2.2　隠ぺい配管の布設……………………5-2-3
2.1.7　屋内配線と水管、ガス管等との離隔	2.2.3　露出配管の布設………………………5-2-3
………………………………………5-2-2	2.2.4　メタルラス張り壁等（ワイヤラス張
2.1.8　発熱部との離隔……………………5-2-2	り、金属板張り等を含む）の木造造
2.1.9　メタルラス張り等との絶縁…………5-2-2	営物における配管…………………5-2-3

目次-12

2.2.5　位置ボックス、ジョイントボックス
　　　　等……………………………………… 5－2－3
2.2.6　管　の　接　続……………………… 5－2－4
2.2.7　配管の養生および清掃……………… 5－2－4
2.2.8　通　　　線…………………………… 5－2－4
2.2.9　系統種別の表示……………………… 5－2－5

第3節　合成樹脂管配線（PF管、CD管および
　　　　硬質塩化ビニル管）……………………… 5－2－5
2.3.1　管および付属品……………………… 5－2－5
2.3.2　隠ぺい配管の布設…………………… 5－2－5
2.3.3　露出配管の布設……………………… 5－2－5
2.3.4　位置ボックス、ジョイントボックス
　　　　等……………………………………… 5－2－5
2.3.5　管　の　接　続……………………… 5－2－5
2.3.6　配管の養生および清掃……………… 5－2－5
2.3.7　通　　　線…………………………… 5－2－5
2.3.8　系統種別の表示……………………… 5－2－5

第4節　金属製可とう電線管配線……………… 5－2－6
2.4.1　管および付属品……………………… 5－2－6
2.4.2　管　の　布　設……………………… 5－2－6
2.4.3　そ　の　他…………………………… 5－2－6

第5節　金属ダクト配線………………………… 5－2－6
2.5.1　ダクトの布設………………………… 5－2－6
2.5.2　ダクトの接続………………………… 5－2－6
2.5.3　ダクト内の配線……………………… 5－2－6
2.5.4　そ　の　他…………………………… 5－2－6

第6節　金属線ぴ配線…………………………… 5－2－6
2.6.1　線ぴの付属品………………………… 5－2－6
2.6.2　線ぴの布設…………………………… 5－2－6
2.6.3　線ぴの接続…………………………… 5－2－6
2.6.4　線ぴ内の配線………………………… 5－2－7
2.6.5　そ　の　他…………………………… 5－2－7

第7節　ケーブル配線（光ファイバケーブルは
　　　　除く）……………………………………… 5－2－7
2.7.1　ケーブルの布設……………………… 5－2－7
2.7.2　ケーブルラックの布設……………… 5－2－8
2.7.3　位置ボックス、ジョイントボックス

　　　　等……………………………………… 5－2－8
2.7.4　ケーブルの接続……………………… 5－2－8
2.7.5　ケーブルの造営材貫通……………… 5－2－8

第8節　通信用フラットケーブル配線………… 5－2－9
2.8.1　通信用フラットケーブルの布設…… 5－2－9
2.8.2　通信用フラットケーブル相互または
　　　　機器との接続……………………… 5－2－9

第9節　光ファイバケーブル配線……………… 5－2－9
2.9.1　一　般　事　項……………………… 5－2－9
2.9.2　光ファイバケーブルの布設………… 5－2－9
2.9.3　光ファイバケーブルの保護材の布設
　　　　………………………………………… 5－2－9
2.9.4　光ファイバケーブル相互の接続…… 5－2－10
2.9.5　光ファイバケーブルと機器端子との
　　　　接続……………………………………… 5－2－10

第10節　床上配線……………………………… 5－2－10
2.10.1　布　線　方　法…………………… 5－2－10

第11節　架空配線……………………………… 5－2－10
2.11.1　建　　　柱………………………… 5－2－10
2.11.2　架　　　線………………………… 5－2－10
2.11.3　支線および支柱…………………… 5－2－11
2.11.4　接　　　地………………………… 5－2－11

第12節　地中配線……………………………… 5－2－11
2.12.1　ハンドホールの設置……………… 5－2－11
2.12.2　管路等の布設……………………… 5－2－11
2.12.3　ケーブルの布設…………………… 5－2－11

第13節　接　　　地…………………………… 5－2－11
2.13.1　接　地　線………………………… 5－2－11
2.13.2　接地の施工………………………… 5－2－11
2.13.3　接地極位置等……………………… 5－2－11

第14節　構内情報通信網設備………………… 5－2－11
2.14.1　配　線　等………………………… 5－2－11
2.14.2　機器の据付け……………………… 5－2－12

第15節　構内交換設備………………………… 5－2－12

2.15.1　配線等……………………5-2-12
　2.15.2　機器の据付け…………………5-2-12
　2.15.3　架空引込配管…………………5-2-12

第16節　情報表示設備…………………5-2-12
　2.16.1　配線等……………………5-2-12
　2.16.2　機器の取付け…………………5-2-13

第17節　拡声設備………………………5-2-13
　2.17.1　配線等……………………5-2-13
　2.17.2　機器の取付け…………………5-2-13

第18節　誘導支援設備…………………5-2-13
　2.18.1　配線等……………………5-2-13
　2.18.2　機器の取付け…………………5-2-13

第19節　映像・音響設備………………5-2-14
　2.19.1　配線等……………………5-2-14
　2.19.2　機器の取付け…………………5-2-14

第20節　入退室管理装置………………5-2-14
　2.20.1　配線等……………………5-2-14
　2.20.2　機器の取付け…………………5-2-14

第21節　呼出し設備……………………5-2-14
　2.21.1　配線等……………………5-2-14
　2.21.2　機器の取付け…………………5-2-14

第22節　テレビ共同受信設備…………5-2-15
　2.22.1　配線等……………………5-2-15
　2.22.2　機器の取付け…………………5-2-15
　2.22.3　電界強度測定…………………5-2-15

第23節　テレビ電波障害防除設備……5-2-15
　2.23.1　共通事項………………………5-2-15
　2.23.2　配線等……………………5-2-15
　2.23.3　ケーブルの地上高……………5-2-16
　2.23.4　離隔……………………………5-2-16
　2.23.5　機器の取付け…………………5-2-16
　2.23.6　事前調査………………………5-2-16

第24節　監視カメラ設備………………5-2-17
　2.24.1　配線等……………………5-2-17
　2.24.2　機器の取付け…………………5-2-17

第25節　自動火災報知設備……………5-2-17
　2.25.1　配線等……………………5-2-17
　2.25.2　機器の取付け…………………5-2-17

第26節　自動閉鎖設備（自動閉鎖機構）………5-2-18
　2.26.1　配線等……………………5-2-18
　2.26.2　機器の取付け…………………5-2-18

第27節　非常警報設備…………………5-2-19
　2.27.1　配線等……………………5-2-19
　2.27.2　機器の取付け…………………5-2-19

第6編　無線機器設置工事

第1章　機　　材

第1節　電線類……………………………6-1-1
　1.1.1　電線類……………………………6-1-1
　1.1.2　同軸接栓…………………………6-1-1

第2節　電線保護物類……………………6-1-2
　1.2.1　電線管類…………………………6-1-2

第3節　耐震装置…………………………6-1-2
　1.3.1　耐震金具…………………………6-1-2

第4節　支持金具類………………………6-1-2
　1.4.1　一般事項…………………………6-1-2
　1.4.2　TSR装置用支持金具……………6-1-2
　1.4.3　VOR空中線装置用支持金具……6-1-3
　1.4.4　対空通信装置用支持金具………6-1-3
　1.4.5　通信制御用支持金具……………6-1-3

第5節　機器収容架	6-1-3	第6節　配線盤	6-1-4
1.5.1　一般事項	6-1-3	1.6.1　一般事項	6-1-4
1.5.2　端子盤	6-1-3	1.6.2　構造	6-1-4
1.5.3　コンセント盤	6-1-3	1.6.3　電線と機器端子との接続	6-1-4
1.5.4　表示板	6-1-3		
1.5.5　その他	6-1-3		

第2章　施工

第1節　共通事項	6-2-1	2.3.7　レーダー窓設置	6-2-8
2.1.1　開梱	6-2-1	2.3.8　空中線部導波管類布設	6-2-8
2.1.2　機器配置計画	6-2-1	2.3.9　空中線部の確認	6-2-8
2.1.3　機器設置	6-2-1	2.3.10　接続導波管の設置	6-2-8
2.1.4　耐震金具	6-2-2	2.3.11　点検	6-2-8
2.1.5　ケーブルラック布設	6-2-2		
2.1.6　ケーブル布設	6-2-2	第4節　ORSR装置設置	6-2-9
2.1.7　管路布設	6-2-3	2.4.1　一般事項	6-2-9
2.1.8　通信用接地線	6-2-3	2.4.2　確認事項	6-2-9
2.1.9　点検	6-2-3	2.4.3　機器設置	6-2-9
		2.4.4　吊り上げ	6-2-9
第2節　TSR装置設置	6-2-4	2.4.5　ペデスタル設置	6-2-9
2.2.1　一般事項	6-2-4	2.4.6　空中線設置	6-2-9
2.2.2　機器設置	6-2-4	2.4.7　空中線の水平調整	6-2-9
2.2.3　確認事項	6-2-5	2.4.8　レドーム設置	6-2-10
2.2.4　準備作業	6-2-5	2.4.9　シェルタ設置	6-2-10
2.2.5　吊り上げ	6-2-5		
2.2.6　ペデスタル設置	6-2-5	第5節　航空路用SSR装置設置	6-2-10
2.2.7　反射板設置	6-2-6	2.5.1　一般事項	6-2-10
2.2.8　空中線部導波管類布設	6-2-6	2.5.2　確認事項	6-2-10
2.2.9　空中線部の確認	6-2-6	2.5.3　機器設置	6-2-10
2.2.10　接続導波管の設置	6-2-6	2.5.4　吊り上げ	6-2-10
2.2.11　空気用配管	6-2-6	2.5.5　ペデスタル設置	6-2-11
2.2.12　点検	6-2-6	2.5.6　空中線設置	6-2-11
2.2.13　SSR機能部位設置	6-2-7	2.5.7　空中線の水平調整	6-2-11
		2.5.8　レドーム設置	6-2-11
第3節　PAR装置設置	6-2-7	2.5.9　シェルタ設置	6-2-11
2.3.1　一般事項	6-2-7		
2.3.2　機器設置	6-2-7	第6節　空港面探知レーダー装置（ASDE）設置	6-2-11
2.3.3　確認事項	6-2-7	2.6.1　一般事項	6-2-11
2.3.4　準備作業	6-2-7	2.6.2　機器設置	6-2-12
2.3.5　吊り上げ	6-2-8	2.6.3　確認事項	6-2-12
2.3.6　空中線基台および空中線の設置	6-2-8		

2.6.4	準備作業	6-2-12
2.6.5	吊り上げ	6-2-12
2.6.6	ペデスタル設置	6-2-12
2.6.7	反射鏡設置	6-2-12
2.6.8	配管・配線	6-2-12
2.6.9	空中線回転軸垂直度調整	6-2-12
2.6.10	レドーム用基礎ボルトの修正	6-2-13
2.6.11	レドームベースリングの取付け	6-2-13
2.6.12	レドームの組立て	6-2-13

第7節 VOR/DME 装置設置 ……………… 6-2-13
2.7.1 一般事項 6-2-13
2.7.2 方位線の表示 6-2-13
2.7.3 キャリア空中線設置 6-2-14
2.7.4 サイドバンド空中線設置 6-2-14
2.7.5 DME 空中線設置 6-2-14
2.7.6 モニタ空中線設置 6-2-15
2.7.7 ケーブル布設 6-2-15

第8節 TACAN 装置設置 ……………… 6-2-16
2.8.1 一般事項 6-2-16
2.8.2 確認事項 6-2-16
2.8.3 準備作業 6-2-16
2.8.4 吊り上げ 6-2-16
2.8.5 レドーム設置 6-2-17
2.8.6 TACAN アダプタ設置 6-2-17
2.8.7 ケーブル布設 6-2-17
2.8.8 空中線設置 6-2-17
2.8.9 空中線部の確認 6-2-17

第9節 ILS 装置設置 ……………… 6-2-17
2.9.1 ローカライザー装置 6-2-17
2.9.1.1 一般事項 6-2-17
2.9.1.2 確認事項 6-2-18
2.9.1.3 準備作業 6-2-18
2.9.1.4 空中線設置 6-2-18
2.9.1.5 ケーブル布設 6-2-18
2.9.1.6 モニタ空中線設置 6-2-18
2.9.1.7 空中線部の確認 6-2-18
2.9.1.8 シェルタ設置 6-2-18
2.9.2 グライドスロープ装置 6-2-19
2.9.2.1 一般事項 6-2-19

2.9.2.2 確認事項 6-2-19
2.9.2.3 準備作業 6-2-19
2.9.2.4 空中線設置 6-2-19
2.9.2.5 ケーブル布設 6-2-19
2.9.2.6 モニタ空中線設置 6-2-19
2.9.2.7 空中線部の確認 6-2-19
2.9.2.8 シェルタ設置 6-2-19
2.9.3 マーカー装置 6-2-20
2.9.3.1 一般事項 6-2-20
2.9.3.2 確認事項 6-2-20
2.9.3.3 準備作業 6-2-20
2.9.3.4 空中線設置 6-2-20
2.9.3.5 ケーブル布設 6-2-20
2.9.3.6 空中線部の確認 6-2-20
2.9.3.7 シェルタ設置 6-2-20

第10節 通信制御装置設置 ……………… 6-2-20
2.10.1 一般事項 6-2-20
2.10.2 機器設置 6-2-21
2.10.3 確認作業 6-2-21
2.10.4 準備作業 6-2-21
2.10.5 点検 6-2-21

第11節 対空通信装置設置 ……………… 6-2-22
2.11.1 一般事項 6-2-22
2.11.2 機器設置 6-2-22
2.11.3 空中線設置 6-2-22
2.11.4 同軸ケーブル布設 6-2-22

第12節 デジタル録音再生装置設置 ……………… 6-2-22
2.12.1 一般事項 6-2-22
2.12.2 機器設置 6-2-23
2.12.3 ケーブル布設 6-2-23

第13節 ORM 装置設置 ……………… 6-2-23
2.13.1 一般事項 6-2-23
2.13.2 機器設置 6-2-23
2.13.3 ケーブル布設 6-2-23

第14節 TDU 装置設置 ……………… 6-2-23
2.14.1 一般事項 6-2-23
2.14.2 機器設置 6-2-23

2.14.3 ケーブル布設	6-2-24

第7編　情報処理機器設置工事

第1章　機　　材

第1節　電線類	7-1-1	第2節　電線保護物類	7-1-1
1.1.1　電線類	7-1-1		
		第3節　耐震装置	7-1-1

第2章　施　　工

第1節　共通事項	7-2-1	2.1.5　ケーブルラック布設	7-2-2
2.1.1　開梱	7-2-1	2.1.6　ケーブルの布設	7-2-2
2.1.2　機器配置計画	7-2-1	2.1.7　配線	7-2-3
2.1.3　機器設置	7-2-1	2.1.8　コンピュータ用接地線	7-2-3
2.1.4　耐震金具	7-2-2	2.1.9　点検	7-2-3

第8編　無線用鉄塔

第1章　一般事項

第1節　一般事項	8-1-1	1.1.2　適用法令等	8-1-1
1.1.1　適用範囲	8-1-1	1.1.3　施工計画書	8-1-1

第2章　施　　工

第1節　材料	8-2-1	2.3.1　測量等	8-2-11
2.1.1　材料	8-2-1	2.3.2　仮設計画	8-2-11
2.1.2　材料試験	8-2-2	2.3.3　仮囲い	8-2-11
		2.3.4　受注者事務所等	8-2-11
第2節　工場製作	8-2-3	2.3.5　工事用排水	8-2-11
2.2.1　工作一般	8-2-3	2.3.6　ベンチマーク	8-2-11
2.2.2　溶接工作	8-2-4	2.3.7　遣り方および墨出し	8-2-12
2.2.3　仮組立て	8-2-7	2.3.8　測器等	8-2-12
2.2.4　亜鉛めっき	8-2-7	2.3.9　足場および桟橋等	8-2-12
2.2.5　塗装工事	8-2-8	2.3.10　機械類	8-2-12
2.2.6　製品検査および発送	8-2-11	2.3.11　工事用諸設備	8-2-12
		2.3.12　防寒設備	8-2-12
第3節　仮設工事	8-2-11	2.3.13　危険防止	8-2-12

2.3.14　養　　生……………………8-2-12
第4節　建　て　方……………………………8-2-13
　2.4.1　集　　積……………………8-2-13
　2.4.2　部材の修正…………………8-2-13
　2.4.3　建　て　方…………………8-2-13
　2.4.4　建て方養生…………………8-2-13
　2.4.5　災害予防……………………8-2-13
　2.4.6　現場塗装……………………8-2-13
　2.4.7　アンカーボルトの埋込み…8-2-13
　2.4.8　高力ボルト接合……………8-2-15
　2.4.9　ボルト接合…………………8-2-16

第5節　電気設備工事等………………………8-2-16
　2.5.1　一般事項……………………8-2-16
　2.5.2　材　　料……………………8-2-16
　2.5.3　施　　工……………………8-2-17
　2.5.4　試　　験……………………8-2-18
　2.5.5　付属品………………………8-2-19
　2.5.6　雑工事………………………8-2-19

付　　録

付録-1　工事写真撮影手引書
　第1章　総　　則
　　第1節　一般事項……………………付録1-1
　　　1.1.1　目　　的…………………付録1-1
　　　1.1.2　適用範囲…………………付録1-1
　　第2節　写真の種別、撮影の実施および
　　　　　　整理………………………付録1-1
　　　1.2.1　写真の種別………………付録1-1
　　　1.2.2　撮影計画…………………付録1-1
　　　1.2.3　撮影の実施………………付録1-1
　　　1.2.4　写真の整理………………付録1-1
　第2章　撮影の要点
　　第1節　一般事項……………………付録1-2
　　　2.1.1　撮影位置の表示…………付録1-2
　　　2.1.2　形状・寸法仕様の確認法…付録1-2
　　　2.1.3　撮影時期…………………付録1-2
　　　2.1.4　撮影の方法………………付録1-2
　　　2.1.5　拡大写真…………………付録1-2
　　　2.1.6　番号等による表示………付録1-2
　　　2.1.7　重複する被写体の処置…付録1-2
　　　2.1.8　照　　明…………………付録1-2
　　　2.1.9　カラー写真………………付録1-2
　　　2.1.10　緊急報告…………………付録1-3
　　　2.1.11　撮影済みの写真…………付録1-3
　　　2.1.12　撮影の注意事項…………付録1-3
　　　2.1.13　撮影に使用する機材等…付録1-3
　　第2節　出来形管理写真……………付録1-4
　　　2.2.1　工事着工前の写真………付録1-4
　　　2.2.2　施工状況および出来形測定写
　　　　　　真……………………付録1-4
　　　2.2.3　材料検収の写真…………付録1-4
　　　2.2.4　参考写真…………………付録1-4
　　　2.2.5　工事竣工写真……………付録1-4
　　第3節　品質管理写真………………付録1-4
　　　2.3.1　品質管理写真……………付録1-4
　　第4節　写真の整理…………………付録1-5
　　　2.4.1　撮影写真の確認…………付録1-5
　　　2.4.2　写真の大きさ……………付録1-5
　　　2.4.3　写真の整理………………付録1-5
　　　2.4.4　アルバムの大きさ………付録1-6
　　　2.4.5　アルバムの表示…………付録1-6
　　第5節　写真撮影対象、枚数、撮影対象
　　　　　　の例………………………付録1-6
　　第6節　撮影方法……………………付録1-6
　　　2.6.1　一般事項…………………付録1-6
　　　2.6.2　ハンドホール等土工事…付録1-6
　　　2.6.3　管路布設…………………付録1-7
　　　2.6.4　杭打ち、接地極埋設等の特殊
　　　　　　工事ケーブル布設………付録1-7
　　　2.6.5　ケーブル布設……………付録1-7
　　　2.6.6　機器設置…………………付録1-8
　　　2.6.7　キュービクル、鉄塔等の設置
　　　　　　………………………付録1-8
　　　2.6.8　撤去品……………………付録1-8
　　第7節　デジタルカメラ……………付録1-8
　　　2.7.1　工事写真に必要とされるデジ

	タルカメラ等の仕様…………	付録1-8
2.7.2	工事写真用デジタルカメラの機能…………………………	付録1-8
2.7.3	写真編集等………………	付録1-8
2.7.4	ウィルス対策……………	付録1-8

付録－2　制限区域内工事実施要領
（航空保安業務処理規程「第10制限区域内工事実施規程」）

Ⅰ．総　　則	…………………………	付録2-1
1．目　　的	…………………………	付録2-1
2．用語の定義	…………………………	付録2-1
3．適用の範囲	…………………………	付録2-1
4．工事の実施に当たっての責務	………	付録2-1
5．工事関係者の制限区域内立入りに必要な手続等		付録2-1
Ⅱ．運航制限に必要な手続等	…………	付録2-2
1．運航制限の区分	………………………	付録2-2
2．運航制限の事務処理	…………………	付録2-2
Ⅲ．工事の実施に必要な保安措置	………	付録2-3
1．工事案内板及び工事境界標識	………	付録2-3
2．見　張　人	………………………	付録2-3
3．工事仮設物及び工事機械の保安措置		付録2-3
4．工事請負者の安全管理体制	…………	付録2-3
Ⅳ．工事実施要領	…………………………	付録2-3
1．一　　般	…………………………	付録2-3
2．滑走路又は過走帯における工事	……	付録2-6
3．滑走路ショルダーにおける工事	……	付録2-6
4．着陸帯(1)における工事	…………	付録2-6
5．着陸帯(2)における工事	…………	付録2-6
6．誘導路又はエプロンにおける工事	…	付録2-6
7．誘導路ショルダーにおける工事	……	付録2-7
8．誘導路帯又はエプロンショルダーにおける工事		付録2-7
9．その他の区域における工事	…………	付録2-7
別図(1)	工事区分説明図	付録2-7
別図(2)	禁止標識	付録2-8
別図(3)	臨時滑走路末端標識（白色又は黄色）	付録2-8
別図(4)	臨時滑走路末端灯	付録2-9
別図(5)	滑走路末端仮標識（白色又は黄色）	付録2-9
別図(6)	滑走路の長さの短縮制限標準方法	付録2-10
別図(7)	工事用機材置場位置図	付録2-10
別図(8)	誘導路、誘導路帯およびエプロンにおける工事区域設定標準図	付録2-11
様式(1)	運航制限の年間予定表	付録2-12
様式(2)	運航制限実施計画表	付録2-12
様式(3)	工事案内板の様式	付録2-13

付録－3　提　出　書　類

1．提　出　書　類	…………………	付録3-1
様式-1	現場代理人等通知書、	付録3-2
様式-2	請負代金内訳書	付録3-3
様式-3	工程表、変更工程表	付録3-4
様式-5	請　求　書	付録3-5
様式-7	品質証明員通知書	付録3-6
様式-8	施工体制台帳	付録3-7
様式-9	工事打合せ簿	付録3-9
様式-10	材料確認書	付録3-10
様式-11	段階確認書	付録3-11
様式-12	確認・立会依頼書	付録3-12
様式-13	事　故　速　報	付録3-13
様式-14	工事履行報告書	付録3-14
様式-16	指定部分完成通知書	付録3-15
様式-17	指定部分引渡書	付録3-16
様式-18	工事出来高内訳書	付録3-17
様式-19	請負工事既済部分検査請求書	付録3-18
様式-20	修補完了報告書	付録3-19
様式-21	修補完了届	付録3-20
様式-22	部分使用承諾書	付録3-21
様式-23	工期延期届	付録3-22
様式-24	支給品受領書	付録3-23
様式-25	支給品精算書	付録3-24
様式-28	現場発生品調書	付録3-25
様式-29	完成通知書	付録3-26
様式-30	引　渡　書	付録3-27
様式-A	工　事　日　報	付録3-28
様式-B	工事旬（月）報	付録3-28

付録－4　施工計画手引書
　第1章　一般事項……………………… 付録4-1
　　1.1.1　目　　的……………… 付録4-1
　　1.1.2　適用範囲……………… 付録4-1
　第2章　施工計画書…………………… 付録4-2
　　2.1.1　基本的事項……………… 付録4-2
　　2.1.2　提出の時期……………… 付録4-2
　　2.1.3　施工計画書……………… 付録4-2
　　2.1.4　品質計画………………… 付録4-3
　　2.1.5　監督職員の承諾………… 付録4-4
　　2.1.6　施工計画書の記載例……… 付録4-4
　　　Ⅰ．工事概要………………… 付録4-5
　　　Ⅱ．現場管理………………… 付録4-5
　　　Ⅲ．施工管理………………… 付録4-10
　　　Ⅳ．安全管理体制…………… 付録4-12

付録－5　報告・提出・承諾・協議・指示・検査・立会
　　　　事項一覧表
　　　（監督職員と受注者との関連ある事項）
　第1章　一般共通事項………………… 付録5-1
　第2章　共通工事……………………… 付録5-3

付録－6　工事請負契約書
　　　（国土交通省航空局　標準契約書）
　　　　　……………………………… 付録6-1

付録－7　用　語　集
　　1．土木・建築用語編………………… 付録7-1
　　2．無線用鉄塔編……………………… 付録7-9
　　3．一般用語編（環境関連も含む）……… 付録7-14
　　4．航空無線施設略語編……………… 付録7-16

第1編　一般共通事項

第1章　一般事項
 第1節　総　　　則 …………………… 1-1-1
 第2節　工事現場管理 ………………… 1-1-6
 第3節　工程表、施工計画書その他 …… 1-1-9
 第4節　機器および材料 ……………… 1-1-11
 第5節　施　　　工 …………………… 1-1-12
 第6節　制限区域内における施工 …… 1-1-14
 第7節　記　　　録 …………………… 1-1-14
 第8節　工事検査および技術検査 …… 1-1-15

第2章　共通工事
 第1節　仮 設 工 事 …………………… 1-2-1
 第2節　土 　工　 事 …………………… 1-2-2
 第3節　地 業 工 事 …………………… 1-2-4
 第4節　鉄 筋 工 事 …………………… 1-2-21
 第5節　コンクリート工事 …………… 1-2-30
 第6節　金 属 工 事 …………………… 1-2-31
 第7節　左 官 工 事 …………………… 1-2-34
 第8節　溶 接 工 事 …………………… 1-2-35
 第9節　塗 装 工 事 …………………… 1-2-35
 第10節　スリーブ工事 ………………… 1-2-36
 第11節　舗 装 工 事 …………………… 1-2-36

第1章　一般事項

第1節　総　　則

1.1.1　共通仕様書の適用範囲
(a) 本共通仕様書は、国土交通省航空局、地方航空局、航空交通管制部および航空保安大学校が発注する航空無線工事等に適用する。
(b) 本共通仕様書に定めのない事項およびこれによらない事項については、工事仕様書の定めによる。
(c) 図面および工事仕様書に記載された事項は、本共通仕様書に優先する。

1.1.2　用語の定義
(a) 「監督職員」とは、契約書類に定める工事の施工上必要な事項について、発注者が受注者に対し権限を行使するために、発注者が選任しその氏名を書面をもって受注者に通知した者をいい、別に定める場合を除き、統括監督職員、主任現場監督職員および現場監督職員を総称していう。
(b) 「検査職員」とは、付録-6「工事請負契約書」第31条に基づく工事の完成検査および同第37条に基づく請負代金の部分払いのために実施される出来形検査を行うために、当該検査のつど発注者が選任し、その氏名を書面をもって受注者に通知した者をいう。
(c) 「受注者」とは、当該工事請負契約の受注者または工事請負契約書の規定により定められた現場代理人をいう。
(d) 「承諾」とは、受注者が発注者または監督職員に対し書面で申し出た、契約書類で定める工事の施工上必要な事項について、発注者または監督職員が書面によって了解することをいう。
(e) 「協議」とは、契約書類で定める工事の施工上必要な事項について、監督職員および受注者が対等の立場で合議することをいう。
(f) 「指示」とは、契約書類で定める工事の施工上必要な事項について、監督職員か受注者に対し書面をもって示し実施させることをいう。
(g) 「契約書類」とは、工事請負契約書、図面、仕様書等および係る書類に明記されたその他の書類をいう。
(h) 「図面」とは、発注者から受注者に渡される一切の図面および受注者が提出し発注者が書面により承諾した一切の図面をいう。
(i) 「仕様書等」とは、本共通仕様書および工事仕様書ならびに発注者がそのつど協議した修正仕様書または追加仕様書をいう。
(j) 「工事仕様書」とは、本共通仕様書に定めのない事項およびこれによらない事項を定める書類をいい、現場説明書および現場説明に対する質問回答書を含む。
(k) 「設計図書」とは、本共通仕様書、特記仕様書、図面、現場説明書および現場説明に対する質問回答書をいう。
(l) 「報告」とは、契約書類で定める工事の施工に関する事項について、受注者が監督職員に書面をもって知らせることをいう。
(m) 「提出」とは、契約書類で定める工事の施工に係る書面またはその他の資料等を、受注者が監督職員に差出すことをいう。
(n) 「検査」とは、契約の履行に伴って受注者が施工した工事目的物を、監督職員または検査職員が契約書類と照合して契約の履行を確認することをいう。
(o) 「立会い」とは、契約書類に示された施工等の段階において、監督職員が臨場し施工等の内容を把握する

(p) 「工事区域」とは、工事用地その他工事仕様書で定める土地または水面の区域をいう。

(q) 「工事現場」とは、工事が施工されたり通過して施工される土地や場所または契約履行の目的に充当したり使用されるべき土地や場所をいう。

(r) 「制限区域」とは、航空法に規定する滑走路、誘導路、エプロンまたはこれらに類する場所であって、一般の者が自由に立入りできない区域をいう。

(s) 「必要に応じて」とは、監督職員がその必要性を認めて指示または承諾した場合や、協議に基づきその必要性を合意したことをいう。

(t) 「原則」とは、十分な理由によって監督職員の承諾を得て他の手段によることができるが、それ以外は遵守すべき事項をいう。

1.1.3 同等規格の使用

図面および仕様書等に示す規格は、国内規格によっているが、受注者は、監督職員が承諾する国内規格と同等の国際または外国規格を使用することができる。

1.1.4 計量単位

契約書類に使用されるすべての寸法、重量その他の計量は、計量法による。

1.1.5 SI単位

国際単位系となる、SI単位の適用に際し、疑義が生じた場合は、監督職員と協議する。

1.1.6 契約書類の相互補完

(a) 受注者は、仕様書等および図面を十分照査し、疑義のある場合は監督職員に報告し、その指示を受けなければならない。

(b) 契約書類を構成する各書類は、その解釈にあたり、相互に補完しているが、契約書類の中や契約書類間に不明確な点や相違がある場合は、監督職員はこれを説明および調整し、いかなる方法で工事を実施するかを直ちに受注者に指示する。

1.1.7 監督職員の権限の行使

監督職員がその権限を行使するときは、書面により行う。なお、口頭によって行われた場合は、受注者は書面により確認する。

1.1.8 受注者の責任および義務

(a) 受注者は、工事の目的物を契約書類の定めるところにより施工し、完成させる責任および義務を有する。

(b) 受注者は、工事の施工にあたって、関係官公署、地方公共団体および地域の住民と協調しなければならない。

(c) 受注者は、工事中周辺住民等から苦情または意見等があったときは、丁寧に対応し、直ちに監督職員に報告しなければならない。

(d) 受注者は、書面による発注者への工事の最終引渡しを完了するまでは、工事の目的物を自らの負担で管理し、その責任をもたなければならない。

(e) 受注者は、監督職員が工事の施工に関して承諾を与えた事項の実施および検査に合格した事項についても、契約上の受注者の責任は免れない。

(f) 受注者は、発注者または監督職員が仕様書等または図面の変更を指示したときは、その変更を理由として、

工事の中止を請求することはできない。

1.1.9　協調および協力義務
(a) 受注者は、隣接工事または関連工事の受注者と相互に協調し、工事を施工しなければならない。
(b) 受注者は、発注者、監督職員または検査職員が行う検査、調査、試験および資料作成に協力しなければならない。この協力に要する費用は、受注者の負担とする。

1.1.10　受注者の異議申立書の提出
(a) 受注者は、発注者または監督職員からの指示に異議がある場合は、監督職員に対し書面により異議申立てをすることができる。
(b) 前項の異議申立書の提出があった場合には、発注者または監督職員と受注者は、その異議申立事項について協議する。
(c) 受注者は、前項の異議申立書を提出したことを理由に、工事を中止してはならない。
(d) 受注者が、前項(a)の規定により異議申立書を監督職員に提出しなかった場合は、発注者または監督職員によるすべての指示に受注者が合意したものとみなす。

1.1.11　官公署その他への手続き
工事の施工にあたり、諸官公署およびその他への手続きは、監督職員と協議し速やかに処理し、これらの手続きに係る許可承認を得たときは、その写し（必要によって本文）を監督職員に提出する。

1.1.12　工事実績情報の提出
受注者は、工事請負金額が500万円以上の公共工事を受注した場合、「工事実績情報サービス」（CORINS：コリンズ：Costruction Records Information Service）を、JACIC（（一財）日本建設情報総合センター）に契約単位で登録をしなければならない。ただし「登録のための確認のお願い」を作成し監督職員の確認を受ける。また、測量調査設計業務実績情報サービス（TECRIS：テクリス：Technical Consulting Records Information Service）もJACICに登録をしなければならない。登録対象は100万円以上の調査設計業務、地質調査業務となる。また、「工事カルテ」を作成し、監督職員に提出し、確認を受けた後、TECRIS発行の「工事カルテ受領書」の写しを監督職員に提出しなければならない。「工事カルテ」の登録申請は次による。
(a) 受注時登録データの提出期限は、契約締結後、土曜日、日曜日、祝日等を除き10日以内とする。
(b) 完了時登録データの提出期限は、工事完成後10日以内とする。
(c) 施工中に受注時登録データの内容に変更があった場合は、変更があった日から土曜日、日曜日、祝日等を除き10日以内に変更データを提出する。なお、変更時と完成時の間が10日間に満たない場合は、変更時の提出を省略できる。
(d) 登録データに訂正があった場合は、適宜提出する。

1.1.13　低入札価格調査制度調査対象工事
予算決算及び会計令第85条の基準に基づく価格を下回る価格で落札した場合においては受注者は次の調査に協力しなければならない。
(a) 受注者は監督職員の求めに応じて、施工体制台帳を提出しなければならない。また、提出に際して、その内容のヒヤリングを求められたときは、受注者はこれに応じなければならない。
(b) 受注者は共通仕様書に基づく施工計画書の提出に際して、その内容のヒヤリングを監督職員から求められたときは、これに応じなければならない。

(c) 受注者は、再委託業者の協力を得て間接工事費等諸経費動向調査票の作成を行い、工事完了後、速やかに監督職員に提出する。なお、調査票等については別途監督職員から指示する。

(d) 受注者は、提出された間接工事費等諸経費動向調査票について、費用の内訳についてヒヤリング調査に応じなければならない。また、必要に応じて再委託業者へのヒヤリングを行うため、受注者は再委託業者についてもヒヤリングに参加させなければならない。

1.1.14 提出書類の様式

受注者が発注者に提出する書類で付録-3「提出書類」に定めるものを参考とし、監督職員と受注者の協議によりその形式を定める。

1.1.15 工事の開始

受注者は、契約締結後速やかに工事に着手しなければならない。

1.1.16 工事の一時中止、工期の変更および請負代金額の変更

発注者は、次の各号のいずれかに該当する場合においては、受注者に対し、発注者が必要と認める期間、工事の全部または一部の施工について一時中止を命じ、工期の変更を行うことができる。また、必要な場合は、発注者と受注者が協議のうえ、請負代金額の変更を行わなければならない。

(a) 空港の運用等により工事の続行が不適当または不可能となった場合。
(b) 工事用用地等の一部が取得されない場合。
(c) 埋蔵文化財等が発見され、工事の続行が不適当または不可能となった場合。
(d) 関連する他の工事の進捗が遅れたため工事の続行を不適当と認めた場合。
(e) 環境問題等の発生により工事の続行が不適当または不可能となった場合。
(f) 災害等により工事の続行が不適当または不可能となった場合。
(g) 天候等の悪条件により工事に損害を生ずるおそれのある場合。
(h) 受注者およびその使用人等または発注者側監督職員の安全のため必要があると認める場合。
(i) 公共工事標準請負契約約款第17条（設計図書不適合の場合の改造義務及び破壊検査等）に基づく条件の変更が生じた場合。

1.1.17 現場発生品

(a) 現場発生品のうち、再使用をすることができるものについては、再使用に努める。また、再資源化をすることができるものについては、再資源化を行う。
(b) 受注者は、廃棄物の処理及び清掃に関する法律（以下「廃棄物処理法」という）に基づき産業廃棄物管理表（マニフェスト）を適正に使用し、最終処分場までの処分について確認する。また受注者は、マニフェストを監督職員に提出し、適正に処分されたことを報告する。
(c) 工事施工によって発生したものは、発注者の所有に帰する。
(d) 前項(c)のうち工事仕様書に定められたものについて受注者は、撤去品目録を作成し、工事仕様書または監督職員の定める場所で発注者に引渡さなければならない。
(e) 前項(d)以外のもので監督職員の指示したものについて、受注者は、撤去品目録を作成し、工事仕様書または監督職員の指定する場所で発注者に引渡さなければならない。なお、その他のものについては、監督職員の承諾を得て処分しなければならない。
(f) 再使用予定の発生品およびPCB使用電気機器等については、引渡しまでの保管にあたり、十分に注意する。なお、引渡しを要しないものは、すべて工事現場外（以下「場外」という）に搬出し、関係法令等に従い

1.1.18 支給材料（官給材料）および貸与品

(a) 支給材料および貸与品は、契約書類の定めるところにより、監督職員、受注者の両者立会いのもとに検査および確認して引渡しまたは返還する。
(b) 支給材料および貸与品の所有権は、受注者が管理する場合においても、発注者に属する。
(c) 受注者は、支給材料および貸与品を他の工事に流用してはならない。
(d) 受注者は、支給材料および貸与品について、その受払い状況を記録した帳簿を備付け、支給材料については常にその残高を明らかにしておかなければならない。
(e) 受注者は、支給材料および貸与品の修理等を行う場合には、事前に監督職員の承諾を得なければならない。
(f) 受注者は、支給材料および貸与品を善良なる管理者の注意をもって使用、保管および維持し、そのために必要となるすべての費用は、受注者の負担とする。

1.1.19 数量の検測

数量の検測は、仕様書等の各項目に規定された方法および手続きに従って検査職員または監督職員が行う。この場合において、数量の検測のための測量は、検査職員または監督職員が立会い、その指示により受注者が行う。この測量に要する費用は、受注者の負担とする。

1.1.20 工事の測量

(a) 現地の状況をよく把握し、設計図書により測量を実施する。構造物の位置決定に際しては監督職員の承諾を得るものとする。
(b) 工事に必要な測量は受注者が行うものとし、監督職員がその資料の提出を求めた場合、これに応じなければならない。

1.1.21 空港用地の使用

(a) 受注者は、空港用地内に工事用仮設物等の用地を必要とする場合、「空港管理規則」に基づいて監督職員の指示により、当該国有財産を管理する空港長の使用承諾を得なければならない。
(b) 受注者は、使用承諾を受けた用地を工事用仮設物等の用地以外の目的で使用してはならない。
(c) 受注者は、工事が完成したときは、工事仮設物を解体撤去して使用した用地等を原形に復旧のうえ、速やかに返還しなければならない。

1.1.22 諸法規の遵守

(a) 受注者は、工事施工にあたり、航空機の運航および航空保安施設の運用に支障を及ぼすおそれのある作業は、すべて監督職員の指示を受けなければならない。
(b) 受注者は、工事施工にあたり関係諸法令を遵守しなければならない。
(c) (b)の運営適用は、受注者の負担と責任において行われなければならない。
(d) 受注者が遵守すべき主たる法令は、次の各号に掲げるとおりとなる。
 (1) 労働基準法（昭和22年　法律第49号）
 (2) 消防法（昭和23年　法律第186号）
 (3) 建設業法（昭和24年　法律第100号）
 (4) 建築基準法（昭和25年　法律第201号）
 (5) 電波法（昭和25年　法律第131号）

(6) 計量法（平成 4 年　法律第51号）
(7) 航空法（昭和27年　法律第231号）
(8) 有線電気通信法（昭和28年　法律第96号）
(9) 道路交通法（昭和35年　法律第105号）
(10) 河川法（昭和39年　法律第167号）
(11) 電気事業法（昭和39年　法律第170号）
(12) 騒音規制法（昭和43年　法律第98号）
(13) 廃棄物の処理及び清掃に関する法律（昭和45年　法律第137号）
(14) 水質汚濁防止法（昭和45年　法律第138号）
(15) 労働安全衛生法（昭和47年　法律第57号）
(16) 自然環境保全法（昭和47年　法律第85号）
(17) 電気通信事業法（昭和59年　法律第86号）
(18) 国等による環境物品等の調達の推進等に関する法律（平成12年　法律第100号）
(19) 建設工事に係る資材の再資源化等に関する法律（平成12年　法律第104号）
(20) 資源の有効な利用の促進に関する法律（平成 3 年　法律第48号）
(21) 文化財保護法（昭和25年　法律第214号）

第 2 節　工事現場管理

1.2.1　現場代理人および監理（主任）技術者等
(a) 現場代理人とは、工事請負契約書に規定する者をいい、工事現場に常駐することを原則とする。
(b) 主任技術者等とは、工事現場における工事施工の技術上の管理をつかさどる主任技術者（建設業法第26条第 1 項に規定する技術者）をいう。
(c) 監理技術者は、建設業法第26条第 2 項で規定する工事において、工事施工の技術上の管理をつかさどるもので同法第15条第 2 項に該当するものをいう。

1.2.2　電気保安技術者
(a) 電気事業法に定める自家用電気工作物に係る工事においては、電気保安技術者をおくものとする。
(b) 電気保安技術者は、次による者とし、必要な資格または同等の知識および経験を証明する資格を、監督職員に提出して監督職員の承諾を受ける。
　(1) 事業用電気工作物に係る工事の電気保安技術者は、その電気工作物の工事に必要な電気主任技術者の資格を有するまたはこれと同等の知識および経験を有する。
　(2) 一般用電気工作物に係る工事の電気保安技術者は、第一種または第二種電気工事士の資格を有する。
(c) 電気保安技術者は、監督職員の指示に従い自家用電気工作物の保安の業務を行う。

1.2.3　施工時間等
(a) 日曜日および国民の祝日に関する法律に規定する国民の祝日に工事を施工してはならない。ただし、設計図書に定めのある場合またはあらかじめ監督職員の承諾を受けた場合は、この限りでない。
(b) 設計図書に定められている施工日時を変更する必要がある場合には、あらかじめ監督職員の承諾を受ける。

1.2.4　工事現場の安全衛生管理および電気保安管理
(a) 工事現場の安全衛生・電気保安に関する管理は、主任技術者が責任者となり、関係法令等に従って行う。

なお、当該工事現場において別に責任者が定められている場合には、主任技術者はこれに協力する。
(b) 工事現場においては、常に整理整頓を行い、事故の防止に努める。

1.2.5 建設副産物処理

(a) 受注者は、掘削により発生した石、砂利、砂、その他の材料を工事に用いる場合、設計図書によるものとするが、設計図書に明示がない場合には、本体工事または設計図書に指定された仮設工事にあっては、監督職員と協議するものとし、設計図書に明示がない任意の仮設工事にあたっては、監督職員の承諾を得なければならない。

(b) 受注者は、産業廃棄物が搬出される工事にあたっては、産業廃棄物管理票(マニフェスト)または電子マニフェストにより、適正に処理されていることを確認するとともに監督職員に提示しなければならない。

(c) 受注者は、建設副産物適正処理推進要綱(国土交通事務次官通達、平成14年5月30日)、再生資源の利用の促進について(航空局飛行場部建設課長通達、平成4年1月24日)、建設汚泥の再生利用に関するガイドライン(国土交通事務次官通達、平成18年6月12日)を遵守して、建設副産物の適正な処理および再生資源の活用を図らなければならない。

(d) 建設工事に係る資材の再資源化等に関する法律(平成12年 法律第104号)(以下「建設リサイクル法」という)に基づき、特定建設資材の分別解体等および再資源化等の実施について適正な措置を講ずることとする。なお、工事における特定建設資材の分別解体等・再資源化等については、次の積算条件を設定しているが、付録-6「工事請負契約書」に定める事項は契約時に発注者と受注者の間で確認されるものであるため、発注者が積算上条件明示した次の事項と別の方法であった場合でも変更の対象としない。ただし、工事発注後に明らかになった事情により、予定した条件により難い場合は、監督職員と協議する。

(1) 再資源化等をする施設の名称および所在地
   所在地は、積算上の条件明示であり、処理施設を指定するものではない。なお、受注者の提示する施設と異なる場合においても設計変更の対象としない。ただし、現場条件や数量の変更等、受注者の責によるものでない事項についてはこの限りでない。

表1.2.1 再資源化等をする施設の名称および所在地

廃棄物の種類	施設名称	搬出場所
コンクリート	○○処分場	○○県○○市○○
木材	△△処分場	△△県△△市△△

(2) 受入時間
   ○○処分場　00時00分～00時00分
   △△処分場　00時00分～00時00分

(3) その他
   仮置き等必要条件があれば記載する。

(e) 受注者は、特定建設資材の分別解体等・再資源化等が完了したときは、建設リサイクル法第18条(発注者への報告等)に基づき、次の事項を書面に記載し、監督職員に報告することとする。なお、書面は「建設リサイクルガイドライン(平成14年5月)」に定めた様式1［再資源利用計画書(実施書)］および様式2［再生資源利用促進計画書(実施書)］を兼ねる。

(1) 再資源化等が完了した年月日
(2) 再資源化等をした施設の名称および所在地
(3) 再資源化等に要した費用

1.2.6　環境保全

(a) 受注者は、「建設工事に伴う騒音振動対策技術指針」（建設大臣官房技術審議官通達、昭和62年3月30日）、関連法令ならびに仕様書の規定を遵守のうえ、騒音、振動、大気汚染、水質汚濁等の問題については、施工計画および工事の実施の各段階において十分に検討し、周辺地域の環境保全に努めなければならない。

(b) 受注者は、工事の施工にあたり環境が阻害されるおそれがある場合は、あらかじめ対策を立て、監督職員に報告しなければならない。

(c) 受注者は、第三者から環境対策について苦情が生じた場合には、直ちに監督職員と協力してその解決にあたる。

(d) 工事において次に示す建設機械を使用する場合は、「排出ガス対策型建設機械指定要領（平成3年10月8日付け建設省経機発第247号、最終改正平成22年3月18日付け国総施第291号）」に基づき指定された排出ガス対策型建設機械を使用する。ただし、これにより難い場合は、監督職員と協議のうえ、設計変更を行う。排出ガス対策型建設機械を使用する場合、現場代理人は施工現場において使用する建設機械の写真撮影を行い、監督職員に提出する。

表1.2.2　建設機械

機　械	備　考
・バックホウ ・トラクタショベル ・ブルドーザ ・ロードローラ、タイヤローラ、振動ローラ	ディーゼルエンジン（エンジン出力7.5kW以上260kW以下）を搭載した建設機械に限る

1.2.7　文化財の保護

(a) 受注者は、工事の施工にあたって、文化財の保護に十分注意しなければならない。

(b) 受注者は、工事中に文化財を発見したときは、直ちに監督職員に報告し、その指示に従わなければならない。

(c) 受注者が工事の施工にあたり文化財を発見した場合は、発注者が当該文化財の発見者としての権利を保有する。

1.2.8　災害時の安全確保

災害および事故が発生した場合には、人命の確保を優先するとともに、二次災害の防止に努め、その経緯を監督職員に報告する。

1.2.9　保険の付保

(a) 受注者は、雇用保険法、労働者災害補償保険法、健康保険法、中小企業退職金共済法および日雇労働者健康保険法の定めるところにより、労働者の雇用形態に応じ、労働者を被保険者とするこれらの保険に加入しなければならない。

(b) 受注者は、労働者の業務に関して生じた負傷、疾病、死亡およびその他の事故に対して責任をもって適正な補償をしなければならない。

1.2.10　作業報告

(a) 受注者は、監督職員から指示を受けたときは、工事予定を報告しなければならない。

(b) 受注者は、監督職員の指示する様式により日々の作業内容を記載した報告書（日報等）を提出しなければならない。

1.2.11　作業時間帯
(a) 作業時間帯は、特記仕様書の定めによる。
(b) 受注者は、特記仕様書に規定する作業時間帯以外または休日や祝日に作業を行う場合は、あらかじめ監督職員の承諾を得なければならない。

1.2.12　養　　　生
(a) 受注者は、既設部分、施工済み部分、未使用機材等で汚染または損傷するおそれのある場合は、適切な方法で養生を行う。
(b) 受注者が施工等で既設物を汚染または損傷した場合は、監督職員に報告した後、受注者の負担で復旧し、監督職員の確認を受ける。

1.2.13　測定器等の用意
工事の施工にあたり必要な測定器および工具類は受注者が用意する。

1.2.14　特許・意匠登録等の処理
工事で行う施工方法および使用材料等に係る特許、実用新案および意匠登録等の処理は受注者が行う。

1.2.15　後片付け
工事区域の後片付けおよび清掃は、受注者の責任により工事完成日までに完了しなければならない。

第3節　工程表、施工計画書その他

1.3.1　実施工程表
(a) 着工に先立ち、実施工程表を作成し、監督職員の承諾を受ける。
(b) 実施工程表に変更の必要を生じ、その内容が重要な場合は、変更実施工程表を速やかに作成し、監督職員の承諾を受ける。
(c) 監督職員の指示により、実施工程表の補足として、週間または月間工程表、工種別工程表等を作成し、提出する。

1.3.2　施工計画書
(a) 受注者は、契約締結後速やかに、次に掲げる内容事項の施工計画書を監督職員に提出し、承諾を得なければならない。なお航空局から当該工事に係る施工監理業務が発注されている場合には、施工計画書（実施工程表含む）作成にあたっては、当該施工監理受注者（管理技術者）と調整のうえ、提出する（付録-4「施工計画手引書」を参考にする）。

表1.3.1 施工計画書

項番	項目	内容
(1)	工事概要	工事の概要について記載する
(2)	実施工程表	建築、機械設備およびその他工事工程の把握と調整等必要事項を記載する
(3)	現場組織表	受注者組織（組織表） ① 現場施工体制：現場職員構成、工種別責任者、主任技術者（監理） ② 現場管理体制：統括安全衛生責任者、電気保安技術者
(4)	主要機械	主要機械製作予定一覧表、機械の搬入計画等
(5)	主要資材	主要資材製作予定一覧表、資材の搬入計画等
(6)	施工方法	施工方法について記載する
(7)	施工管理	施工管理について記載する
(8)	安全管理	安全管理について記載する
(9)	緊急時の体制	緊急時の体制について記載する
(10)	仮設計画	仮設計画について記載する
(11)	官公庁等への手続き	必要官公庁等への手続きについて記載する。付録-3「提出書類」を参考にする

(b) 受注者は、施工計画書の重要な内容を変更する場合には、そのつど速やかに監督職員に変更施工計画書を提出し、承諾を得なければならない。

表1.3.2 変更施工計画書

項目	記入内容	備考
仮設計画	工事施工に直接関係する仮設計画	
実施工程表	必要に応じ工種別、週間または月間工程	別契約工事と関連する場合は職員の指示による
施工方法	工種別	
使用機械	工種別	
安全管理計画	組織表、緊急連絡先など	
施工管理計画	工種別	

1.3.3 施工体制台帳および施工体系図の作成

(a) 受注者は、工事を施工するために締結した再委託契約の請負代金額（当該再委託契約が2以上ある場合は、それらの請負代金の総額）が3,000万円以上になる場合、国土交通省令および「施工体制台帳に係わる書類の提出について」（平成13年3月30日付け国空建第68号）に従って記載した施工体制台帳を作成し、工事現場に備えるとともに、その写しを監督職員に提出しなければならない。

(b) 受注者は、前項に示す国土交通省令の定めに従って、各再委託業者の施工の分担関係を表示した施工体制図を作成し、工事関係者等が見やすい場所および公衆が見やすい場所に掲げるとともに監督職員に提出しなければならない。

1.3.4 製作図・施工図・見本その他

受注者は、次に示す書類等を必要に応じ速やかに提出し、監督職員の承諾を受ける。

(a) 主要資材発注表
(b) 工事に関する許可関係書類
(c) 施工図
(d) カタログ・見本
(e) 機器製作図、製作仕様書

(f) 監督職員の指示する計算書類

1.3.5　色の指示
色は、監督職員の指示による。

1.3.6　作業員への指示
施工計画書に基づく施工方法、施工図等は、関係する作業員に周知徹底させる。

第4節　機器および材料

1.4.1　使用材料
(a) 受注者は、契約書類に規定されたまたは監督職員が指示した工事に使用する材料および製品について、あらかじめ、品名、製造元および品質を証明できる資料ならびに安定的な供給能力、運搬および保管時における適切な品質管理体制に関する資料を添付した工事材料承諾願を監督職員に提出し、承諾を得なければならない。この場合において、監督職員が必要と判断したときには、監督職員が承諾できる試験機関での試験結果の添付を求めることができる。

(b) 「JISマーク表示品」と指定された機器および材料（以下「機材」という）は、JISマーク（JIS：日本工業規格）の表示のあるものとする。

(c) 「航空無線工事標準図面集（最新版）」（以下「図面集」という）に示す機材はこれによる。

(d) 調合を要する材料は、調合表を監督職員に提出し承諾を受けるものとする。

(e) 現地搬入時、監督職員は前項(a)の材料および製品について確認のための検査を行う。同検査に合格したものであっても、使用するときに監督職員が変質または不良品と認めたものについては、受注者はこれを使用してはならない。

(f) 受注者は、監督職員の検査に不合格または監督職員が変質もしくは不良品と認めたものについては、監督職員の指示に従い処置しなければならない。またこの処置に要する費用は、受注者の負担とする。

(g) 受注者は監督職員の指示する材料の納品書の写しを提出する。

1.4.2　機材搬入の報告
機材の搬入ごとに、その機材が設計図書に定められた条件に適合することを確認し、必要に応じ、証明となる資料を添えて、監督職員に文書で速やかに報告する。ただし、軽易な機材については、監督職員の承諾を受けて、報告を省略することができる。

1.4.3　機材の検査
(a) 機材種別ごとに、監督職員の検査を受ける。ただし、軽易な機材については、監督職員との協議により検査を省略することができる。

(b) 合格した機材と同じ種別の機材は、監督職員が特に指示する機材を除き、当該工事において以後の使用を承諾されたものとする。

(c) 監督職員の検査に合格した機材は、監督職員の承諾なく場外に搬出してはならない。

(d) 監督職員の検査に合格しなかった機材は、速やかに場外に搬出する。

1.4.4　機材検査に伴う試験
(a) 試験は、次の場合に行う。

(1) 契約書類に定められた場合
(2) 試験によらなければ定められた条件に適合することが証明できない場合
(b) 試験方法はJIS（日本工業規格）、JEC（電気学会電気規格調査会標準規格）、JEM（日本電機工業会規格）等に定めのある場合は、これによる。
(c) 試験が完了したときは、その試験成績書を速やかに監督職員に提出する。

1.4.5 機材の保管
搬入した機材は、工事に使用するまで変質等がないよう保管する。

第5節　施　　工

1.5.1 施　　工
(a) 施工は、契約書類に示された設備が機能を完全に発揮するよう確実に行う。
(b) 施工は、監督職員の承諾を受けた施工計画書、製作図、施工図および「図面集」に従って行う。

1.5.2 施工管理
(a) 受注者は、工事の施工にあたり、品質および出来形が図面および仕様書等に適合するよう、十分な施工管理を行わなければならない。
(b) 受注者は、図面および仕様書等に示す試験項目および試験頻度に従って、監督職員立会いのもとに施工管理試験を行い、その結果を速やかに取りまとめ監督職員に提出しなければならない。
(c) 監督職員は、次に掲げる場合は図面および仕様書等に示す試験項目および試験頻度を変更することがある。この場合において、受注者は監督職員の指示に従わなければならない。これに伴う費用は、受注者の負担とする。
(1) 工事の初期で作業が定常的になっていない場合
(2) 管理試験結果が限界値に異常接近した場合
(3) 試験の結果、品質および出来形に均一性を欠いた場合
(4) 前各号に掲げるもののほか、監督職員が必要と判断した場合
(d) 受注者は、工事の施工に伴って独自に試験研究等を行う場合の具体的な試験、研究項目および成果の発表方法については、監督職員の承諾を得なければならない。
(e) 受注者は、工事の施工にあたり、次の記録写真を撮影し、監督職員に提出しなければならない。撮影の際は、被写体の寸法が分かるように、スケール（巻尺、ポールおよび箱尺等）を同時に撮影しなければならない。なお、撮影項目、撮影時期、撮影頻度および写真の整理方法の詳細については、付録-1「工事写真撮影手引書」の定めによる。
(1) 工事段階ごとの施工状況一般
(2) 完成後、外面から明視できない箇所
(3) その他特に監督職員が指示した箇所

1.5.3 安全管理
(a) 受注者は、常に工事現場の安全に留意して、事故および災害の防止に努めなければならない。また、非常時の緊急連絡体制を定めておかなければならない。
(b) 受注者は、空港内で工事をする場合、「空港管理規則」および「航空保安業務処理規程」で定める禁止行為をしてはならない。

(c) 受注者は、工事期間中、安全巡視を行い、工事区域およびその周辺の監視あるいは連絡を行い安全を確保しなければならない。
(d) 受注者は、工事着手後、作業員全員の参加により月当たり、半日以上の時間を割当て、次の各号から実施する内容を選択し、定期的に安全に関する研修・訓練等を実施しなければならない。
 (1) 安全活動のビデオ等、視聴覚資料による安全教育
 (2) 当該工事内容等の周知徹底
 (3) 工事安全に関する法令、通達、指針等の周知徹底
 (4) 工事における災害対策訓練
 (5) 工事現場で予想される事故対策
 (6) その他、安全教育・訓練等として必要な事項
(e) 受注者は、工事の内容に応じた安全教育および安全訓練等の具体的な計画を作成し、施工計画書に記載して、監督職員に提出しなければならない。
(f) 受注者は、事故または災害が発生した場合、第三者および作業員等の人命の安全確保をすべてに優先させ、応急措置を講じるとともに、直ちに監督職員および関係機関に電話にて状況を連絡し、その後通知をしなければならない。
(g) 受注者は工事施工箇所に地下埋設物件等が予想される場合には、当該物件の位置、深さ等を調査し監督職員に報告しなければならない。
(h) 受注者は施工中、管理者不明の地下埋設物等を発見した場合は、監督職員に報告し、その処置については占用者全体の立会いを求め、管理者を明確にしなければならない。
(i) 受注者は、地下埋設物件等に損害を与えた場合は、直ちに監督職員に報告するとともに関係機関に連絡し応急措置をとり、補修しなければならない。
(j) 受注者は、工事現場付近における事故防止のため立入りを禁止する必要がある場合、あらかじめ監督職員の承諾を得て、その区域に、さく、門扉、立入禁止の標示板等を設けなければならない。
(k) 受注者は、空港の制限区域内で工事を施工する場合、図面および工事仕様書の定めに従い保安要員を配置して航空機との安全を確保しなければならない。
(l) 受注者は、運搬等の安全管理については、次の規定に従う。
 (1) 工事用運搬路として既設の道路を使用する場合は、積載物の落下等により路面を汚損したり、また、これにより第三者に損害を与えることのないよう注意しなければならない。
 (2) トラック等大型輸送機械で、工事用資材等を輸送する工事については、関係機関と協議のうえ、交通安全に関する必要な事項の計画を立て、監督職員に報告しなければならない。

1.5.4 工事検査

(a) 契約書類に定められた施工等の段階の出来形、品質および材料についての検査は、監督職員が行う。監督職員が行う検査にあたっては、受注者の主任技術者が立会い、検査を受けなければならない。
(b) 工事の完成検査ならびに既済部分の出来形および品質検査は検査職員が行う。検査職員が行う検査にあたっては、受注者の現場代理人、主任技術者等が立会い、検査を受けなければならない。
(c) 受注者は、工事検査のために必要な測量、労務および材料を求められた場合、これに従わなければならない。
(d) 発注者または監督職員が行う試験については、別に定める場合を除き、発注者が費用を負担する。
(e) 受注者は、発注者が工事の目的物の引渡しを受ける場合において、工事請負契約書第31条第2項の規定により、検査のために当該工事の一部分を撤去または取壊す必要があると認めたときは、監督職員の指示に従い、これに必要な機械、器具、労務および材料を提供しなければならない。これに要する費用は、受注者の負担とする。

(f) 受注者は、契約書類に従って、工事の施工について監督職員の立会いまたは検査を受けなければならない場合は、あらかじめ「工事施工立会（検査）願」を監督職員に提出しなければならない。

(g) 監督職員は立会いまたは検査に代わる他の方法を指示することができる。この場合において、受注者は、監督職員の指示に従わなければならない。これに伴う費用は、受注者の負担とする。

1.5.5 工法等の提案

設計図書に定められた工法以外で、所要の品質および性能の確保が可能な工法等の提案がある場合には、監督職員と協議する。

第6節　制限区域内における施工

1.6.1 制限区域内への立入りに必要な諸手続き

受注者が、工事の施工等でその空港の制限区域内に立入る場合は、「空港管理規則」およびその空港の諸規程に従って、所定の手続きを行わなければならない。

1.6.2 制限区域内の施工

制限区域内の施工を行う場合は、工事着工に先立ち、工事目的、作業内容、作業場所、立入経路、工事期間等を1.3.2に従って作成する施工計画書に記載し、監督職員に提出する。作業に際しては監督職員の指示に従うほか、付録-2「制限区域内工事実施要領」の該当事項を遵守して行う。

1.6.3 安全管理

安全管理は1.5.3に準ずる。

第7節　記　　録

1.7.1 指示および協議事項の記録

受注者は、監督職員が指示した事項および監督職員と協議した事項について記録した文書を、整理して提出する。ただし、簡易な事項については、監督職員の承諾を受けて省略することができる。

1.7.2 施工状況の記録

(a) 監督職員が施工の適切なことを証明する必要があると認め指示する場合は、受注者は、工事写真、見本品、試験成績書、計算書等必要な資料を整理して提出する。

(b) 受注者は、撮影した写真を、写真帳に整理して提出する。

(c) 原版は電子媒体で、完成時に提出する。

(d) 写真撮影は、監督職員と協議し、付録-1「工事写真撮影手引書」により実施する。

1.7.3 完成図その他

(a) 工事が完成（中間完成を除く）したときは、監督職員の指示によって完成図、機材完成図、保守に関する取扱説明書、試験成績書等を作成し、監督職員に提出する。なお、部数は設計図書または監督職員の指示による。

(b) 完成図は、工事完成時における設備の現状を次によって示したものとする。ただし、監督職員の承諾を受けたものは、製作図をもって、完成図に代えることができる。

(1) 図面の種別
　(イ) 設計図面の構成に準じた各種配線図、系統図および機器配置図等
　(ロ) 主要機器一覧表（品名、製造者名、形式、容量または出力、数量等）
(2) 様式
　原図は、上質紙またはこれと同等以上の品質をもつ用紙とし、記載する寸法、縮尺、文字、図示記号等は、設計図書に準ずる。ただし、製作図の場合は、原図は不要とする。
(3) 記載上の注意
　設計変更および現場変更後の状態を明確に記載する。
(4) 電子納品
　完成図原図および工事写真原版は電子納品とすることができる。

第8節　工事検査および技術検査

1.8.1　工事検査

(a) 契約書に規定する工事を完成したときの通知は、次の(1)～(3)に示す要件のすべてを満たす場合に、監督職員に提出することができる。
　(1) 設計図書に示すすべての工事が完了している。
　(2) 監督職員の指示を受けた事項がすべて完了している。
　(3) 設計図書に定められた工事関係図書および記録の整備がすべて完了している。
(b) 契約書に規定する部分払いを請求する場合には、当該請求に係る出来形部分等の算出方法について監督職員の指示を受けるものとし、当該請求部分に係る工事について、(a)の(2)および(3)の要件を満たすものとする。
(c) 契約書に規定する指定部分に係る工事完成の通知を監督職員に提出する場合には、指定部分に係る工事について、(a)(1)～(3)を満たすものとする。
(d) 受注者は(a)～(c)の通知または請求に基づく検査を、発注者から通知された検査日に受ける。
(e) 工事検査に必要な資機材および労務等を提供し、これに直接要する費用を負担する。

1.8.2　技術検査

(a) 技術検査は、次の時期に行う。
　(1) 1.8.1(a)～(c)に示す工事検査時
　(2) 工事施工途中における技術検査（中間技術検査）の実施回数および実施する段階が特記された場合、検査日は受注者等の意見を聴いて、発注者が定める。
　(3) 施工途中における事故等により発注者が特に必要と認めた場合、検査日は、発注者が定める。
(b) 受注者は技術検査を、通知された検査日に受ける。
(c) 技術検査に必要な資機材および労務等を提供し、これに直接要する費用を負担する。

第2章 共通工事

第1節 仮設工事

2.1.1 一般事項
本節以外の事項は、「空港土木工事共通仕様書」の該当事項による。

2.1.1.1 適用範囲
本節は、建築物等を完成させるために必要な仮設工事に適用する。

2.1.1.2 仮設材料
仮設に使用する材料は、使用上差支えない程度のものとする。

2.1.2 縄張り、遣り方、足場その他

2.1.2.1 敷地の状況確認および縄張り
敷地の状況を確認のうえ、縄張り等により建築物等の位置を示し、設計図書との照合のうち、監督職員の検査を受ける。

2.1.2.2 ベンチマーク（遣り方の高さの基準点となるもの）
(a) ベンチマークは、木杭、コンクリート杭等を用いて移動しないように設置し、その周囲に養生を行う。ただし、移動するおそれのない固定物のある場合は、これを代用することができる。
(b) ベンチマークは、監督職員の検査を受ける。

2.1.2.3 遣り方（基礎工事に先立ち、柱・壁などの中心線や水平線を設定するため、必要な箇所に杭を打ってつくる仮設物のこと。規模の大きな建物などでは遣り方をつくらず、そのつど、測量機器を用いて、ベンチマークや固定物、あるいは新設した杭などに設けられた基準点から、レベルや基準墨を出すことが多い）
(a) 縄張り後、遣り方を建築物等の隅々、その他の要所に設け、工事に支障のない箇所に逃げ心を設ける。
(b) 水貫（遣り方杭にしるした基準墨に上端を合わせ、順次打付けていく板で水貫の上端は基礎天板から一定の高さだけ逃げた基準高さとして設定する。水貫面には心墨、逃げ墨などをしるす）は、上端をかんな削りのうえ、水平に地杭に釘打ちする。
(c) 遣り方には、建築物等の位置および水平の基準を明確に表示し、監督職員の検査を受ける。
(d) 検査に用いる基準巻尺は、JIS B 7512「鋼製巻尺」の1級とする。

2.1.2.4 足場その他
(a) 足場、桟橋、仮囲い等は、労働安全衛生法、建築基準法、建設工事公衆災害防止対策要綱、その他関係法令等に従い、適切な材料および構造のものとし、適切な保守管理を行う。
(b) 足場を設ける場合には、「「手すり先行工法に関するガイドライン」について」（平成21年4月 厚生労働省）の「手すり先行工法等に関するガイドライン」によるものとし、足場の組立て、解体、変更の作業時および使用時には、常時、すべての作業床について手すり、中さんおよび幅木の機能のあるものを設置しなけ

(c) 定置する足場および桟橋の類は、別契約の関係受注者に無償で使用させる。

2.1.3　仮設物

2.1.3.1　監督職員事務所、受注者事務所等
　　　(a) 監督職員事務所の設置は、特記による。
　　　(b) 受注者事務所、従業員休憩所、便所等は、関係法令等に従って設ける。
　　　(c) 工事現場の適切な場所に、工事名称、発注者等を示す表示板を設ける。

2.1.3.2　危険物貯蔵所
　　　塗料、油類等の引火性材料の貯蔵所は、関係法令等に従い、適切な規模、構造、設備を備えたものとする。また、関係法令等適用外の場合でも、建築物、仮設事務所、他の材料置場等から隔離した場所に設け、屋根、壁等を不燃材料で覆い、各出入口には錠をつけ、「火気厳禁」の表示を行い、消火器を置くなど、配慮する。なお、やむを得ず工事目的物の一部を置場として使用する場合には、監督職員の承諾を受ける。

2.1.3.3　材料置場、下小屋
　　　材料置場、下小屋等は、使用目的に適した構造とする。

2.1.4　仮設物撤去その他
　　　(a) 工事の進捗上または構内建築物等の使用上、仮設物が障害となり、かつ、仮設物を移転する場所がない場合は、監督職員の承諾を受けて、工事目的物の一部を使用することができる。
　　　(b) 工事完成までに、工事用仮設物を取除き、撤去跡および付近の清掃、地均し等を行う。

第2節　土　工　事

2.2.1　一般事項
　　　本節は、地中埋設管路、地中箱、外灯基礎および機械基礎等の工事に適用する。

2.2.1.1　適用範囲
　　　本節は、根切り、排水、埋戻しおよび盛土、地均し等の土工事ならびに山留め壁、切張り、腹起し等を用いる山留め工事に適用する。

2.2.1.2　基本要求品質
　　　(a) 根切りは、所定の形状および寸法とする。また、床付け面は、上部の構造物に対して有害な影響を与えないように、平坦で整ったものとする。
　　　(b) 埋戻しおよび盛土は、所定の材料を用い、所要の状態に締固められており、所要の仕上り状態とする。

2.2.1.3　災害および公害の防止
　　　(a) 工事中は、異常沈下、法面の滑動その他による災害が発生しないように、災害防止上必要な処置を行う。
　　　(b) 構外における土砂の運搬によるこぼれ、飛散あるいは排水による泥土の流出等を防止し、必要に応じて清掃および水洗いを行う。
　　　(c) 掘削機械等の使用にあたっては、騒音、振動、その他現場内外への危害等の防止および周辺環境の維持に

努め、必要に応じて適切な処置を講ずる。

2.2.2 根切りおよび埋戻し

2.2.2.1 根切り

(a) 根切りは、周辺の状況、土質、地下水の状態等に適した工法とし、関係法令等に従い、適切な法面とするかまたは山留めを設ける。

(b) 根切り箇所に近接して、崩壊または破損のおそれのある建築物、埋設物等がある場合は、損傷を及ぼさないよう処置する。

(c) 給排水管、ガス管、ケーブル等の埋設が予想される場合は、調査を行う。なお、給排水管等を掘り当てた場合は、損傷しないように注意し、必要に応じて緊急処置をし、監督職員および関係者と協議する。

(d) 工事に支障となる軽易な障害物は、すべて除去する。また、予想外に重大な障害物を発見した場合は、監督職員と協議する。

(e) 根切り底は、地盤をかく乱しないように掘削する。なお、地盤をかく乱した場合は、自然地盤と同等以上の強度となるように適切な処置を定め、監督職員の承諾を受ける。

(f) 寒冷期の施工においては、根切り底の凍結等が起こらないようにする。

(g) 根切り底の状態、土質および深さを確認し、監督職員の検査を受ける。なお、支持地盤が設計図書と異なる場合は、監督職員と協議する。

2.2.2.2 排水

(a) 工事に支障を及ぼす雨水、湧き水、たまり水等は、適切な排水溝、集水桝等を設け、ポンプ等により排水する。ただし、予想外の出水等により施工上重大な支障を生じた場合は、監督職員と協議する。

(b) 排水により根切り底、法面、敷地内および近隣等に有害な影響を与えないよう適切な処置をする。

(c) 構外放流の場合は、必要に応じて沈砂槽等を設ける。

2.2.2.3 埋戻しおよび盛土

(a) 埋戻しに先立ち、埋戻し部分にある型枠等を取除く。ただし、型枠を存置する場合は、監督職員と協議する。

(b) 埋戻しおよび盛土の材料および工法は表2.2.1により、種別は特記による。なお、埋戻しおよび盛土は、各層300mm程度ごとに締固める。

(c) 埋戻しおよび盛土の種別がB種またはC種で、土質が埋戻しおよび盛土に適さない場合は、監督職員と協議する。

表2.2.1 埋戻しおよび盛土の種別

種別	材料	工法
A種	山砂の類	水締め、機器による締固め
B種	根切り土の中の良質土	機器による締固め
C種	他現場の建設発生土の中の良質土	機器による締固め
D種	再生コンクリート砂	水締め、機器による締固め

(d) 余盛りは、土質に応じて行う。

2.2.2.4 地均し

建物の周囲は、幅2m程度を水はけよく地均しを行う。

2.2.2.5 建設発生土の処理
建設発生土の処理は、特記による。特記がなければ、構外に搬出し、関係法令等に従い、適切に処理する。

2.2.3 山留め

2.2.3.1 山留めの設置
(a) 山留めは、労働安全衛生法、建築基準法、建築工事安全施工技術指針・同解説、建設工事公衆災害防止対策要綱、その他関係法令等に従い、安全に設置する。
(b) 山留めは、適切な資料に基づき構造計算を行い、地盤の過大な変形や崩壊を防止できる構造および耐力をもつものとする。

2.2.3.2 山留めの管理
山留め設置期間中は、常に周辺地盤および山留めの状態を点検・計測し、異常を発見した場合は、直ちに適切な処置を取り、監督職員に報告する。

2.2.3.3 山留めの撤去
山留めの撤去は、撤去しても安全であることを確認したのち、慎重に行う。また、鋼矢板等の抜き跡は、直ちに砂で充てんするなど、地盤の変形を防止する適切な処置を取る。なお、山留めを存置する場合は、特記による。

第3節 地業工事

2.3.1 一般事項
本節は、地中埋設管路、地中箱、外灯基礎および機械基礎等の工事に適用する。

2.3.1.1 適用範囲
本節は、地業工事の試験、既製コンクリート杭地業、鋼杭地業、場所打ちコンクリート杭地業および砂利・砂・割り石・捨てコンクリート地業等に適用する。

2.3.1.2 基本要求品質
(a) 地業工事に用いる材料は、所定のものとする。
(b) 地業の位置、形状および寸法は、上部の構造物に対して有害な影響を与えないものとする。
(c) 地業は、所要の支持力をもつものとする。

2.3.1.3 施工一般
(a) 工事現場において発生する騒音・振動等により、近隣に及ぼす影響を極力防止するとともに、排土、排水、油滴等が、飛散しないように養生を行う。また、排土・排水等は、関係法令等に従い、適切に処理する。
(b) 杭の心出し後は、その位置を確認する。
(c) 設置された杭は、原則として、台付け等に利用しない。
(d) 地中埋設物等については、2.2.2.1(c)および(d)による。
(e) 施工状況等については、随時、監督職員に報告する。
(f) 次のいずれかに該当する場合は、監督職員と協議する。
 (1) 予定の深さまで到達することが困難な場合

(2) 所定の長さを打込んでも、設計支持力が確認できなかった場合
(3) 予定の支持地盤への所定の根入れ深さを確認できなかった場合
(4) 予定の掘削深度になっても支持地盤が確認できなかった場合
(5) 所定の寸法、形状および位置を確保することが困難な場合
(6) 施工中に傾斜、変形、ひび割れ、異常沈下、杭孔壁の崩落等の異常が生じた場合
(7) (1)～(6)によるほか、杭が所要の性能を確保できないおそれがある場合

(g) 地業工事における安全管理については、2.3.1.4によるが、特に次の事項に留意する。
(1) 施工機械の転倒防止等については、建設工事公衆災害防止対策要綱「建築工事編」第35〔基礎工事用機械〕および第36〔移動式クレーン〕による。
(2) 酸欠、杭孔への転落等の防止については、建築工事安全施工技術指針・同解説「第16：地業工事」による。

2.3.1.4 施工中の安全確保および環境保全

(a) 建築基準法、建設工事に係る資材の再資源化等に関する法律、労働安全衛生法、環境基本法、騒音規制法、振動規制法、大気汚染防止法、その他関係法令等によるほか、建設工事公衆災害防止対策要綱および建設副産物適正処理推進要綱に従い、工事の施工に伴う災害の防止および環境の保全に努める。また、工事に伴い発生する廃棄物は選別等を行い、リサイクル等再資源化に努める。
(b) 施工中の安全確保に関しては、建築工事安全施工技術指針・同解説を参考に、常に工事の安全に留意して現場管理を行い、災害および事故の防止に努める。
(c) 工事現場の安全衛生に関する管理は、現場代理人が責任者となり、建築基準法、労働安全衛生法、その他関係法令等に従ってこれを行う。
(d) 同一場所で別契約の関連工事が行われる場合で、監督職員により労働安全衛生法に基づく指名を受けたときは、同法に基づく必要な措置を講ずる。
(e) 気象予報または警報等について、常に注意を払い、災害の予防に努める。
(f) 工事の施工にあたっては、工事箇所ならびにその周辺にある地上および地下の既設構造物、既設配管等に対して、支障を来さないような施工方法等を定める。ただし、これにより難い場合は、監督職員と協議する。
(g) 火気の使用や溶接作業等を行う場合は、火気の取扱いに十分注意するとともに、適切な消火設備、防炎シート等を設けるなど、火災の防止措置を講ずる。
(h) 工事の施工の各段階において、騒音、振動、大気汚染、水質汚濁等の影響が生じないように、周辺環境の保全に努める。
(i) 工事の施工にあたっての近隣等との折衝は次による。また、その経過について記録し、遅滞なく監督職員に報告する。
(1) 地域住民等と工事の施工上必要な折衝を行うものとし、あらかじめその概要を監督職員に報告する。
(2) 工事に関して、第三者から説明の要求または苦情があった場合は、直ちに誠意をもって対応する。
(j) 仕上げ塗材、塗料、シーリング材、接着剤その他の化学製品の取扱いにあたっては、当該製品の製造所が作成した製品安全データシート（MSDS）を常備し、記載内容の周知徹底を図り、作業者の健康、安全の確保および環境保全に努める。
(k) 建設事業および建設業のイメージアップのために、作業環境の改善、作業現場の美化等に努める。

2.3.2 試験および報告書

2.3.2.1 一般事項

(a) 工事の適切な時期に、設計図書に定められた杭または地盤の位置について、2.3.2に示す試験を行い、こ

れに基づいて支持力または支持地盤の確認を行う。
(b) (a)によらない試験を行う場合は、特記による。
(c) 試験は、原則として、監督職員の立会いを受けて行い、その後の施工の指示を受ける。

2.3.2.2 試 験 杭
(a) 試験杭は、2.3.3〜2.3.5に適用する。
(b) 試験杭の位置および本数は、特記による。特記がなければ、最初の1本を試験杭とする。
(c) 試験杭の結果により、試験杭以外の杭（以下「本杭」という）の施工における各種管理基準値等を定める。
(d) 試験杭の施工設備は、原則として、本杭に用いるものを使用する。

2.3.2.3 杭の載荷試験
(a) 杭の載荷試験は鉛直または水平載荷試験とし、適用は特記による。
(b) 試験杭の位置および載荷荷重等は、特記による。
(c) (a)および(b)以外は、国土交通省大臣官房官庁営繕部「敷地調査共通仕様書」による。

2.3.2.4 地盤の載荷試験
地盤の載荷試験は平板載荷試験とし、適用は特記による。試験位置および載荷荷重は、特記による。載荷板を設置する地盤は、掘削、載荷装置等で乱さないようにする。

2.3.2.5 報 告 書 等
(a)および(b)以外は、国土交通省大臣官房官庁営繕部「敷地調査共通仕様書」による。
(a) 地業工事の報告書の内容は次により、施工完了後、監督職員に提出する。
　(1) 工事概要
　(2) 杭材料、施工機械および工法
　(3) 実施工程表
　(4) 工事写真
　(5) 試験杭の施工記録および地業工事に伴う試験結果の記録
　(6) 2.3.3〜2.3.6における施工記録
(b) 本節の試験ならびに2.3.3および2.3.5の試験杭において採取した土質資料は、(a)の報告書とともに、監督職員に提出する。

2.3.3 既製コンクリート杭地業
2.3.3.1 適 用 範 囲
(a) 2.3.3は、打込み工法、セメントミルク工法および特定埋込杭工法による既製コンクリート杭地業に適用する。
(b) 2.3.3.3〜2.3.3.5に示す工法の適用は、特記による。

2.3.3.2 材　　料
(a) 既製コンクリート杭の種類は表2.3.1により、種類および曲げ強度等による区分等は、特記による。

表2.3.1　既製コンクリート杭の種類

種類の記号	種　類	規格名称等
RC杭	鉄筋コンクリート杭	JIS A 5372　プレキャスト鉄筋コンクリート製品
PHC杭	プレストレストコンクリート杭	JIS A 5373　プレキャストプレストレストコンクリート製品
—	上に掲げるもののほか、建築基準法に基づく杭	—

(b) 表2.3.1以外の杭の種類および品質は、特記による。
(c) 杭の寸法、継手の箇所数、杭先端部の形状等は、特記による。
(d) 溶接材料は、次による。
  (1) 溶接棒等：溶接棒等の種類は表2.3.2により、母材の種類、寸法および溶接条件に相応したものを選定する。

表2.3.2　溶接棒等

種　類	規格番号	規格名称等
被覆アーク溶接棒	JIS Z 3211	軟鋼，高張力鋼及び低温用鋼用被覆アーク溶接棒
	JIS Z 3214	耐候性鋼用被覆アーク溶接棒
ガスシールドアーク溶接用鋼ワイヤ	JIS Z 3312	軟鋼，高張力鋼及び低温用鋼用のマグ溶接及びミグ溶接ソリッドワイヤ
	JIS Z 3315	耐候性鋼用マグ溶接及びミグ溶接用ソリッドワイヤ
	JIS Z 3313	軟鋼，高張力鋼及び低温用鋼用アーク溶接フラックス入りワイヤ
	JIS Z 3320	耐候性鋼用アーク溶接フラックス入りワイヤ
セルフシールドアーク溶接用ワイヤ	JIS Z 3313	軟鋼，高張力鋼及び低温用鋼用アーク溶接フラックス入りワイヤ
サブマージアーク溶接用材料	JIS Z 3183	炭素鋼及び低合金鋼用サブマージアーク溶着金属の品質区分
	JIS Z 3351	炭素鋼及び低合金鋼用サブマージアーク溶接ソリッドワイヤ
	JIS Z 3352	サブマージアーク溶接用フラックス
スタッド溶接用材料	JIS B 1198	頭付きスタッド
—	—	上に掲げるもののほか、建築基準法に基づき指定または検定を受けた溶接材料

  (2) ガス：ガスシールドアーク溶接に使用するシールドガスは、溶接に相応したものとする。
  (3) (1)および(2)以外の溶接材料は、特記による。
(e) セメントは表2.3.3により、種類は特記による。特記がなければ、普通ポルトランドセメントまたは混合セメントのA種のいずれかとする。

表2.3.3　セメント

規格番号	規格名称
JIS R 5210	ポルトランドセメント
JIS R 5211	高炉セメント
JIS R 5212	シリカセメント
JIS R 5213	フライアッシュセメント

(注) 高炉セメント、シリカセメント、フライアッシュセメントを総称して混合セメントという。

2.3.3.3　打込み工法

(a) 打込み工法は、杭の支持力を得るために、少なくとも最終工程に打撃を行う工法とする。
(b) 杭の設計支持力は、特記による。
(c) 杭の工法は、JIS A 7201「遠心力コンクリートくいの施工標準」により、施工法の種類ならびにプレボー

リングと打撃を併用する場合の掘削深さおよび径は、特記による。
  (d) 打込みにあたっては、杭本体に損傷を与えないよう、常に、ハンマの落下高、リバウンド量、貫入量等の必要な管理を行う。
 (e) 試験杭
  (1) JIS A 7201「遠心力コンクリートくいの施工標準」により杭打ち試験を行い、打込み深さ、最終貫入量等の管理基準値を定める。
  (2) 測定は、JIS A 7201「遠心力コンクリートくいの施工標準」によるほか、次による。
   (イ) ハンマの落下高および貫入量の測定は、原則として、杭長さの1/2までは1mごと、以後は0.5mごとに行う。打撃回数は、打込む長さ全長にわたり連続して測定する。
  (3) 打込み杭の推定支持力の算定方法は、特記による。特記がなければ、2.3.1式による。

$$R = \frac{F}{5S + 0.1} \quad (2.3.1式)$$

   R：杭の推定支持力（長期）（kN）
   S：杭の最終貫入量（m）
   F：ハンマの打撃エネルギー（kJ）
      ドロップハンマによる場合
       $F = W \times g \times H$
      ディーゼルハンマおよび油圧ハンマによる場合
       $F = 2W \times g \times H$
        W：重りの質量（t）
        g：重力の加速度（m/s^2）
        H：重りの落下高（m）
  (4) (1)～(3)以外は(f)による。
 (f) 本杭
  (1) 杭の取扱いおよび工法については、JIS A 7201「遠心力コンクリートくいの施工標準」による。
  (2) 杭は、1本ごとに最終貫入量等を測定し、その記録を報告書に記載する。
 (g) 杭の精度は、水平方向の位置ずれを100mm以下とする。なお、ずれが100mmを超えた場合は、監督職員の指示を受ける。

2.3.3.4 セメントミルク工法
 (a) セメントミルク工法は、アースオーガによって、あらかじめ掘削された縦孔の先端にセメントミルクを注入し、既製コンクリート杭を建込む工法とする。
 (b) 専門工事業者は、工事に相応した技術を有することを証明する資料を、監督職員に提出する。
 (c) 支持地盤は、特記による。
 (d) 杭の取扱いについては、JIS A 7201「遠心力コンクリートくいの施工標準」による。
 (e) 試験杭
  (1) 掘削試験を行い、孔径、支持地盤の確認、掘削深さ、建込み中の鉛直度、高止まり量、セメントミルク量、施工時間等の管理基準値を定める。
  (2) 予定の支持地盤に近づいたら掘削速度を一定に保ち、アースオーガの駆動用電動機の電流値の変化を測定する。
  (3) オーガスクリュに付着している土砂と土質調査資料または設計図書との照合を行う。
  (4) 根固め液の調合および注入量ならびに杭の根入れ状況を確認する。なお、杭周固定液の注入量は、根固

め液の注入量および雇い杭の長さを考慮して定める。
(5) (1)〜(4)以外は(f)による。
(f) 本杭
(1) アースオーガの支持地盤への掘削深さは、特記がなければ、1.5m程度とし、杭の支持地盤への根入れ深さは1m以上とする。
(2) アースオーガヘッドは、杭径＋100mm程度とする。
(3) アースオーガヘッドの駆動用電動機の電流値は、自動記録できるものとする。
(4) 全数について、掘削深さおよびアースオーガの駆動用電動機の電流値等から支持地盤を確認し、その記録を報告書に記載する。
(5) 掘削および杭の建込み
　(イ) 掘削は、杭心に合わせて鉛直に行い、安定液を用いて孔壁の崩落を防止する。なお、引抜時にアースオーガを逆回転させない。
　(ロ) 所定の支持地盤に達したのち、根固め液および杭周固定液を注入してアースオーガを引抜き、孔壁を傷めないようにして杭を建込み、原則として、ドロップハンマ(質量2t程度)により落下高0.5m程度で軽打し、根固め液中に貫入させる。なお、ドロップハンマによることができない場合は、圧入とすることができる。
　(ハ) 杭は、建込み後、杭心に合わせて保持し、7日程度養生を行う。
(6) 安定液、根固め液および杭周固定液
　(イ) 安定液は、ベントナイト等を用い、孔周壁の崩落防止に必要な濃度のものとする。
　(ロ) 根固め液は、水セメント比70％(質量百分率)以下のセメントミルクとし、注入量(m^3)は掘削断面(m^2)×2(m)以上とする。なお、地盤により浸透が著しい場合は、監督職員と協議する。
　(ハ) 杭周固定液は、4週圧縮強度0.5N/m^2以上とし、安定液と兼用することができる。なお、杭周固定液が浸透して逸失した場合は、その対策を定め監督職員の承諾を受ける。
　(ニ) 安定液等の処理は、2.3.5.4(c)(12)による。
(7) 杭の精度は2.3.3.3(g)による。
(8) 根切りおよび杭頭処理は、(5)(ハ)ののちに行う。
(9) 根切り後、杭周囲を調査し、空隙のある場合は、空隙部に杭周固定液またはモルタル等を充てんする。
(10) 根固め液および杭周固定液の管理試験は、次により行う。
　(イ) 試験は、根固め液および杭周固定液について、表2.3.4により行う。

表2.3.4 試験の回数杭

杭		試験の回数
試験杭		1本ごと
本杭	継手のない場合	30本ごとまたはその端数につき1回
	継手のある場合	20本ごとまたはその端数につき1回

　(ロ) 1回の試験の供試体の数は、3個とする。
　(ハ) 供試体の採取は、次による。
　　(ⅰ) 根固め液は、グラウトプラントから1回分の試料を一度に採取する。
　　(ⅱ) 杭周固定液は、杭挿入後の掘削孔からオーバーフローした液を一度に採取する。
　(ニ) 供試体は、(公社)土木学会「コンクリート標準示方書(規準編)」のプレパックドコンクリートの注入モルタルのブリージング率および膨張率試験方法によるポリエチレン袋を用い、表2.3.5により採

取し、直径50mm、高さ100mm程度の円柱形に仕上げる。

表2.3.5 供 試 体　　　　　　　　　　　　　　（単位：mm）

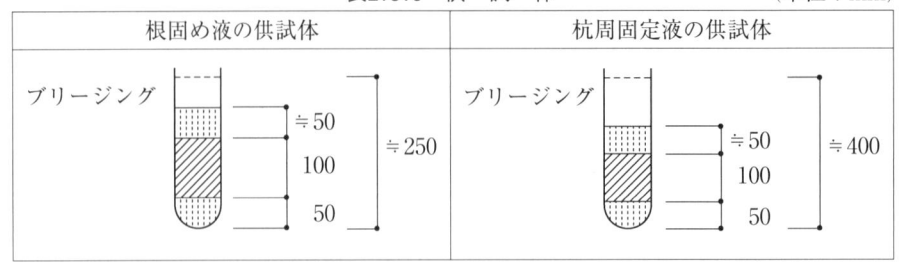

根固め液の供試体	杭周固定液の供試体
ブリージング　≒50／100／50　≒250	ブリージング　≒50／100／50　≒400

凡例　▨：供試体

(ホ) 供試体の養生は、JIS A 5308「レディーミクストコンクリート」の9.2.1（圧縮強度）に規定する標準養生とする。

(ヘ) 強度試験は、JIS A 1108「コンクリートの圧縮強度試験方法」による。

(ト) 根固め液および杭周固定液の圧縮強度は材齢28日とし、1回の試験の平均値は表2.3.6の値とする。

表2.3.6 圧 縮 強 度
（単位：N/mm^2）

種　別	圧縮強度
根固め液	20以上
杭周固定液	0.5以上

2.3.3.5　特定埋込杭工法

(a) 特定埋込杭工法は、建築基準法に基づく埋込杭工法とし、特記による。

(b) 試験杭は、2.3.2.2によるほか、工法で定められた条件に基づいて行う。また、本杭の施工は、試験杭の結果および工法で定められた条件に基づいて行う。なお、杭の精度は、2.3.3.3(g)による。

(c) 支持地盤は、特記による。

(d) 専門工事業者の選定は、2.3.3.4(b)による。

2.3.3.6　継　　手

(a) 杭の継手の工法は、特記による。特記がなければ、アーク溶接または無溶接継手とする。

(b) 継手の施工にあたっては、上下杭の軸線を同一線上に合わせる。

(c) 継手の溶接は、溶接方法に応じた、次の(1)～(4)の技能資格者が行う。

(1) 手溶接を行う場合は、JIS Z 3801「手溶接技術検定における試験方法及び判定基準」によるA-2H程度または（一社）日本溶接協会規格WES 8106「基礎杭溶接技能者の資格認証基準」によるFP-A-2Pの技量を有する者が行う。

(2) 半自動溶接を行う場合は、JIS Z 3841「半自動溶接技術検定における試験方法及び判定基準」によるSS-2HもしくはSA-2H程度または（一社）日本溶接協会規格WES 8106によるFP-SS-2PもしくはFP-SA-2Pの技量を有する者が行う。

(3) 自動溶接を行う場合は、JIS Z 3841「半自動溶接技術検定における試験方法及び判定基準」によるSS-2FまたはSA-2F以上の技量を有し、自動溶接に1年以上従事した者が行う。

(4) (1)または(2)によることが困難な場合は、手溶接にあってはA-2F、半自動溶接にあってはSS-2FまたはSA-2Fの技量を有し、(1)または(2)と同等以上の能力があると認められる者が行う。

(d) 溶接施工は、JIS A 7201「遠心力コンクリートくいの施工標準」および(一社)日本溶接協会規格WES 7601「基礎杭打設時における溶接作業標準」による。

(e) 溶接部の確認は、JIS A 7201「遠心力コンクリートくいの施工標準」の8.2「溶接継手による場合」による。

2.3.3.7 杭頭の処理
(a) 杭頭の処理は、特記による。特記がなければ、杭本体を傷めないように、杭頭の上端がなるべく平らになるよう所定の高さに切りそろえる。
(b) 杭頭は、基礎のコンクリートが杭の中に落下しないように、適切な処置を施す。

2.3.3.8 施工記録
すべての杭について、継手、打込み深さ、高止まり量、打撃回数、貫入量、リバウンド量、セメントミルク量、施工時間、水平方向のずれ、打込み杭の推定支持力、掘削用電動機の電流値、杭頭処理等を観察、確認または計測し、記録する。

2.3.4 鋼杭地業
2.3.4.1 適用範囲
2.3.4は、打込み工法および特定埋込杭工法による鋼杭地業に適用する。

2.3.4.2 材料
(a) 鋼杭の材料は表2.3.7により、種類の記号および寸法は特記による。

表2.3.7 鋼杭の材料

規格番号	規格名称	種類の記号
JIS A 5525	鋼管ぐい	SKK400、SKK490
JIS A 5526	H形鋼ぐい	SHK400、SHK400M、SHK490M

(b) 鋼杭の先端部形状および補強は、特記による。特記がなければ鋼管杭の場合、先端部は開放形とし、補強は図2.3.1および表2.3.8による。

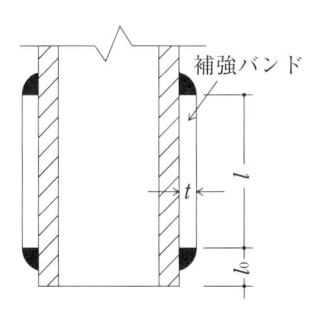

図2.3.1 先端部補強

表2.3.8 補強バンド (単位:mm)

外径	l	t	l_0	溶接の脚長
609.6以下	200	9	18	6以上
609.6を超えるもの	300			

(c) 溶接材料は、2.3.3.2(d)による。

2.3.4.3 工　　法

試験杭および本杭の工法は、2.3.3.3または2.3.3.5による。

2.3.4.4 継　　手

(a) 杭の現場継手の形状は、特記による。特記がなければ、鋼管杭の場合は、JIS A 5525「鋼管ぐい」による。
(b) 継手の施工にあたっては、上下杭の軸線を同一線上に合わせる。
(c) 杭の現場継手の溶接は、原則として、半自動または自動のアーク溶接とする。
(d) 溶接は2.3.3.6(c)(1)、(2)および(3)の技能資格者が行う。
(e) 溶接施工は、2.3.3.6(d)による。
(f) 溶接部の確認は、特記による。特記がなければ、次に準じて行う。
　(1) 溶接の着手前および作業中に、次の事項について試験、計測または確認を行う。
　　(イ) 溶接着手前
　　　　すき間、食違い、ルート間隔、開先角度およびルート面の加工精度等ならびに組立て、溶接部の清掃、予熱、エンドタブの取付け
　　(ロ) 溶接作業中
　　　　溶接順序、溶接姿勢、溶接棒径およびワイヤ径、溶接電流およびアーク電圧、入熱、パス間温度、各層間のスラグの清掃、裏はつりの状態、完全溶込み溶接部における溶接技能者の識別
　(2) 溶接完了後、次により確認を行う。
　　(イ) ビード表面の整否、ピット、アンダーカットおよびクレータ等の状態
　　(ロ) 溶接金属の寸法
　(3) (1)および(2)による確認結果の記録を監督職員に提出し、必要に応じて、(4)により補修を行う。
　(4) 不合格溶接の補修
　　(イ) 著しく外観の不良な場合は、修正する。
　　(ロ) 溶接部に融合不良、溶込み不良、スラグの巻込み、ピット、ブローホール等の有害な欠陥のある場合は、削取り、再溶接を行う。
　　(ハ) アンダーカット、クレータの充てん不足、のど厚不足、溶接の長さ不足等は、補足する。補足に際しては、捨てビードを置くなどにより、急冷却を防止する措置をとる。
　　(ニ) 余盛りの過大等は、母材に損傷を与えないように削取る。
　　(ホ) 溶接部に割れがある場合は、原則として、溶接金属を全長にわたり削取り再溶接する。なお、適切な試験により、割れの限界を明らかにした場合でも、割れの端から50mm以上を削取り再溶接する。
　　(ヘ) 超音波探傷試験または放射線透過試験の結果が不合格の部分は削取って再溶接を行う。
　　(ト) 不合格溶接の補修用溶接棒の径は、4mm以下とする。
　(5) 溶接により母材に割れが入った場合および溶接割れの範囲が局部的でない場合は、その処置について監督職員と協議する。
　(6) (4)により補修を行った部分の全数について(1)～(3)に準ずる確認および(7)～(10)に準ずる試験を行い、その結果の記録を監督職員に提出し、承諾を受ける。
　(7) 割れの疑いのある表面欠陥には、JIS Z 2343「非破壊試験-浸透探傷試験-第1部：一般通則：浸透探傷試験方法及び浸透指示模様の分類」による試験を行う。
　(8) 完全溶込み溶接部の超音波探傷試験は次により、適用は特記による。
　　(イ) 試験の規準は、(一社)日本建築学会「鋼構造建築溶接部の超音波探傷検査規準・同解説」による。
　　(ロ) 試験箇所数の数え方は、(一社)日本建築学会「建築工事標準仕様書 JASS 6 鉄骨工事」表5.1「溶接箇所数の数え方」に準ずる。

(ハ) 工場溶接の場合
 (i) 試験は、2回抜取りとする。
 (ii) 平均出検品質限界（AOQL）は2.5％または4.0％とし、特記による。特記がなければ4.0％とする。
 (iii) 検査水準は第1水準〜第6水準までとし、特記による。特記がなければ、第6水準とする。
 (iv) AOQLと各検査水準に応じたロットの大きさは、表2.3.9による。

表2.3.9　ロットの大きさ

検査水準 AOQL（％）	第1水準	第2水準	第3水準	第4水準	第5水準	第6水準
2.5	60	70	80	100	130	190
4.0	70	80	90	110	150	220

 (v) サンプルの大きさは、20とする。
 (vi) ロットの合否判定
  ① ロットの合否判定は表2.3.10により、1回目の不合格欠陥箇所数が0の場合、そのロットを合格とし、第一不合格欠陥箇所数以上を不合格とする。
  ② 第一不合格欠陥箇所数未満の場合は2回目の抜取試験を行い、合計の不合格欠陥箇所数が第二合格欠陥箇所数以下の場合、そのロットを合格とし、第二不合格欠陥箇所数以上の場合は不合格とする。

表2.3.10　ロットの合否判定基準

AOQL（％）	第一合格欠陥箇所数	第一不合格欠陥箇所数	第二合格欠陥箇所数	第二不合格欠陥箇所数
2.5	0	2	1	2
4.0	0	3	3	4

 (vii) ロットの処理
　　合格ロットはそのまま受け入れ、不合格ロットは残り全数を試験する。また、いずれの試験でも、検出された不合格の溶接部は、すべて補修を行い再試験する。

(ニ) 工事現場溶接の場合
 (i) 試験は、計数連続生産型抜取検査（不良個数の場合）とし、各節の溶接技能資格者ごとに、施工順序に従って、すべての完全溶込み溶接部を対象とする。
 (ii) AOQLならびにAOQLに応じた区切りの大きさおよび連続良品個数は表2.3.11により、適用するAOQLは特記による。特記がなければ、AOQLは4.0％とする。

表2.3.11　AOQLに応じた区切りの大きさおよび連続良品個数

AOQL（％）	区切りの大きさ	連続良品個数
2.5	3	18
4.0	4	15

(ホ) 超音波探傷試験を行う機関および技能資格者は、次による。
 (i) 超音波探傷試験は、当該工事の鉄骨製作工場に所属せず当該工事の品質管理の試験を行っていない試験機関とする。
 (ii) 試験機関は、建築溶接部の超音波探傷試験等に関して、当該工事に相応した技術と実績を有するものとし、試験機関の組織体制、所有探傷機器、技能資格者、試験の実績等により、監督職員の承諾を受ける。

(ⅲ) 超音波探傷試験における技能資格者は、建築鉄骨工事および超音波探傷試験に関する知識を有し、かつ、その試験方法等について十分な知識および技量を有する。
　(9) 放射線透過試験およびエンドタブを用いたマクロ試験を行う場合は、特記による。
　(10) (7)～(9)の試験結果の記録を監督職員に提出し、不合格箇所がある場合は、(4)～(6)による補修を行う。
(g) 溶接後は、溶接部を急冷しないようにし、適切な時間をおいて打込みを再開する。

2.3.4.5　杭頭の処理
(a) 杭頭の処理は、2.3.3.7による。
(b) 杭頭の補強材は、杭の継手に準じて溶接されたものとする。

2.3.4.6　施 工 記 録
施工記録は、2.3.3.8に準ずる。

2.3.5　場所打ちコンクリート杭地業
2.3.5.1　適 用 範 囲
(a) 2.3.5は、アースドリル工法、リバース工法、オールケーシング工法および場所打ち鋼管コンクリート杭工法ならびにこれらを組合わせた拡底杭工法に適用する。
(b) 工法の適用は、特記による。
(c) 専門工事業者は、工事に相応した技術を有することを証明する資料を、監督職員に提出する。

2.3.5.2　施工管理技術者
(a) 杭の施工には、工事内容および工法に相応した施工の指導を行う施工管理技術者を置く。
(b) 施工管理技術者は、場所打ち杭の施工等に係る指導および品質管理を行う能力のある者とする。

2.3.5.3　材料その他
(a) 鉄筋
　(1) 鉄筋は、2.4.2による。
　(2) 鉄筋の加工および組立て
　(イ) 帯筋は、原則として、図2.3.2による。
　(ロ) 鉄筋の組立ては、主筋と帯筋の交差部の要所を径0.8mm以上の鉄線で結束する。
　(ハ) 鉄筋かごの補強は、特記による。特記がなければ、杭径1.5m以下の場合は鋼板 6×50 mm、1.5mを超える場合は鋼板 $9 \times 50 \sim 75$ mmの補強リングを3m以下の間隔で、かつ、1節につき3カ所以上入れ、リングと主筋との接触部を溶接する。溶接長さは、補強材の幅とする。なお、鉄筋量が多く補強リングが変形するおそれのある場合は、監督職員と協議する。

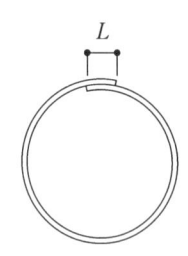

図2.3.2

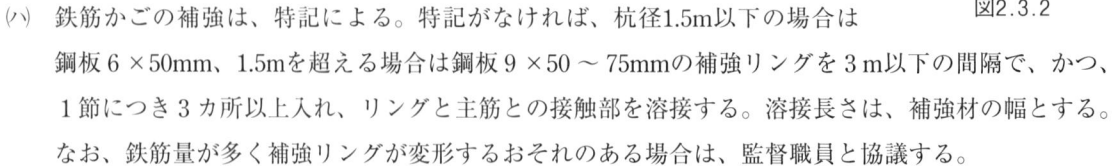

　(ニ) 溶接は、アーク手溶接または半自動溶接とし、2.3.3.2(d)の溶接材料を用いて、(3)の溶接技能者が行う。なお、主筋への点付け溶接、アークストライクは行わない。
　(ホ) 組立てた鉄筋の節ごとの継手は、原則として、重ね継手とし、鉄線で結束して掘削孔への吊込みに耐えるようにする。なお、重ね継手長さは、表2.4.5のL_1とする。
　(ヘ) 組立てた鉄筋には、孔周壁と鉄筋の間隔を保つために必要なスペーサを付ける。スペーサは、ケーシングチューブを用いる場合はD13以上の鉄筋とし、ケーシングチューブを用いない場合で、杭径1.2m以下の場合は鋼板 4.5×38 mm、1.2mを超える場合は鋼板 4.5×50 mm程度のものとする。

(ト) かぶり厚さは、特記による。特記がなければ、最小かぶり厚さは、100mmとする。
(チ) (イ)～(ト)以外は、第4節「鉄筋工事」による。
(3) 技能資格者
 (イ) 溶接作業における技能資格者（以下「溶接技能者」という）は、工事に相応した次に示す試験等による技量を有する。
  (i) 炭素鋼の手溶接の場合は、JIS Z 3801「手溶接技術検定における試験方法及び判定基準」
  (ii) 炭素鋼の半自動溶接の場合は、JIS Z 3841「半自動溶接技術検定における試験方法及び判定基準」
  (iii) 自動溶接の場合は、(i)または(ii)のいずれかの試験。なお、技量を証明する主な工事経歴を、監督職員に提出する。
  (iv) 組立て溶接の場合は、(i)または(ii)のいずれかの試験
 (ロ) 工事の内容により、(イ)の溶接技能者に対して、技量付加試験を行う場合は、特記による。
 (ハ) 溶接技能者の技量に疑いを生じた場合は、工事に相応した試験を行い、その適否を判定し、監督職員の承諾を受ける。

(b) コンクリート
 (1) セメントは、2.3.3.2(e)により、種類は特記による。
 (2) 混和剤の種類は、JIS A 6204「コンクリート用化学混和剤」によるAE剤、AE減水剤および高性能AE減水剤とする。
 (3) コンクリートの設計基準強度は、特記による。また、コンクリートの種別は表2.3.12により、適用は特記による。

表2.3.12　コンクリートの種別

種　別	水セメント比の最大値(%)	所要スランプ(cm)	粗骨材の最大寸法(mm)	単位セメント量の最小値（kg/m³）	備　考
A種	60以下	18	25（20）	310	無水掘りの場合
B種	55以下			340	上記以外の場合

（注）（ ）内は、砕石および高炉スラグ砕石使用の場合。

 (4) コンクリートの調合強度は、(3)を満足するように定める。ただし、気温によるコンクリート強度の補正および構造体コンクリートの強度と供試体の強度の差を考慮した割増し（ΔF）は行わない。また、コンクリートの打込みに支障を来すおそれのある場合は、監督職員の承諾を受けて、所要スランプを21cmとし、単位水量の最大値を200kg/m³とすることができる。
 (5) フレッシュコンクリートの試験は、次による。なお、スランプ試験の試験回数は、杭1本ごとに最初の運搬車について行う。
  (イ) フレッシュコンクリートの試験に用いる試料の採取は、製造工場ごとに、次により行う。
   (i) 試料の採取場所は、原則として、次による。ただし、特に変動が著しいと思われる場合は、その品質を代表する箇所から採取する。
    ① 普通コンクリートの場合は、工事現場の荷卸し場所とする。
    ② 軽量コンクリートの場合は、工事現場の型枠に打込む場所で、打込む直前とする。
    ③ 試し練りの場合は、試し練りを実施する場所とする。
   (ii) 試料の採取方法は、JIS A 5308「レディーミクストコンクリート」による。
  (ロ) フレッシュコンクリートの試験は、表2.3.13により行う。

表2.3.13 フレッシュコンクリートの試験

試験項目	試験方法	試験回数
スランプ	JIS A 1101「コンクリートのスランプ試験方法」	(7)(ロ)(ⅰ)②の試料の採取
空気量	次のいずれかの方法による (1) JIS A 1128「フレッシュコンクリートの空気量の圧力による試験方法-空気室圧力方法」 (2) JIS A 1118「フレッシュコンクリートの空気量の容積による試験方法（容積方法）」 (3) JIS A 1116「フレッシュコンクリートの単位容積質量試験方法及び空気量の質量による試験方法（質量方法）」	(7)(ロ)(ⅰ)②の試料の採取
単位容積質量	JIS A 1116「フレッシュコンクリートの単位容積質量試験方法及び空気量の質量による試験方法（質量方法）」	（普通コンクリートの場合） 必要を生じた場合 （軽量コンクリートの場合） (7)(イ)(ⅱ)による
温度	JIS A 1156「フレッシュコンクリートの温度測定方法」	コンクリートの打込み時の気温が25℃以上となる場合または寒中コンクリートその他必要が生じた場合
塩化物量	（一財）国土開発技術研究センターの技術評価を受けた塩化物量測定器により、試験値は同一試料における3回の測定の平均値とする	特記がなければ、コンクリートの種類が異なるごとに1日1回以上、かつ、150m³ごとおよびその端数につき1回以上。ただし、最初の測定は、打込み当初とする

(6) 杭のコンクリート強度の推定試験は、(7)および(8)による。ただし、供試体の養生は、(7)(ロ)(ⅲ)①による標準養生とする。

(7) コンクリートの強度試験の総則

(イ) コンクリートの強度試験の試験回数は、製造工場ごとに、次により行う。

(ⅰ) 普通コンクリートの場合は、コンクリートの種類が異なるごとに1日1回以上、かつ、コンクリート150m³ごとおよびその端数につき1回以上とする。

(ⅱ) 軽量コンクリートの場合は、コンクリートの種類が異なるごとに午前と午後それぞれ1回以上、かつ、100m³ごとおよびその端数につき1回以上とする。

(ⅲ) 試し練りは、計画調合について、監督職員の承諾を受けるごとに行う。

(ロ) コンクリートの強度試験方法

(ⅰ) 1回の試験の供試体の個数および試料採取

① 1回の試験の供試体の数は、材齢7日用、材齢28日用、型枠取外し時期決定用その他必要に応じて、それぞれ3個とする。

② 適切な間隔をあけた運搬車から、3度に分けて試料を採取し、①で必要な数の供試体を作製する。

③ ②で3度に分けて作製した供試体から、それぞれ1個ずつ3個を取出し、1回の試験における1材齢の供試体とする。

(ⅱ) 供試体は、工事現場において、JIS A 1132「コンクリート強度試験用供試体の作り方」によって作製し、それぞれ試験の目的に応じた養生を行う。なお、脱型は、コンクリートを詰め終わってから24時間以上48時間以内に行う。

(ⅲ) 供試体の養生方法および養生温度

① 標準養生の場合は、JIS A 5308「レディーミクストコンクリート」の9.2.1「圧縮強度」に規定する養生とする。

② 工事現場における養生は水中養生とし、養生温度をできるだけ建物等に近い条件になるようにする。また、養生温度は、毎日、養生水槽の水温の最高および最低を測定し、養生期間中の全測定値を平均した値とする。なお、養生水槽等は、直射日光を避ける。

(iv) 圧縮強度試験

① 試験方法は、JIS A 1108「コンクリートの圧縮強度試験方法」による。

② 1回の試験における圧縮強度の平均値 ($\bar{X}$) は、2.3.2式による。

$$\bar{X} = \frac{x_1 + x_2 + x_3}{3} \quad (2.3.2式)$$

$\bar{X}$：圧縮強度の平均値（N/mm^2）

x_1、x_2、x_3：1回の試験における3個の供試体の圧縮強度（N/mm^2）

③ 多数回の試験における圧縮強度の総平均値 ($\bar{\bar{X}}$) は、2.3.3式による。

$$\bar{\bar{X}} = \frac{\bar{X_1} + \bar{X_2} + \cdots \bar{X_1} \cdots \bar{X_n}}{N} \quad (2.3.3式)$$

$\bar{\bar{X}}$：圧縮強度の総平均値（N/mm^2）

$\bar{x_1}$：1回目の試験における圧縮強度の平均値（N/mm^2）

N：試験の回数

(v) 供試体の養生方法、材齢および試験回数は、表2.3.14による。ただし、寒中コンクリートの場合は、表2.3.15による。

表2.3.14 供試体の養生方法、材齢および試験回数

試験の種目	試験の目的	養生方法	材齢	試験回数
試し練りの調合強度の確認試験	計画調合強度の確認	(7)(ロ)(iii)①による標準養生	28日または7日	(7)(イ)による
調合強度の管理試験	調合強度の管理		7日	
構造体のコンクリート強度の推定試験	構造体のコンクリートの28日圧縮強度の推定	工事現場における養生。ただし、地業および舗装工事ならびに無筋コンクリートの場合は、上記による	28日	
	型枠取外し時期の決定		必要に応じて定める	

表2.3.15 供試体の養生方法、材齢および試験回数（寒中コンクリートの場合）

試験の種目	試験の目的	養生方法	材齢	試験回数
調合強度の管理試験	調合強度の管理	(7)(ロ)(iii)①による標準養生	M/30（日）に達したとき	(7)(イ)(i)による
構造体のコンクリート強度の推定試験	構造体のコンクリートの強度が設計基準強度を満足することの推定	(7)(ロ)(iii)②の工事現場における養生を、構造物の内側における封かん養生により行う	M °D・Dに達したとき	
	初期養生打切り時期の決定		状況に応じて定める	
	型枠取外し時期の決定		必要に応じて定める	

（注）M：調合強度を定めるために用いた積算温度（°D・D）の値。

(8) 構造体のコンクリート強度の推定試験
　(イ) 構造体のコンクリート強度の推定試験の判定は、2.3.4式を満足すれば合格とする。

$$\overline{X} \geq Fc + \Delta F \quad (2.3.4式)$$

　　$\overline{X}$：28日圧縮強度の平均値（N/mm²）
　　Fc：設計基準強度（N/mm²）
　　ΔF：構造体コンクリートと供試体の強度との差を考慮した割増し（N/mm²）

　(ロ) (イ)の結果、不合格となった場合は、監督職員の承諾を受け、JIS A 1107「コンクリートからのコアの採取方法及び圧縮強度試験方法」またはその他の適切な試験方法により構造体の強度を確認し、必要な処置について、監督職員の指示を受ける。

(9) (1)～(6)以外は、第5節「コンクリート工事」による。

2.3.5.4 アースドリル工法、リバース工法およびオールケーシング工法

(a) 支持地盤は、特記による。

(b) 試験杭
(1) 掘削試験は、掘削中の孔壁の保持状況、泥水または安定液の管理、掘削深さ、掘削形状、掘削排土の確認、支持地盤の確認、スライム沈着状況およびスライム処理方法、鉄筋の高止まり状況、コンクリート打込み方法および投入量、施工時間等を定めるために行い、この結果に基づいて管理基準値を定める。
(2) 掘削速度等の変化により支持地盤の確認を行う。
(3) 掘削した土砂と土質調査資料および設計図書との照合を行う。
(4) 掘削完了後、深さおよび支持地盤について、監督職員の検査を受ける。
(5) スライム沈着量と時間の関係を把握し、適切なスライム処理方法を定める。
(6) アースドリル工法では、孔壁の保持状況、スライム対策に必要な泥水または安定液の確認を行う。
(7) (1)～(6)以外は(c)による。

(c) 本杭
(1) アースドリル工法は、掘削孔周壁の崩落防止に安定液を用いる。なお、土質により安定液を用いない場合は、監督職員と協議する。
(2) 杭の先端は、支持地盤に1m以上根入れする。なお、岩盤等で掘削困難な場合は、監督職員と協議する。
(3) アースドリル工法の場合、ケーシング建込み深度までは、バケットにリーマを用いて掘削することができる。
(4) 全数について深さおよび支持地盤を確認し、その記録を報告書に記載する。なお、孔壁を超音波測定器により確認する場合は、特記による。
(5) 地盤の状況に応じて、(4)について監督職員の検査を受ける。
(6) (4)の確認後、孔底に堆積したスライム等は適切に処理をして、速やかに鉄筋かごの設置およびコンクリートの打込みを行う。
(7) スライム処理の工法は、施工計画書に定める。
(8) 鉄筋かごの浮上がり防止に注意する。
(9) コンクリートの打込みは、トレミー工法により安定液、地下水、土砂等が混入しないように、次により行う。
　(イ) コンクリート打込み開始時には、プランジャを使用する。
　(ロ) 打込み中はトレミー管の先端がコンクリート中に2m以上入っているように保持する。
　(ハ) オールケーシング工法の場合は、ケーシングチューブの先端がコンクリート中に2m以上入っているように保持する。

(ニ)　コンクリートの打込みは、杭に空隙を生じないように、中断することなく行う。
　(10)　杭頭部には、表2.3.12のA種で500mm以上、B種で800mm以上の余盛りを行う。また、主筋の基礎底盤への定着長さは、表2.4.5のL_1とする。
　(11)　安定液を用いる場合は、掘削孔周壁が崩落しないように、適切な安定液の管理を行う。
　(12)　安定液等に混入している泥分は、沈殿槽に集めて排除するなど、関係法令等に従い処理する。
　(13)　近接している杭は、連続して施工しない。
　(14)　杭の精度は、水平方向の偏心を100mm以下とし、杭径は設計径以上とする。
　(15)　(1)～(14)以外は、専門工事業者の仕様による。

2.3.5.5　場所打ち鋼管コンクリート杭工法および拡底杭工法

場所打ち鋼管コンクリート杭工法および拡底杭工法は、建築基準法に基づくものとし、試験杭および本杭は、次による。
(a)　試験杭は、工法で定められた条件によるほか、2.3.2.2による。
(b)　本杭は、工法で定められた条件以外の工法は、2.3.5.4による。
(c)　孔壁を超音波測定器により確認する場合は、特記による。

2.3.5.6　杭頭の処理

杭頭は、コンクリートの打込みから、14日程度経過したのち、本体を傷めないように平らにはつり取り、所定の高さにそろえる。

2.3.5.7　施工記録

施工時に、配筋の状態、先端土質の確認、掘削中の孔壁養生、安定液管理、泥水管理、掘削深さ、掘削形状、スライム処理、鉄筋の高止まり状況、コンクリート投入量、フレッシュコンクリートの試験、施工時間、水平方向のずれ等を管理しまたは計測して、記録する。

2.3.6　砂利、砂、割り石および捨てコンクリート地業等

2.3.6.1　適用範囲

2.3.6は、砂利、砂、割り石および捨てコンクリート地業等に適用する。

2.3.6.2　材　　料

(a)　砂利地業に使用する砂利は、切込砂利、切込砕石または再生クラッシャランとし、粒度は、JIS A 5001「道路用砕石」によるC-40程度のものとする。
(b)　砂地業に使用する砂は、シルト、有機物等の混入しない締固めに適した川砂または砕砂とする。
(c)　割り石地業に使用する割り石は、硬質のものとする。また、目つぶし砂利の材料は、(a)による。
(d)　基礎底面を平らにし、基礎の墨出し等のための捨てコンクリート地業に使用するコンクリートは、2.3.7による。
(e)　床下防湿層は、ポリエチレンフィルム等で、厚さ0.15mm以上とする。

2.3.6.3　砂利および砂地業

(a)　砂利および砂地業の厚さは、特記による。特記がなければ、60mmとする。
(b)　根切り底に砂利を所要の厚さに敷均し、2.3.6.4(b)および(c)に準じて締固める。
(c)　厚さが300mmを超えるときは、300mmごとに締固めを行う。

(d) 砂利地業の上に直接2.3.6.6による床下防湿層を施工する場合は、防湿層の下に目つぶし砂を行う。

2.3.6.4　割り石地業
(a) 割り石の敷並べは、原則として1層とし、大きなすき間のないように行う。また、敷並べ後目つぶし砂利を充てんし、締固める。
(b) 締固めは、ランマ3回突き、振動コンパクタ2回締めまたは振動ローラ締め程度とし、緩み、ばらつき、ひび割れ等がないように、十分締固める。
(c) 締固めの幅は、用具の幅以内とし、締固めによる凹凸には目つぶし砂利で上均しをする。

2.3.6.5　捨てコンクリート地業
(a) 捨てコンクリートの厚さは、特記による。特記がなければ、60mmとし、平坦に仕上げる。
(b) (a)によるほか、2.3.7による。

2.3.6.6　床下防湿層
(a) 防湿層の適用および範囲は、特記による。
(b) 防湿層の重合わせおよび基礎梁際の、のみ込みは、250mm程度とする。
(c) 防湿層の位置は、土間スラブ（土間コンクリートを含む）の直下とする。ただし、断熱材がある場合は、断熱材の直下とする。

2.3.6.7　施工記録
(a) 締固めの状況について確認する。
(b) 仕上りレベルを計測し、記録する。

2.3.7　無筋コンクリート
2.3.7.1　一般事項
(a) 2.3.7は、捨てコンクリート等、補強筋を必要としないコンクリートに適用する。
(b) 2.3.7に規定する以外は、国土交通省大臣官房官庁営繕部監修「公共建築工事共通仕様書」6章の1～10節による。
(c) 無筋コンクリートの適用箇所は、特記による。特記がなければ、次による。
　　(イ) 街きょ、縁石、側溝類のコンクリートおよびこれらの基礎コンクリート
　　(ロ) 間知石積みの基礎および裏込めコンクリート
　　(ハ) 捨てコンクリート
　　(ニ) 機械室等で用いる配管埋設用コンクリート
　　(ホ) 防水層の保護コンクリート
(d) コンクリートの種類は、普通コンクリートとする。

2.3.7.2　材　料
(a) 粗骨材の最大寸法は、コンクリート断面の最小寸法の1/4以下、かつ、40mm以下とする。特記がなければ、捨てコンクリートおよび防水層の保護コンクリートの場合は、25mmとする。
(b) 骨材中の塩分含有量の限度については、規定しない。また、監督職員の承諾を受けて、旧建設省の総合技術開発プロジェクト「コンクリート副産物の再利用に関する用途別暫定品質基準（案）」（建設大臣官房技術調査室長通達、平成6年4月11日）による再生粗骨材および再生細骨材を使用することができる。

2.3.7.3 品　　質

(a) 設計基準強度およびスランプは、特記による。特記がなければ、設計基準強度は18N/mm^{2}とし、スランプは15cmまたは18cmとする。

(b) 単位セメント量の最小値および水セメント比の最大値は、規定しない。

(c) 気温によるコンクリート強度の補正および構造体コンクリートの強度と供試体の強度との差を考慮した割増しは行わない。

(d) Ⅰ類のコンクリートで、コンクリート製造工場に十分な出荷実績がある場合は、試し練りおよびコンクリートの強度試験を省略することができる。

第4節　鉄筋工事

2.4.1　一般事項

2.4.1.1　適用範囲

本節は、鉄筋コンクリート造、鉄骨鉄筋コンクリート造等の鉄筋工事に適用する。

2.4.1.2　基本要求品質

(a) 鉄筋工事に用いる材料は、所定のものとする。

(b) 組立てられた鉄筋は、所定の形状および寸法を有し、所定の位置に保持する。また、鉄筋の表面は、所要の状態とする。

(c) 鉄筋の継手および定着部は、作用する力を伝達できるものとする。

2.4.1.3　配筋検査

主要な配筋は、コンクリート打込みに先立ち、数量、かぶり、間隔、位置等について、監督職員の検査を受ける。

2.4.2　材　　料

2.4.2.1　鉄　　筋

鉄筋は表2.4.1により、種類の記号は特記による。

表2.4.1　鉄　　筋

規格番号	規格名称等	種類の記号
JIS G 3112	鉄筋コンクリート用棒鋼	SR236、SR295、SD295A、SD295B、SD345、SD390
—	建築基準法第37条の規定に基づき認定を受けた鉄筋	—

2.4.2.2　溶接金網

溶接金網はJIS G 3551「溶接金網及び鉄筋格子」により、網目の形状、寸法および鉄線の径は、特記による。

2.4.2.3　材料試験

(a) 鉄筋の品質を試験により証明する場合は、適用するJISまたは建築基準法に基づき定められた方法により、それぞれ材料に相応したものとする。

(b) 基礎、主要構造部等、建築基準法第37条に規定する部分以外で使用する鉄筋の品質を、試験により証明す

る場合は、次による。
(1) 試験の項目および方法は、機械的性質のうち引張試験による降伏点、引張強さおよび伸びとし、該当するJISに準じて行う。
(2) 試験の回数は、種類、製造ロットおよび径の異なるごとに、かつ、質量20 t以下は1回、20 tを超える場合は20 tごとおよびその端数につき1回とし、機械的性質の試験体は1回の試験につき3体とする。
(3) 種類、製造ロットおよび径の異なるごとの質量が2 t未満の場合は、試験を省略することができる。
(c) 鉄筋を溶接する場合は、次により試験を行う。ただし、溶接が軽易な場合は、監督職員の承諾を受けて、省略することができる。
(1) 試験体は、種類、製造ロットおよび径の異なるごとに、実際と同じ条件で3体製作する。
(2) 試験は、引張試験とする。
(3) すべての試験体が母材破断した場合を合格とする。

2.4.3　加工および組立て
2.4.3.1　一般事項
(a) 鉄筋は、設計図書に指定された寸法および形状に合わせ、常温で正しく加工して組立てる。なお、異形鉄筋の径（本節の本文、図、表において「d」で示す）は、呼び名に用いた数値とする。
(b) 有害な曲がりまたは損傷等のある鉄筋は、使用しない。
(c) コイル状の鉄筋は、直線状態にしてから使用する。この際、鉄筋に損傷を与えない。
(d) 鉄筋には、点付け溶接、アークストライク等を行わない。

2.4.3.2　加　　工
(a) 鉄筋の切断は、シャーカッタまたはのこ等によって行う。ただし、現場でやむを得ない場合は、ガス切断とすることができる。
(b) 異形鉄筋の末端部には、次の場合にフックを付ける。
　(1) 柱の四隅にある主筋で、重ね継手の場合および最上階の柱頭にある場合。
　(2) 梁主筋の重ね継手が、梁の出隅および下端の両端にある場合。ただし、基礎梁を除く。
　(3) 煙突の鉄筋（壁の一部となる場合を含む）
　(4) 杭基礎のベース筋
　(5) 帯筋、あばら筋および幅止め筋
(c) 鉄筋の折曲げ内法直径およびその使用箇所は、表2.4.2および表2.4.3による。

表2.4.2 鉄筋の折曲げ内法直径およびその使用箇所（末端部）

折曲げ角度	折曲げ図	折曲げ内法直径（D） SD295A、SD295B、SD345、SDR295、SDR345 $D16$以下	SD295A、SD295B、SD345、SDR295、SDR345 $D19 \sim D38$	SD390 $D19 \sim D38$	使用箇所
180°		$3d$以上	$4d$以上	$5d$以上	柱・梁の主筋 杭基礎のベース筋 $D16$以上の鉄筋
135°		$3d$以上	$4d$以上	—	あばら筋 帯筋 スパイラル筋 $D13$以下の鉄筋
90°		$3d$以上	$4d$以上	$5d$以上	T形およびL形の梁のあばら筋
135°および90°		$3d$以上	$4d$以上	—	幅止め筋

表2.4.3 鉄筋の折曲げ内法直径およびその使用箇所（中間部）

折曲げ角度	折曲げ図	折曲げ内法直径（D） SD295A、SD295B、SD345、SD390[注]、SDR295、SDR345 $D16$以下	$D19 \sim D25$	$D29 \sim D38$	使用箇所
90°以下		$3d$以上	$4d$以上	—	あばら筋 帯筋 スパイラル筋
		$4d$以上	$6d$以上	$8d$以上	その他の鉄筋

（注）SD390は、使用箇所が、その他の鉄筋の場合に適用する。

2.4.3.3 組立て

(a) 鉄筋の組立ては、鉄筋継手部分および交差部の要所を径0.8mm以上の鉄線で結束し、適切な位置にスペーサ、吊金物等を使用して行う。なお、スペーサは、転倒および作業荷重等に耐えられるものとし、スラブのスペーサは、原則として、鋼製とする。また、鋼製のスペーサは、型枠に接する部分に防錆処理を行ったものとする（スペーサには、鋼製、コンクリート製、プラスチック製、ステンレス製があるが、組立て

られた鉄筋を安定に支持し、重量に対して変形や破壊しない形状、強度等をもつ必要があるので、本共通仕様書では、原則として、鋼製とする）。
(b) 以前に打込まれたコンクリートから出ている鉄筋の位置を修正する場合は、鉄筋を急に曲げることなく、できるだけ長い距離で修正する。

2.4.3.4 継手および定着

(a) 鉄筋の継手は重ね継手、ガス圧接継手または特殊な鉄筋継手（建築基準法施行令第73条第2項の規定に基づき定められた機械式継手）とし、適用は特記による。特記がなければ、柱および梁の主筋はガス圧接とし、その他の鉄筋は、重ね継手とする。
(b) 鉄筋の溶接は、アーク溶接とし、(1)および(2)による。また、溶接技能者は、2.3.5.3(a)(3)に準じ、工事に相応した技量を有する。
　(1) 組立て溶接は、次による。
　　(イ) 組立て溶接の位置は、継手の端部、隅角部、本溶接の始点および終点等の強度上および工作上支障のある箇所を避ける。
　　(ロ) 組立て溶接で本溶接の1部となるものは最小限とし、欠陥を生じたものはすべて削取る。
　　(ハ) 組立て溶接の最小ビード長さは、表2.4.4により、その間隔は300～400mm程度とする。

表2.4.4　組立て溶接の最小ビード長さ　　（単位：mm）

板　厚	手溶接、半自動溶接を行う箇所	自動溶接を行う箇所
6以下	30	50
6を超える	40	70

（注）板厚が異なる場合は、厚い方の板厚とする。

　　(ニ) 開先内には、原則として、組立て溶接を行わない。ただし、構造上、やむを得ず開先内に組立て溶接を行う場合には、本溶接後の品質が十分に確保できる方法とする。
　　(ホ) 引張強さ490N/mm²以上の高張力鋼および厚さ25mm以上の鋼材の組立て溶接をアーク手溶接とする場合は、低水素系溶接棒を使用する。
　(2) 共通事項
　　(イ) 溶接機とその付属用具は、溶接条件に適した構造および機能を有し、安全に良好な溶接が行えるものとする。
　　(ロ) 溶接部は、有害な欠陥のないもので、表面はできるだけ滑らかなものとする。
　　(ハ) 溶接順序は、溶接による変形および拘束が少なくなるように定める。
　　(ニ) 溶接姿勢は、作業架台、ポジショナ等を利用して部材の位置を調整し、できるだけ下向きとする。
　　(ホ) 材質、材厚、気温等を考慮のうえ、必要に応じて適切な溶接条件となるよう予熱を行う。
　　(ヘ) エンドタブの取扱い
　　　(i) 完全溶込み溶接および部分溶込み溶接の場合は、原則として、溶接部の始端および終端部に適切な材質、形状および長さをもった鋼製エンドタブを用いる。ただし、鉄骨製作工場に十分な実績があり、かつ、溶接部の品質が十分確保できると判断される場合は、監督職員の承諾を受けて、その他の工法とすることができる。
　　　(ii) エンドタブは、次の場合を除き、切除しなくてよい。
　　　　① 見え隠れとなるエンドタブで疲労を考慮する必要があるとして特記された部分または配筋上支障となる部分は、5～10mmを残して切除し、グラインダ掛けにより、粗さ100μmRy（Ry：

Roughness：面の粗さ）程度以下およびノッチ深さ1mm程度以下に仕上げる。

② 見え掛かりとなるエンドタブで、特記された部分は、切除のうえ、部材断面を欠損しないように切断面をグラインダ掛けにより、①の程度に仕上げる。

(ト) 溶接に支障となるスラグおよび溶接完了後のスラグは入念に除去する。

(チ) 著しいスパッタおよび塗装下地となる部分のスパッタは、除去する。

(リ) アークストライクは行わない。ただし、アークストライクを起こした場合は、鋼材表面を平滑に仕上げる。

(c) 重ね継手および定着の長さは、次による。なお、径が異なる鉄筋の重ね継手の長さは、細い鉄筋の径による。

(1) 鉄筋の重ね継手および定着の長さは、表2.4.5による。なお、表2.4.5は、コンクリートの設計基準強度（Fc）が21N/mm²以上36N/mm²以下の場合に適用し、Fcが18N/mm²の場合のL_1およびL_2は、表のFcが21N/mm²の場合の値に5dを加えたものとする。

表2.4.5 鉄筋の重ね継手および定着の長さ

鉄筋の種類	コンクリートの設計基準強度 (Fc)(N/mm²)	フックなし L_1	フックなし L_2	フックなし L_3 小梁	フックなし L_3 スラブ	フックあり L_1	フックあり L_2	フックあり L_3 小梁	フックあり L_3 スラブ
SD295A SD295B SD345 SDR295 SDR345	21 24	40d	35d	25d	10dかつ150mm以上	30d	25d	15d	—
	27 30 33 36	35d	30d			25d	20d		
SD390	21 24	45d	40d			35d	30d		
	27 30 33 36	40d	35d			30d	30d		

(注) 1. L_1：継手ならびに2および3以外の定着の長さ。
2. L_2：割裂破壊のおそれのない箇所への定着の長さ。
3. L_3：小梁およびスラブの下端筋の定着の長さ。ただし、基礎耐圧スラブおよびこれを受ける小梁は除く。
4. フックのある場合のL_1、L_2およびL_3は、図2.4.1に示すようにフック部分lを含まない。

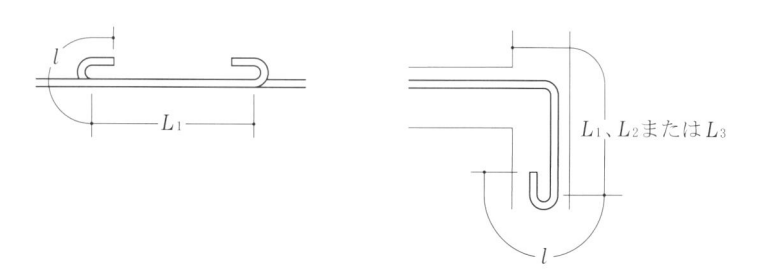

図2.4.1 フックのある場合の重ね継手および定着の長さ

(2) 隣り合う継手の位置は、表2.4.6による。ただし、壁の場合およびスラブ筋でD16以下は除く。
なお、先組み工法等で、柱、梁の主筋の継手を同一箇所に設ける場合は、特記による。

表2.4.6 隣り合う継手の位置

フックのある場合	$a=0.5L$	$a\geqq 0.5L$
フックのない場合	$a=0.5L$	$a\geqq 0.5L$
圧接継手の場合	$a\geqq 400mm$	

(3) 溶接金網の継手および定着は、図2.4.2による。

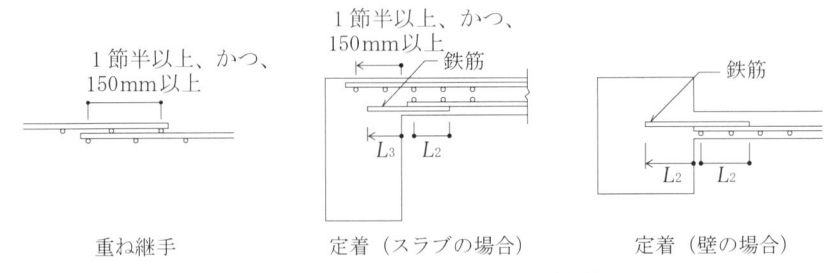

図2.4.2 溶接金網の継手および定着

(4) スパイラル筋の継手および定着は、図2.4.3による

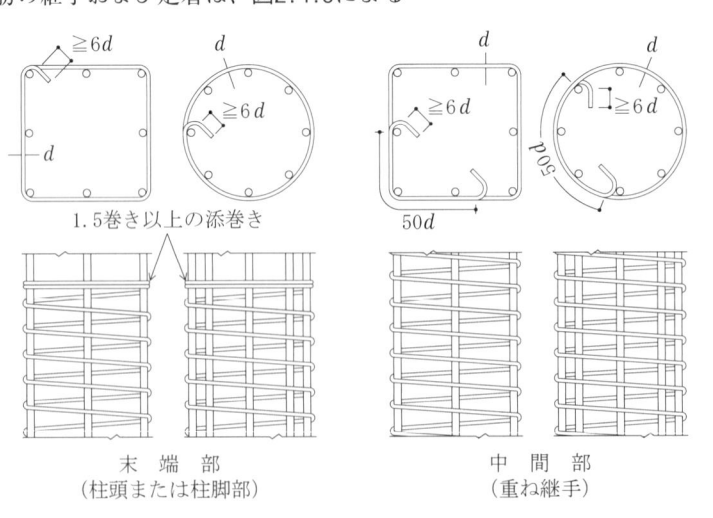

図2.4.3 スパイラル筋の継手および定着

2.4.3.5 鉄筋のかぶり厚さおよび間隔
(a) 鉄筋および溶接金網の最小かぶり厚さは、表2.4.7による。ただし、柱および梁の主筋にD29以上を使用する場合は、主筋のかぶり厚さを径の1.5倍以上として最小かぶり厚さを定める。

表2.4.7 鉄筋の最小かぶり厚さ　　　　（単位：mm）

構造部分の種別			最小かぶり厚さ
土に接しない部分	スラブ、耐力壁以外の壁	仕上げあり	20
		仕上げなし	30
	柱、梁、耐力壁	屋内 仕上げあり	30
		屋内 仕上げなし	30
		屋外 仕上げあり	30
		屋外 仕上げなし	40
	擁壁、耐圧スラブ		40
土に接する部分	柱、梁、スラブ、壁		40*
	基礎、擁壁、耐圧スラブ		60*
煙突等高熱を受ける部分			60

(注) ＊ かぶり厚さは、普通コンクリートに適用し、軽量コンクリートの場合は、特記による。
1. 「仕上げあり」とは、モルタル塗り等の仕上げのあるものとし、鉄筋の耐久性上有効でない仕上げ（仕上げ塗材、吹付けまたは塗装等）のものを除く。
2. スラブ、梁、基礎および擁壁で、直接土に接する部分のかぶり厚さには、捨てコンクリートの厚さを含まない。
3. 杭基礎の場合のかぶり厚さは、杭天端からとする。
4. 塩害を受けるおそれのある部分等、耐久性上不利な箇所は、特記による。

(b) 柱、梁等の鉄筋の加工に用いるかぶり厚さは、最小かぶり厚さに10mmを加えた数値を標準とする。
(c) 鉄筋組立て後のかぶり厚さは、最小かぶり厚さ以上とする。
(d) 鉄筋相互のあきは図2.4.4により、次の値のうち最大のもの以上とする。ただし、特殊な鉄筋継手の場合のあきは、特記による。
　(1) 粗骨材の最大寸法の1.25倍
　(2) 25mm
　(3) 隣り合う鉄筋の平均径（2.4.3.1(a)による）の1.5倍
(e) 鉄骨鉄筋コンクリート造の場合、主筋と平行する鉄骨とのあきは、(d)による。
(f) 貫通孔に接する鉄筋のかぶり厚さは、(c)による。

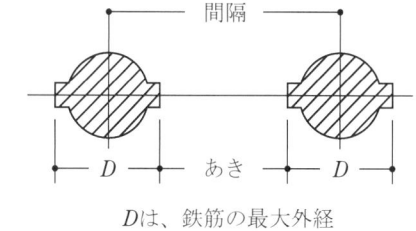

Dは、鉄筋の最大外経

図2.4.4　鉄筋相互のあき

2.4.3.6　鉄筋の保護
(a) 鉄筋の組立て後、スラブ、梁等には、歩み板を置き渡し、直接鉄筋の上を歩かないようにする。
(b) コンクリート打込みによる鉄筋の乱れは、なるべく少なくする。特に、かぶり厚さ、上端筋の位置および間隔の保持に努める。

2.4.3.7　各部配筋
各部の配筋は特記による。特記がなければ、国土交通省大臣官房官庁営繕部監修「公共建築工事共通仕様書」巻末の別図（各部配筋）1節（基礎及び基礎梁の配筋）～ 7節（梁貫通孔その他の配筋）による。

2.4.4　ガス圧接
2.4.4.1　適用範囲
2.4.4は、鉄筋を酸素・アセチレン炎を用いて加熱し、圧力を加えながら接合するガス圧接に適用する。

2.4.4.2 技能資格者

圧接作業における技能資格者は、工事に相応したJIS Z 3881「鉄筋のガス圧接技術検定における試験方法及び判定基準」による技量を有する。

2.4.4.3 圧接部の品質

圧接後の外観の品質は、次による。

(a) 圧接部のふくらみの直径は、鉄筋径（径の異なる場合は細い方の鉄筋径）の1.4倍以上とする。
(b) 圧接部のふくらみの長さは鉄筋径の1.1倍以上とし、その形状はなだらかなものとする。
(c) 圧接面のずれは、鉄筋径の1/4以下とする。
(d) 圧接部における鉄筋中心軸の偏心量は、鉄筋径（径の異なる場合は細い方の鉄筋径）の1/5以下とする。
(e) 圧接部は、強度に影響を及ぼす折れ曲がり、焼割れ、へこみ、垂下がりおよび内部欠陥がないものとする。

2.4.4.4 圧 接 一 般

(a) 圧接作業に使用する装置、器具類は、正常に動作するように整備されたものとする。
(b) 鉄筋の種類が異なる場合、形状の著しく異なる場合および径の差が5mmを超える場合は、圧接をしない。

2.4.4.5 鉄筋の加工

鉄筋の加工は、2.4.3によるほか、次による。

(a) 鉄筋は、圧接後の形状および寸法が設計図書に合致するよう圧接箇所1カ所につき鉄筋径程度の縮み代を見込んで、切断または加工する。
(b) 圧接しようとする鉄筋は、その端面が直角となるように、適切な器具を用いて切断する。

2.4.4.6 圧 接 端 面

圧接前の端面は、次による。

(a) 鉄筋の端面およびその周辺には、油脂、塗料、セメントペースト等の付着がない。
(b) 圧接端面は平滑に仕上げられており、その周辺は軽く面取りがされている。
(c) 圧接端面は、原則として、圧接作業当日に処理を行い、その状態を確認する。

2.4.4.7 天候による処置

(a) 寒冷期には、酸素、アセチレン容器および圧力調整器の保温に注意する。
(b) 高温時には、酸素、アセチレン容器を直射日光等から保護する。
(c) 降雨・降雷または強風のときは、圧接作業を中止する。ただし、風除け、覆い等の設備をした場合には、作業を行うことができる。

2.4.4.8 圧 接 作 業

(a) 鉄筋に圧接器を取付けたときの鉄筋の圧接端面間のすき間は3mm以下とし、かつ、偏心および曲がりのないものとする。
(b) 圧接する鉄筋の軸方向に、適切な加圧を行い、圧接端面間のすき間が完全に閉じるまで還元炎で加熱する。
(c) 圧接端面間のすき間が完全に閉じたことを確認したのち、鉄筋の軸方向に適切な圧力を加えながら、中性炎により圧接面を中心に鉄筋径の2倍程度の範囲を加熱する。
(d) 圧接器の取外しは、鉄筋加熱部分の火色消失後とする。
(e) 加熱中に火炎に異常があった場合は、圧接部を切取り再圧接する。ただし、(b)の圧接端面間のすき間が完

全に閉じたのちに異常があった場合は、火炎を再調節して作業を行ってもよい。

2.4.4.9　圧接完了後の試験

圧接完了後、次により試験を行う。

(a) 外観試験
　(1) 圧接部のふくらみの形状および寸法、圧接面のずれ、軸心の食違いおよび曲がり、その他有害と認められる欠陥の有無について、外観試験を行う。
　(2) 試験方法は、目視により、必要に応じてノギス、スケール、その他適切な器具を使用する。
　(3) 試験対象は、全圧接部とする。
　(4) 外観試験の結果不合格となった場合の処置は、2.4.4.10(a)による。

(b) 抜取試験は、次の超音波探傷試験または引張試験とし、その適用は特記による。特記がなければ、超音波探傷試験とする。
　(1) 超音波探傷試験
　　(イ) 1ロットは、1組の作業班が1日に行った圧接箇所とする。
　　(ロ) 試験の箇所数は1ロットに対し30カ所とし、ロットから無作為に抜取る。
　　(ハ) 試験方法および判定基準は、JIS Z 3062「鉄筋コンクリート用異形棒鋼ガス圧接部の超音波探傷試験方法及び判定基準」による。
　　(ニ) 試験従事者は、当該ガス圧接工事に関連がなく、超音波探傷試験の原理および鉄筋ガス圧接部に関する知識を有し、かつ、その試験方法等について十分な知識および経験のある者とし、証明する資料等を監督職員に提出する。
　　(ホ) ロットの合否判定は、ロットのすべての試験箇所が合格と判定された場合に、当該ロットを合格とする。
　　(ヘ) 不合格ロットが発生した場合の処置は、2.4.4.10(b)による。

　(2) 引張試験
　　(イ) 試験ロットの大きさは、1組の作業班が1日に行った圧接箇所とする。
　　(ロ) 試験片の採取数は、1ロットに対して3本とする。なお、試験片を採取した箇所は、同種の鉄筋を圧接して継ぎ足す。ただし、D25以下の場合は、監督職員の承諾を受けて、重ね継手とすることができる。
　　(ハ) 試験片の形状、寸法および試験方法は、JIS Z 3120「鉄筋コンクリート用棒鋼ガス圧接継手の試験方法及び判定基準」による。
　　(ニ) ロットの合否の判定は、すべての試験片の引張強さが母材の規格値以上で、かつ、圧接面での破断がない場合を合格とする。ただし、圧接面で破断し不合格となった場合は、次により再試験を行うことができる。
　　　(i) 試験片の採取数は、当該ロットの5％以上とする。
　　　(ii) 再試験の結果、すべての試験片について引張強さが母材の規格値以上ならば合格とする。
　　(ホ) 不合格ロットが発生した場合の処置は、2.4.4.10(b)による。

2.4.4.10　不合格となった圧接部の修正

(a) 外観試験で不合格となった圧接部の修正
　(1) 圧接部のふくらみの直径やふくらみの長さが規定値に満たない場合は、再加熱し、圧力を加えて所定のふくらみとする。
　(2) 圧接部のずれが規定値を超えた場合は、圧接部を切取り再圧接する。
　(3) 圧接部における相互の鉄筋の偏心量が規定値を超えた場合は、圧接部を切取り再圧接する。

(4) 圧接部に明らかな折曲がりを生じた場合は、再加熱して修正する。

(5) 圧接部のふくらみが著しいつば形の場合または著しい焼割れを生じた場合は、圧接部を切取り再圧接する。

(b) 抜取試験で不合格となったロットの処置

(1) 直ちに作業を中止し、欠陥発生の原因を調査して、必要な改善措置を定め、監督職員の承諾を受ける。

(2) 不合格ロットは、残り全数に対して超音波探傷試験を行う。ただし、試験方法および判定基準は、2.4.4.9(b)(1)(ハ)による。

(3) 超音波探傷試験の結果、不合格となった圧接箇所は、監督職員と協議を行い、圧接箇所を切除して再圧接するかまたは添え筋により補強を行う。

(c) 再加熱または圧接部を切取り再圧接した箇所は、2.4.4.9(a)による外観試験および2.4.4.9(b)(1)(ハ)により超音波探傷試験を行う。

(d) 不合格圧接部の修正を行った場合は、その記録を整理し、監督職員に提出する。

第5節　コンクリート工事

2.5.1　一般事項

(a) 本節は、地中埋設管路、地中箱、外灯基礎および機械基礎等の工事に適用する。

(b) 本節以外の事項は、国土交通省大臣官房官庁営繕部監修「公共建築工事共通仕様書」による。

2.5.2　コンクリートの材料

(a) セメントの種類は、JIS R 5211「高炉セメント」によるB種高炉セメントとする。

(b) 骨材の品質は、JIS A 5308「レディーミクストコンクリート」附属書A「レディーミクストコンクリート用骨材」による。

(c) 粗骨材の最大寸法は、砂利では25mm以下とし、砕石では20mm以下とする。

(d) 水は、JIS A 5308「レディーミクストコンクリート」附属書C「レディーミクストコンクリートの練混ぜに用いる水」による。

2.5.3　コンクリートの調合

(a) コンクリートの種類は、普通コンクリートとし、調合方式は、レディーミクストコンクリートとする。

(b) レディーミクストコンクリートは、次による。

(1) レディーミクストコンクリートの製造工場は、JIS A 5308「レディーミクストコンクリート」による日本工業規格表示許可工場とする。

(2) コンクリートの呼び強度は、16以上とする。ただし、機械基礎に使用する場合は、18以上とする。

(3) コンクリートの指定スランプは、8cmとする。ただし、機械基礎に使用する場合は、18cmとする。

(4) コンクリートが少量の場合等は、監督職員の承諾を受けて、現場練りコンクリート（調合は容積比で、セメント1：砂2：砂利4）とすることができる。

2.5.4　コンクリートの打込み等

(a) 打込みに先立ち、打込み場所を清掃して、雑物を取除き、水の凍結するおそれのない限り、散水してせき板を湿潤にする。その後、たまった水は、取除く。

(b) 締固めは、突棒等で十分に締固め、鉄筋および埋設物等の周囲や型枠の隅までコンクリートが充てんされ、密実なコンクリートが得られるように行う。

(c) コンクリート打込み後コンクリートの硬化が十分に進行するまでの間は、散水その他の方法により急激な乾燥および温度変化等の悪影響を受けないように、適切な養生を行う。
　(d) コンクリートの強度試験は、不要とする。

2.5.5　型　　枠
　(a) 型枠には、支障のない程度の古材を使用してもよい。また、再使用する場合は、破損箇所を修理し、表面を十分清掃する。
　(b) 型枠は、コンクリート施工時の作業荷重、コンクリートの自重および側圧ならびに打込み時の振動および衝撃等に耐え、かつ、有害量のひずみおよび狂い等を生じない構造とし、有害な水漏れがなく、容易に取外しができ、取外しの際コンクリートを傷めないものとする。
　(c) 各種配管用スリーブ、ボックスおよび埋込金物類は、コンクリート打込み時に移動しないように取付ける。
　(d) 型枠は、これに支えられるコンクリートが自重および作業荷重に対して十分な強度を発揮するまで存置する。ただし、型枠残置期間の平均気温が20℃以上の場合は4日、10℃以上20℃未満の場合は6日以上経過すれば、取外すことができる。

第6節　金属工事

2.6.1　一般事項
2.6.1.1　適用範囲
　本節は、各種金属の表面処理、金属製品の製作および取付け工事に適用する。

2.6.1.2　基本要求品質
　(a) 金属工事に用いる材料は、所定のものとする。
　(b) 製品は、所定の形状および寸法を有し、所定の位置に堅固に取付けられていること。
　(c) 製品は、所要の仕上り状態とする。

2.6.1.3　工　　法
　(a) 製品等を取付けるための受材は、原則として、構造体の施工時に取付ける。ただし、やむを得ず後付けとする場合は、防水層等に損傷を与えないよう、特に注意する。
　(b) あと施工アンカー
　　(1) (a)の受材を、あと施工アンカーの類とする場合は、十分耐力のあるものとする。
　　(2) あと施工アンカーの削孔時に鉄筋にあたった場合は、受材の取付けに有効で、かつ、耐力上支障のない部分に削孔位置を変更する。
　　(3) (2)で使用しない穴は、セメントモルタル等で充てんする。
　　(4) あと施工アンカーの引抜耐力の確認試験は次により、適用は特記による。ただし、軽易な場合は、監督職員の承諾を受けて試験を省略することができる。
　　(イ) 引抜耐力の確認試験は、機械的簡易引抜試験機による引張試験とする。
　　(ロ) 試験箇所数は、同一施工条件のあと施工アンカーを1ロットとし、1ロットの施工箇所数の5％、かつ、3本以上とする。
　　(ハ) 引張試験は、設計用引張強度に等しい荷重を試験荷重とし、過大な変位を起こさずに耐えられるものを合格とし、すべての試験箇所が合格すれば、そのロットを合格とする。なお、設計用引張強度は、特記による。特記がなければ、(d)の品質計画において定めたものとする。

(ニ)　(ハ)の試験において、１カ所でも不合格のものがあった場合には、さらに、そのロット全数の20%を抜取り、試験箇所の全数が合格すれば、ロットを合格とし、１カ所でも不合格のものがあった場合には、全数について、(ハ)による引張試験を行う。

(ホ)　不合格となったものは、切断等の処置を行い、(1)〜(3)により、新たに施工し、さらに、(ニ)による引張試験を行う。

(c)　異種金属で構成される金属製品の場合は、適切な方法により接触腐食を防止する。

(d)　施工計画書

(イ)　工事の着手に先立ち、工事の総合的な計画をまとめた総合施工計画書を作成し、監督職員に提出する。

(ロ)　品質計画、一工程の施工の確認を行う段階および施工の具体的な計画を定めた工種別の施工計画書を、当該工事の施工に先立ち作成し、監督職員に提出する。ただし、あらかじめ監督職員の承諾を受けた場合は、この限りでない。

(ハ)　(ロ)の施工計画書のうち、品質計画に係る部分については、監督職員の承諾を受ける。

(ニ)　施工計画書の内容を変更する必要が生じた場合は、監督職員に報告するとともに、施工等に支障がないよう適切な措置を講ずる。

2.6.1.4　養生その他

(a)　金属製品は、必要に応じて、ポリエチレンフィルム、はく離ペイント等で養生を行い搬入する。

(b)　取付けを終わった金物で、出隅等の損傷のおそれがある部分は、当て板等の適切な養生を行う。

(c)　工事完成時には、養生材を取除き、清掃を行う。なお、必要に応じて、ワックス掛け等を行う。

2.6.2　表 面 処 理

2.6.2.1　ステンレスの表面仕上げ

ステンレスの表面仕上げの種類は、特記による。特記がなければ、表面仕上げは、HL仕上げ程度とする。ただし、屋内で軽易な場合は、No. 2B仕上げ程度とすることができる。

2.6.2.2　アルミニウムおよびアルミニウム合金の表面処理

(a)　アルミニウムおよびアルミニウム合金の表面処理は、表2.6.1により、種別および皮膜または複合皮膜の種類は、特記による。特記がなければ、皮膜または複合皮膜の種類は、表2.6.1による。

表2.6.1　表面処理の種別

種　別	表 面 処 理	規格番号	規 格 名 称	皮膜または複合皮膜の種類
A−1種	無着色陽極酸化皮膜	JIS H 8601	アルミニウム及びアルミニウム合金の陽極酸化皮膜	AA15
A−2種	着色陽極酸化皮膜			
B−1種	無着色陽極酸化塗装複合皮膜	JIS H 8602	アルミニウム及びアルミニウム合金の陽極酸化塗装複合皮膜	B
B−2種	着色陽極酸化塗装複合皮膜			
C−1種	無着色陽極酸化皮膜	JIS H 8601	アルミニウム及びアルミニウム合金の陽極酸化皮膜	AA6
C−2種	着色陽極酸化皮膜			
D種	化成皮膜の上に塗装	JIS H 4001	アルミニウム及びアルミニウム合金の焼付け塗装板及び条	—

(b)　陽極酸化皮膜の着色方法は、特記による。特記がなければ、２次電解着色とし、色合等は特記による。

(c)　種別が表2.6.1のＡ種およびＣ種の場合は、表面処理後に次の処置を行う。

(1) アルカリ性材料と接する箇所は、耐アルカリ性の塗料を塗付ける。
(2) シーリング被着面は、水和封孔処理による表面生成物を取除く。

2.6.2.3 鉄鋼の亜鉛めっき
(a) 鉄鋼の亜鉛めっきは表2.6.2により、種別は特記による。

表2.6.2 鉄鋼の亜鉛めっきの種別

種別	表面処理方法	規格番号	規格名称	めっきの種類	記号または等級	最小板厚（mm）
A種	溶融亜鉛めっき	JIS H 8641	溶融亜鉛めっき	2種	HDZ55	4.5以上
B種					HDZ45	3.2以上
C種					HDZ35	1.6以上
D種	電気亜鉛めっき	JIS H 8610	電気亜鉛めっき	CM2C*	5級	－
E種					4級	－
F種					3級	－

（注）加工（成形）後、めっきを行うものに用いる。
　＊ CM2Cは、JIS H 8625「電気亜鉛めっき及び電気カドミウムめっき上のクロメート皮膜」による。

(b) 溶融亜鉛めっき面の仕上りは、JIS H 8641「溶融亜鉛めっき」の作業指針に準じ、表2.6.3による。また、めっき面の欠陥部分の補修は、表2.6.4による。

表2.6.3 溶融亜鉛めっき面の仕上り

項目	仕上り
不めっき	不めっき部は、製品全面積の0.5％までとし、各不めっき部分の面積は5cm^{2}かつ、幅は5mm以下とする
傷・かすびき	有害なものがないこと
たれ	摩擦接合面にないこと

表2.6.4 めっき面の補修

欠陥	補修方法
不めっき傷	（局部的な欠陥が点在する場合）ワイヤブラシで入念に素地調整を行ったのち、亜鉛溶射により補修を行う（欠陥部分が広範囲に渡る場合）再めっきを行う
かすびき	やすりまたはサンダー掛けにより平滑に仕上げる
摩擦面のたれ	ボルト穴および摩擦面縁に生じたたれは、やすりを用いて除去する

2.6.3 溶接、ろう付けその他
2.6.3.1 一般事項
(a) ステンレス、アルミニウムおよびアルミニウム合金の溶接は、原則として、工場溶接とする。
(b) 溶接、ろう付けの際は、治具を用いて確実に行う。

2.6.3.2 鉄鋼の溶接
　鉄鋼の溶接は、国土交通省大臣官房官庁営繕部監修「公共建築工事共通仕様書」7章「鉄骨工事」に準ずる。

2.6.3.3 アルミニウムおよびアルミニウム合金の溶接ならびにろう付け
　(a) 溶接
　　(1) 溶接棒は、JIS Z 3232「アルミニウム及びアルミニウム合金の溶加棒及び溶接ワイヤ」による。
　　(2) 溶接技能者は、当該作業等に相応した技量、経験および知識を有する者とする。
　　(3) 溶接作業は、JIS Z 3604「アルミニウムのイナートガスアーク溶接作業標準」による。
　(b) ろう付け
　　(1) ろう付けは、JIS Z 3263「アルミニウム合金ろう及びブレージングシート」による。
　　(2) ろう付けを行う技能者は、当該作業等に相応した技量、経験および知識を有する。
　　(3) ろう付け作業は、JIS Z 3621「ろう付作業標準」による。

2.6.3.4 ステンレスの溶接およびろう付け
　(a) 溶接材料は、母材および溶接法に適したものとする。
　(b) ろう材は、JIS Z 3261「銀ろう」またはJIS Z 3282「はんだ－化学成分及び形状」による。
　(c) ステンレスの溶接およびろう付け（はんだ上げを含む）を行う技能者は、当該作業等に相応した技量、経験および知識を有する。

第7節　左官工事

2.7.1　一般事項
　(a) 本節は、地中箱、外灯基礎および機械基礎等の工事に適用する。
　(b) 本節以外の事項は、国土交通省大臣官房官庁営繕部監修「公共建築工事共通仕様書」による。
　(c) 塗付けに先立ち、塗面の清掃、目荒しおよび水湿し等を行う。
　(d) 施工後は、特に急激な乾燥は避ける等養生を行う。

2.7.2　材　　料
　(a) 左官用材料は、次による。
　　(1) セメントは、JIS R 5210「ポルトランドセメント」による普通ポルトランドセメントとする。
　　(2) 砂は、良質で塩分、泥土、じんかいおよび有機物を有害量含まないものとし、粒度は2.5mmふるい通過分100％および0.15mmふるい通過分10％以下とする。
　　(3) 水は、水道水を使用する。ただし、井水を使用する場合は、清浄で塩分、鉄分、硫黄分および有機物等を有害量含まないものとする。
　(b) セメント等は、雨水および湿気等を避けて保管する。

2.7.3　モルタル塗り
　(a) モルタルの調合および塗り厚さは、表2.7.1を標準とする。

表2.7.1　モルタルの調合および塗り厚さ

種　別	容積調合（セメント：砂）	塗り厚さ
モルタル塗り用	1：3	15mm以上

　(b) 出隅、入隅、ちり回り等は、定規塗りを行い、定規通しよく平らに塗付ける。

2.7.4 コンクリートこて仕上げ
　　　　コンクリート打ちのまま金ごて仕上げする場合は、木ごてずり1回、金ごて1回とする。

第8節　溶接工事

2.8.1　一般事項
　(a)　本節は、接地用端子の取付けおよび分電盤等の造営材への取付け等現場で行う軽微な溶接工事に適用する。
　(b)　本節以外の事項は、国土交通省大臣官房官庁営繕部監修「公共建築工事共通仕様書」による。

2.8.2　溶接工
　　　　手溶接の溶接工は、JIS Z 3801「手溶接技術検定における試験方法及び判定規準」の技術を有する。
　(a)　溶接は、アーク溶接とする。
　(b)　溶接は、降雨雪等で母材の表面がぬれている場合または強い風が吹いている場合は行わない。ただし、溶接工および溶接部が保護され、かつ、母材に対し適切な処置が講じられている場合は、溶接作業を行ってもよい。
　(c)　気温が0℃以下の場合は、溶接を行ってはならない。
　(d)　溶接機とその付属用具は、溶接条件に適した構造および機能を有し、安全に良好な溶接が行えるものとする。
　(e)　溶接部は、有害な欠陥のないもので、表面はできるだけ滑らかなものとする。
　(f)　スラグの除去は、溶接完了後入念に行う。
　(g)　溶接部には、最小の余盛りを行う。その高さはなるべく低くし、緩やかに盛り上げる。
　(h)　突合わせ部の表面に板厚または板幅の差により、わずかな段違いのある場合は、表面の形が緩やかに移行するように余盛りをする。

第9節　塗装工事

2.9.1　一般事項
　(a)　各種機材のうち、次の部分を除き、すべて塗装を行う。
　　(1)　コンクリートに埋設されるもの
　　(2)　めっき面
　　(3)　アルミニウム、ステンレス、銅、合成樹脂製等の特に塗装の必要が認められない面
　　(4)　特殊な表面仕上げ処理を施した面
　(b)　金属管の塗装箇所は、特記による。
　(c)　施工時に行う塗装は、設計図書に指定されている場合には、それによるほか、次による。
　　(1)　塗装の素地ごしらえは次による。
　　　(イ)　鉄面は、汚れ、付着物および油類を除去し、ワイヤブラシ、サンダ等でさび落しを行う。
　　　(ロ)　亜鉛めっき面は、汚れ、付着物および油類を除去し、原則として化学処理（JIS K 5633「エッチングプライマー」によるエッチングプライマー1種）を行う。ただし、屋内の乾燥場所などで鋼製電線管（39）以下は、亜鉛めっき面の化学処理を省略することができる。
　　(2)　塗装は、素地ごしらえの後に行い、塗装箇所の塗料の種別、塗り回数は、原則として、表2.9.1による。

表2.9.1　各塗装箇所の塗料の種別および塗り回数

塗装箇所		塗料の種別	塗り回数	備　考
機　材	状　態			
金属製プルボックス、ダクト	露出	調合ペイント	2	・内面は除く ・配線室、共同溝内は露出として扱う
金属製の支持金物架台等	露出	さび止めペイント	2	・合計4回 ・配線室、共同溝内は露出として扱う
	露出	調合ペイントまたはアルミニウムペイント	2	
	隠ぺい	さび止めペイント	2	
金属管（金属製位置ボックス類を含む）	露出	調合ペイント	2	・塗装箇所が特記された場合に適用する ・位置ボックス類の内面は除く

(3) めっきまたは塗膜のはがれた箇所は、補修を行う。ただし、コンクリート埋込み部分は、この限りでない。

(d) 溶融亜鉛めっきは、JIS H 8641の「溶融亜鉛めっき」の作業指針で規定するHDZ35とする。

第10節　スリーブ工事

2.10.1　一般事項

(a) スリーブの材料および使用は、特記がない場合は表2.10.1による。

表2.10.1　スリーブ

材　料	仕　様	備　考
鋼管	JIS G 3452「配管用炭素鋼鋼管」の白管	
硬質塩化ビニル管	JIS K 6741「硬質ポリ塩化ビニル管」のVU	防火区画および水密を要する部分には使用してはならない
亜鉛めっき鋼板または鋼板（さび止めペイント）	外径が200mm以下のものは厚さ0.4mm以上、外径が200mmを超えるものは厚さ0.6mm以上とし、原則として、筒形の両端を外側に折り曲げてつばを設ける。また、必要に応じて円筒部を両方から差込む伸縮形とする	
つば付き鋼管	JIS G 3452「配管用炭素鋼鋼管」の黒管に厚さ6mmつば50mm以上の鋼板を溶接したものとする	
紙チューブ	外径が200mm以下のものとする	柱、枠部分には使用しない

(b) 貫通口の径は、スリーブを取外さない場合は、スリーブの内径寸法とし、貫通口に挿入する管の外径（保温されるものにあっては保温厚さを含む）より40mm程度大きなものとする。

(c) 建物外壁貫通部などの水密を要するスリーブは、「航空無線工事標準図面集」による。

(d) 紙チューブを用いる場合は、使用した紙チューブを、型枠取外し後に取除くものとする。

第11節　舗装工事

2.11.1　一般事項

2.11.1.1　適用範囲

本節は、主として構内の舗装工事ならびに街きょ、縁石、側溝等を設置する工事に適用する。

2.11.1.2 基本要求品質

(a) 舗装工事に用いる材料は、所定のものとする。

(b) 舗装等は、所定の形状および寸法とし、仕上り面は、所要の状態とする。

(c) 舗装の各層は、所定のとおり締固められ、耐荷重性をもつ。

2.11.1.3 再 生 材

各項に再生材の規定がある場合は、原則として、再生材を使用する。ただし、やむを得ない場合は、監督職員と協議する。

2.11.2 路　　床

2.11.2.1 適 用 範 囲

2.11.2は、舗装の路床に適用する。

2.11.2.2 路床の構成および仕上り

(a) 路床は、路床土、遮断層、凍上抑制層またはフィルタ層から構成し、その適用、厚さ等は次による。

(1) 遮断層の適用および厚さは、特記による。

(2) 凍上抑制層の適用および厚さは、特記による。

(3) 透水性舗装に用いるフィルタ層の厚さは、特記による。特記がなければ、車道部にあっては150mm、歩道部にあっては50mmとする。

(4) 路床安定処理は、次による。

(イ) 安定処理の適用は、特記による。

(ロ) 安定処理の方法は、特記による。特記がなければ、方法は添加材料による安定処理とし、厚さは30mm、目標CBR（California bearing ratio：路床土支持力比）は5以上とする。

(b) 路床の仕上り面と設計高さとの許容差は、＋20〜－30mm以内とする。

2.11.2.3 材　　料

(a) 盛土に用いる材料は表2.2.1により、種別は特記による。

(b) 遮断層に用いる材料は、特記による。特記がなければ、川砂、海砂または良質な山砂とし、品質は75μmふるい通過量が10％以下のものとする。

(c) 凍上抑制層に用いる材料は特記により、ごみ、泥、有機物等を含まないものとする。

(d) フィルタ層用材料はごみ、泥等の有機物を含まない砂とし、粒度は表2.11.1による。

表2.11.1　フィルタ層用砂の粒度

ふるいの呼び名	ふるい通過質量百分率（％）
4.75mm	100
2.36mm	70〜100
75μm	6以下

(e) 路床安定処理用材料

(1) 路床安定処理用添加材料は表2.11.2により、種類は特記による。

表2.11.2 路床安定処理用添加材料の種類

種　　　類	規格番号	規　格　名　称
普通ポルトランドセメント	JIS R 5210	ポルトランドセメント
高炉セメントB種	JIS R 5211	高炉セメント
フライアッシュセメントB種	JIS R 5213	フライアッシュセメント
生石灰特号	JIS R 9001	工業用石灰
生石灰1号		
消石灰特号		
消石灰1号		

(2) ジオテキスタイルの適用および品質は、特記による。

2.11.2.4　工　　　法

(a) 路床に不適当な部分がある場合および路床面に障害物が発見された場合は、路床面から300mm程度までは取除き、周囲と同じ材料で埋戻して締固める。なお、予想外の障害物が発見された場合は、監督職員と協議する。

(b) 切土をして路床とする場合は、路床面を乱さないように掘削し、所定の高さおよび形状に仕上げる。なお、路床が軟弱な場合は、監督職員と協議する。

(c) 盛土をして路床とする場合は、一層の仕上り厚さ200mm程度ごとに締固めながら、所定の高さおよび形状に仕上げる。締固めは、土質および使用機械に応じ、散水等により締固めに適した含水状態で行う。

(d) 給排水管、ガス管、電線管等が埋設されている部分は、締固め前に経路を確認し、これらを損傷しないように締固める。

(e) 遮断層は、厚さが均等になるように材料を敷均し、遮断層を乱さない程度の小型の締固め機械で締固める。

(f) 凍上抑制層およびフィルタ層の敷均しは、(e)に準ずる。

(g) 添加材料による路床安定処理にあたっては、目標CBRを満足するような添加量を適切な方法で定めて、監督職員の承諾を受ける。

(h) 発生土は、2.2.2.5により処理する。

2.11.2.5　試　　　験

(a) 路床土の支持力比（CBR）試験はJIS A 1211「CBR試験方法」により、適用は特記による。

(b) 路床締固め度の試験はJIS A 1214「砂置換法による土の密度試験方法」により、適用は特記による。

(c) 砂の粒度試験は、JIS A 1102「骨材のふるい分け試験方法」により、適用は特記による。

2.11.3　路　　　盤

2.11.3.1　適 用 範 囲

2.11.3は、路床の上に設ける路盤に適用する。

2.11.3.2　路盤の構成および仕上り

(a) 路盤の厚さは、特記がなければ、表2.11.3により、車道部の厚さは特記による。

表2.11.3 舗装の種類による路盤の厚さ　（単位：mm）

舗装の種類	路盤の厚さ 車道部	路盤の厚さ 歩道部
アスファルト舗装	100、150、250、350	100
カラー舗装	100、150、250、350	100
コンクリート舗装	150	100
透水性アスファルト舗装	150	100
排水性アスファルト舗装	100、150、250	―
インターロッキングブロック舗装	100、150、250	100
転圧コンクリート舗装	150	―
コンクリート平板舗装	―	100
舗石	―	50

(b) 締固め度は、測定した現場密度の平均が基準密度の93％以上とする。

(c) 路盤の仕上り面と設計高さとの許容差は、表2.11.4による。

表2.11.4 路盤の仕上り面と設計高さとの許容差
（単位：mm）

部　位	測定値の平均
上層路盤	0 ～ －8
下層路盤	0 ～ －15

2.11.3.3 材　　料

(a) 路盤材料は表2.11.5により、種別、品質等は特記による。特記がなければ、砕石および再生材のクラッシャランまたはクラッシャラン鉄鋼スラグとする。なお、透水性アスファルト舗装に用いるクラッシャランは、透水性の高いものとする。

表2.11.5 路盤材料の種別、品質等

種　　別		規格名称等	修正CBR	425μmふるい透過分の塑性指数（PI）	一軸圧縮強度 14日（N/mm^2）
砕石	クラッシャラン	JIS A 5001「道路用砕石」	20以上	6以下	―
	粒度調整砕石		80以上	4以下	―
再生材	クラッシャラン	JIS A 5001「道路用砕石」に準ずる	20以上	6以下	―
	粒度調整砕石		80以上	4以下	―
クラッシャラン鉄鋼スラグ		JIS A 5015「道路用鉄鋼スラグ」	30以上	―	―
粒度調整鉄鋼スラグ			80以上	―	―
水硬性粒度調整鉄鋼スラグ			80以上	―	1.2以上
切込砂利		最大粒径40mm以下	―	―	―

(b) 路盤に使用する材料は、有害な量の粘土塊、有機物、ごみ等を含まないものとする。

(c) 路盤材料は、最適な含水比になるよう調整する。

2.11.3.4 工　　法

(a) 路盤材料は、一層の敷均し厚さを、締固め後の仕上り厚さが200mmを超えないように敷均し、適切な含水状態で締固める。

(b) 路盤の締固めは、所定の締固めが得られる締固め機械で転圧し、平坦に仕上げる。

2.11.3.5 試　　験

路盤の締固め完了後、次により、路盤の厚さおよび締固め度の試験を行う。

(a) 路盤の厚さは、500m²ごとおよびその端数につき1カ所測定する。
(b) 路盤の締固め度試験は、次により、適用は特記による。
　(1) JIS A 1214「砂置換法による土の密度試験方法」により現場密度を測定する。
　(2) 基準密度は、JIS A 1210「突固めによる土の締固め試験方法」で求め、監督職員の承諾を受ける。
　(3) 現場密度の測定箇所数は、1,000m²以下は3カ所とし、1,000m²を超える場合は、さらに、1,000m²ごとおよびその端数につき1カ所増やす。

2.11.4 アスファルト舗装

2.11.4.1 適用範囲

2.11.4は、路盤の上に設けるアスファルト舗装およびカラー舗装に適用する。

2.11.4.2 舗装の構成および仕上り

(a) アスファルト舗装の構成および厚さは、特記による。特記がなければ、表2.11.6および次による。
　(1) 車道部の基層の適用は、特記による。
　(2) カラー舗装の種類は、特記による。特記がなければ、表層に着色した加熱アスファルト混合物を用いる。

表2.11.6　アスファルト舗装の厚さ　　　（単位：mm）

舗装の種類	部　位	基　層	表　層	カラー舗装
アスファルト舗装	車道部（基層なし）	—	50	—
	車道部（基層あり）	50	30	—
	歩道部	—	30	—
カラー舗装*1	車道部（基層なし）	—	—	50
	車道部（基層あり）	50	—	30
	歩道部	—	—	30
カラー舗装*2	車道部（基層なし）	—	50	5〜10
	車道部（基層あり）	50	30	5〜10
	歩道部	—	30	5〜10
カラー舗装*3	車道部（基層なし）	—	50	3〜5
	車道部（基層あり）	50	30	3〜5
	歩道部	—	30	3〜5

(注) *1　表層に着色した加熱アスファルト混合物を用いる場合に適用する。
　　 *2　表層の上に着色舗装または樹脂系混合物を用いる場合に適用する。
　　 *3　表層の上に常温塗布式舗装またはニート工法による樹脂系舗装を用いる場合に適用する。カラー舗装の基層および表層は、アスファルト舗装とする。

(b) 締固め度は、測定した現場密度が基準密度の94％以上とする。
(c) 舗装厚さの許容差は、表2.11.7による。

表2.11.7 舗装厚さの許容差（単位：mm）

舗　装	個々の測定値	測定値の平均値
表層	－9以内	－3以内
基層	－12以内	－4以内

(d) 舗装の平坦性は、特記による。特記がなければ、通行の支障となる水たまりを生じない程度とする。

2.11.4.3 材　　料

(a) アスファルト

(1) ストレートアスファルトは、JIS K 2207「石油アスファルト」による。

(2) 再生アスファルトは、JIS K 2207「石油アスファルト」に準じ、表2.11.8を標準とする。

表2.11.8 再生アスファルトの品質

項　目 \ 種　類	60～80	80～100
針入度（25℃）（1/10mm）	60を超え80以下	80を超え100以下
軟化点（℃）	44.0～52.0	42.0～50.0
伸度（15℃）（cm）	100以上	100以上
トルエン可溶分（％）	99.0以上	99.0以上
引火点（℃）	260以上	260以上
薄膜加熱質量変化率（％）	0.6以下	0.6以下
薄膜加熱針入度変化率（％）	55以上	50以上
蒸発後の針入度比（％）	110以下	110以下
密度（15℃）（g/cm^3）	1,000以上	1,000以上

(注) 1. ここでいう再生アスファルトとは、アスファルトコンクリート再生骨材中に含まれる旧アスファルトに、新アスファルトおよび再生用添加剤を、単独または複合で添加調整したアスファルトをいう。
　　2. 再生アスファルトの品質は、再生骨材から回収した旧アスファルトに、新アスファルトや再生用添加剤を、室内で混合調整したものとする。

(b) プライムコート用の乳剤はJIS K 2208「石油アスファルト乳剤」により、種別はPK-3とする。

(c) タックコート用の乳剤はJIS K 2208「石油アスファルト乳剤」により、種別はPK-4とする。

(d) 骨材

(1) 砕石は、JIS A 5001「道路用砕石」による。

(2) アスファルトコンクリート再生骨材の品質は、表2.11.9による。

表2.11.9 アスファルトコンクリート再生骨材の品質

項　　目	粒度区分13～0mmの場合の規格値
旧アスファルト含有量（％）	3.8以上
旧アスファルト針入度（25℃）（1/10mm）	20以上
洗い試験で失われる量（％）	5以下

(注) 1. 旧アスファルト含有量および洗い試験で失われる量は、再生骨材の乾燥質量に対する百分率で表す。
　　2. 洗い試験で失われる量は、試料のアスファルトコンクリート再生骨材の水洗い前の75μmふるいにとどまるものと、水洗い後75μmふるいにとどまるものを、気乾または60℃以下の乾燥炉で乾燥し、その質量差から求める。

(e) 石粉は、石灰岩または火成岩を粉砕したもので、含水比1％以下で微粒子の団粒のないものとし、粒度範囲は表2.11.10による。

表2.11.10 石粉の粒度範囲

ふるいの呼び名（μm）	ふるい通過質量百分率（％）
600	100
150	90～100
75	70～100

(f) シールコート用の乳剤はJIS K 2208「石油アスファルト乳剤」により、種別はPK-1とする。ただし、冬期の場合は、PK-2とする。

(g) 石油アスファルト乳剤は、製造後60日を超えるものは使用しない。

(h) カラー舗装用材料
　(1) 表層用アスファルト混合物に添加する顔料は、無機系とする。
　(2) 表層用アスファルト混合物に添加する着色骨材は、特記による。
　(3) 着色舗装は、自然石または着色骨材と石油樹脂とする。
　(4) 樹脂系混合物は、天然砂利とエポキシ樹脂とする。
　(5) 常温塗布式舗装は、アクリル系カラー塗布材または樹脂系乳剤を用いたスラリーシールとする。
　(6) ニート工法による樹脂舗装は、エポキシ樹脂とする。

2.11.4.4　配合その他

(a) 表層および基層の加熱アスファルト混合物および再生加熱アスファルト混合物（以下「加熱アスファルト混合物等」という）の種類は表2.11.11により、適用は特記による。

(b) 加熱アスファルト混合物等は、原則として、製造所で製造する。

(c) 加熱アスファルト混合物等の配合は、表2.11.11および表2.11.12を満足するもので、（公社）日本道路協会「舗装調査・試験法便覧（全4分冊）」のマーシャル安定度試験方法によりアスファルト量を求め、配合設計を設定する。

(d) 配合設計の結果に基づいて、使用する製造所において試験練りを行って現場配合を決定し、表2.11.12の基準値を満足することを確認する。ただし、同じ配合の試験結果がある場合および軽易な場合は、試験練りを省略することができる。

表2.11.11 加熱アスファルト混合物等の種類および標準配合

区分		表層				基層
地域別		一般地域		寒冷地域		一般および寒冷地域
種類		密粒度アスファルト混合物(13)	細粒度アスファルト混合物(13)	密粒度アスファルト混合物(13F)	細粒度ギャップアスファルト混合物(13F)	粗粒度アスファルト混合物(20)
ふるい通過質量百分率(％)	26.5mm	—	—	—	—	100
	19mm	100	100	100	100	95〜100
	13.2mm	95〜100	95〜100	95〜100	95〜100	70〜90
	4.75mm	55〜70	65〜80	52〜72	60〜80	35〜55
	2.36mm	35〜50	50〜65	40〜60	45〜65	20〜35
	600μm	18〜30	25〜40	25〜45	40〜60	11〜23
	300μm	10〜21	12〜27	16〜33	20〜45	5〜16
	150μm	6〜16	8〜20	8〜21	10〜25	4〜12
	75μm	4〜8	4〜10	6〜11	8〜13	2〜7
アスファルト量または再生アスファルト量(％)*		5.0〜7.0	6.0〜8.0	6.0〜8.0	6.0〜8.0	4.5〜6.0
アスファルト針入度または再生アスファルト針入度*		60〜80、80〜100* (1/10mm)				

（注）＊ アスファルト針入度は、一般地域では60〜80を標準とし、寒冷地域では80〜100を標準とする。

表2.11.12 加熱アスファルト混合物等のマーシャル安定度試験に対する基準値

種類	密粒度アスファルト混合物(13)	細粒度アスファルト混合物(13)	密粒度アスファルト混合物(13F)	細粒度ギャップアスファルト混合物(13F)	粗粒度アスファルト混合物(20)
突固め回数（回）	50	50	50	50	50
安定度（kN）	4.90以上	4.90以上	4.90以上	4.90以上	4.90以上
フロー値（1/100cm）	20〜40	20〜40	20〜40	20〜40	20〜40
空隙率（％）	3〜6	3〜6	3〜5	3〜5	3〜7
飽和度（％）	70〜85	70〜85	75〜85	75〜85	65〜85

(e) 顔料を用いる表層用アスファルト混合物は、次による。
　(1) 顔料は、混合物の質量比で5〜7％程度を添加し、容積換算により同量の石粉を減ずる。
　(2) 表層用アスファルト混合物は、施工に先立ち試験練りにより見本を作成する。ただし、軽易な場合は、見本の作成を省略することができる。
(f) 混合物の混合温度は、185℃未満とする。
(g) 混合物の製造所からの運搬は、清掃したダンプトラックを使用し、シート等で覆い保温する。

2.11.4.5 工法
(a) 施工時の気温が5℃以下の場合は、原則として、施工を行わない。また、作業中に雨が降り出した場合は、直ちに作業を中止し、(c)(6)により処置する。
(b) アスファルト乳剤の散布
　(1) 路盤と加熱アスファルト混合物等の間には、路盤の仕上げに引続いて、直ちにプライムコートを、基層と表層の間には、タックコートを散布する。

(2) 乳剤の散布量は、プライムコート1.5L/m²、タックコート0.4L/m²程度を標準とする。

(3) アスファルト乳剤の散布にあたっては、散布温度に注意し、縁石等の構造物は汚さないようにして均一に散布する。

(c) アスファルト混合物等の敷均し

(1) アスファルト混合物等は、所定の形状、寸法に敷均す。

(2) アスファルト混合物等の敷均しは、原則として、フィニッシャによる。ただし、機械を使用できない狭いところや軽易な場合は、人力によることができる。

(3) アスファルト混合物等の敷均し時の温度は、110℃以上とする。

(4) アスファルト混合物等の敷均しにあたっては、その下層表面が湿っていないときに施工する。

(5) やむを得ず5℃以下の気温で舗設する場合は、次によることができる。

(イ) 運搬トラックの荷台に木枠を設け、シート覆いを増すなどして、保温養生を行う。

(ロ) 敷均しに際しては、フィニッシャのスクリードを継続して加熱する。

(ハ) 敷均し後、転圧作業のできる最小範囲まで進んだ時点において、直ちに締固めを行う。

(6) アスファルト混合物等の敷均し作業中に雨が降り出して作業を中止する場合は、すでに敷均した箇所のアスファルト混合物等を速やかに締固めて仕上げを完了する。

(7) アスファルト混合物等は、敷均し後、所定の勾配を確保し、水たまりを生じないように、締固めて仕上げる。

(d) 継目および構造物との接触部は、接触面にアスファルト乳剤（PK-4）を塗布したのちに締固め、密着させて平らに仕上げる。また、表層および基層の継目は、同一箇所を避ける。

(e) カラー舗装の場合は、(a)～(d)によるほか、次による。

(1) 施工にあたっては、色むらが生じないように均一に仕上げる。

(2) 表層の上に着色舗装、樹脂系混合物、常温塗布式舗装またはニート工法による樹脂系舗装を用いる場合は、舗装に先立ち下地となる表装面を清掃し、乾燥させる。

(f) シールコートの施工は次により、適用は特記による。

(1) シールコートの施工に先立ち、表面を適度に乾燥させ、砂、泥等表面の汚れを除去する。

(2) アスファルト乳剤の散布は、縁石等の構造物を汚さないようにして、所定の量を均一に散布する。なお、散布量は、1.0L/m²程度とする。

(3) アスファルト乳剤散布後、直ちに砂または単粒度砕石（S-5）を均等に散布したのち、転圧して余分の砂または砕石を取除く。なお、散布量は、0.5m³/100m²程度とする。

2.11.4.6 試　験

(a) 締固め度および舗装厚さは、次により切取試験を行う。

(1) 切取試験は、表層および基層ごとに、2,000m²以下は3個とし、2,000m²を超える場合は、さらに、2,000m²ごとおよびその端数につき1個増やした数量のコアを採取する。ただし、軽易な場合は、試験を省略することができる。

(2) 基準密度は、原則として、最初の混合物から3個のマーシャル供試体をつくり、その密度の平均値を基準密度とする。ただし、監督職員の承諾を受けて、実施配合の値を基準密度とすることができる。

(b) 舗装の平坦性は、散水のうえ、目視により確認する。

(c) アスファルト混合物等の抽出試験

(1) 試験の適用は、特記による。

(2) 抽出試験の方法は、（公社）日本道路協会「舗装調査・試験法便覧（全4分冊）」のアスファルト抽出試験方法による。

(3) 抽出試験の結果と現場配合との差は、表2.11.13による。

表2.11.13 抽出試験の結果と現場配合との差

項　目		抽出試験の結果と現場配合との差
アスファルト量		±0.9％以内
粒度	2.36mmふるい	±12％以内
	75μmふるい	± 5％以内

2.11.5 排水性アスファルト舗装
2.11.5.1 適用範囲
　　　2.11.5は、路盤の上に設ける排水性アスファルト舗装に適用する。

2.11.5.2 舗装の構成および仕上り
(a) 排水性アスファルト舗装の構成および厚さは、特記による。特記がなければ、表2.11.14による。

表2.11.14 排水性アスファルト舗装の構成および厚さ　（単位：mm）

部　位	アスファルト混合物の種類	厚　さ
表層	排水性舗装用アスファルト混合物	40
基層	加熱アスファルト混合物等（密粒度アスファルト混合物）	50

(b) 舗装の仕上り
(1) 舗装厚さの許容差は、2.11.4.2(c)による。
(2) 舗装の平坦性は、特記による。特記がなければ、著しい不陸がないものとする。

2.11.5.3 材　料
(a) 排水性舗装用アスファルト混合物
(1) アスファルトは表2.11.15により、種類は特記による。特記がなければ、改質アスファルトⅡ型とする。

表2.11.15 排水性舗装に使用する改質アスファルトの品質

種　類 項　目	改質アスファルトⅠ型	改質アスファルトⅡ型
針入度（25℃）（1/10mm）	50以上	40以上
軟化点（℃）	50.0～60.0	56.0～70.0
伸度（7℃）（cm）	30以上	—
伸度（15℃）（cm）	—	30以上
引火点（℃）	260以上	260以上
薄膜加熱針入度残留率（％）	55以上	65以上
タフネス（25℃）（N·m）	4.9以上	7.8以上
テナシティ（25℃）（N·m）	2.5以上	3.9以上

(2) タックコート用のゴム入りアスファルト乳剤は表2.11.16により、種類は特記による。

表2.11.16 ゴム入りアスファルト乳剤の品質

項　目	種　類	PKR-T1	PKR-T2
エングラー度（25℃）		1〜10	
ふるい残留分（1.18mm）（質量%）		0.3以下	
付着度		2/3以上	
粒子の電荷		陽（+）	
蒸発残留分（質量%）		50以上	
蒸発残留度	針入度（25℃）（1/10mm）	60を超え100以下	100を超え150以下
	伸度（cm） 7℃（cm）	100以上	—
	伸度（cm） 5℃（cm）	—	100以上
	軟化点（℃）	48.0以上	42.0以上
	タフネス 25℃（N·m）	2.9以上	—
	タフネス 15℃（N·m）	—	3.9以上
	テナシティ 25℃（N·m）	1.5以上	—
	テナシティ 15℃（N·m）	—	2.0以上
灰分（質量%）		1.0以下	
貯蔵安定度（24時間）（質量%）		1以下	
凍結安定度（-5℃）		—	粗粒子、塊のないこと

（注）PKR-T2は冬期に使用し、その他の季節はPKR-T1とする。

(b) 基層のアスファルト混合物等および(a)以外の材料は、2.11.4.3による。

2.11.5.4 配合その他

(a) 排水性舗装用アスファルト混合物

(1) 排水性舗装用アスファルト混合物の配合は、表2.11.17および表2.11.18を満足するもので、（公社）日本道路協会「舗装調査・試験法便覧（全4分冊）」のダレ試験方法によりアスファルト量を求め、配合設計を設定する。

表2.11.17 排水性舗装用アスファルト混合物の配合

ふるいの呼び名	ふるい通過質量百分率（%）
19mm	100
13.2mm	90〜100
4.75mm	11〜35
2.36mm	10〜20
75μm	3〜7
アスファルト量（%）	4〜6

表2.11.18 排水性舗装用アスファルト混合物の配合試験に用いる標準値

項　目	標　準　値
空隙率（%）	20程度
透水係数（cm/s）	$1×10^{-2}$以上
安定度（kN）	3.5以上

(2) 配合設計の結果に基づいて、使用する製造所において試験練りを行って現場配合を決定し、表2.11.18の標準値と類似のものであることを確認する。ただし、同じ配合の試験結果がある場合または軽易な場合は、試験練りを省略することができる。

(b) 基層の加熱アスファルト混合物等および(a)以外については、2.11.4.4による。

2.11.5.5 工　法

工法は、2.11.4.5による。

2.11.5.6 試　験

(a) 舗装厚さの試験は、2.11.4.6(a)による。

(b) 舗装の平坦性は、目視により確認する。

(c) アスファルト混合物等の抽出試験は、2.11.4.6(c)による。

2.11.6 砂利敷き

2.11.6.1 適用範囲

2.11.6は、構内の砂利敷きに適用する。

2.11.6.2 材料および種別

砂利敷きの使用材料および種別は表2.11.19により、種別は特記による。特記がなければ、通路はA種、建物周囲その他はB種とする。

表2.11.19　砂利敷きの種別

種別	A 種 下敷き	A 種 上敷き	B 種
砂利の大きさ	切込砂利、再生クラッシャランまたはクラッシャランで45mm以下	砂利または砕石で25mm以下	砂利または砕石で40mm以下

2.11.6.3 工　法

(a) 下地は、水はけよく勾配をとり、地均しのうえ転圧機器で締固める。

(b) A種の場合

(1) 下敷きは、厚さ60mm程度に敷込み、きょう雑物を除いた粘質土、砕石ダスト等を100m^{2}当たり2m^{3}の割合で敷均し、転圧機器で締固める。

(2) 上敷きは、厚さ30mm程度に敷均して仕上げる。

(c) B種の場合は、砂利または砕石を厚さ60mm程度に敷均して仕上げる。

2.11.7 区　画　線
2.11.7.1　材料および工法等
(a) 路面標示位置、間隔等は、特記による。
(b) 路面標示等の材料は、表2.11.20により、種類、色、塗布幅および塗布厚さは、特記による。特記がなければ、種類は3種1号、色は白、塗布厚さは1.0mmとする。

表2.11.20　路面標示用塗料

種　類	規格番号	規格名称	施工時の条件	摘　要
1種	JIS K 5665	路面標示用塗料	常温	液　状
2種			加熱	
3種1号			溶融	粉体状

第2編 電力設備工事

第1章 機材
- 第1節 電線類 … 2-1-1
- 第2節 電線保護物類 … 2-1-3
- 第3節 配線器具 … 2-1-6
- 第4節 照明器具 … 2-1-6
- 第5節 防災用照明器具 … 2-1-11
- 第6節 LED照明器具 … 2-1-12
- 第7節 分電盤 … 2-1-16
- 第8節 耐熱形分電盤 … 2-1-24
- 第9節 OA盤 … 2-1-26
- 第10節 実験盤 … 2-1-26
- 第11節 開閉器箱 … 2-1-27
- 第12節 制御盤 … 2-1-28
- 第13節 消防防災用制御盤 … 2-1-37
- 第14節 電熱装置 … 2-1-38
- 第15節 受雷部 … 2-1-39
- 第16節 外線材料 … 2-1-39
- 第17節 機材の試験 … 2-1-41
- 第18節 電気自動車用急速充電装置(参考) … 2-1-45

第2章 施工
- 第1節 共通事項 … 2-2-1
- 第2節 金属管配線 … 2-2-7
- 第3節 合成樹脂管配線(PF管およびCD管) … 2-2-11
- 第4節 合成樹脂管配線(硬質ビニル管) … 2-2-13
- 第5節 金属製可とう電線管配線 … 2-2-14
- 第6節 ライティングダクト配線 … 2-2-15
- 第7節 金属ダクト配線 … 2-2-15
- 第8節 金属線ぴ配線 … 2-2-16
- 第9節 バスダクト配線 … 2-2-17
- 第10節 ケーブル配線 … 2-2-18
- 第11節 平形保護層配線 … 2-2-20
- 第12節 架空配線 … 2-2-21
- 第13節 地中配線 … 2-2-23
- 第14節 接地 … 2-2-29
- 第15節 電灯設備 … 2-2-34
- 第16節 電熱設備 … 2-2-35
- 第17節 雷保護設備 … 2-2-36
- 第18節 施工の立会いおよび試験 … 2-2-38

第1章 機　　材

第1節 電　線　類

1.1.1 電線類

　　一般配線工事に使用する電線類は、表1.1.1に示す規格による。なお、JIS表示品については、JISマーク表示品とする。原則としてエコケーブルを使用する。

表1.1.1　電線類

呼　称	規格番号	規格名称	記号	備考
硬銅線	JIS C 3101	電気用硬銅線	H	JISマーク表示品
硬銅より線	JIS C 3105	硬銅より線	H	
軟銅線	JIS C 3102	電気用軟銅線	A	JISマーク表示品
軟銅より線	JCS 1226	軟銅より線	A	
ビニル電線	JIS C 3307	600Vビニル絶縁電線（IV）	IV	JISマーク表示品
耐熱ビニル電線	JIS C 3317	600V二種ビニル絶縁電線（HIV）	HIV	
600Vポリエチレンケーブル	JIS C 3605	600Vポリエチレンケーブル	CV	
高圧架橋ポリエチレンケーブル	JIS C 3606	高圧架橋ポリエチレンケーブル	6600VCV	
ビニルケーブル	JIS C 3342	600Vビニル絶縁ビニルシースケーブル（VV）	VVR・VVF	JISマーク表示品
制御ケーブル	JIS C 3401	制御用ケーブル	CVV	
制御ケーブル（遮へい付）	JCS 4258	制御用ケーブル（遮へい付）	CVV-S	
耐火ケーブル	JCS 4506	低圧耐火ケーブル	600V	消防庁告示第10号
耐熱ケーブル	JCS 3501	小勢力回路用耐熱電線	EM-HP	消防庁告示第11号
高圧耐火ケーブル	JCS 4507	高圧耐火ケーブル	EM-FP-C	消防庁告示第10号
鋼管がい装ケーブル	JCS 4385	ケーブル用波付鋼管がい装	CV-MAZV	
OE電線	電力用規格 C-106	屋外用ポリエチレン絶縁電線	OE	
OC電線	電力用規格 C-107	屋外用架橋ポリエチレン絶縁電線	OC	
OW電線	JIS C 3340	屋外用ビニル絶縁電線（OW）	OW	
DV電線	JIS C 3341	引込用ビニル絶縁電線（DV）	DV	
高圧引下線	JIS C 3609	高圧引下用絶縁電線	PDC	
編組銅線	JCS 1236	平編銅線	TBC	
キャブタイヤケーブル	JIS C 3327	600Vゴムキャブタイヤケーブル	CT・RNCT	
ビニルキャブタイヤケーブル	JIS C 3312	600Vビニル絶縁ビニルキャブタイヤケーブル	VCT	
EM-IE電線	JIS C 3612	600V耐燃性ポリエチレン絶縁電線	EM-IE/F	
EM-IC電線	JCS 3417	600V耐燃性架橋ポリエチレン絶縁電線	EM-IC/F	
EM-EEケーブル	JIS C 3605	600Vポリエチレンケーブル	EM-EE/F	
EM-EEFケーブル	JIS C 3605	600Vポリエチレンケーブル	EM-EEF/F	
EM-CEケーブル	JIS C 3605	600Vポリエチレンケーブル	EM-CE/F	
EM-高圧架橋ポリエチレンケーブル	JIS C 3606	高圧架橋ポリエチレンケーブル	EM-CE/F EM-CET/F	
EM-制御ケーブル（EM-CEE）	JIS C 3401	制御用ケーブル	EM-CEE/F	

2-1-1

呼　　称	規格番号	規 格 名 称	記　号	備　考
EM-制御用ケーブル（遮へい付）（EM-CEE-S）	JCS 4258	制御用ケーブル	EM-CEE-S/F	
EM-ユニットケーブル	JCS 4425	屋内配線用EMユニットケーブル	EM-UB	
ユニットケーブル	JCS 4398	屋内配線用ユニットケーブル	EM-UB	

1.1.2　圧着端子類

　　　一般配線工事に使用する圧着端子類は、表1.1.2に示す規格による。

表1.1.2　圧着端子類

呼　称	規格名称等		備　考
圧縮端子	JIS C 2804	圧縮端子	
圧着端子	JIS C 2805	銅線用圧着端子	JISマーク表示品
圧着スリーブ	JIS C 2806	銅線用裸圧着スリーブ	〃
電線コネクタ	JIS C 2810	屋内配線用電線コネクタ通則-分離不能形	
	JIS C 2813	屋内配線用差込形電線コネクタ	
	JIS C 2814-2-1	家庭用及びこれに類する用途の低電圧用接続器具-第2-1部：ねじ形締付式接続器具の個別要求事項	
	JIS C 2814-2-2	家庭用及びこれに類する用途の低電圧用接続器具-第2-2部：ねじなし形締付式接続器具の個別要求事項	
	JIS C 2814-2-3	家庭用及びこれに類する用途の低電圧用接続器具-第2-3部：絶縁貫通形締付式接続器具の個別要求事項	
	JIS C 2814-2-4	家庭用及びこれに類する用途の低電圧用接続器具-第2-4部：ねじ込み形接続器具の個別要求事項	

1.1.3　平形導体合成樹脂絶縁電線および付属品

　　(a)　平形導体合成樹脂絶縁電線および平形保護層は、JIS C 3652「電力用フラットケーブルの施工方法　附属書電力用フラットケーブル」による。

　　(b)　ジョイントボックスおよび差込接続器は「電気用品の技術上の基準を定める省令」（経済産業省令）による。

1.1.4　バスダクトおよび付属品

　　　バスダクトおよび付属品は、JIS C 8364「バスダクト」による。なお、耐火バスダクトは、関係法令に適合したものとする。

1.1.5　ライティングダクトおよび付属品

　　　ライティングダクトおよび付属品は、JIS C 8366「ライティングダクト」による。

第2節　電線保護物類

1.2.1　金属管および付属品

金属管および付属品は、表1.2.1に示す規格による。

表1.2.1　金属管および付属品

呼　称	規格名称等	備　考
金属管	JIS C 8305　鋼製電線管	JISマーク表示品
金属管の付属品	JIS C 8330　金属製電線管用の附属品	〃
	JIS C 8340　電線管用金属製ボックス及びボックスカバー	〃

1.2.2　合成樹脂管（PF管、CD管、波付硬質合成樹脂管）および付属品

(a) 合成樹脂管（PF管、CD管、波付硬質合成樹脂管）および付属品は、表1.2.2に示す規格による。

表1.2.2　合成樹脂管（PF管、CD管、波付硬質合成樹脂管）および付属品

呼　称	規格名称等	備　考
PF管	JIS C 8411　合成樹脂製可とう電線管	JISマーク表示品
CD管		〃
PF管の付属品	JIS C 8412　合成樹脂製可とう電線管用附属品	〃
CD管の付属品		〃
波付硬質合成樹脂管	JIS C 3653　電力用ケーブルの地中埋設の施工方法　附属書1（規定）波付硬質合成樹脂管	〃

(b) PF管の種類は、特記による。ただし、特記がなければ一重管とする。

1.2.3　合成樹脂管（硬質ビニル管）および付属品

合成樹脂管（硬質ビニル管）および付属品は、表1.2.3に示す規格による。

表1.2.3　合成樹脂管（硬質ビニル管）および付属品

呼　称	規格名称等	備　考
硬質ビニル管	JIS C 8430　硬質ビニル電線管	JISマーク表示品
硬質ビニル管の付属品	JIS C 8432　硬質塩化ビニル電線管用附属品	〃
	JIS C 8435　合成樹脂製ボックス及びボックスカバー	〃

（注）本表に規定されていないものは、「電気用品の技術上の基準を定める省令（別表第二）」（経済産業省令）による。

1.2.4　金属製可とう電線管および付属品

金属製可とう電線管は、2種金属製可とう電線管とし、管および付属品は、表1.2.4に示す規格による。

表1.2.4　金属製可とう電線管および付属品

呼　称	規格名称等	備　考
金属製可とう電線管	JIS C 8309　金属製可とう電線管	JISマーク表示品
金属製可とう電線管の付属品	JIS C 8350　金属製可とう電線管用附属品	〃

1.2.5 特殊管

多孔陶管、配管用炭素鋼鋼管、硬質ポリ塩化ビニル管は表1.2.5に示す規格による。

表1.2.5 多孔陶管、配管用炭素鋼鋼管、硬質ポリ塩化ビニル管

呼　　称	規格名称等	備　　考
多孔陶管	JIS C 3653　電力用ケーブルの地中埋設の施工方法　附属書2（規定）多孔陶管	JISマーク表示品
配管用炭素鋼鋼管	JIS G 3452　配管用炭素鋼鋼管	
硬質ポリ塩化ビニル管	JIS K 6741　硬質ポリ塩化ビニル管	

1.2.6 金属線ぴおよび付属品

金属線ぴおよび付属品は、「電気用品の技術上の基準を定める省令」（経済産業省令）による。

1.2.7 プルボックス

(a) 形式等は、「航空無線工事標準図面集」による。

(b) 金属製プルボックス（セパレータを含む）は、呼び厚さ1.6mm以上の鋼板または1.2mm以上のステンレス鋼板を用いて製作されたものとし、次による。

(1) 鋼板製プルボックス（溶融亜鉛めっきを施すものおよびステンレス鋼板製のものを除く）には、さび止め塗装を施す。なお、鋼板の前処理は、次のいずれかによる。

(イ) 鋼板は、加工後、脱脂、りん酸塩処理を行う。

(ロ) 表面処理鋼板を使用する場合は、脱脂を行う。

(2) 長辺が600mmを超えるものには、1組以上の電線支持物の受金物を設ける。

(3) 長辺が800mmを超えるふたは、2分割し、ふたを取付ける開口部は、等辺山形鋼等で補強する。

(4) 「航空無線工事標準図面集」の接地端子座による接地端子を設ける。

(5) 屋外形のプルボックスは(1)、(2)および(4)によるほか、次による。

(イ) 鋼板は、溶融亜鉛めっき・ステンレス製および溶融亜鉛-アルミニウム系合金めっき製のものを用いる。

(ロ) 防雨性を有し、内部に雨が浸入しにくく、これを蓄積しないように水抜き穴を設ける等の構造とする。なお、水抜き穴を設ける場合は、虫の入らない構造とする。

(ハ) 本体とふたの間には吸湿性が少なく、かつ劣化しにくいパッキンを設ける。

(ニ) ふたの止めねじおよびプルボックスを固定するためのボルト、ナットは、プルボックスの内部に突出しない構造とする。ただし、長辺が200mm以下のものは、この限りでない。

(ホ) ふたの止めねじは、ステンレス製とする。

(ヘ) 表面処理鋼板を用いる場合は、加工後無機質亜鉛末塗料等で防錆補修を行う。

(c) 合成樹脂製プルボックスは、次により製作されたものとする。

(1) 大きさは長辺が600mm以下とし、板の厚さは製造者標準とする。

(2) 屋外に使用するものは、(b)(5)の(ロ)および(ハ)による。

1.2.8 金属ダクト

(a) 金属ダクト（セパレータを含む）は、厚さ1.6mm以上の鋼板を用いて製作されたものとする。

(b) 形式等は、「航空無線工事標準図面集」による。

(c) 金属ダクト（溶融亜鉛めっきを施すものを除く）には、さび止め塗装を施す。なお、鋼板の前処理は、次のいずれかによる。

(1) 鋼板は、加工後、脱脂、りん酸塩処理を行う。

(2) 表面処理鋼板を使用する場合は、脱脂を行う。
(d) 幅が800mmを超えるふたは、2分割し、ふたを取付ける開口部は、等辺山形鋼等で補強する。
(e) 金属ダクトの屈曲部は、電線被覆を損傷するおそれのないよう、隅切り等を行う。
(f) 本体相互の接続は、カップリング方式とする。
(g) プルボックス、配分電盤等との接続は、外フランジ方式とする。
(h) 終端部は、閉そくする。ただし、盤等と接続する場合は、この限りでない。
(i) 電線支持物は、次による。
  (1) 電線支持物は、鋼管、平鋼等とする。
  (2) 電線支持物の間隔は、水平に用いるダクトでは600mm以下、垂直に用いるダクトでは750mm以下とし、その段数は表1.2.6による。

表1.2.6 金属ダクトの電線支持物の取付け段数

ふたの位置 \ 深さ	200mm以下	200mm超過
上面	なし	1段
下面または立上り正面	1段	2段

(j) 終端部およびプルボックス、配分電盤等との接続部には、「航空無線工事標準図面集」の接地端子座による接地端子を設ける。
(k) 配線ウォールは、次による。
　間仕切りのための壁とは別に、配線のために設ける小壁で、可動間仕切り等の材料を使い、間仕切り等とは独立して配線等の工事ができるように設置する。なお、天井と床を結ぶ配線路の目的のほか、照明・空調等のスイッチ、単位空間ごとの小規模な分電盤、HUB等の機器を設置することも考えられる。

1.2.9 ケーブルラック

　ケーブルラックは、次によるほか、製造者の標準とする。
(a) ケーブルラックは、鋼板（鋼板、鋼帯等）、アルミニウム合金等で製作されたものとする。
(b) 形式等は、「航空無線工事標準図面集」による。
(c) 鋼製ケーブルラックの主要構成材料は、鋼板、鋼帯等とする。
(d) アルミ製ケーブルラックの主要構成材料は、アルミニウム合金の押出形材とする。
(e) はしご形ケーブルラックの親げたと子げたの接合は、溶接、かしめまたはねじ止めとし、機械的かつ電気的に接続する。
(f) トレー形ケーブルラックは、親げたと底板が一体成形されたもの、溶接、かしめまたはねじ止めにより、機械的かつ電気的に接続されたものとする。
(g) 本体相互は、機械的かつ電気的に接続できるものとする。
(h) 本体相互の接続に使用するボルトおよびナットは、次による。
  (1) 鋼製ケーブルラックにおいては亜鉛めっき等の防錆効力のあるものとする。
  (2) 鋼製溶融亜鉛めっき仕上げのケーブルラックにおいては、ステンレス製または溶融亜鉛めっき製とする。
  (3) アルミ製ケーブルラックにおいては、ステンレス製またはニッケルクロムめっき製とする。
(i) 直線部の長さは、製造者標準とし、はしご形ケーブルラックの子げたの間隔は鋼製のものでは300mm以下、アルミ製のものでは250mm以下とする。なお、直線部以外の子げたの間隔は、実用上支障のない範囲とする。
(j) ケーブルに接する面は、ケーブルの被覆を損傷するおそれのない滑らかな構造とする。

(k) 終端部には、エンドカバーまたは端末保護キャップを設ける。

(l) 終端部、自在継手部およびエキスパンション部には、「航空無線工事標準図面集」の接地端子座による接地端子を設ける。

(m) ケーブルラック（本体および付属品）の仕上げは、特記なき場合は次による。

(1) 鋼製塗装仕上げの場合は、JIS G 3302「溶融亜鉛めっき鋼板及び鋼帯」に適合する溶融亜鉛めっき鋼板（両面三点法平均付着量100g/m^2（両面）以上）に合成樹脂焼付塗装または粉体塗装等を行ったもの。

(2) 鋼溶融亜鉛めっき仕上げの場合は、鋼板または鋼材に亜鉛付着量片面350g/m^2（JIS H 8641「溶融亜鉛めっき」2種HDZ 35）以上の溶融亜鉛めっきを行ったもの。または溶融亜鉛-アルミニウム系合金めっき鋼板製のもので前記と同等の耐食性をもつもの。

(3) アルミ製のケーブルラックにおいては、JIS H 8601「アルミニウム及びアルミニウム合金の陽極酸化皮膜」を行ったもの。

(4) トレー形は、亜鉛の両面付着275g/m^{2}以上の溶融亜鉛めっき鋼板に透明塗装を施したもの。

1.2.10 防火区画等の貫通部に用いる材料

防火区画等の貫通部に用いる材料は関係法令に適合したもので、貫通部に適合するものとする。

第3節 配線器具

1.3.1 配線器具

配線器具は、表1.3.1に示す規格による。

表1.3.1 配線器具

呼　称	規格名称等	備　考
コンセント	JIS C 8303　配線用差込接続器	JISマーク表示品
プラグ		
コンセント	「電気用品の技術上の基準を定める省令（平形導体合成樹脂絶縁電線用）」（経済産業省令）	
ソケット	JIS C 8302　ねじ込みソケット類	
スイッチ	JIS C 8304　屋内用小形スイッチ類	JISマーク表示品
引掛シーリング	JIS C 8310　シーリングローゼット	
リモコンリレー	JIS C 8360　リモコンリレー及びリモコンスイッチ	
リモコンスイッチ		
リモコン変圧器	JIS C 8361　リモコン変圧器	
ケーブル用ジョイントボックス	JIS C 8365　屋内配線用ジョイントボックス〔600Vビニル絶縁ビニルシースケーブル平形（VVF用）〕	
自動点滅器	JIS C 8369　光電式自動点滅器	JISマーク表示品
二重床用配線器具	「電気用品の技術上の基準を定める省令（差込接続器、ジョイントボックス等）」（経済産業省令）	

第4節 照明器具

1.4.1 一般事項

(a) 照明器具は本節および表1.4.1に示す規格による。

表1.4.1 照明器具

呼　称	規格名称等
照明器具	JIS C 8105-1　照明器具-第1部：安全性要求事項通則
	JIS C 8105-2-1　照明器具-第2-1部：定着灯器具に関する安全性要求事項
	JIS C 8105-2-2　照明器具-第2-2部：埋込み形照明器具に関する安全性要求事項
	JIS C 8105-2-3　照明器具-第2-3部：道路及び街路照明器具に関する安全性要求事項
	JIS C 8105-2-5　照明器具-第2-5部：投光器に関する安全性要求事項
	JIS C 8105-3　照明器具-第3部：性能要求事項通則
	JIS C 8106　施設用蛍光灯器具
	JIS C 8113　投光器
	JIS C 8115　家庭用蛍光灯器具
	JIL 3004　ハロゲン電球用照明器具
	JIL 4003　Hf蛍光灯器具
	JIL 5002　埋込み形照明器具
	JIL 5004　公共施設用照明器具

JIL：(一社) 日本照明工業会

(b) 記号および形式は、「航空無線工事標準図面集」による。

1.4.2　構造一般

(a) 器具には、必要に応じ換気孔を設ける。

(b) 防雨形、防湿形などの防水器具は、次による。

　(1) 防雨形は、JIS C 8105-1「照明器具-第1部：安全性要求事項通則」の防雨形照明器具の試験による性能を有するものとする。

　(2) 防湿形は、JIS C 0920「電気機械器具の外郭による保護等級（IPコード）　附属書2（参考）照明器具の高温・高湿に対する保護等級」の「補助文字MP」による性能をもつものとする。

(c) 照明用ポールは、JIL 1003「照明用ポール強度計算基準」による強度をもつものとする。

(d) HID灯器具の安定器は、別置形とする。ただし、ポールと組合わせる器具については、ポール内蔵とし、配線用遮断器（トリップ機構なし）またはカットアウトスイッチ（素通し）を設ける。

(e) 器具に使用する金属材料は、(1)～(3)による塗装、めっき等の仕上げを行う。ただし、通常の使用状態で見えない部分に亜鉛めっき鋼板およびステンレス鋼板を使用する場合、見える部分に塗装亜鉛めっき鋼板（亜鉛めっきの上に塗装したもの）および塗装ステンレス鋼板（ステンレス鋼板の上に塗装したもの）を使用する場合は、塗装を省略したものでもよい。

　(1) 塗装は、表1.4.2により、外表面および反射面をむらなく均一に行う。なお、器具の仕上げ色は、反射面は白色系とし、外表面は製造者の標準色とする。

表1.4.2 塗装仕様

用途		材料	前処理*1	上塗り
器具本体	一般形	鋼板	りん酸塩処理	アミノアルキッド樹脂焼付塗装
		亜鉛めっき鋼板	りん酸塩処理またはエッチングプライマー	
	防水形	鋼板	りん酸塩処理およびさび止めペイント	アクリル樹脂またはエポキシ変性メラミン樹脂焼付塗装
		亜鉛めっき鋼板	りん酸塩処理またはエッチングプライマー	
		ステンレス(塗装仕上げ)	—	
		ステンレス(透明仕上げ)	—	透明アクリル樹脂または透明ポリウレタン樹脂焼付塗装
	耐塩害形	亜鉛めっき鋼板	さび止めペイントまたはエッチングプライマー	アクリル樹脂またはエポキシ変性メラミン樹脂焼付塗装
		ステンレス(塗装仕上げ)	—	
		ステンレス(透明仕上げ)	—	透明アクリル樹脂または透明ポリウレタン樹脂焼付塗装
ポールアーム*2		鋼材	さび止めペイント	(現地塗装)さび止めペイント後、合成樹脂調合ペイント2回塗り
		鋼材(溶融亜鉛めっき)	エッチングプライマーおよびさび止めペイント*3	(現地塗装)合成樹脂調合ペイント2回塗り

(注) *1 前処理においては、各仕様とも脱脂を行う。
　　 *2 ポールおよびアームは、さび止めペイントまでとする。なお、内面は、塗装、めっきなどの仕上げは、不要とする。
　　 *3 上塗り塗装しない場合は、不要とする。

(2) めっきは、JIS H 8610「電気亜鉛めっき」による2級以上とする。
(3) アルミニウムの表面加工は、陽極酸化皮膜仕上げまたはこれと同等以上の表面皮膜仕上げを行う。

(f) 器具の定格電圧または使用電圧（定格2次電圧を含む）が150Vを超えるもの、防水形のものおよびその他必要なものには、保護接地端子または保護接地用の口出線を設け、そのものまたはその近傍に容易に消えない方法で接地用である旨の表示（⏚、PE、⏚、E、G、アース等）をする。ただし、JIS C 8105-1「照明器具-第1部：安全性要求事項通則」による感電保護の形式による分類がクラスⅡおよびクラスⅢの器具は、この限りでない。なお、保護接地端子は、はんだを使用しないで太さ2.0mmの接地線を接続できる構造とする。

(g) 器具の内部配線が金属を貫通する部分は、電線被覆を損傷するおそれのないようブッシング等を設け保護する。

(h) 連結部が覆われている連結器具の送り配線は、器具の内部配線に準ずる。

(i) 蛍光灯器具には、定格電流20A以上の送り配線が可能な端子を設ける。また、100W以下の埋込白熱灯器具には、定格電流15A以上の送り配線が可能な端子を設ける。ただし、断熱施工器具の送り配線端子の定格容量は、製造者の標準とする。なお、蛍光灯器具のうち、次のものは除く。

(1) 20W未満のもの。
(2) 防水形およびブラケット形のもの。
(3) 差込プラグ、コードペンダントなどによって電源に容易に接続できるもの。

(j) 器具（ただし、(i)は除く）は、口出線または電源電線を直接接続可能な端子を設けるものとし、次による。

(1) 口出線を設ける場合は、器具外の長さを150mm以上とする。
(2) 接続端子を設ける場合は、端子に電線を接続した状態で充電部が露出しない構造とする。

(k) システム天井用の器具および設備プレートには、落下防止装置を具備する。

(l) 3kgを超えるダウンライト器具は、ボルト吊りができる構造とする。

(m) コード吊り器具は、コードファスナ等で張力止めを行い、端子に直接重量がかからないようにする。
　(n) 溶融亜鉛めっきしたポール・アームに使用するボルト、ナット、座金等は、ステンレス製または溶融亜鉛めっきを施したものとする。

1.4.3 部　品
(a) 安定器は、表1.4.3に示す規格によるほか、次による。
　(1) 防水形器具のうち防雨形器具および防湿形器具の安定器は、次による。ただし、Hf安定器を組込む場合は、安定器組込みケースがそれぞれの防水性をもつものとする。
　　(イ) 防雨形器具の安定器は、防まつ形または防浸形とする。
　　(ロ) 防湿形器具の安定器は、防浸形とする。
　(2) 安定器は、JIS C 61000-3-2「電磁両立性-第3-2部：限度値-高調波電流発生限度値（1相当たりの入力電流が20A以下の機器）」に適合するものとする。

表1.4.3　安　定　器

呼　　称	規格名称等	備　考
蛍光灯磁気回路式安定器*	JIS C 8108　蛍光灯安定器	JISマーク表示品
Hf蛍光灯電子安定器*	JIS C 8117　蛍光灯電子安定器	〃
HIDランプ用安定器	JIS C 8110　放電灯安定器（蛍光灯を除く）	
HIDランプ用電子安定器	JIS C 8147-2-12　ランプ制御装置-第2-12部：直流又は交流電源用放電灯電子安定器の個別要求事項（蛍光灯電子安定器を除く）	
	JEL 508-2　交流電源用放電灯電子安定器（蛍光灯、低圧ナトリウム灯を除く）性能要求事項	

（注）＊ 調光形の蛍光灯安定器は、ランプ電力が最大の状態で、各規格に適合するものとする。

(b) ソケットは、次による。
　(1) 蛍光ランプのソケットは、JIS C 8324「蛍光灯ソケット及びスタータソケット」による。なお、防水形器具のうち防雨形器具は、防まつ形または防浸形のもの、防湿形器具は、防浸形とする。
　(2) 白熱電球用のソケットはJIS C 8302「ねじ込みソケット類」によるものまたはこれに準ずる。また、電源電線を直接接続できる端子をもつものにあっては、1.4.2(j)(2)に適合するものとする。
　(3) HIDランプ用のソケットは、JIS C 8302「ねじ込みソケット類」による磁器製のものまたはこれに準ずる。ただし、コンパクト形メタルハライドランプ用のものは、この限りでない。
(c) スイッチは、JIS C 8304「屋内用小形スイッチ類」による。ただし、蛍光灯器具に使用するものは、JIS C 8105-1「照明器具-第1部：安全性要求事項通則」による。

1.4.4 光　源
(a) 蛍光ランプは、表1.4.4に示す規格により、その光源色は表1.4.5による。

表1.4.4　蛍光ランプ

呼　称	規格名称等
蛍光ランプ	JIS C 7601　蛍光ランプ（一般照明用）
	JEL 211　高周波点灯専用形蛍光ランプ（一般照明用）

JEL：（一社）日本電球工業会

表1.4.5　蛍光ランプの光源色

ランプの種類	直 管 形	コンパクト形	
	Hf形	Hf形	
	FHF16形、FHF32形、FHF86形	FHP32形、FHP45形、FHT32形、FHT42形	FHT24形
光源色	3波長域発光形昼白色	3波長域発光形昼白色または電球色	

(b) HIDランプは、JIS C 7624「放電ランプ（蛍光ランプを除く）-安全仕様」によるほか、次による。
 (1) 高圧ナトリウムランプは、JIS C 7621「高圧ナトリウムランプ-性能仕様」により、拡散物質塗着のものとする。
 (2) メタルハライドランプは、JIS C 7623「メタルハライドランプ-性能仕様」により、低始動電圧形で、蛍光物質塗着のものとする。なお、飛散防止を行う場合は、ふっ素樹脂を塗布したものを用いる。
 (3) コンパクト形メタルハライドランプは、JIS C 7623「メタルハライドランプ-性能仕様」による。
(c) HIDランプは、次による。
 (1) 水銀ランプは、JIS C 7604「高圧水銀ランプ-性能規定」によるものとし、蛍光水銀ランプとする。
 (2) 高圧ナトリウムランプは、JIS C 7621「高圧ナトリウムランプ-性能仕様」によるものとし、拡散物質塗着のものとする。
 (3) メタルハライドランプは、JIS C 7623「メタルハライドランプ-性能仕様」によるものとし、蛍光物質塗着のものとする。なお、飛散防止を行う場合は、ふっ素樹脂を塗布したものを用いる。

1.4.5 照明制御装置

(a) 照明制御装置は、照明器具の制御を人感センサ、明るさセンサ、タイマ等により点滅および高出力（100％）点灯から特記された調光下限値までを連続調光等ができるもので、照明制御部、センサ部等から構成されたものとする。
(b) 照明制御部の機能は、次による。
 (1) 人感センサからの信号を受け、照明器具の点滅または調光を行う。
 (2) 明るさセンサからの信号を受け、設定された照度になるよう照明器具の制御を行う。
 (3) 初期照度補正およびプログラムタイマ制御（カレンダー制御）等ができる。
(c) センサ部は次による。
 (1) 人感センサは、人の動きを感知し、照明制御信号を送出できるものとする。
 (2) 人感センサの感知時間は、特記された時間で調整できるものとする。なお、特記なき場合の感知時間は、約5～180秒とし、段階調整できるものとする。
 (3) 明るさセンサは、センサに入射する光量を感知し、照明制御信号を送出できるものとする。

1.4.6 表　示

(a) 照明器具の表示は、JIL 7002「照明器具の表示箇所標準」に規定された箇所に行い、表示事項は、表1.4.6に示す規格による。また、商標等を設ける場合は、適切な箇所に設ける。

表1.4.6　表示事項

呼　称	規格名称等
器具全般	JIS C 8105-1　照明器具-第1部：安全性要求事項通則 JIS C 8105-3　照明器具-第3部：性能要求事項通則
蛍光灯器具	JIS C 8106　施設用蛍光灯器具

(b) 照明制御装置には、次の事項の表示を行う。
　　製造番号、製造年月、製造者名

第5節　防災用照明器具

1.5.1　一般事項

(a) 防災用照明器具は、建築基準法による非常用照明器具および消防法による誘導灯とする。

(b) 非常用照明器具は、次による。
　　JIL 5501「非常用照明器具技術基準」および同附属書1「コントロールユニット」、2「防災性能評定マーク及び番号の表示方法」、3「非常灯用電球」、4「測光の条件」、5「非常用照明の施設基準」に適合したものとする。

1.5.2　構造一般および部品

防災用照明器具は、表1.5.1に示す規格によるほか、次による。

(1) 構造一般は、1.4.2(a)～(b)および(e)～(l)による。
(2) 安定器は、1.4.3(a)による。
(3) ソケットは、1.4.3(b)による。

表1.5.1　防災用照明器具

呼　称	規格名称等
非常用照明器具	JIL 5501　非常用照明器具技術基準 同附属書1「コントロールユニット」 同附属書3「非常灯用電球」 同附属書4「測光の条件」 同附属書5「非常用照明の施設基準」
誘導灯	JIL 5502　誘導灯器具及び避難誘導システム用装置技術基準 JIL 5505　積極避難誘導システム技術基準

1.5.3　光　源

(a) 非常用照明器具の非常用光源は、次による。

(1) 蛍光ランプは、JIS C 7601「蛍光ランプ（一般照明用）」による。
(2) 白熱電球は、次による。
　　ミニハロゲン電球、反射鏡付きミニハロゲン電球は、JIL 5501「非常用照明器具技術基準」附属書3による。

(b) 誘導灯の非常用光源は、非常時に点灯するものとし、JIL 5502「誘導灯器具及び避難誘導システム用装置技術基準」による。

(c) 階段等に取付ける防災用照明器具の非常光源は、(a)による。

1.5.4 表　　示

表示は、JIL 5501「非常用照明器具技術基準」およびJIL 5502「誘導灯器具及び避難誘導システム用装置技術基準」による。

第6節　LED照明器具

1.6.1 一般事項

2011年3月11日東日本大震災以降、電力の逼迫等により、LED照明が爆発的に増加している。省エネルギーの観点からもLED照明を積極的に採用することは時代のすう勢である。従来の照明設備とは根本的に異なるので、その特徴を十分に理解して、正しく使用することが重要である。またLED照明は製品の方があまりにも早く発売され、規格類が後を追いかけている現状がある。LED照明は日々新製品が出ているため、本節において、規定する事項より性能がよいものが出てきたときは、発注者側と相談して決定することを了とする。

1.6.2 LED照明の普及を助長させる法律

1.6.2.1 グリーン購入法（2000年5月成立）

この法律は、照明分野においても少電力で明るさのとれる照明を勧めており、2006年の判断基準の改正ではLED照明器具等が追加されている。環境商品として適合しているかというLED照明の判断基準は、次による。

(a) LED器具（照明用白色LEDを用いたダウンライト、シーリングライト、ブラケット、ペンダントライト、スポットライトおよび卓上スタンドとして使用する照明器具）のエネルギー消費効率は、器具全体効率で20lm/W以上あるものとする。
(b) 定格寿命は30,000時間以上あるものとする。
(c) 特定の化学物質が含有率基準値を超えないものとする。
(d) LEDランプ（電球型形状ランプ）の判断基準
一般照明として使用するLED使用の電球形状のランプおよび一般照明以外の特殊用途照明として使用する電球形状のランプの場合は、定格寿命は20,000時間以上とする。

1.6.2.2 省エネルギー法（エネルギーの使用の合理化に関する法律）

2010年4月に大きく改正され、300m^{2}以上の建築物はエネルギー使用量の報告が義務付けられるようになった。照明の省エネ化は空調負荷の低減にもつながり、300～2,000m^{2}の延べ床面積で適用される簡易ポイント法について表1.6.1による。補正点が80点あるので、20点分をプラスして100点以上になるようにする。LED型ランプと併用ランプを使用するだけで6点加算することができる。

表1.6.1 簡易ポイント法の計算書

項　目	措　置　状　況		点　数
照明器具の照明効率に関する評価点	光源の種類	蛍光ランプ（コンパクト型の蛍光ランプを除く）　高周波点灯専用型のものを採用	12
		上記に掲げるもの以外	0
		コンパクト型の蛍光ランプ、メタルハライドランプまたは高圧ナトリウムランプを採用	6
		LED型ランプを採用	6
		上記に掲げるもの以外	0
照明設備の制御方法に関する評価点		7つの制御方法（カード、センサー等による在室検知制御、明るさ感知による自動点滅制御、適正照度制御タイムスケジュール制御、ゾーニング制御および局所制御のことをいう。以下この表において同じ）のうち3種類以上採用	22
		7つの制御方法のうち1つを採用	11
		上記に掲げるもの以外	0
照明設備の配置、照度に関する評価点		事務所の用途に供する照明区画の面積の9割以上に対してTAL方式を採用	22
		事務所の用途に供する照明区画の面積の5割以上9割未満に対してTAL方式を採用	11
		上記に掲げるもの以外	0

TAL方式：タスク・アンビエント照明方式をいう。
照明設計資料（パナソニック電工（株）による）

1.6.3　規制する主要な法律等

1.6.3.1　電気用品安全法

(a) 2012年7月1日に、LEDランプおよびLED電灯器具（LEDダウンライトなど）は、電気用品安全法の規制対象に追加された。製品の対象範囲概略は、LEDランプで、定格消費電力が電源装置内蔵でかつ1W以上で、1つの口金をもつものとなる。

(b) 電気用品安全法技術基準
電気用品安全法には、製品の安全性を担保するために技術基準（省令）があり、指定された品目はこの技術基準を守る義務がある。技術基準には、従来からの国内規格である省令1項基準と、国際規格に整合させた省令2項基準があり、製造業者はいずれか一方を選択することになる。

1.6.3.2　電気設備の技術基準

電気工作物の設計、工事および維持に関し守るべき性能基準を定めている。

1.6.3.3　内線規定

電気設備の保安を確保し安全に電気を使用できるよう、施行上守るべき技術的事項を具体的に示している民間の規定となる（（一社）日本電気協会JEAC 8001-2005）。

1.6.3.4　日本工業規格（JIS）

改定新JISは2005年10月1日から施行され、主務大臣による認定制度から民間の登録認証機関（第三者機関）による認証に、ISO/IECガイドとの整合化に、指定商品制度が廃止され、JISマーク表示対象外であった製品についても新JISマークの表示が可能となった。

2013年12月現在発行されているLED照明に関連のあるJIS規格は次のとおりであり、電球型LEDランプの性能・安全規格などの原案審議が進んでいる。

(a) JIS C 8152「照明用白色発光ダイオード（LED）の測光方法」

(b) JIS C 8147-2-13「ランプ制御装置-第2-13部：直流又は交流電源用LEDモジュール用制御装置の個別要求事項」

(c) JIS C 8121-2-2「ランプソケット類-第2-1部：プリント回路板ベースLEDモジュール用コネクタに関する安全性要求事項」
(d) JIS C 8153「LEDモジュール用制御装置-性能要求事項」
(e) JIS C 8154「一般照明用LEDモジュール-安全仕様」
(f) JIS C 8155「一般照明用LEDモジュール-性能要求事項」
(g) JIS C 8156「一般照明用電球形LEDランプ（電源電圧50V超）-安全仕様」
(h) JIS C 8157「一般照明用電球形LEDランプ（電源電圧50V超）-性能要求事項」
(i) JIS C 8158「一般照明用電球形LEDランプ（電源電圧50V超）」
(j) JIS C 8159「一般照明用GX16t-5口金付直管LEDランプ-第1部：安全仕様」

1.6.3.5　建築基準法

非常用照明装置の設置基準や非常時の明るさなどを定めている（参照JIL 5501「非常用照明器具技術基準」光源にLEDを用いたものも含まれる）。

1.6.3.6　消　防　法

施行令・施行規則などは、地方自治体により内容が異なる場合がある。関係する規格として誘導灯および誘導標識の基準が定められている（参照JIL 5502「誘導灯器具及び避難誘導システム用装置技術基準」）。

1.6.3.7　団 体 規 格

（一社）日本照明工業会（JIL）規格

1.6.4　照明用光源

1.6.4.1　人体への影響

照明用光源からの光は、人間の視覚や視作業を支援することを目的として開発されたものなので、光源から放射される光は、可視放射で構成されるように設計されてはいるが、実際には、その光源からの光のすべてが可視放射だけで構成されていることはなく、視覚支援にはまったく寄与しない紫外放射や赤外放射も不可分的な構成要素の一部として含まれている。人体が光エネルギーの照射を受け、光を吸収すると、そのエネルギーの大きさにより、人体にいろいろな作用を生じる。中でも、波長の短い紫外放射は光子（フォトン）のエネルギーが大きく、人体に吸収されると、何らかの光生物的作用効果、ときには光生物的な傷害を及ぼす可能性があるので、光環境で生活したり、光エネルギーを利用したりする場合には、視覚だけでなく光のエネルギーとしての視覚以外の諸作用についても十分に注意を払う必要がある。

1.6.4.2　市販のLED光源の生体安全性リスク評価

特定非営利活動法人（NPO法人）LED照明推進協議会（JLDS）では、市販のLED光源について、光源の生体安全性リスク評価・国際規格による生体安全性のリスク評価を実施している。

1.6.5　LED照明器具の総合効率

総合効率とは、LED照明器具から放射される光束を器具全体の消費電力で割った値となる。発光効率と同じ（lm/W）の単位が使われる。

LED照明器具は交流電源を直流で点灯させるための電源装置が必要で、その分消費電力の損失がある。また、照明器具内での温度上昇や光の出方をコントロールするカバーやレンズなどの影響を受けるため、LEDモジュールの発光効率より総合効率の数値は低下する。

2011年4月現在で、LEDモジュールの発光効率は100lm/Wを超えており、総合効率も最高で100lm/W弱とされる高効率のHf（高周波点灯型）蛍光灯器具と同等となる。しかしLED照明器具は、白熱灯や蛍光灯器具でたとえるとランプが露出に近い器具や遮光角の浅い器具が多く、視点によってはまぶしさが生じる。そのため、まぶしさを抑え、照明の質を考慮した器具にLEDモジュールを一体化させると、総合効率は一般に低下する。

1.6.6 演色性

色の見え方を表す光源の性質を演色性といい、色の見え方を数量化して評価できるようにしたのが平均演色評価数となる。Color Rendering Averageの頭文字の一部をとって、Raの記号を使用している。Raは100が最も高く、それより数値が小さくなるに従って色の見え方が悪くなり、不自然に見えてくる。一般に、同じ種類のランプであればランプ効率の高い光源ほど演色性はよくない。LEDも同様となる。オフィスは通常$80 > Ra \geq 40$である。現在一般白色LEDのRaは75くらいとなる。

1.6.7 LEDのグレア問題

LEDは発光面積が小さく、多くの光量を放出しているため、使用にあたってはグレアが問題となる。グレアには、照明器具と生活者の視点によって生じる直接グレア、反射グレア、光幕反射グレアがある。直射グレアは、照明器具内の光源が目に直接触れることによって発生するまぶしさのことをいう。ランプ器具から露出していたり、遮光角度が浅かったりすることで起こりやすくなる。このような器具からのグレアを防ぐには、建築の内装材にうまく器具を隠して使うなどの工夫が必要となる。反射グレアは、光沢のある内装材や家具などに光源が映り込むことで生じるまぶしさのことをいう。例えば、ダウンライト器具を床面に光沢のある空間で使用すれば、器具内の光源が床に映り込んでしまう。また、ガラス窓やショーケースも照明光が映り込みやすく、見え方を損なうことがある。光幕反射グレアとは、光沢のある本の紙面に照明光が反射すると、紙面に光の幕のようなものが生じ、文字や写真などが見えにくくなる現象をいう。

1.6.8 LED器具の平均照度算出

空間における推奨照度はJIS Z 9110「照明基準総則」にて制定されている。基準照度かどうかは、光束法という照度計算により判断する。この光束法による空間の平均照度の算出は次のようになる。

平均照度＝ランプ1灯当たりの光束×灯数×照明率×保守率/面積

(a) 照明率：器具内の光源から放射される全光束量に対して、床面または床から80cm上の水平面に入射する光束量の比率をいい、照明器具のデザインや部屋の大きさ、反射率によって変化する。LEDダウンライト器具の照明率は、見上げの視点でLED光源（モジュール）が見える下面開放型の場合、20m^{2}規模の部屋で内装が明るい仕上げであれば、およそ0.5〜0.8程度となる。

(b) 保守率：点灯時間の経過により光源の光束の減少や照明器具の劣化や汚れなどで初期の明るさが維持できなくなる比率を保守率といい、寿命までの照度の低下率をさす。住宅では白熱灯0.8、蛍光灯で0.7ぐらいをおよその保守率として計算していた。LED器具は価格も高く、数年後にはもっと効率が上がって、LED光源を交換すればより明るくなることも想定されるため、保守率は発注者の指示による。

1.6.9 LED電球の配光（照明効果）

LED電球は、普通の電球とは異なる光の広がり（配光）がある。LEDの配光（一般には準全般配光）は、直下方向に対して明るく、口金方向に対して暗いのが特徴となる。器具のデザインによっては、このLED電球の配光の特性が生かしきれない場合がある。

1.6.10 LED電球のガイドライン

2010年、(一社) 日本電球工業会がLED電球の性能表示に関するガイドラインをまとめた。現在LED電球は、白熱電球のワット数を基準に明るさを表記している。例えば、LED電球から800lmの光が出ていれば、一般照明用電球の60W相当の明るさがあるため「電球60W形相当」とカタログや外箱等に表記される。

1.6.11 直管形LEDランプ

直管形LEDランプは、3種類あり、ガイドラインは、(一社) 日本照明工業会によって制定されている。

(a) 既存の直管形蛍光灯器具にそのまま使えるもの：工事は不要であり、LED点灯に必要な回路をランプに内蔵するため、一般にコストアップとなる。

(b) 既存器具の安定器を使用しないで点灯させるもの：既存器具の安定器を使用しないで点灯させるもので、器具の改造工事が必要となる。

(c) 専用の器具を使うもの：直管形LEDランプメーカにとっては照明器具を自社で製造することなく、ランプだけ売ることができるメリットがある。しかし、元は直管形蛍光ランプの使用しか想定していない既存器具メーカにとって、電気的および機械的性能上好ましくないので、照明器具メーカは他社製の直管形LEDランプを使用したことによる問題に対して保証できないことを発表している。それを受けて2013年11月に(一社)日本照明工業会は、JEL 801「一般照明用GX16t-5　金付直管LEDランプシステム」を改定している。

第7節　分　電　盤

1.7.1　一般事項

本節以外の事項は、JIS C 8480「キャビネット形分電盤」による。

1.7.2　構造一般

(a) 分電盤を構成する材料は、それぞれ規格が定められているものはその規格によるが、定められていないものにあっても製造者の責務において選定する。特に安全性、施工性および保守管理を配慮し、適切な性能・機能を有するものとする。

(b) 分電盤の保護構造は、JIS C 0920「電気機械器具の外郭による保護等級(IPコード)」によるほか、次による。ドアを開いた状態で、ガタースペースが見えにくく、充電部が露出しない構造とする。なお、ドア裏面の表示灯等感電のおそれのある構造のものは、感電防止の処置を施す。ただし、最大使用電圧が60V以下の場合には、感電防止処置を省略してもよい。

(c) 充電部と非充電金属体との間および異極充電部間の間隔は、次のいずれかによる。ただし、絶縁処理を施した場合は、この限りでない。絶縁距離は、表1.7.1に示す値以上とする。

表1.7.1　絶縁距離　(単位：mm)

線間電圧	最小空間距離	最小沿面距離
300V以下	10	10
300V超過	10*	20

(注) * 短絡電流を遮断したときに排出されるイオン化したガスの影響を受けるおそれのある遮断器の一次側の導体は、絶縁処理を施す。

(d) ドア等への配線で可とう性を必要とする部分は、束線し、損傷を受けることのないようにする。

1.7.3 キャビネット
(a) 屋内用キャビネットは、次による。
(1) キャビネットを構成する各部は、鋼板またはステンレス鋼板とし、その呼び厚さは正面の面積に応じて表1.7.2に示す値以上とする。なお、ドアに操作用器具を取付ける場合は、必要に応じ鋼板に補強を行う。

表1.7.2 鋼板、ステンレス鋼板の呼び厚さ
（単位：mm）

正面の面積	鋼　板	ステンレス鋼板
0.2m² 以下のもの	1.2	1.0
0.2m² を超えるもの	1.6	1.2

(2) 前面枠およびドアは、端部を∟または⊐形の折曲げ加工を行う。また、前面枠は折曲げた突合わせ部分に溶接加工を行う。
(3) ドアは、開閉式とし、ドアのちょう番は、表面から見えないものとする。
(4) 埋込形キャビネットの前面枠のちりは、15 ～ 25mmとする。
(5) ドアを含む前面枠の面積が0.3m²以上の場合には、その裏面に受金物を設ける。ただし、受部のある構造のものは、この限りでない。
(6) ドアは、すべて錠付きとし、ドアのハンドルは表面に突出しない構造で非鉄金属製とする。
(7) 自立形の場合、底板がない構造のものでもよい。
(8) 保護板は、給電先を示す難燃性のカードホルダ等を設ける。また、保護板を開けることなく器具類（ヒューズを除く）の警報表示、状態表示等が確認できるものとする。
(9) 非常用照明、誘導灯、非常警報設備、非常放送、火災報知設備、自動閉鎖設備等の防災設備の電源回路には、その旨を赤字で明示し、配線用遮断器には誤操作防止のための赤色合成樹脂製カバー、キャップ等を取付ける。
(10) ドア表面の上部に、名称板を設ける。
(11) ドアは、裏面に結線図を収容する図面ホルダを設ける。なお、露出形でドアのない構造のものは、難燃性透明ケース等を添付する。
(12) 鋼板製キャビネット（溶融亜鉛めっきを施すものを除く）の表面見え掛かり部分は、製造者の標準色により仕上げる。なお、鋼板の前処理は、次のいずれかとする。
　(イ) 鋼板は、加工後、脱脂、りん酸塩処理を行う。
　(ロ) 表面処理鋼板を使用する場合は、脱脂を行う。
(13) 鋼板製（溶融亜鉛めっきを施すものに限る）およびステンレス製キャビネットは、製造者の標準により仕上げる。
(14) キャビネットには、接地端子を設けるものとする。なお、取付け位置は、ボックス内とし、保守点検時に容易に作業できる位置とする。ただし、試験用のものを別に設けた場合は、この限りでない。
(b) 屋外用キャビネットは (a)（ただし、(7)を除く）によるほか、次による。
(1) パッキン、絶縁材料等は、吸湿性が少なく、かつ、劣化しにくいものを使用する。
(2) 防雨形の性能を有し、内部に雨雪が浸入しにくく、これを蓄積しない構造とする。
(3) ドアは、ちょう番が外ちょう番のものでもよい。
(4) ドアは、ハンドルが表面より突出した構造のものでもよい。
(5) 表面処理鋼板を用いる場合は、加工後に表面処理に応じた防錆補修を施す。

1.7.4 導電部

(a) 主回路（中性相を含む）の導体は、次による。

(1) 母線、母線分岐導体および分岐導体（以下「母線等」という）の電流容量は、次による。ただし、母線等の最小電流容量は、30Aとする。

 (イ) 母線の電流容量は、主幹器具の定格電流以上とする。

 (ロ) 母線分岐導体の電流容量は、その群の主幹器具の定格電流以上、その群に主幹器具を設けないときは、その群に接続される分岐用の配線用遮断器または漏電遮断器（以下「配線用遮断器等」という）の定格電流の総和に2/3を乗じた値以上とする。

 (ハ) 分岐導体の電流容量は、分岐用の配線用遮断器等の定格電流以上とする。

(2) 母線等は銅帯とし、銅帯には被覆、塗装、めっき等の酸化防止処置を施す。銅帯の電流容量に対する電流密度は、表1.7.3による。ただし、銅帯の温度上昇値が、65℃（最高許容温度105℃）を超えないことが保証される場合は、この限りでない。なお、主幹器具が2個以上の場合や、電力量計を設ける場合で、中性相の母線等がガタースペース内を配線する場合等で銅帯の使用が困難な部分は、絶縁電線としてもよい。

表1.7.3　銅帯の電流密度

電流容量（A）	電流密度（A/mm^2）
100以下	2.5以下
225以下	2.0以下
400以下	1.8以下
600以下	1.5以下

（注）材料の面取りおよび成形のため、この電流密度は、+5%の裕度を認める。なお、銅帯の途中にボルト穴の類があっても、その部分の断面積の減少が1/2以下の場合は、これを考慮に入れなくてもよい。

(3) 母線等を除く盤内配線および(2)により使用する絶縁電線は、JIS C 3612「600V耐燃性ポリエチレン絶縁電線」、JIS C 3317「600V二種ビニル絶縁電線（HIV）」、JIS C 3307「600Vビニル絶縁電線（IV）」、JIS C 3316「電気機器用ビニル絶縁電線」等とし、その電流容量に対する太さは、表1.7.4による。

表1.7.4 絶縁電線の太さ　　　　　　（単位：mm²）

電流容量	太さ	
	EM-IE、HIV	IV
15A以下	2以上	2以上
20A以下	2以上	3.5以上
30A以下	3.5以上	5.5以上
40A以下	5.5以上	8以上
60A以下	8以上	14以上
75A以下	14以上	22以上
100A以下	22以上	38以上
150A以下	38以上	60以上
200A以下	60以上	100以上
300A以下	100以上	150以上
350A以下	150以上	200以上
400A以下	150以上	250以上または150以上×2本
500A以下	250以上または100以上×2本	400以上または150以上×2本
600A以下	325以上または100以上×2本	500以上または200以上×2本

（注）基準周囲温度は、40℃とし、周囲温度が高くなるおそれのある場合には、補正を行う。

(4) 導体を並列として使用する場合は、次による。

　(イ) 母線の電流容量が400Aを超える場合に限る。

　(ロ) 3本以上の導体を並列接続としてはならない。

　(ハ) 各導体は、同一太さ、同一長さのものとする。

(b) 主回路の導体は、表1.7.5により配置し、その端部または一部に色別を施す。ただし、色別された絶縁電線を用いる場合は、この限りでない。

表1.7.5 導体の配置と色別

電気方式	左右、上下、遠近の別	赤	白	黒	青	白
三相3線式	左右の場合：左から 上下の場合：上から 遠近の場合：近い方から	第1相	接地側 第2相	非接地 第2相	第3相	—
三相4線式		第1相	—	第2相	第3相	中性相
単相2線式		第1相	接地側 第2相	非接地 第2相	—	—
単相3線式		第1相	中性相	第2相	—	—
直流2線式	左右の場合：右から 上下の場合：上から 遠近の場合：近い方から	正極	—	—	負極	

（注）1. 左右、遠近の別は、正面から見た状態とする。
　　　2. 分岐回路の色別は、分岐前の色別による。
　　　3. 単相2線式の第1相は、黒色としてもよい。
　　　4. 発電回路の非接地第2相は、接続される商用回路の第2相の色別とする。
　　　5. 単相2線式と直流2線式の切替回路2次側は、直流2線式の配置と色別による。

(c) 絶縁電線の被覆の色は、表1.7.6による。ただし、主回路の場合は、表1.7.5によってもよい。

表1.7.6 電線の被覆の色

回路の種別	被覆の色
一般	黄
接地線	緑または緑/黄

(注) 1. 主回路に特殊な電線を用いる場合は、黒色としてもよい。
   2. 制御回路に特殊な電線を用いる場合は、他の色としてもよい。
   3. ここでいう接地線とは、回路または器具の接地を目的とする配線をいう。

(d) 導電接続部は、次による。
 (1) 銅帯相互間および銅帯とターミナルラグ間の接続は、次のいずれかにより行う。
  (イ) ねじ締め（ばね座金併用）
  (ロ) リベット締め（はんだ上げ併用）
  (ハ) 差込み
  (ニ) その他(イ)～(ハ)と同等以上のもの
 (2) 器具の端子が押しねじ形、クランプ形またはセルフアップねじ形の場合は、端子の構造に適した太さおよび本数の電線を接続する。
 (3) 器具の端子にターミナルラグを用いる場合（押しねじ形またはクランプ形以外の場合）は、端子に適合する大きさおよび個数の圧着端子を用いて電線を接続する。
 (4) 圧着端子には、電線1本のみ接続する。
 (5) 主回路接続部には、締付け確認マークを付ける。
 (6) 外部配線と接続する端子部（器具端子部を含む）は、電気的および機械的に完全に接続できるものとし、次による。
  (イ) ターミナルラグを必要とする場合は、圧着端子とし、これを具備する。なお、主回路に使用する圧着端子はJIS C 2805「銅線用圧着端子」による裸圧着端子とする。ただし、これにより難い場合は、盤製造者が保証する裸圧着端子を使用してもよい。
  (ロ) 絶縁被覆のないターミナルラグには、肉厚0.5mm以上の絶縁キャップまたは絶縁カバーを付属させる。
 (7) 主回路配線で電線を接続する端子部にターミナルラグを使用する場合で、その間に絶縁性隔壁のないものにおいては、次のいずれかによる。
  (イ) ターミナルラグを2本以上のねじで取付ける。
  (ロ) ターミナルラグに振止めを設ける。
  (ハ) ターミナルラグが30度傾いた場合であっても、非充電金属体間および異極ターミナルラグ間は、10mm以上の間隔を保つように取付ける。
  (ニ) ターミナルラグには、絶縁キャップを取付け、その絶縁キャップ相互の間隔は、2mm以上とする。
(e) 外部からの分岐回路の接地線を接続する端子（以下「接地線用端子」という）または銅帯（以下「接地線用銅帯」という）を設けるものとし、次による。
 (1) 接地線用端子または接地線用銅帯は、分岐回路の配線用遮断器等またはニュートラルスイッチの負荷側の近くに設ける。
 (2) 定格適合電線およびねじの呼び径は、表1.7.7による。

表1.7.7 接地線用端子の定格適合電線とねじの呼び径

分岐回路の電流容量	定格適合電線	ねじの呼び径	
		JIS C 2811のねじ締め端子台の場合	接地線用銅帯に接地線をねじ締めする場合
50A以下	2.0mm以上	5 mm以上	5 mm以上
100A以下	5.5mm²以上		6 mm以上

(3) 接地線用銅帯の断面積は、表1.7.7の定格適合電線と同一断面積以上とする。なお、接地線をねじ締め（ばね座金併用）によって接続する場合のねじの呼び径は、表1.7.7による。ねじの作用している山数は、2山以上とする。

(4) 接地線用銅帯のねじは、溝付き六角頭とし、頭部に緑色の着色を施す。

(5) 1端子または1本のねじに、接地線2本またはターミナルラグ2個まで接続してよい。

1.7.5 制御回路等の配線

(a) 制御回路および変成器2次回路（以下「制御回路等」という）に使用する絶縁電線の種類は、1.7.4(a)(3)により、被覆の色は1.7.4(c)により、その太さは表1.7.8による。

表1.7.8 制御回路等の絶縁電線の太さ（単位：mm²）

回路の種類	電線の太さ
制御回路	1.25以上
変流器2次回路（定格2次電流：1A）	
変流器2次回路（定格2次電流：5A）	2.0以上
計器用変圧器2次回路	

（注）制御回路の配線は、電流容量、電圧降下等に支障がなく、保護協調がとれていれば表中の電線より細い電線としてもよい。

(b) 配線方式は、JEM 1132「配電盤・制御盤の配線方式」による。

(c) 制御器具の操作コイルは、制御回路等の1線（接地される場合は、接地側）に直接接続する。ただし、複式自動交互運転の場合等回路の構成上やむを得ない場合は、この限りでない。

(d) 制御回路の両極には、回路保護装置を設ける。ただし、次の極には回路保護装置を設けなくてもよい。

(1) 主回路の配線用遮断器等の定格電流が15A以下で、その単位装置の制御回路が配線用遮断器等の2次側に接続される場合の両極

(2) 制御回路の1線が接地される場合の接地側極

(3) 直流制御回路の負極

(4) 制御回路に用いる変圧器の2次側の1極

(5) 制御回路に接続される表示灯および信号灯の両極

(e) 電源表示灯は幹線1系統ごとに1個設け、回路保護装置を設ける。なお、ヒューズを用いて1極が接地される場合には、非接地極のみに設ける。

(f) 制御回路に用いる変圧器は、絶縁変圧器とする。

1.7.6 器具類

(a) 配線用遮断器は、JIS C 8201-2-1「低圧開閉装置及び制御装置-第2-1部：回路遮断器（配線用遮断器及びその他の遮断器）」（附属書1（規定）「JIS C 60364 建築電気設備規定対応形回路遮断器」を除く）によ

るほか、次による。
(1) 単相3線式電路に設ける400A以下のものは、中性線欠相保護機能付き配線用遮断器とする。
(2) 分岐に用いるものの定格限界短絡遮断容量または定格遮断容量は、2,500A以上とする。

(b) 漏電遮断器は、JIS C 8201-2-2「低圧開閉装置及び制御装置-第2-2部：漏電遮断器」(附属書1(規定)「JIS C 60364 建築電気設備規定対応形漏電遮断器」を除く)によるほか、次による。
(1) 単相3線式電路に設ける400A以下のものは、中性線欠相保護機能付き漏電遮断器とする。
(2) 分岐回路に用いるものは、次による。
　(イ) 過電流保護機構を備え、定格遮断容量は2,500A以上とする。
　(ロ) 高感度高速形(定格感度電流は30mA以下、漏電引外し動作時間は0.1秒以内)、雷インパルス不動作形とする。

(c) 電磁接触器は、JIS C 8201-4-1「低圧開閉装置及び制御装置-第4-1部：接触器及びモータスタータ：電気機械式接触器及びモータスタータ」によるほか、次による。なお、2極用に3極のものを使用することができる。
(1) 直流電磁接触器は、次に示す性能以上とする。
　(イ) 使用負荷種別：DC-1
　(ロ) 開閉頻度および通電率の組合わせの号別：5号
　(ハ) 耐久性の種別
　　(ⅰ) 機械的耐久性：4種
　　(ⅱ) 電気的耐久性：4種
(2) 交流電磁接触器は、次に示す性能以上とする。
　(イ) 使用負荷種別：AC-1。ただし、ファンコイルユニット回路に用いるものは、AC-3とする。
　(ロ) 開閉頻度および通電率の組合わせの号別：5号
　(ハ) 耐久性の種別
　　(ⅰ) 機械的耐久性：4種
　　(ⅱ) 電気的耐久性：4種

(d) リモコンリレーは、JIS C 8360「リモコンリレー及びリモコンスイッチ」による。
(e) リモコン変圧器は、JIS C 8361「リモコン変圧器」による。
(f) 積算計器は、次による。なお、計量法(昭和26年 法律第207号)による検定証印または基準適合証印の付されているもの(以下「検定付き」という)とする場合は、特記による。
(1) 計量法による検定証印または基準適合証印が付されていないもの(以下「無検定」という)は、表1.7.9に示す規格による。

表1.7.9 積算計器(無検定)

呼　称	規格名称等
積算計器 (無検定)	JIS C 1211-1　電力量計(単独計器)-第1部：一般仕様
	JIS C 1216-1　電力量計(変成器付計器)-第1部：一般仕様
	JIS C 1283-1　電力量，無効電力量及び最大需要電力表示装置(分離形)-第1部：一般仕様

(2) 計量法による検定付きのものは、表1.7.10に示す規格による。

表1.7.10　積算計器（検定付き）

呼　称	規格名称等
積算計器 （無検定）	JIS C 1211-2　電力量計（単独計器）-第2部：取引又は証明用
	JIS C 1216-2　電力量計（変成器付計器）-第2部：取引又は証明用
	JIS C 1283-2　電力量，無効電力量及び最大需要電力表示装置（分離形）-第2部：取引又は証明用

(3) 電力量計は、JIS C 1210「電力量計類通則」に規定する普通計器以上とする。

(4) 電子式電力量計は、性能において(3)による。

(g) 絶縁変圧器は、1.12.5(g)による。

(h) 制御用スイッチは、1.12.5(h)による。

(i) 補助継電器として用いる電磁形の制御継電器は、1.12.5(j)による。

(j) 積算計器を除く計器は、1.12.5(l)による。

(k) 表示灯は、1.12.5(o)による。

(l) 制御回路等に用いる回路保護装置は、1.12.5(q)による。

(m) ニュートラルスイッチは、JIS C 8480「キャビネット形分電盤　附属書1（規定）断路装置」により、定格電流は30A以上とする。

(n) 低圧用SPDは、JIS C 5381-1「低圧配電システムに接続するサージ防護デバイスの所要性能及び試験方法」によるほか、次による。

(1) 回路の過渡的な過電圧を制限し、サージ電流を接地側に分流するものとする。

(2) その表面に正常な状態か故障しているか判別できる表示を行うものとする。

(3) 低圧用SPDクラスⅡ（JIS C 5381-1「低圧配電システムに接続するサージ防護デバイスの所要性能及び試験方法」に規定するクラスⅡ試験によるもの）の性能は、特記がなければ、表1.7.11による。

表1.7.11　低圧用SPDクラスⅡの性能

項　目　＼　電源系統	単相100V、200V、三相200V	三相400V
最大連続使用電圧	AC220V以上	AC440V以上
公称放電電流[*1]	5 kA以上	
電圧防護レベル	1,500V以下	2,500V以下[*2]

（注）1線当たりとし、対地間の値を示す。
　　＊1　印加電流波形は、8/20μsの場合を示す。
　　＊2　対地電圧が、300V以下の場合とする。

(4) 低圧用SPDクラスⅠ（JIS C 5381-1「低圧配電システムに接続するサージ防護デバイスの所要性能及び試験方法」に規定するクラスⅠ試験によるもの）の性能は、特記による。

1.7.7　予備品等

予備品、付属工具等は、製造者の標準一式とする。ただし、ヒューズは、キャビネットごとに現用数の20％とし、種別および定格ごとに1組以上とする。

1.7.8　表　示

次の事項を表示する銘板を、ドアの裏面または保護板の表面に設ける。

(a) 名称

(b) 定格電圧＊、相数による方式＊、線式＊、定格周波数＊、定格電流＊
(c) 定格短時間耐電流＊
(d) 保護等級
(e) 製造者名またはその略号
(f) 受注者名（別銘板とすることができる）
(g) 製造年月またはその略号
(注) ＊ 電源種別ごとに定格を明示する。

第8節　耐熱形分電盤

1.8.1　一般事項
本節によるほか、関係法令に適合したものとする。

1.8.2　構造一般
(a) 一般用回路の構造一般は、1.7.2による。
(b) 非常用回路の構造一般は、1.7.2(c)によるほか、（一社）日本配電制御システム工業会非常用配電盤等認定業務委員会の定める「構造及び性能に関する基準」による。

1.8.3　キャビネット
(a) 一般用分電盤部のキャビネットは、1.7.3(a)(2)～(6)および(8)～(14)による。
(b) 非常用分電盤部のキャビネットは、（一社）日本配電制御システム工業会非常用配電盤等認定業務委員会の定める「構造及び性能に関する基準」による。

1.8.4　導電部
(a) 一般回路の導電部は、1.7.4による。
(b) 非常用回路の導電部は、（一社）日本配電制御システム工業会非常用配電盤等認定業務委員会の定める「構造及び性能に関する基準」による。

1.8.5　器具類
(a) 一般回路の器具類は、1.7.6(a)および(c)による。
(b) 非常用回路の器具類は、（一社）日本配電制御システム工業会非常用配電盤等認定業務委員会の定める「構造及び性能に関する基準」による。

1.8.6　表示
(a) 一般用分電盤部の表示は、1.7.8による。
(b) 非常用分電盤部の表示は、次の事項を表示する銘板を、ドアの裏面に設ける。
 (1) 名称
 (2) 定格電圧、相数による方式、線式、定格周波数、定格電流
 (3) 耐熱性能
 (4) 製造者名またはその略号
 (5) 受注者名（別銘板としてもよい）
 (6) 製造年月日またはその略号

Coffee Break

盤の種類と内容

盤の種類 図示記号	内容
配電盤	・分電盤等に電気を供給する盤
分電盤 記号 G、T、D	・各機器等に電気を供給する盤 ・無線機器等に電力を供給するための機器用分電盤や電灯負荷/空調等に電力を供給するための建築設備用分電盤がある。機器用分電盤は該当機器の特性をよく理解して配電する ・主幹は配線用遮断器（MCCB）とし、負荷に応じて分岐遮断器を選定する。分岐遮断器を漏電遮断器（ELB）にするか等は、負荷の特性等を考慮して選定する（負荷側機器入力の電源フィルタ等の有無）
耐熱形 分電盤 記号 1G、1H、 2G、2T	・防災設備に電力を供給するための盤は、建築基準法では「予備電源」、消防法では「非常電源」と称される。例えば排煙設備等は建築基準法と消防法の両方で規定されている場合は、耐熱性の高い方を選定する必要がある ・防災分電盤は一種耐熱形（最高温度840℃で30分間問題なく電力を供給できる）と二種耐熱形（最高温度280℃で30分間問題なく電力を供給できる）で分類できるので、場所等を考慮して選定する
OA盤 記号 TOA、DOA	・OA盤は原則として各部屋に設ける
実験盤 記号 TJ-U、 TJ-D、 DJ-U、DJ-D	・負荷装置の変更を考慮して設置する実験用機器の用途等に応じられるように実験用機器の近接した場所に設置する
開閉器箱 記号 G、T	・引込用の開閉器箱は、低圧受電の場合に引込口から、8m以内に分電盤を設置することが困難な場合に設ける
制御盤	・一般的にはモータ、ヒータ等の制御回路や保護回路等を組込んだ盤。形状は分電盤と同様

第9節　ＯＡ盤

1.9.1　構造一般
(a)　構造一般は1.7.2(c)およびJIS C 8480「キャビネット形分電盤（附属書2（規定）IEC 60439-3による分電盤を除く）」によるほか、次による。

(b)　ドアを閉じた状態で充電部が露出しないものとする。ただし、感電防止処置を行ったものはこの限りでない。なお、ドア裏面の表示灯等感電のおそれのある構造のものは、感電防止の処置を施す。ただし、最大使用電圧が60V以下の場合には、感電防止処置を省略してもよい。

1.9.2　キャビネット
キャビネットは、1.7.3(a)(1)、(2)、(6)～(8)および(10)、(11)によるほか、次による。

(a)　ドアは、開閉式または着脱式とし、ちょう番または留具は、表面から見えないものとする。

(b)　分電盤部と端子盤部でキャビネットを共用する場合は、盤部相互間に鋼板製セパレータを設け、端子盤部には、分電盤部とは別にドアを設ける。なお、端子盤部の内部に設ける用途区分用のセパレータは、標準厚さ1.2mm以上の鋼板または標準厚さ3.0mm以上の合成樹脂製とし、着脱できるものとする。

(c)　分電盤部の外部配線が端子盤部を通過する場合または端子盤部の外部配線が分電盤部を通過する場合は、次のいずれかによる。

　(1)　外部配線を隔離するために設けるセパレータは、標準厚さ1.2mm以上の金属製または標準厚さ3.0mm以上の合成樹脂製とする。

　(2)　外部配線を収容するために設ける配線ダクトは、合成樹脂製とする。

　(3)　端子盤部に通気口または冷却用ファンを設ける場合は、特記による。

1.9.3　導電部
導電部は、1.7.4による。ただし、導体は、絶縁電線とすることができる。

1.9.4　制御回路等
制御回路等は、1.12.4による。

1.9.5　器具類
器具類は、1.7.6による。

1.9.6　予備品等
予備品等は、1.7.7による。

1.9.7　表示
分電盤部の表示は、1.7.8による。

第10節　実験盤

1.10.1　構造一般
構造は、1.7.2(c)～(d)によるほか、次による。

(a) キャビネットは、電源側および負荷側ケーブルの接続に支障のない大きさのものとする。
(b) 実験盤の保護構造は、負荷接続端子収容部を除き、1.7.2(b)による。

1.10.2 キャビネット

屋内用キャビネットは、1.7.3(a)(1)〜(3)、(5)〜(8)および(10)〜(14)によるほか、次による。

(a) 盤の下部または上部に、負荷接続端子（接地線を含む）および負荷側ケーブル用留金物を設ける。
(b) 盤の下部または上部に、負荷側配線導入口を設ける。
(c) ドアは、配線用遮断器等の収容部と負荷接続端子の収容部を分割する。

1.10.3 導電部

導電部は、1.7.4((e)を除く)による。ただし、導体は、絶縁電線とすることができる。

1.10.4 制御回路等

制御回路等は、1.12.4による。

1.10.5 器具類

器具類は、1.7.6による。なお、負荷接続端子は、次による。

(a) 絶縁板に取付ける。
(b) 端子の極間および他回路との間隔は、負荷側ケーブルの接続に支障のない大きさとする。
(c) 端子またはその近くには、極種別、電圧、容量、接地種別等を表示する。
(d) 負荷接続端子と配線用遮断器等との組合わせを示す符号を設ける。

1.10.6 予備品等

予備品等は、1.7.7による。

1.10.7 表　　示

負荷側ケーブルの接続上の注意表示を、負荷接続端子収容部のドア裏面に設けるほか、1.7.8による。

第11節　開閉器箱

1.11.1 構造一般

構造一般は、1.7.2(c)によるほか、次による。

(a) キャビネットは、外部配線の接続に支障のない十分な大きさのものとする。
(b) ドアを閉じた状態で充電部が露出しないものとする。ただし、感電防止処置を行ったものはこの限りでない。なお、ドア裏面の表示灯等感電のおそれのある構造のものは、感電防止の処置を施す。ただし、最大使用電圧が60V以下の場合には、感電防止処置を省略してもよい。

1.11.2 キャビネット

(a) 屋内用キャビネットは、1.7.3(a)（ただし、(4)および(9)は除く）による。
(b) 屋外用キャビネットは、1.7.3(a)（ただし、(4)、(7)および(9)は除く）および(b)による。
(c) 保護板は、設けなくてもよい。

1.11.3 導電部

導電部は、1.7.4による。ただし、導体は絶縁電線としてもよい。

1.11.4 器具類

(a) 配線用遮断器は、JIS C 8201-2-1「低圧開閉装置及び制御装置-第2-1部：回路遮断器及びその他の遮断器」による。

(b) 漏電遮断器は、JIS C 8201-2-2「低圧開閉装置及び制御装置-第2-2部：漏電遮断器」による。

1.11.5 表示

(a) 負荷側ケーブルの接続上の注意表示を、負荷接続端子収容部のドア裏面に設ける。

(b) 次の事項を表示する銘板を、ドアまたは保護板の表面もしくは裏面に設ける。
   (1) 名称
   (2) 定格電圧、相数による方式、線式、定格周波数、定格電流
   (3) 製造者名またはその略号
   (4) 受注者名（別銘板としてもよい）
   (5) 製造年月またはその略号
   (注) 電源種別ごとに定格を明示する。

第12節　制御盤

1.12.1 構造一般

(a) キャビネットは、外部配線の接続および配線に支障のない十分な大きさのものとする。

(b) 盤内の装置は、器具類および配線を単位装置ごとにまとめたものを集合的に組込んだものとしてもよい。

(c) ドアを閉じた状態で、充電部が露出してはならない。なお、ドア裏面の押しボタン等感電のおそれのある構造のものは、感電防止の処置を施す。ただし、最大使用電圧が60V以下の場合には、感電防止処置を省略してもよい。

(d) 充電部と非充電金属体との間および異極充電部間の離隔距離は、1.7.2(c)による。

(e) ドア等への配線で、可とう性を必要とする部分は束線し、損傷を受けることのないようにする。

1.12.2 キャビネット

(a) 普通形キャビネットは、次による。
   (1) キャビネットを構成する各部は厚さ1.6mm以上の鋼板または厚さ1.2mm以上のステンレス鋼板とし、堅ろうに製作する。なお、ドアに操作用器具を取付ける場合は、必要に応じ鋼板に補強を行う。
   (2) 盤内主要器具は、次の取付け板または取付け枠等に取付ける。
      (イ) 取付け板は、厚さ1.6mm以上の鋼板とし、堅ろうに製作する。
      (ロ) 取付け板は、厚さ1.6mm以上の軽量形鋼、厚さ3mm以上の平形鋼または山形鋼とし、堅ろうに製作する。
   (3) ドアの端部は、 ⌒ または ⌐ 形の折曲げ加工を行う。
   (4) ちょう番は、表面から見えないものとする。ただし、ドアの面積が0.1m²以下の場合は、外ちょう番でもよい。
   (5) ドアはすべて鍵付きとし、ドアのハンドルは、非鉄金属製とする。
   (6) ドアは、幅が800mmを超える場合は、両開きを原則とする。

(7) 両開きドアの場合は、原則としてドアは向かって右から先に開く構造とする。

(8) 自立形の場合、底板は、不要とする。

(9) ドアの上部に名称板を設ける。

(10) 自立形のドアには、ハンドルと連動する上下の押さえ金具を設ける。

(11) ドア裏面に結線図、展開接続図等を収容する図面ホルダを設ける。

(12) 負荷名称および電動機出力を記載した負荷名称板を電流計の付近に設ける。なお、電動機出力は別銘板としてもよい。

(13) キャビネットは、盤内機器の放熱を考慮し、必要に応じて小動物等が侵入し難い構造の通気口または換気装置を設ける。

(14) キャビネットには、「航空無線工事標準図面集」の接地端子座による接地端子を設ける。

(b) 屋内用キャビネットは、(a)（ただし、(8)を除く）および1.7.3(b)(1)〜(4)による。

(c) 屋外形キャビネットは、(a)および1.7.3(b)(1)、(3)、(4)によるほか、防雨性を有し、雨水のたまらない構造とする。なお、水抜き穴を設ける。

1.12.3 導電部

(a) 主回路の導体は、次による。

(1) 母線の電流容量は、主幹器具の定格電流以上とする。

(2) 母線は、絶縁電線または銅帯とし、銅帯には被覆、塗装、めっき等の酸化防止処置を施す。

(3) 銅帯の電流容量に対する電流密度は表1.7.3による。ただし、銅帯の温度上昇値が、65℃（最高許容温度105℃）を超えないことが保証される場合は、この限りでない。

(4) 単位装置および母線に使用する絶縁電線の種類および電流容量に対する太さは、1.7.4(a)(3)による。

(5) 電動機回路の単位装置に使用する盤内配線の太さは、表1.12.2〜1.12.5および表1.12.6による。

(6) 導体を並列として使用する場合は、1.7.4(a)(4)による。

(b) 主回路の導体の配置と色別は、1.7.4(b)による。

(c) 電線の被覆の色は、1.7.4(c)による。

(d) 導電接続部は、1.7.4(d)による。ただし、電磁接触器等のY-Δ切替回路、太さ5.5mm^{2}以下のコンデンサ回路、制御回路等やむを得ない部分は、圧着端子に電線を2本接続してもよい。

(e) 接続は、緩むおそれのないように、ばね座金等を用い、必要により二重ナット等で締付ける。

(f) 外部配線と接続するすべての端子または端子の近くには、容易に消えない方法で端子符号を付ける。

(g) 動力負荷用の接地端子は、負荷ごとに設ける。

1.12.4 制御回路等の配線

(a) 制御回路および変成器2次回路（以下「制御回路等」という）に使用する絶縁電線の種類は、1.7.4(a)(3)により、被覆の色は1.7.4(c)により、その太さは表1.12.1による。

表1.12.1　制御回路等の絶縁電線の太さ（単位：mm^2）

回路の種類	電線の太さ
制御回路	1.25以上
変流器2次回路（定格2次電流：1A）	
変流器2次回路（定格2次電流：5A）	2.0以上
計器用変圧器2次回路	

（注）制御回路の配線は、電流容量、電圧降下等に支障がなく、保護協調がとれていれば表中の電線より細い電線としてもよい。

(b) 配線方式は、JEM 1132「配電盤・制御盤の配線方式」による。
(c) 制御器具の操作コイルは、制御回路等の1線（接地される場合は、接地側）に直接接続する。ただし、複式自動交互運転の場合等、回路の構成上やむを得ない場合は、この限りでない。
(d) 制御回路の両極には、回路保護装置を設ける。ただし、次の極には回路保護装置を設けなくてもよい。
　(1) 主回路の配線用遮断器等の定格電流が15A以下で、その単位装置の制御回路が配線用遮断器等の2次側に接続される場合の両極
　(2) 制御回路の1線が接地される場合の接地側極
　(3) 直流制御回路の負極
　(4) 制御回路に用いる変圧器の2次側の1極
　(5) 制御回路に接続される表示灯および信号灯の両極
(e) 電源表示灯は幹線1系統ごとに1個設け、回路保護装置を設ける。なお、ヒューズを用いて1極が接地される場合には、非接地極のみに設ける。
(f) 制御回路に用いる変圧器は、絶縁変圧器とする。

1.12.5　器具類

(a) 器具類は、負荷の特性に適合したものとする。
(b) 単位装置に使用する配線用遮断器の定格電流等は、表1.12.2～1.12.5および表1.12.6による。

表1.12.2 200V三相誘導電動機回路の盤内配線、器具容量

電動機 定格出力 (kW)	定格電流 (参考値) (A)	盤内配線 絶縁電線の太さ (mm²) EM-IE	IV	配線用遮断器MCB→MCCB等(A) 直入始動 MCCB₁	MCCB₂	MCCB₃	Y-Δ始動 MCCB₄	電流計 (A)	コンデンサ回路 接続する電線の太さ (mm²) EM-IE	IV	*	コンデンサ回路 (μF) 50Hz	60Hz
0.2	1.8	2以上	2以上	15	15	15	—	3	2以上	2以上	2	15	10
0.4	3.2	2以上	2以上	15	15	15	—	5	2以上	2以上	2	20	15
0.75	4.8	2以上	2以上	15	15	15	—	5	2以上	2以上	2	30	20
1.5	8	2以上	2以上	15	20	30	—	10	2以上	2以上	2	40	30
2.2	11.1	2以上	2以上	20	30	30	—	10	2以上	2以上	2	50	40
3.7	17.4	2以上	3.5以上	30	40	50	—	20	2以上	2以上	2	75	50
5.5	26	3.5以上	5.5以上	50	50	75	40	30	3.5以上	5.5以上	2	100	75
7.5	34	5.5以上	8以上	50	75	100	50	30	3.5以上	5.5以上	2	150	100
11	48	8以上	14以上	75	100	125	75	60	8以上	14以上	2	200	150
15	65	14以上	22以上	100	125	125	100	60	8以上	14以上	2	250	200
18.5	79	22以上	38以上	125	125	125	125	100	14以上	22以上	3.5	300	250
22	93	22以上	38以上	125	125	150	125	100	14以上	22以上	3.5	400	300
30	124	38以上	60以上	175	175	200	175	150	14以上	22以上	5.5	500	400
37	152	60以上	100以上	225	225	250	225	200	14以上	22以上	8	600	500

(注) 1. MCCB₁、MCCB₂、MCCB₃、MCCB₄の選定は、表1.12.4による。
2. Y-Δ始動器の場合には、Y用およびΔ用に使用する絶縁電線は、電動機の定格電流の35％以上および60％以上の電流容量に対する太さとし、表1.7.4による。
3. 絶縁電線の太さおよび器具容量は、負荷が冷凍機、冷却塔、水中ポンプおよび本表により難いものの場合には、負荷電流に適合するものを選定する。
4. コンデンサに接続する電線の太さは、コンデンサの口出線については適用しない。
＊ ＊列は、コンデンサに至る電線（EM-IEおよびIV）の長さが3m以下の場合に適用し、最小太さを表示している。

表1.12.3　400V三相誘導電動機回路の盤内配線、器具容量

電動機		盤内配線		器具容量、コンデンサ回路の配線								
定格出力(kW)	定格電流(参考値)(A)	絶縁電線の太さ (mm²)		配線用遮断器MCB→MCCB等(A)				電流計(A)	コンデンサ回路			コンデンサ(μF)	
				直入始動			Y-Δ始動		接続する電線の太さ(mm²)				
		EM-IE	IV	MCCB₁	MCCB₂	MCCB₃	MCCB₄		EM-IE	IV	*	50Hz	60Hz
0.2	0.9	2以上	2以上	15	15	15	—	3	2以上	2以上	2	5	5
0.4	1.6	2以上	2以上	15	15	15	—	3	2以上	2以上	2	5	5
0.75	2.4	2以上	2以上	15	15	15	—	5	2以上	2以上	2	7.5	5
1.5	4	2以上	2以上	15	15	15	—	5	2以上	2以上	2	10	7.5
2.2	5.5	2以上	2以上	15	15	15	—	10	2以上	2以上	2	15	10
3.7	8.7	2以上	2以上	15	20	30	—	10	2以上	2以上	2	20	15
5.5	13	2以上	2以上	20	30	40	20	15	2以上	2以上	2	25	20
7.5	17	2以上	3.5以上	30	40	50	30	20	2以上	3.5以上	2	40	25
11	24	3.5以上	5.5以上	40	50	75	40	30	3.5以上	5.5以上	2	50	40
15	32	5.5以上	8以上	50	75	100	50	30	3.5以上	5.5以上	2	75	50
18.5	39	8以上	14以上	60	75	100	60	60	3.5以上	5.5以上	2	75	75
22	46	8以上	14以上	75	100	125	75	60	8以上	14以上	2	100	75
30	62	14以上	22以上	100	100	125	100	60	8以上	14以上	2	125	100
37	76	22以上	38以上	125	125	125	125	100	8以上	14以上	3.5	150	125
45	95	22以上	38以上	150	150	150	150	100	8以上	14以上	3.5	200	150
55	115	38以上	60以上	175	175	200	175	150	14以上	22以上	5.5	250	200
75	155	60以上	100以上	225	225	250	200	150	14以上	22以上	8	300	250
90	180	60以上	100以上	—	—	350	350	200	22以上	38以上	8	300	250
110	220	100以上	150以上	—	—	400	400	250	22以上	38以上	8	397	300

（注）表1.12.2の（注）1.～＊による。

表1.12.4　配線用遮断器等の選定

負荷の種類	電動機の始動時間（s）	配線用遮断器等	
		直入始動	Y-Δ始動
ポンプ・ファン＊	3以下	MCCB₁	MCCB₄
ポンプ・ファン	3～6	MCCB₂	MCCB₄
始動時間の長いもの	6～10	MCCB₃	MCCB₄

（注）＊　換気ファン、パッケージ形空気調和ファン等始動時間の短いファン等に限る。

表1.12.5 200V三相誘導電動機回路（インバータ使用）の盤内配線、器具容量

電動機		盤内配線（絶縁電線の太さ）		器具容量	
定格出力 (kW)	定格電流 (A) (参考値)	インバータ入力側、出力側とも (mm²)		配線用遮断機等 (A)	電流計 (A)
^	^	EM-IE	IV	^	^
0.2	1.8	2以上	2以上	15	3
0.4	3.2	2以上	2以上	15	5
0.75	4.8	2以上	2以上	15	5
1.5	8	2以上	2以上	15	10
2.2	11.1	2以上	2以上	20	10
3.7	17.4	2以上	3.5以上	30	20
5.5	26	3.5以上	5.5以上	50	30
7.5	34	5.5以上	14以上	60	30
11	48	8以上	14以上	75	60
15	65	14以上	22以上	125	60
18.5	79	22以上	38以上	125	100
22	93	22以上	38以上	150	100
30	124	38以上	60以上	200	150
37	152	60以上	100以上	225	200

（注）盤内配線は、使用するインバータの力率・効率により、本表により難い場合は、インバータに適合したものとする。

表1.12.6 400V三相誘導電動機回路（インバータ使用）の盤内配線、器具容量

電動機		盤内配線（絶縁電線の太さ）		器具容量	
定格出力 (kW)	定格電流 (A) (参考値)	インバータ入力側、出力側とも (mm²)		配線用遮断機等 (A)	電流計 (A)
^	^	EM-IE	IV	^	^
0.4	1.6	2以上	2以上	15	3
0.75	2.4	2以上	2以上	15	5
1.5	4.0	2以上	2以上	15	5
2.2	5.5	2以上	2以上	15	10
3.7	8.7	2以上	2以上	15	10
5.5	13	2以上	3.5以上	30	15
7.5	17	2以上	3.5以上	30	20
11	24	3.5以上	5.5以上	50	30
15	32	5.5以上	8以上	60	30
18.5	39	8以上	14以上	75	60
22	46	14以上	22以上	100	60
30	62	14以上	22以上	125	60
37	76	22以上	38以上	125	100
45	95	22以上	38以上	150	100
55	115	38以上	60以上	175	150
75	155	60以上	100以上	225	150
90	180	60以上	100以上	300	200
110	220	100以上	150以上	350	250

（注）盤内配線は、使用するインバータの力率・効率により、本表により難い場合は、インバータに適合したものとする。

(c) 配線用遮断器は、JIS C 8201-2-1「低圧開閉装置及び制御装置-第2-1部：回路遮断器（配線用遮断器及びその他の遮断器）」(附属書1（規定）「JIS C 60364　建築電気設備規定対応形回路遮断器」を除く）により、単位装置に用いるものは、定格遮断容量が2,500A以上とする。

(d) 漏電遮断器は、JIS C 8201-2-2「低圧開閉装置及び制御装置-第2-2部：漏電遮断器」（附属書1（規定）「JIS C 60364　建築電気設備規定対応形漏電遮断器」を除く）により、単位装置に用いるものは、次による。
  (1) 過電流保護機構を備えたものとし、定格遮断電流は2,500A（対称値）以上とする。
  (2) 定格電流が50A以下のものは、高感度高速形（定格感度電流は30mA以下、漏電引外し動作時間は0.1秒以内）、雷インパルス不動作形とする。
  (3) 定格電流が50Aを超えるものは、中感度高速形（定格感度電流は500mA以下、漏電引外し動作時間は0.1秒以内）、雷インパルス不動作形とする。
  (4) 回路にインバータを用いる場合は、使用するインバータに適合するものとする。

(e) 漏電継電器は、JIS C 8374「漏電継電器」によるものとし、単位装置に用いるものは(d)(2)および(3)に準ずる。

(f) 交流電磁接触器は、表1.12.7に示す規格によるものとし、次に示す性能以上とする。
  (1) 使用負荷種別：表1.12.8による。
  (2) 開閉頻度および通電率の組合わせの号別：5号
  (3) 耐久性の種類
    (イ) 機械的耐久性：3種
    (ロ) 電気的耐久性：3種
  (4) 定格連続電流：表1.12.8による。

表1.12.7　交流電磁接触器

呼　称	規格名称等
交流電磁接触器	JIS C 8201-1　低圧開閉装置及び制御装置-第1部：通則
	JIS C 8201-4-1　低圧開閉装置及び制御装置-第4-1部：接触器及びモータスタータ：電気機械式接触器及びモータスタータ

表1.12.8　交流電磁接触器の選定

用　途		使用負荷種別	定格連続電流（A）
かご形誘導電動機	直入始動用	AC-3	$I \times 1$
	Y-Δ運転電源用		$I \times 1$
	Y-Δ運転Δ用		$I \times 0.6$
	Y-Δ運転Y用		$I \times 0.35$
巻線形誘導電動機	1次回路用	AC-2	$I \times 1$
	2次回路用	AC-1	
抵抗負荷	入-切用		

（注）Iは、三相誘導電動機・抵抗負荷の定格電流。

(g) 絶縁変圧器は、表1.12.9に示す規格による。ただし、定格容量が1kVA以下のものは、この限りでない。なお、巻線の温度過昇を検知して動作する接点を付属する。ただし、制御回路等の電源専用とするものは、この限りでない。

表1.12.9　絶縁変圧器

呼　称	規格名称等	備　考
絶縁変圧器	JEM 1333　操作用変圧器	10kVA以下
	JEC-2200　変圧器	

(h) 制御用スイッチは、表1.12.10に示す規格により、使用負荷種別、開閉頻度および通電率の組合わせの号別および耐久性の種別は、他の器具類とつり合いのとれたものとする。なお、制御用ボタンスイッチは、次による。

(1) 押しボタンスイッチ（照光ボタンスイッチを除く）は、押しボタンの面がガードリングより突出さない形式のものまたは保護カバー付きのものとし、運転・停止用のものは入-切またはON-OFF、その他のものは用途に応じた表示を行う。

(2) 照光ボタンスイッチの開閉の操作および表示は、押しボタンスイッチに準ずる。

表1.12.10　制御用スイッチ

呼　称	規格名称等
制御用スイッチ	JIS C 8201-1　低圧開閉装置及び制御装置-第1部：通則
	JIS C 8201-5-1　低圧開閉装置及び制御装置-第5部：制御回路機器及び開閉素子-第1節：電気機械式制御回路機器
	JIS C 8201-5-101　低圧開閉装置及び制御装置-第5部：制御回路機器及び開閉素子-第101節：接触器形リレー及びスタータの補助接点
	JIS C 0447　マンマシンインタフェース（MMI）-操作の基準
	JIS C 0448　表示装置（表示部）及び操作機器（操作部）のための色及び補助手段に関する規準

(i) 制御回路等に用いる制御継電器（補助継電器として用いるものを除く）は、その出力開閉部の特性が、JIS C 8201-5-1「低圧開閉装置及び制御装置-第5部：制御回路機器及び開閉素子-第1節：電気機械式制御回路機器」に準じ、次に示すものとする。

(1) 自動交互継電器は、電磁式、小形モータ式または半導体式とする。

(2) 限時継電器は、時間調整が容易な閉鎖形とする。

(3) 使用負荷種別、開閉頻度および通電率の組合わせの号別および耐久性の種別は、他の器具類とつり合いのとれたものとする。

(4) インバータを含む制御回路に使用する継電器等のコイル部には、サージキラーを取付ける。

(j) 補助継電器として用いる電磁形の制御継電器は、表1.12.11に示す規格による。

表1.12.11　補助継電器として用いる電磁形の制御継電器

呼　称	規格名称等
補助継電器として用いる電磁形の制御継電器	JIS C 8201-5-101　低圧開閉装置及び制御装置-第5部：制御回路機器及び開閉素子-第101節：接触器形リレー及びスタータの補助接点
	JEM 1038　電磁接触器

(k) 電動機の過負荷（過電流）、単相（欠相）または逆相運転を防止する保護継電器は、JEM 1356「電動機用熱動形及び電子式保護継電器」およびJEM 1357「電動機用静止形保護継電器」による。

(l) 計器は、次による。
　(1) 電圧計および電流計は、表1.12.12に示す規格による2.5級とするほか、次による。
　　(イ) 単位装置に用いる電動機用電流計は、延長目盛電流計とし、赤指針付きとする。
　　(ロ) 電子式を用いる場合は、表1.12.12に示す規格に準ずる。

表1.12.12　電圧計および電流計

呼　称	規格名称等	備　考
電圧計および電流計	JIS C 1102-1　直動式指示電気計器　第1部：定義及び共通する要求事項	
	JIS C 1102-2　直動式指示電気計器　第2部：電流計及び電圧計に対する要求事項	JISマーク表示品
	JIS C 1102-8　直動式指示電気計器　第8部：附属品に対する要求事項	

　(2) 変成器は、JIS C 1731-1「計器用変成器-(標準用及び一般計測用)　第1部：変流器」およびJIS C 1731-2「計器用変成器-(標準用及び一般計測用)　第2部：計器用変圧器」により、1.0級のものとする。
　(3) 20Aを超える電流計をドアに取付ける場合は、盤内(ドア裏面を除く)に変流器を設ける。
　(4) 400V回路に使用する電圧計、電流計をドアに取付ける場合は、盤内(ドア裏面を除く)に変成器を設ける。
(m) プログラマブルコントローラは、表1.12.13に示す規格による。

表1.12.13　プログラマブルコントローラ

呼　称	規格名称等
プログラマブルコントローラ	JIS B 3501　プログラマブルコントローラ−一般情報
	JIS B 3502　プログラマブルコントローラ−装置への要求事項及び試験
	JIS B 3503　プログラマブルコントローラ−プログラム言語

(n) 三相入力の可変速電動機用インバータ装置(可変電圧可変周波数電源装置)は、次による。
　(1) 制御方式は、正弦波パルス幅変調方式とする。
　(2) 入力の力率は、基本波の力率を1とした場合0.94以上とする。
　(3) 瞬時停電に対して、自動回復運転機能をもつ。
　(4) 負荷の特性に合わせて加減速時間が調整できる。
　(5) 保護機能は、ストール防止機能をもつほか、次による。
　　(イ) 過電流、過電圧等の異常が発生した場合、電動機を停止する。
　　(ロ) 負荷で短絡が発生した場合、自己保護機能をもつ。
　(6) 高周波ノイズ対策用として、零相リアクトルを設ける。
　(7) インバータを含む制御回路に使用する継電器等のコイル部には、必要に応じて、サージアブソーバを取付ける。
　(8) 高調波流出対策が必要な場合は、リアクトルを設ける。
(o) 表示灯は、次による。
　(1) 光源は、発光ダイオードとし、NECA 4102「工業用LED球」による。
　(2) 400V回路に使用する表示灯をドアに取付ける場合は、盤内(ドア裏面を除く)に変圧器を設ける。
(p) 低圧進相コンデンサは、JIS C 4901「低圧進相コンデンサ(屋内用)」によるものとする。なお、Y-Δ始動方式の単位装置に用いるものは、放電抵抗付きとする。
(q) 制御回路に用いる回路保護装置は、表1.12.14に示す規格によるものとし、その回路に必要な遮断容量をもつものとする。

表1.12.14　回路保護装置

呼　称	規格名称等	備　考
配線用遮断器	JIS C 8201-2-1　低圧開閉装置及び制御装置-第2-1部：回路遮断器（配線用遮断器及びその他の遮断器）	「附属書1（規定）JIS C 60364　建築電気設備規定対応形回路遮断器」を除く
サーキットプロテクタ	JIS C 4610　機器保護用遮断器	
ヒューズ	JIS C 6575-1　ミニチュアヒューズ-第1部：ミニチュアヒューズに関する用語及びミニチュアヒューズリンクに対する通則	
	JIS C 6575-2　ミニチュアヒューズ-第2部：管形ヒューズリンク	
	JIS C 6575-3　ミニチュアヒューズ-第3部：サブミニチュアヒューズリンク（その他の包装ヒューズ）	
	JIS C 8269-1　低電圧ヒューズ-第1部：一般要求事項	
	JIS C 8269-11　低電圧ヒューズ-第11部：A種，B種ヒューズ	
	JIS C 8314　配線用筒形ヒューズ	JISマーク表示品
	JIS C 8319　配線用ねじ込みヒューズ及び栓形ヒューズ	〃

(r)　低圧用SPDは、1.7.6(n)による。

(s)　配線用遮断器等またはその付近には、負荷名称を示す銘板を設ける。

(t)　主要器具には、JEM 1090「制御器具番号」による器具番号の表示を行う。

(u)　予備品は、次による。

　　　ヒューズは、キャビネットごとに現用数の20%とし種別ごとに1個以上を具備する。

1.12.6　表　　示

次の事項を表示する銘板を、ドア裏面に設ける。

(a)　名称

(b)　定格電圧*、相数による方式*、線式*、定格周波数*、定格遮断容量*

(c)　制御回路の定格電圧（主回路と同一の場合には、省略する）

(d)　製造者名および受注者名（受注者は、別銘板としてもよい）

(e)　保護等級、製造番号および製造年月

(注)　＊　電源種別ごとに定格を明示する。

第13節　消防防災用制御盤

1.13.1　一般事項

本節によるほか、関係法令等に適合したものとする。

1.13.2　構造一般

構造一般は、1.12.1(a)、(b)および(d)によるほか、（一財）日本消防設備安全センターの定める規格、規程等に適合したものとする。

1.13.3　キャビネット

キャビネットは、1.12.2(a)(8)、(9)および(b)によるほか、（一財）日本消防設備安全センターの定める規格、

規程等に適合したものとする。

1.13.4 制御回路等の配線
制御回路等の配線は、1.12.4(d)および(f)によるほか、(一財) 日本消防設備安全センターの定める規格、規程等に適合したものとする。

1.13.5 表　　示
表示は、1.12.6による。

第14節　電熱装置

1.14.1 一般事項
電熱装置は、経済産業省令で定める「電気用品の技術上の基準を定める省令」、「電気設備に関する技術基準を定める省令」および「電気設備の技術基準の解釈」による。

1.14.2 制御盤
制御盤は、第12節「制御盤」よるほか、次による。
(a) 主幹器具に用いる漏電遮断器は、中感度高速形（定格感度電流500mA以下、漏電引外し動作時間0.1秒以内）とする。
(b) 温度調節器は、電気式または電子式とし、温度検出部と組合わせたものとする。なお、制御方法は、二位置制御とする。

1.14.3 発熱線等
発熱線等は、JIS C 3651「ヒーティング施設の施工方法　附属書（規定）発熱線等」によるほか、次による。
(a) 発熱線は、第2種発熱線とする。なお、配管類の凍結防止および融雪用発熱線は、並列抵抗形のものとしてよい。
(b) 発熱シートは、第1種発熱シートとする。

1.14.4 接続用電線
発熱線に直接接続する接続用電線は、特記がない場合は「電気用品の技術上の基準を定める省令（経済産業省）」に適合する耐熱ビニル外装ケーブルとする。

1.14.5 温度検出部等
(a) 温度検出部は、次による。
(1) 温度調節器と組合わせて使用する温度検出部は、表1.14.1に示す温度センサとし、温度調節器に適合する特性をもつものとする。
(2) 過昇温防止用として使用する温度検出部は、所定温度で作動し、温度復旧時に自動復旧する二位置制御素子とする。なお、作動温度は、発熱線等の耐熱温度未満とする。

表1.14.1 温度センサ

呼　称	規格名称等
熱電対	JIS C 1602　熱電対
測温抵抗体	JIS C 1604　測温抵抗体
シース測温抵抗体	
シース熱電対	JIS C 1605　シース熱電対
サーミスタ測温体	JIS C 1611　サーミスタ測温体

(b) 屋外で使用するものは、防水性をもつものとする。

(c) 降雪検出器は、屋外形とし降雪状態を有効に検出するものとする。

(d) 水分検出器は、屋外路面に埋設して使用するもので、路面の水分を検出できるものとする。

第15節　受雷部

1.15.1　一般事項

本節によるほか、関係法令に適合したものとする。

1.15.2　突針の支持管および取付け金物

(a) 突針の支持管は、表1.15.1に示す規格による。

表1.15.1　突針の支持管

呼　称	規格名称等	備　考
突針の支持管	JIS G 3444　一般構造用炭素鋼鋼管[*1]	JISマーク表示品
	JIS G 3452　配管用炭素鋼鋼管[*1]	白管に限るJISマーク表示品
	JIS G 3454　圧力配管用炭素鋼鋼管[*1]	JISマーク表示品
	JIS G 3459　配管用ステンレス鋼鋼管	〃
	JIS H 3300　銅及び銅合金の継目無管	〃
	JIS H 4080　アルミニウム及びアルミニウム合金継目無管[*2]	〃

(注) [*1] 亜鉛付着量350g/m^2（JIS H 8641「溶融亜鉛めっき」に規定するHDZ35）以上の溶融亜鉛めっきを施したものとする。

[*2] 材質はA 6061またはA 6063によるものとする。

(b) 支持管取付け金物は、ステンレス鋼またはJIS H 8641「溶融亜鉛めっき」による2種HDZ35（亜鉛付着量350g/m^2）以上の溶融亜鉛めっきを施した鋼材とする。ただし、支持管がアルミ製のものにあっては、アルミニウム合金としてもよい。

第16節　外線材料

1.16.1　電柱

電柱は、表1.16.1に示す規格による。

表1.16.1　電　柱

呼　称	規格名称等	備　考
コンクリート柱	JIS A 5373　プレキャストプレストレストコンクリート製品	1種JISマーク表示品
鋼管柱	電気設備の技術基準の解釈　第57条「鉄柱及び鉄塔の構成等」	

1.16.2　装柱材料

　　装柱材料は、溶融亜鉛めっきを施した鋼製またはステンレス製とする。なお、腕金の詳細およびその他の装柱材料は、電力会社の仕様による。

1.16.3　がいしおよびがい管類

　　がいしおよびがい管類は、表1.16.2に示す規格による。

表1.16.2　がいしおよびがい管類

呼　称	規格名称等	備　考
高圧ピンがいし	JIS C 3821　高圧ピンがいし	JISマーク表示品
高圧がい管	JIS C 3824　高圧がい管	〃
高圧耐張がいし	JIS C 3826　高圧耐張がいし	
玉がいし	JIS C 3832　玉がいし	
低圧ピンがいし	JIS C 3844　低圧ピンがいし	
低圧引留がいし	JIS C 3845　低圧引留がいし	

1.16.4　地中ケーブル保護材料

　　地中ケーブル保護材料は、表1.16.3に示す規格による。

表1.16.3　地中ケーブル保護材料

呼　称	規格名称等	備　考
鋼管	JIS G 3452　配管用炭素鋼鋼管	JISマーク表示品
ポリエチレン被覆鋼管	JIS G 3469　ポリエチレン被覆鋼管	外面一層形
金属管	JIS C 8305　鋼製電線管	JISマーク表示品
ケーブル保護用合成樹脂被覆鋼管	JIS C 8380　ケーブル保護用合成樹脂被覆鋼管	G形のものに限る
硬質ビニル管	JIS C 8430　硬質塩化ビニル電線管	JISマーク表示品
波付硬質合成樹脂管	JIS C 3653　電力用ケーブルの地中埋設の施工方法 附属書1（規定）波付硬質合成樹脂管	
多孔陶管	JIS C 3653　電力用ケーブルの地中埋設の施工方法 附属書2（規定）多孔陶管	
硬質塩化ビニル管	JIS K 6741　硬質ポリ塩化ビニル管	JISマーク表示品
防食テープ	JIS Z 1901　防食用ポリ塩化ビニル粘着テープ	〃

1.16.5　ハンドホールおよび埋設標

　(a)　ハンドホールおよび鉄ふたの形式等は、「航空無線工事標準図面集」による。

　(b)　ハンドホールのコンクリート工事は、第1編第2章第5節「コンクリート工事」による。

　(c)　埋設標は、「航空無線工事標準図面集」による。

第17節 機材の試験

1.17.1 試　　験

(a) 照明器具の試験は、表1.17.1により行い、標準試験個数は、表1.17.2に基づいて行う。また、監督職員に試験成績書を提出し、承諾を受ける。ただし、照明器具のうちJISマーク表示品は、試験成績書の提出を省略することができる。

表1.17.1　照明器具の標準試験

器具＼細目	試験方法および種類	構造	点灯	絶縁抵抗	耐電圧	防水	切替動作
蛍光灯器具	JIS C 8105-1「照明器具-第1部：安全性要求事項通則」、JIS C 8105-3「照明器具-第3部：性能要求事項通則」、JIS C 8106「施設用蛍光灯器具」、JIS C 0920「電気機械器具の外郭による保護等級（IPコード）」による受渡試験	○	○	○	○	○[*2]	―
白熱灯器具	JIS C 8105-1「照明器具-第1部：安全性要求事項通則」、JIS C 8105-3「照明器具-第3部：性能要求事項通則」、JIS C 0920「電気機械器具の外郭による保護等級（IPコード）」による受渡試験	○	―	○	○	○[*2]	―
HID灯器具		○	○[*3]	○	○	○[*2]	―
LED照明器具	JIS C 8105-1「照明器具-第1部：安全性要求事項通則」、JIS C 0920「電気機械器具の外郭による保護等級（IPコード）」による受渡試験	○	―	○	○	○[*2]	―
非常用照明器具[*1]	JIL 5501「非常用照明器具技術基準」による受渡試験	○	―	○	○	―	○
誘導灯器具[*1]	JIL 5502「誘導灯器具及び避難誘導システム用装置技術基準」による受渡試験	○	―	○	○	―	○
照明制御装置	製造者の社内規格による受渡試験	○	―	○	○	―	○

(注)　○を付した試験を行う。
　＊1　非常用照明器具および誘導灯の場合は、切替動作の確認を行い、照明制御装置の場合は、センサの動作確認を出力信号の測定によって行う。
　＊2　設計図書に指示された場合に限る。
　＊3　安定器を内蔵するものに限る。

表1.17.2　標準試験個数

試験の種類＼機種別器具数量	10以下	11～50	51～200	201～500	500超過
構造、点灯、絶縁抵抗、耐電圧	2以上	4以上	7以上	10以上	13以上
防水、切替動作	1以上	2以上			

(注)　試験個数は、各機種別器具より任意に抜取るものとし、試験の結果、不良と判定されたものがある場合は、その試験個数の倍数の抜取試験を行い、さらに不良と判定されたものがある場合は全数試験を行う。

(b) 分電盤、OA盤の分電盤部、実験盤、開閉器箱、制御盤および電気自動車用急速充電装置の試験は、表1.17.3により行い、監督職員に試験成績書を提出し、承諾を受ける。また、器具類の試験は、表1.17.4に基づいて行い、監督職員に試験成績書を提出し、承諾を受ける。

表1.17.3　分電盤、OA盤の分電盤部、実験盤、開閉器箱、制御盤および電気自動車用急速充電装置の試験

機器 \ 細目	試験方法および種類	試験項目	試験個数
分電盤、OA盤の分電盤部実験盤	JIS C 8480「キャビネット形分電盤」による受渡検査	構造、絶縁抵抗、商用周波耐電圧、シーケンス	全数
	JIS C 0920「電気機械器具の外郭による保護等級（IPコード）」による水に対する保護等級の試験	散水（設計図書に指示された場合に限る）	設計図書指定による
開閉器箱	製造者の社内規格による受渡試験	構造、絶縁抵抗、耐電圧	
制御盤	JSIA 113「キャビネット形動力制御盤」による工場試験の受渡試験	外観、構造、耐電圧、シーケンス、動作特性	全数
	JIS C 0920「電気機械器具の外郭による保護等級（IPコード）」による水に対する保護等級の試験	散水（設計図書に指示された場合に限る）	設計図書指定による
試験用接続端子箱接地端子箱	製造者の社内規格による受渡試験	構造、絶縁抵抗	全数
電気自動車用急速充電装置	製造者の社内規格による受渡試験	外観、構造、絶縁抵抗、耐電圧	〃

表1.17.4　器具類の標準試験および個数

機器 \ 細目		試験方法および種類	試験項目	試験個数
配線用遮断器 JIS C 8201-2-1「低圧開閉装置及び制御装置-第2-1部：回路遮断器（配線用遮断器及びその他の遮断器）」によるもの	附属書2のもの	附属書2による受渡試験	機械的操作、過電流引外し装置の校正、不足電圧および電圧引外し装置の動作、耐電圧、空間距離、動作過電圧（附属書XBによるもののみ）	各種類および各定格について1以上
	附属書XBのもの	附属書XBによる受渡試験への追加試験		
漏電遮断器 JIS C 8201-2-2「低圧開閉装置及び制御装置-第2-2部：漏電遮断器」によるもの	附属書2のもの	附属書2による受渡試験	機械的操作、過電流引外し装置の校正、不足電圧および電圧引外し装置の動作、テスト装置の動作、漏電引外し特性、耐電圧、空間距離、動作過電圧（附属書XBによるもののみ）	〃
	附属書XBのもの	附属書XBによる受渡試験への追加試験		
電磁接触器		JIS C 8201-4-1「低圧開閉装置及び制御装置-第4-1部：接触器及びモータスタータ：電気機械式接触器及びモータスタータ」による受渡試験	動作および動作限界、耐電圧	〃
変成器	変流器	JIS C 1731-1「計器用変成器-（標準用及び一般計測用）第1部：変流器」による受入試験	構造、極性、商用周波耐電圧、巻線端子間耐電圧、比誤差および位相角	全数
	計器用変圧器	JIS C 1731-2「計器用変成器-（標準用及び一般計測用）第2部：計器用変圧器」による受入試験	構造、極性、商用周波耐電圧、誘導耐電圧、比誤差および位相角	

機器	細目		試験方法および種類	試験項目	試験個数
指示計器	電流計 電圧計	機械式のもの	JIS C 1102-1「直動式指示電気計器-第1部：定義及び共通する要求事項」、JIS C 1102-9「直動式指示電気計器第9部：試験方法」による試験	固有誤差試験、電圧試験、零位への戻り試験	全数
		電子式のもの		固有誤差試験（測定範囲の上限と下限を含む少なくとも3点以上を試験する）、電圧試験	
積算計器	電力量計（単独計器）		JIS C 1211-1「電力量計（単独計器）-第1部：一般仕様」による受渡検査	構造、寸法および銘板の表示、計量の誤差の許容限度、始動電流、潜動、発信装置の発信パルス（発信装置付計器のみ）、絶縁抵抗、商用周波耐電圧	〃
	電力量計（変成器付計器）		JIS C 1216-1「電力量計（変成器付計器）-第1部：一般仕様」による受渡検査		
	電力量、無効電力量および最大需要電力量表示装置（分離型）		JIS C 1283-1「電力量，無効電力量及び最大需要電力表示装置（分離形）-第1部：一般仕様」による受渡検査	構造、寸法および銘板の表示、機構誤差の許容限度、需要時限の限度、入力パルスの追従性、絶縁抵抗、商用周波耐電圧	
絶縁変圧器	JEM 1333「操作用変圧器」によるもの		JEM 1333「操作用変圧器」による受渡検査	構造、耐電圧、誘導耐電圧、電圧変動率	各種類および定格について1以上
	JEC-2200「変圧器」によるもの		JEC-2200「変圧器」による受入試験	構造、巻線抵抗測定、変圧比測定、極性、位相変位、短絡インピーダンスおよび負荷損測定、無負荷損および無負荷電流測定、短時間交流耐電圧（誘導、加圧）	
保護継電器			JEM 1356「電動機用熱動形及び電子式保護継電器」及びJEM 1357「電動機用静止形保護継電器」による受渡検査	構造、動作、絶縁抵抗、耐電圧	〃
低圧用SPD	JIS C 5381-1「低圧配電システムに接続するサージ防護デバイスの所要性能及び試験方法」によるもの		製造者の社内規格による受渡試験	構造、絶縁抵抗、動作開始電圧（または直流放電開始電圧）	〃

(c) 耐熱形分電盤の試験は、(b)の分電盤による。なお、耐熱性能は、関係法令に適合している旨の試験成績書等を監督職員に提出する。

(d) 消防防災用制御盤の試験は、(b)の制御盤による。なお、耐熱性能は、関係法令に適合している旨の試験成績書等を監督職員に提出する。

(e) 防火区画等の貫通部に用いる材料は、関係法令に適合している旨の試験成績書等を監督職員に提出する。

(f) バスダクトおよび付属品の試験は、表1.17.5に基づいて行い、監督職員に試験成績書を提出し、承諾を受ける。

表1.17.5　バスダクトの標準試験および個数

試験方法および種類	試験項目	試験個数
JIS C 8364「バスダクト」による受渡検査	配線検査および電気的動作、構造、絶縁抵抗、商用周波数耐電圧	全数

(g) ケーブルラックの試験は、製造者の社内規格による試験方法（形式試験としてもよい）に基づいて行い、監督職員に試験成績書を提出し、承諾を受ける。

(h) 電熱装置の試験は、次により行い、監督職員に試験成績書を提出し、承諾を受ける。

　(1)　制御盤の試験は、(b)による。
　(2)　発熱線等の試験は、表1.17.6に基づいて行う。

表1.17.6　発熱線等の標準試験および個数

試験方法および種類	試験項目	試験個数
JIS C 3651「ヒーティング施設の施工方法　附属書（規定）発熱線等」による受渡検査	外観、構造、発熱抵抗体の導体抵抗または消費電力、温度、耐電圧、絶縁抵抗（同一検査品について上記の順に行う）	各種類および定格について1以上
	異常温度上昇、耐荷重、耐衝撃、引張り、曲げ	

(注) 1. 外観、構造、発熱抵抗体の導体抵抗または消費電力および耐電圧試験は、受渡検査で全数行う。
　　 2. 異常温度上昇試験は、発熱線を除く。
　　 3. 温度調節器、温度センサの試験は、表1.17.7に基づいて行う。

表1.17.7　温度調節器および温度センサの標準試験

機器の種類	細目	試験方法および種類	試験項目	試験個数
温度制御装置		製造者の社内規格による受渡検査	構造、動作、絶縁抵抗、耐電圧	全数
温度センサ	熱電対	JIS C 1602「熱電対」による受渡検査	外観、寸法、温度に対する許容差、電気抵抗の許容度	
	測温抵抗体シース測温抵抗体	JIS C 1604「測温抵抗体」による受渡検査	外観、寸法、温度に対する許容差、絶縁抵抗（常温）	
	シース熱電対	JIS C 1605「シース熱電対」による受渡検査	外観、寸法（金属シースの外径）、温度に対する許容差、絶縁抵抗	
	サーミスタ測温体	JIS C 1611「サーミスタ測温体」による受渡検査	外観、寸法、誤差、絶縁抵抗、耐電圧	

(i) 降雪検知機および水分検出器は、製造者の社内規格による試験を行う。

(j) 雷保護設備の突針支持管は、建築基準法施行令（昭和25年11月16日　政令第338号）第87条に定めるところによる風圧力に耐えるものとし、構造耐力上安全である旨の計算書等を監督職員に提出し、承諾を受ける。

(k) マンホールおよびハンドホールの鉄ふたの試験は、表1.17.8に基づいた形式試験とし、監督職員に形式試験成績書を提出し、承諾を受ける。

表1.17.8 マンホールおよびハンドホールの鉄ふたの試験

試験方法および種類	試験内容
製造者の社内規格による試験方法により、設計図書に示された構造となっている	外観、形状、寸法
試験体の枠を全面で支え、ふたの中央に直径150mmの加重体により荷重を加えて、設計図書で指定されている破壊荷重で破壊されない	耐荷重

第18節　電気自動車用急速充電装置（参考）

1.18.1　一般事項

　　現在航空局において具体的に電気自動車の採用等は定まっていないが、参考として電気自動車用急速充電装置を記載する。ただし、この部門も技術の流動が激しく、ワイヤレス充電等の技術も盛んに発表されているが、規格化が一番早くできそうなワイヤ方式を記載する。電気自動車用急速充電装置は、電力変換装置、給電コネクタ等により構成され、電気自動車の蓄電池等に直流で給電できるものとする。

1.18.2　構造一般

　　電気自動車用急速充電装置の保護構造は、JIS C 0920「電気機械器具の外郭による保護等級（IPコード）」によるほか、次による。

(a)　屋内形はIP2XCとする。

(b)　屋外形はIP23Cとする。

1.18.3　キャビネット

(a)　屋内用のキャビネットは、次による。

　(1)　主要な機器を収容するキャビネットは、標準厚さ1.6mm以上の鋼板または標準厚さ1.2mm以上のステンレス鋼板とする。なお、ステンレス鋼板とする場合は、特記による。

　(2)　収容された機器の温度が最高許容温度を超えないように、小動物が侵入し難い構造の通気孔または換気装置を設ける。

(b)　屋外用のキャビネットは、(a)によるほか、次による。

　(1)　防雨性を有し、内部に雨水が浸入しにくくこれを蓄積しない構造とする。

　(2)　パッキン、絶縁材料等は、吸湿性が少なく、かつ、劣化しにくいものを使用する。

　(3)　表面処理鋼板を用いる場合は、加工後に表面処理に応じた防錆補修を施す。

1.18.4　電力変換装置

　　電力変換装置は、JEC 2410「半導体電力変換装置」によるほか、次による。

(a)　定格直流電圧は、特記による。

(b)　直流電圧電流特性は、次による。ただし、交流電圧の変化量は定格値の±10％、周波数は定格値とし、直流電源は、定格直流電流の0から100％まで変化させたときの値とする。

　(1)　出力直流のリップル電流・電圧を±5％以内とする。

　(2)　車両からの充電電流指令値に対して、2.5秒以内に次の範囲で出力できる。

　　(イ)　充電電流指令値が50A以下の場合は、±2.5A以内とする。

　　(ロ)　充電電流指令値が50Aより大きい場合は、±5％以内とする。

(c)　力率は、直流出力側が、定格電圧、定格電流のとき、遅れ70％以上とする。

1.18.5 給電コネクタ

給電コネクタは、次による。

(a) 給電コネクタは、容易に外れない構造とする。

(b) 給電コネクタの付属コードの長さは、2m以上とする。

1.18.6 盤内器具

(a) 開閉器類は、次による。

(1) 配線用遮断器は、JIS C 8201-2-1「低圧開閉装置及び制御装置-第2-1部：回路遮断器（配線用遮断器及びその他の遮断器）」（「附属書1（規定）JIS C 60364 建築電気設備規定対応形回路遮断器」を除く）による。

(2) 漏電遮断器は、JIS C 8201-2-2「低圧開閉装置及び制御装置-第2-2部：漏電遮断器」（「附属書1（規定）JIS C 60364 建築電気設備規定対応形漏電遮断器」を除く）による。

(3) 電磁接触器は、JIS C 8201-4-1「低圧開閉装置および制御装置-第4-1部：接触器およびモータスタータ：電気機械式接触器及びモータスタータ」によるほか、次による。なお、2極用に3極のものを用いることができる。

(イ) 直流電磁接触器は、次に示す性能以上とする。

(i) 使用負荷種別：DC-1

(ii) 開閉頻度および通電率の組合わせの号別：5号

(iii) 耐久性の種別

① 機械的耐久性：4種

② 電気的耐久性：4種

(ロ) 交流電磁接触器は、次に示す性能以上とする。

(i) 使用負荷種別：AC-1

(ii) 開閉頻度および通電率の組合わせの号別：5号

(iii) 耐久性の種別

① 機械的耐久性：4種

② 電気的耐久性：4種

(4) 双投電磁接触器は、(3)による。ただし、電気的または機械的にインターロックが施されている場合は、単投のものを2個組合わせることができる。また、電源切替え等に使用する開閉頻度の少ないものは、次に示す性能以上のものとすることができる。

(イ) 機械的耐久性：5種

(ロ) 電気的耐久性：5種

(b) 制御回路等に用いる回路保護装置は、表1.18.1に示す規格により、その回路に必要な遮断容量をもつものとする。

第1章 機　　材

表1.18.1　回路保護装置

呼　称	規格名称等	備　考
配線用遮断器	JIS C 8201-2-1　低圧開閉装置及び制御装置-第2-1部：回路遮断器（配線用遮断器及びその他の遮断器）	「附属書1（規定）JIS C 60364　建築電気設備規定対応形回路遮断器」を除く
サーキットプロテクタ	JIS C 4610　機器保護用遮断器	
ヒューズ	JIS C 6575-1　ミニチュアヒューズ-第1部：ミニチュアヒューズに関する用語及びミニチュアヒューズリンクに対する通則	
	JIS C 6575-2　ミニチュアヒューズ-第2部：管形ヒューズリンク	
	JIS C 6575-3　ミニチュアヒューズ-第3部：サブミニチュアヒューズリンク（その他の包装ヒューズ）	
	JIS C 8269-1　低電圧ヒューズ-第1部：一般要求事項	
	JIS C 8269-11　低電圧ヒューズ-第11部：A種，B種ヒューズ	
	JIS C 8314　配線用筒形ヒューズ	
	JIS C 8319　配線用ねじ込みヒューズ及び栓形ヒューズ	
	JEM 1293　低圧限流ヒューズ通則	

(c) 制御回路等に用いる制御継電器（補助継電器として用いるものを除く）は、その出力開閉部の特性が、JIS C 8201-5-1「低圧開閉装置及び制御装置-第5部：制御回路機器及び開閉素子-第1節：電気機械式制御回路機器」に準じ、次による。
　(1) 限時継電器は、閉鎖形とし、時間調整ができるものとする。
　(2) 使用負荷種別、開閉頻度および通電率の組合わせの号別ならびに耐久性の種別は、他の器具類とつり合いのとれたものとする。
(d) 補助継電器として用いる電磁形制御継電器は、表1.18.2に示す規格による。

表1.18.2　電磁形制御継電器

呼　称	規格名称等
電磁形制御継電器	JIS C 8201-5-101　低圧開閉装置及び制御装置-第5部：制御回路機器及び開閉素子-第101節：接触器形リレー及びスタータの補助接点
	JEM 1038　電磁接触器

(e) 絶縁変圧器は、1.12.5(g)による。
(f) 制御用スイッチは、表1.18.3に示す規格による。また、使用負荷種別、開閉頻度および通電率の組合わせの号別ならびに耐久性の種別は、他の器具類とつり合いのとれたものとする。なお、制御用ボタンスイッチは、次による。
　(1) 押しボタンスイッチ（照光式ボタンスイッチを除く）は、押しボタンの面がガードリングより突出しない形式または保護カバー付きとし、運転・停止用のものは入-切またはON-OFF、その他のものは用途に適合した表示を行う。
　(2) 照光式ボタンスイッチの開閉の操作および表示は、押しボタンスイッチによる。

表1.18.3 制御用スイッチ

呼　称	規格名称等
制御用スイッチ	JIS C 0447　マンマシンインタフェース（MMI）-操作の基準
	JIS C 0448　表示装置（表示部）及び操作機器（操作部）のための色及び補助手段に関する規準
	JIS C 8201-1　低圧開閉装置及び制御装置-第1部：通則
	JIS C 8201-5-1　低圧開閉装置及び制御装置-第5部：制御回路機器及び開閉素子-第1節：電気機械式制御回路機器
	JIS C 8201-5-101　低圧開閉装置及び制御装置-第5部：制御回路機器及び開閉素子-第101節：接触器形リレー及びスタータの補助接点

　(g)　表示灯は、1.12.5(o)による。

　(h)　故障・動作表示器は、液晶表示器とし、液晶パネルに文字または記号を表示するものとする。

　(i)　主要器具には、「航空無線工事標準図面集」の第1編「共通事項」（機器等の図記号および文字記号）の文字記号またはJEM 1090「制御器具番号」による基本器具番号を表示する。

　(j)　盤内の換気は、製造者の標準とする。

1.18.7　状態・警報表示項目

　(a)　状態表示項目は、次による。なお、制御用スイッチの切替えにより指示計器を兼用することができる。

　　(1)　充電完了残時間

　　(2)　その他製造者の標準のもの

　(b)　警報表示項目は、次の事項が個別または一括で行われるほか、製造者の標準とする。なお、移報用の遠方監視用接点を設ける。

　　(1)　配線用遮断器動作

　　(2)　電力変換装置故障

　　(3)　その他製造者の標準のもの

1.18.8　予備品等

　　予備品等は、1.7.7による。

1.18.9　表　　示

　　次の事項を表示する銘板を設ける。

　(a)　名称または形式

　(b)　定格：相数、定格出力（kW）、定格電圧（V）、定格電流（A）

　(c)　製造者名またはその略号

　(d)　受注者名（別銘板とすることができる）

　(e)　製造年月またはその略号

　(f)　製造番号

1.18.10　標準化について

　(a)　電気自動車の公共急速充電システムの普及を目指して2010年3月に設立されたのがCHAdeMO（チャデモ）協議会で、トヨタ自動車（株）、日産自動車（株）、三菱自動車工業（株）、富士重工業（株）と東京電力（株）を幹事会社に、自動車メーカとしては本田技術研究所（株）、いすゞ自動車（株）、マツダ（株）、スズキ(株)などが正会員となっている。CHAdeMOとは「CHArge de MOve＝動く、進むためのチャージ」、

「de＝電気」、「（クルマの充電中に）お茶でも」の3つの意味がある。CHAdeMOの認定した急速充電器では、電気自動車に搭載されている電池管理システムからの指示によって充電時の電池残量や温度などをリアルタイムで監視し、そのデータをもとに電池に悪影響を与えないように充電電流を制御しながら、できるだけ急速に充電し、最終的には10分程度の充電時間で100km以上走行できるだけの急速充電方式となる。

(b) 世界標準を目指すCHAdeMO

　急速充電の規格（電圧や電流）だけでなく、電気自動車との通信方法（プロトコル）やコネクタなどの規格を定め、標準化していくことを目指している。世界の電気自動車開発をリードする日本の主要メーカが中心メンバーになっていることから、国際的にもスタンダードになっていく可能性は高い。協議会には、中国、仏国、独国、伊国、韓国、英国、米国などの企業が参画している。

1.18.11 安全性確保のしくみ

(a) 急速充電器は一般のドライバーが利用することを前提としており、多くの場合無人で運用されることが想定されるため、その安全性の確保（特に感電）に対する防護対策が求められる。充電のときにドライバーが車両への脱着操作を行うために直接触れる充電コネクタやケーブルによる感電リスクの低減がきわめて重要なため充電器内部に絶縁変圧器を設けて入力側の交流系統と出力側の直流系統を分離するとともに、出力側（変圧器二次側）を非接地系としている。これにより、充電ケーブル内にある直流給電線が地絡する単一故障が発生しても感電災害を防止することができる。また、出力電路の地絡を検知する地絡検出器を設置することにより、感電災害に対する安全性を高めている。

(b) 急速充電器と車両間の通信制御インタフェースにはCAN通信を採用している。CAN通信は、耐ノイズ性に優れエラー検出能力が高く、通信としての安定性と信頼性が高いことから車載制御機器の分散型ネットワークとして広く使用されている。CANは自動車の制御機器数の増加などの問題に対応するための分散制御型ネットワークであるが、急速充電時には安全性を最優先するため、ゲートウェイで他の車載機器とは分離し、充電制御ECUと充電器側の制御ユニットが1対1で通信を行うようにしている。

第2章 施　　　工

第1節 共通事項

2.1.1 低圧屋内配線の布設場所による工事の種類

（経済産業省令「電気用品の技術上の基準を定める省令」第56条第1項、電気設備の技術基準の解釈第156条）

表2.1.1　布設場所による工事の種類

布設場所の区分		使用電圧の区分	がいし引工事	合成樹脂管工事	金属管工事	金属可とう電線管工事	金属線ぴ工事	金属ダクト工事	バスダクト工事	ケーブル工事	フロアダクト工事	セルラダクト工事	ライティングダクト工事	平形保護層工事
展開した場所	乾燥した場所	300V以下	○	○	○	○	○	○	○	○			○	
		300V超過	○	○	○	○		○	○	○				
	湿気の多い場所または水気のある場所	300V以下	○	○	○	○			○	○				
		300V超過	○	○	○	○				○				
点検できる隠ぺい場所	乾燥した場所	300V以下	○	○	○	○	○	○	○	○		○	○	○
		300V超過	○	○	○	○		○	○	○				
	湿気の多い場所または水気のある場所	―		○	○	○				○				
点検できない隠ぺい場所	乾燥した場所	300V以下		○	○	○				○	○	○		
		300V超過		○	○	○				○				
	湿気の多い場所または水気のある場所	―		○	○	○				○				

（注）○は、使用できることを示す。

表2.1.2　工事の種類と経済産業省令の対象表

工事の種類	電気用品の技術上の基準を定める省令	電気設備の技術基準の解釈
がいし引工事	第56条第1項、第57条第1項、第62条	第157条
合成樹脂管工事	第56条第1項、第57条第1項	第158条
金属管工事	第56条第1項、第57条第1項	第159条
金属可とう電線管工事	第56条第1項、第57条第1項	第160条
金属線ぴ工事	第56条第1項、第57条第1項	第161条
金属ダクト工事	第56条第1項、第57条第1項	第162条
バスダクト工事	第56条第1項、第57条第1項	第163条
ケーブル工事	第56条第1項、第57条第1項	第164条
フロアダクト工事	第56条第1項、第57条第1項	第165条第1項
セルラダクト工事	第56条第1項、第57条第1項	第165条第2項
ライティングダクト工事	第56条第1項、第57条第1項	第165条第3項
平形保護層工事	第56条第1項、第57条第1項	第165条第4項

2.1.2 電線の接続

(a) 金属管、PF管、CD管、硬質ビニル管、金属製可とう電線管、1種金属線ぴ等の内部では、電線を接続してはならない。また、金属ダクト、2種金属線ぴの内部では、点検できる部分を除き電線を接続してはならない。

(b) 電線の途中接続は、できる限り避ける。ただし、平形保護層配線の場合は除く。

(c) 絶縁被覆のはぎ取りは必要最小限に行い、心線を傷つけないように行う。

(d) 心線相互の接続は、圧着スリーブ、電線コネクタ、圧着端子等の電線に適合した接続材料を用いる。なお、圧着接続は、JIS C 9711「屋内配線用電線接続工具」による電線接続工具を使用する。ただし、平形保護層配線の場合は、専用の接続コネクタおよび工具を使用する。

(e) 絶縁電線相互および絶縁電線とケーブルとの接続は、絶縁テープ等により、絶縁被覆と同等以上の効力があるように巻付けるかまたは同等以上の効力のある絶縁物をかぶせる等の方法により絶縁処理を行う。

(f) 低圧ケーブル相互の接続は、(1)～(4)のいずれかによる。ただし、ケーブル用ジョイントボックスを用いる場合はこの限りでない。なお、ボックス、金属ダクト等の内部における場合は、(e)によってもよい。

　(1) ケーブルの絶縁物およびシースと同等以上の効力をもつよう、適合した絶縁テープを巻付け、絶縁処理を行う。

　(2) ケーブルの絶縁物およびシースと同等以上の効力をもつ絶縁物をかぶせ、絶縁処理を行う。

　(3) 合成樹脂モールド工法により、絶縁処理を行う。

　(4) JIS C 2813「屋内配線用差込形電線コネクタ」によるボックス不要形差込コネクタ、「電気用品の技術上の基準を定める省令」（経済産業省令）による圧接形コネクタまたは接続器具等で当該ケーブルに適合したものを使用し、接続を行う。

(g) 架橋ポリエチレン電線、600V架橋ポリエチレン絶縁ケーブルおよび耐熱ビニル電線等を耐熱配線に使用する場合の電線相互の接続は、使用する電線の絶縁物、シースと同等以上の絶縁性および耐熱性をもつものとする。

(h) 高圧架橋ポリエチレンケーブル相互の接続および端末処理は、ケーブル導体、絶縁物および遮へい銅テープを傷つけないように行い、次のいずれかによる。なお、ケーブル相互の接続は、直線接続とする。

　(1) 端末処理
　　(イ) 絶縁テープ巻きによる方法（乾燥した場所に限る）
　　(ロ) ゴムストレスコーン差込みによる方法
　　(ハ) がい管を用いる方法
　　(ニ) 合成樹脂モールドによる方法
　　(ホ) 収縮チューブによる方法

　(2) 接続
　　(イ) 絶縁テープ巻きによる方法（乾燥した場所に限る）
　　(ロ) 差込み絶縁筒による方法
　　(ハ) 保護管を用いる方法
　　(ニ) 合成樹脂モールドによる方法
　　(ホ) 収縮チューブによる方法

(i) ポリエチレン絶縁ケーブルまたは架橋ポリエチレン絶縁ケーブルのシースをはぎ取った後の絶縁体に直射日光または紫外線が当たるおそれのある場合は、自己融着テープまたは収縮チューブ等を使用して、紫外線対策を施す。

(j) 配線と器具線との接続は、接続点に張力が加わらず、器具その他により押圧されないようにする。

2.1.3 電線と機器端子との接続

(a) 電線と機器端子との接続は、電気的および機械的に確実に行い、接続点に張力の加わらないよう接続する。

(b) 接続は十分締付け、振動等により緩むおそれのある場合は、2重ナットまたはばね座金を使用する。

(c) 機器端子が押しねじ形、クランプ形またはセルフアップねじ形の場合は、端子の構造に適した太さの電線を1本接続する。ただし、1端子に2本以上の電線を接続できる構造の端子には、2本まで接続してもよい。

(d) 機器の端子にターミナルラグを用いる場合（押しねじ形およびクランプ形を除く）は、端子に適合したターミナルラグを使用して電線を接続するものとし、次による。

　(1) 1端子に取付けできるターミナルラグの個数は、2個までとする。

　(2) ターミナルラグには、電線1本のみを接続する。ただし、接地線は、この限りでない。

　(3) ターミナルラグは、JIS C 2805「銅線用圧着端子」による。なお、主回路配線に用いるものは、裸圧着端子とする。

　(4) 絶縁被覆のないターミナルラグには、肉厚0.5mm以上の絶縁キャップまたは絶縁カバーを取付ける。

　(5) 太さ14mm^{2}以上の電線をターミナルラグにより機器に接続する場合は、増締め確認の表示を行う。

(e) 巻締め構造の端子には、電線をねじのまわりに緊密に3/4周以上1周以下巻付ける。

2.1.4 電線の色別

電線は、表2.1.3により色別し、接地線は緑または緑/黄とする。ただし、これにより難い場合は端部を色別する。

表2.1.3 電線の色別

電気方式	赤	白	黒	青
三相3線式	第1相	接地側第2相	非接地第2相	第3相
三相4線式	第1相	中性相	第2相	第3相
単相2線式	第1相	接地側第2相	非接地第2相	―
単相3線式	第1相	中性相	第2相	―
直流2線式	正極	―	―	負極

(注) 1. 分岐する回路の色別は、分岐前による。
　　 2. 単相2線式の第1相は、黒色としてよい。
　　 3. 発電回路の非接地第2相は、接続される商用回路の第2相の色別とする。
　　 4. 単相2線式と直流2線式の切替回路2次側は、直流2線式の配置と色別による。

2.1.5 異なる配線の接続

異なる配線の接続には、ボックス、カップリングおよびコネクタ等を使用し、接続部分で電線が損傷するおそれがないように布設する。

2.1.6 低圧屋内配線と弱電流電線等、水管、ガス管等との離隔

(a) 低圧屋内配線が金属管配線、合成樹脂管配線、金属製可とう電線管配線、ライティングダクト配線、金属ダクト配線、金属線ぴ配線、バスダクト配線、平形保護層配線またはケーブル配線の場合は、弱電流電線または光ファイバケーブル（以下「弱電流電線等」という）、水管、ガス管およびこれらに類するものと接触しないように布設する。

(b) 低圧屋内配線を金属管配線、合成樹脂管配線、金属製可とう電線管配線、金属ダクト配線、金属線ぴ配線またはバスダクト配線により布設する場合は、電線と弱電流電線等とを同一の管、線ぴ、ダクト、これらの付属品またはプルボックスの中に布設してはならない。ただし、次のいずれかに該当する場合は、この

(1) 低圧屋内配線を金属管配線、合成樹脂管配線、金属製可とう電線管配線または金属線ぴ配線により布設する場合、電線と弱電流電線等とをそれぞれ別個の管または線ぴに収めて布設する場合において、電線と弱電流電線等との間に堅ろうな隔壁を設け、かつ、金属製部分にC種接地工事を施したボックスまたはプルボックスの中に電線と弱電流電線等とを収めて布設するとき。
(2) 低圧屋内配線を金属ダクト配線により布設する場合において、電線と弱電流電線等との間に堅ろうな隔壁を設け、かつ、C種接地工事を施したダクトまたはボックスの中に電線と弱電流電線等とを収めて布設するとき。
(3) 低圧屋内配線をバスダクト配線以外の工事により布設する場合において、弱電流電線等がリモコンスイッチ用または保護継電器用の弱電流電線等であって、かつ、弱電流電線等に絶縁電線以上の絶縁効力のあるもの（低圧屋内配線との識別が容易にできるものに限る）を使用するとき。
(4) 低圧屋内配線をバスダクト配線以外の工事により布設する場合において、弱電流電線等にC種接地工事を施した金属製の電気的遮へい層をもつ通信ケーブルを使用するとき。

2.1.7 高圧屋内配線と他の高圧屋内配線、低圧屋内配線、管灯回路の配線、弱電流電線等、水管、ガス管等との離隔
　　　高圧屋内配線と他の高圧屋内配線、低圧屋内配線、管灯回路の配線、弱電流電線等、水管、ガス管およびこれらに類するものが接近または交差する場合は、次のいずれかによる。ただし、高圧ケーブル相互の場合は、この限りでない。
(a) 0.15m以上離隔する。
(b) 高圧のケーブルを、耐火性のある堅ろうな管に収める。
(c) 高圧のケーブルと他のものとの間に、耐火性のある堅ろうな隔壁を設ける。

2.1.8 地中電線相互および地中電線と地中弱電流電線等との離隔
(a) 低圧地中ケーブルが高圧または特別高圧地中ケーブルと、高圧地中ケーブルが特別高圧地中ケーブルと接近し、交差する場合は、次のいずれかによる。ただし、マンホール、ハンドホール等の内部で接触しないように布設する場合は、この限りでない。
　(1) ケーブル相互は、0.3m（低圧地中ケーブルと高圧地中ケーブル相互にあっては0.15m）を超えるよう離隔する。
　(2) それぞれの地中ケーブルを次のいずれかにする。
　　(イ) 自消性のある難燃性の被覆をもつもの。
　　(ロ) 堅ろうな自消性のある難燃性の管に収められたもの。
　(3) いずれかの地中ケーブルを、不燃性の被覆をもつケーブルとする。
　(4) いずれかの地中ケーブルを、堅ろうな不燃性の管に収める。
　(5) 地中ケーブル相互の間に堅ろうな耐火性の隔壁を設ける。
(b) 低圧、高圧または特別高圧地中ケーブルが地中弱電流電線等と、接近または交差する場合は、次の(1)～(4)のいずれかによる。ただし、(5)または(6)のいずれかに該当する場合は、この限りでない。
　(1) 低圧または高圧地中ケーブルと地中弱電流電線等とは、0.3mを超えるよう離隔する。
　(2) 特別高圧地中ケーブルと地中弱電流電線等とは、0.6mを超えるよう離隔する。
　(3) 低圧、高圧または特別高圧地中ケーブルと地中弱電流電線等との間に、堅ろうな耐火性の隔壁を設ける。
　(4) 低圧、高圧または特別高圧地中ケーブルを、堅ろうな不燃性または自消性のある難燃性の管に収め、当該管が地中弱電流電線等と直接接触しないように布設する。
　(5) 地中弱電流電線等が、不燃性もしくは自消性のある難燃性の材料で被覆した光ファイバケーブルまたは

不燃性もしくは自消性のある難燃性の管に収めた光ファイバケーブルであり、かつ、管理者の承諾を得た場合。
(6) 使用電圧が170kV未満の地中ケーブルであり、地中弱電流電線等の管理者が承諾し、かつ、相互の離隔距離が0.1m以上の場合。

2.1.9 発熱部との離隔

外部の温度が50℃以上となる発熱部と配線とは、0.15m以上離隔する。ただし、工事上やむを得ない場合はガラス繊維等を用い、断熱処理を施すかまたは同等以上の効果をもつ耐熱性の電線を使用する。

2.1.10 メタルラス張り等との絶縁

メタルラス張り、ワイヤラス張りまたは金属板張りの木造の造営物に低圧屋内配線を布設する場合は、次による。
(a) メタルラス、ワイヤラスまたは金属板と次に掲げるものとは、電気的に接続しないように布設する。
　(1) 金属管配線に使用する金属管、金属製可とう電線管配線に使用する金属製可とう電線管、金属線ぴ配線に使用する金属線ぴまたは合成樹脂管工事に使用する粉塵防爆形フレキシブルフィッチング。
　(2) 金属管配線に使用する金属管、合成樹脂管配線に使用する合成樹脂管または金属製可とう電線管配線に使用する金属製可とう電線管に接続する金属製のプルボックス。
　(3) 金属管配線に使用する金属管、金属線ぴ配線に使用する金属線ぴまたは金属製可とう電線管配線に使用する金属製可とう電線管に接続する金属製の付属品。
　(4) 金属ダクト配線、バスダクト配線またはライティングダクト配線に使用するダクト。
　(5) ケーブル配線に使用する管その他の電線を収める防護装置の金属製部分または金属製の接続箱。
　(6) ケーブルの被覆に使用する金属体。
(b) 電線が金属管配線、金属製可とう電線管配線、金属ダクト配線、バスダクト配線またはケーブル配線（金属被覆をもつケーブルを使用する配線に限る）によって、メタルラス張り、ワイヤラス張りまたは金属板張りの造営物を貫通する場合は、その部分のメタルラス、ワイヤラスまたは金属板を十分に切り開く。次に、その部分の金属管、金属製可とう電線管、金属ダクト、バスダクトまたはケーブルに、耐久性のある絶縁管（合成樹脂管（PF管およびCD管は除く）等）をはめるかまたは耐久性のある絶縁テープ等を巻くことにより、メタルラス、ワイヤラスまたは金属板と電気的に接続しないように電線を布設する。なお、管端部は、ケーブルの被覆を傷つけないようにし、適切な管止めを施す。
(c) メタルラス張り、ワイヤラス張り、金属板張り等の木造造営物に機器を取付ける場合は、これら金属部分と機器の金属製部分およびその取付け金具とは、電気的に絶縁して取付ける。

2.1.11 電線等の防火区画等の貫通

(a) 金属管が防火区画または防火上主要な間仕切り（以下「防火区画等」という）を貫通する場合は、次のいずれかの方法による。
　(1) 金属管と壁等とのすき間に、モルタル、耐熱シール材等の不燃材料を充てんする。
　(2) 金属管と壁等とのすき間に、ロックウール保温材を充てんし、呼び厚さ1.6mm以上の鋼板で押さえる。
　(3) 金属管と壁等とのすき間に、ロックウール保温材を充てんし、その上をモルタルで押さえる。
(b) PF管が防火区画等を貫通する場合は、次のいずれかによる。
　(1) 貫通する区画のそれぞれ両側1m以上の距離に不燃材料の管を使用し、管と壁等とのすき間に、モルタル、耐熱シール材等不燃材料を充てんし、その管の中に配管する。さらに不燃材料の端口は耐熱シール材等で密閉する。

(2) 関係法令に適合したもので、貫通部に適合するものとする。
(c) 金属ダクトが防火区画等を貫通する場合は、次による。
(1) 金属ダクトと壁等とのすき間に、モルタル等の不燃材料を充てんする。なお、モルタルの場合は、クラックを生じないように数回に分けて行う。
(2) 防火区画等を貫通する部分の金属ダクトの内部に、ロックウール保温材を密度150kg/m^{3}以上に充てんし、厚さ25mm以上の繊維混入けい酸カルシウム板で押さえる。また、繊維混入けい酸カルシウム板から50mmまでの電線相互および繊維混入けい酸カルシウム板と電線とのすき間には耐熱シール材を充てんする。
(d) ケーブルおよびバスダクトが防火区画等を貫通する場合は、関係法令に適合したもので、貫通部に適合するものとする。

2.1.12 延焼防止処置を要する床貫通

金属ダクト、バスダクトおよびケーブルラックが防火区画された配線室の内部の床を貫通する部分で延焼防止処置を要する箇所は、床の上面に厚さ25mm以上の繊維混入けい酸カルシウム板を設け、繊維混入けい酸カルシウム板から50mmまでのケーブル相互のすき間および繊維混入けい酸カルシウム板とケーブルとのすき間ならびに繊維混入けい酸カルシウム板と床面のすき間には耐熱シール材を充てんする。

2.1.13 外壁貫通の管路等

(a) 構造体を貫通し、直接屋外に通ずる管路は、屋内に水が浸入しないように防水処置を施す。なお、詳細は、「航空無線工事標準図面集」による。
(b) 屋上で露出配管工事を行う場合は、防水層を傷つけないように行う。

2.1.14 絶縁抵抗および絶縁耐力

(a) 低圧の屋内配線、屋側配線、屋外配線、架空配線および地中配線に対する絶縁抵抗値は、次による。配線の電線相互間および電線と大地間の絶縁抵抗値は、JIS C 1302「絶縁抵抗計」によるもので測定し、開閉器等で区切ることのできる電路ごとに5MΩ以上とする。ただし、機器が接続された状態または平形保護層配線では、1MΩ以上とする。なお、絶縁抵抗計の定格測定電圧は、表2.1.4による。

表2.1.4 絶縁抵抗計の定格測定電圧　　（単位：V）

電路の使用電圧	定格測定電圧	
	一般の場合	制御機器等が接続されている場合
100V級	500	125
200V級		250
400V級		500

（注）「制御機器等が接続されている場合」の欄は、絶縁抵抗測定によって、制御機器等の損傷が予想される場合に適用する。

(b) 高圧の屋内配線、架空配線および地中配線に対する絶縁耐力は、次による。
電線相互間および電線と大地間に最大使用電圧の1.5倍の試験電圧を加え、連続して10分間これに耐えることとする。ただし、交流用ケーブルにおいては、交流による試験電圧の2倍の直流電圧によって試験を行ってもよい。

2.1.15 耐震施工

(a) 横引配管等は、地震時の設計用水平震度（以下「水平震度」という）および設計用鉛直震度（以下「鉛直震度」という）に応じた地震力に耐えるよう表2.1.5による。鉛直震度は、水平震度の1/2とし、同時に働くものとする。ただし、建築の構造体が免震構造、制震構造等の場合は、特記による。なお、次のいずれかに該当する場合は、耐震支持を省略できる。

(1) 呼び径が82以下の単独配管
(2) 周長800mm以下の金属ダクト、幅400mm以下のケーブルラックおよび幅400mm以下の集合配管
(3) 定格電流600A以下のバスダクト
(4) 吊り材の長さが平均0.3m以下の配管配線等

(b) 建物への配管の引込部の耐震処置の詳細および建物のエキスパンションジョイント部の配線は「航空無線工事標準図面集」による。

表2.1.5　横引配管等の耐震支持

設 置 場 所[2]	耐震安全性の分類[1]			
	特定の布設		一般の布設	
	水平震度	適　用	水平震度	適　用
上層階[3] 屋上および塔屋	2.0	8m以下ごとにA種耐震支持	1.5	12m以下ごとにA種またはB種耐震支持
中間階[4]	1.5	12m以下ごとにA種またはB種耐震支持	—	通常の施工方法による
1階および地下階	1.0			

(注) [1] 耐震安全性の分類は、特記がなければ、一般の布設を適用する。
　　 [2] 設置場所の区分は、配管等を支持する床部分により適用し、天井面より支持する配管等は、直上階を適用する。
　　 [3] 上層階は、2～6階建ての場合は最上階、7～9階建ての場合は上層2階、10～12階建ての場合は上層3階、13階建て以上の場合は上層4階とする。
　　 [4] 中間階は、1階および地下階を除く各階で上層階に該当しない階とする。

第2節　金属管配線

2.2.1　電　　線

電線は、EM-IE電線等とする。

2.2.2　管および付属品

(a) 管の太さは、電線の断面積に適合したものとする。
(b) 付属品は、管および布設場所に適合するものとする。

2.2.3　隠ぺい配管の布設

(a) 管の埋込みまたは貫通は、建造物の構造および強度に支障のないように行う。
(b) 管の切口は、リーマ等を使用して平滑にする。
(c) ボックス類は、造営材等に堅固に取付ける。なお、点検できない場所に布設してはならない。
(d) 分岐回路の配管の1区間の屈曲箇所は、4ヵ所以下とし、曲げ角度の合計が270度を超えてはならない。
(e) 管の曲げ半径（内側半径とする）は、管内径の6倍以上とし、曲げ角度は90度を超えてはならない。ただし、管の太さが25mm以下の場合で工事上やむを得ない場合は、管内断面が著しく変形せず、管にひび割れが生じるおそれのない程度まで管の曲げ半径を小さくしてもよい。
(f) 管の支持は、サドル、ハンガー等を使用し、その取付け間隔は、2m以下とする。ただし、管とボックス

等との接続点に近い箇所および管端を固定する。
- (g) コンクリート埋込みとなる管は、管を鉄線で鉄筋に結束し、コンクリート打込み時に容易に移動しないようにする。
- (h) コンクリート埋込みとなる、ボックス、分電盤の外箱等は、型枠に堅固に取付ける。なお、ボックス、分電盤の外箱等に仮枠を使用した場合は、ボックス、分電盤の外箱等を取付けたのち、その周囲にモルタルを充てんする。

2.2.4 露出配管の布設

露出配管の布設は、2.2.3(a)〜(f)によるほか、次による。
- (a) 管を支持する金物は、鋼製とし、管数、管の配列およびこれを支持する箇所の状況に応じたものとし、スラブ等の構造体に堅固に取付ける。
- (b) 雨のかかる場所では、雨水浸入防止処置を施し、管端は下向きに曲げる。

2.2.5 位置ボックス、ジョイントボックス等

- (a) スイッチ、コンセント、照明器具等の取付け位置には、位置ボックスを設ける。なお、器具を実装しない場合には、プレートを設け、容易にはく離しない方法で用途別を表示する。ただし、床付きプレートには、用途別表示をしなくてもよい。
- (b) 天井または壁埋込みの場合のボックスは、埋込みすぎないように、塗りしろカバーと仕上り面とが10mm程度離れる場合は継ぎ枠を使用する。ただし、ボード張りで、ボード裏面と塗りしろカバーの間が離れないよう施工した場合は、この限りでない。
- (c) 不要の切抜き穴のあるボックスは、使用しない。ただし、適当な方法により穴をふさいだものは、この限りでない。なお、ボックスのノックアウトと管の外径が適合しない場合は、リングレジューサをボックスの内外両面に使用する。
- (d) 内側断熱施工される構造体のコンクリートに埋込むボックス等には、断熱材等を取付ける。
- (e) 金属管配線からケーブル配線に移行する箇所には、ジョイントボックスを設ける。
- (f) 位置ボックスを通信情報設備の配線と共用する場合は、配線相互が直接接触しないように絶縁セパレータを設ける。
- (g) 位置ボックス、ジョイントボックスの使用区分は、表2.2.1および表2.2.2に示すボックス以上のものとする。ただし、照明器具用位置ボックスでケーブル配線に移行する箇所のものは、2.10.3による。なお、取付け場所の状況によりこれらにより難い場合は、同容積以上のボックスとしてもよい。

表2.2.1　隠ぺい配管の位置ボックス、ジョイントボックスの使用区分

取付け位置		配管状況	ボックスの種別
天井スラブ内		(22) または (E25) 以下の配管4本以下	中形四角コンクリートボックス54または 八角コンクリートボックス75
		(22) または (E25) 以下の配管5本	大形四角コンクリートボックス54または 八角コンクリートボックス75
		(28) または (E31) の配管4本以下	大形四角コンクリートボックス54
天井スラブ以外（床を含む）	スイッチ用位置ボックス	連用スイッチ3個以下	1個用スイッチボックスまたは 中形四角アウトレットボックス44
		連用スイッチ6個以下	2個用スイッチボックスまたは 中形四角アウトレットボックス44
		連用スイッチ9個以下	3個用スイッチボックス
	照明器具用、コンセント用位置ボックス等	(22) または (E25) 以下の配管4本以下	中形四角アウトレットボックス44
		(22) または (E25) 以下の配管5本	大形四角アウトレットボックス44
		(28) または (E31) の配管4本以下	大形アウトレットボックス54

（注）連用スイッチには、連用形のパイロットランプ、接地端子、リモコンスイッチ等を含む。

表2.2.2　露出配管の位置ボックス、ジョイントボックスの使用区分

用途	配管状況	ボックスの種別
照明器具用等の位置ボックスおよびジョイントボックス	(22) または (E25) 以下の配管4本以下	丸形露出ボックス（直径89mm）
	(28) または (E31) の配管4本以下	丸形露出ボックス（直径100mm）
スイッチ用およびコンセント用位置ボックス	連用スイッチまたは連用コンセント3個以下	露出1個用スイッチボックス
	連用スイッチまたは連用コンセント6個以下	露出2個用スイッチボックス
	連用スイッチまたは連用コンセント9個以下	露出3個用スイッチボックス

（注）連用スイッチおよび連用コンセントには、連用形のパイロットランプ、接地端子、リモコンスイッチ等を含む。

(h) プルボックスまたは支持する金物は、スラブ等の構造体に吊りボルト、ボルト等で取付けるものとし、あらかじめ取付け用インサート、ボルト等を埋込む。ただし、やむを得ない場合は、十分な強度をもつメカニカルアンカーボルト等を用いる。

(i) プルボックスの支持点数は、4カ所以上とする。ただし、長辺の長さが300mm以下のものは2カ所、200mm以下のものは1カ所としてもよい。

(j) プルボックスを支持する吊りボルトは、呼び径9mm以上とし、平座金およびナットを用いて堅固に取付ける。

(k) 幹線に用いるプルボックスを、防災用配線（耐火ケーブルおよび耐熱ケーブルを除く）と一般用配線とで共用する場合は、防災用配線と一般用配線との間に厚さ1.6mm以上の鋼板で隔壁を設けるかまたは防災用配線に耐熱性をもつ粘着マイカテープ、自己融着性シリコンゴムテープ、粘着テフロンテープ等で1/2重ね2回巻きとする。

2.2.6　管の接続

(a) 管相互の接続は、カップリングまたはねじなしカップリングを使用し、ねじ込み、突合わせおよび締付けを十分に行う。また、管とボックス、分電盤等との接続がねじ込みによらないものには、内外面にロックナットを使用して接続部分を締付け、管端には絶縁ブッシングまたはブッシングを設ける。ただし、ねじなしコネクタでロックナットおよびブッシングを必要としないものは、この限りでない。

(b) 管を送り接続とする場合は、ねじなしカップリングまたはカップリングおよびロックナット2個を使用する。ただし、製造工場でねじ切り加工を行った管のねじ部分には、ロックナットを省略してもよい。

(c) 接地を施す配管は、管とボックス間にボンディングを行い電気的に接続する。ただし、ねじ込み接続となる箇所およびねじなし丸形露出ボックス、ねじなし露出スイッチボックス等に接続される箇所には、ボンディングを省略してもよい。

(d) 接地を施す金属管と配分電盤、プルボックス等との間は、ボンディングを行い電気的に接続する。

(e) ボンディングに用いる接続線は、表2.2.3に示す太さの軟銅線を使用する。ただし、低圧電動機に至る配管に施すボンディングに用いる接続線は、表2.2.4による。

表2.2.3 ボンド線の太さ

配線用遮断器等の定格電流（A）	ボンド線太さ
100以下	2.0mm以上
225以下	5.5mm^{2}以上
600以下	14mm^{2}以上

表2.2.4 電動機用配管のボンド線の太さ

200V級電動機	400V級電動機	ボンド線太さ
7.5kW以下	15kW以下	2.0mm以上
22kW以下	45kW以下	5.5mm^{2}以上
37kW以下	75kW以下	14mm^{2}以上

(f) ボックス等に接続しない管端には、電線の被覆を損傷しないように絶縁ブッシングまたはキャップ等を取付ける。

(g) 湿気の多い場所または水気のある場所に布設する配管の接続部は、防湿または防水処置を施す。

2.2.7 配管の養生および清掃

(a) 管に水気、じんあい等が侵入し難いようにし、コンクリート打ちの場合は、管端にパイプキャップ、ブッシュキャップ等を用いて十分養生する。

(b) 管およびボックスは、配管完了後速やかに清掃する。ただし、コンクリート内に埋設する場合は、型枠取外し後、速やかに管路の清掃および導通調べを行う。

2.2.8 通 線

通線の際、潤滑材を使用する場合は、絶縁被覆をおかすものを使用してはならない。通線は、通線直前に管内を清掃し、電線を損傷しないように養生しながら行う。長さ1m以上の、通線を行わない配管には、導入線（樹脂被覆鉄線等）を挿入する。垂直に布設する管路内の電線は、表2.2.5に示す間隔でボックス内で支持する。プルボックスのふたには、電線の荷重がかからないようにする。

表2.2.5 垂直管路内の電線支持間隔

電線の太さ（mm^2）	支持間隔（m）
38以下	30以下
100以下	25以下
150以下	20以下
250以下	15以下
250超過	12以下

2.2.9 回路種別の表示

盤内の外部配線、幹線プルボックス内、その他の要所の電線には、合成樹脂製、ファイバ製等の表示札等を取付け、回路の種別、行先等を表示する。

2.2.10 接　地

配管の接地は、第14節「接地」による。

第3節　合成樹脂管配線（PF管およびCD管）

2.3.1 電　線

電線は、EM-IE電線等とする。

2.3.2 管および付属品

(a) 管は、PF管またはCD管とし、管の太さは、電線の断面積に適合したものとする。なお、CD管は、コンクリート埋込み部分のみに使用する。

(b) 付属品は、管および布設場所に適合するものとする。

2.3.3 隠ぺい配管の布設

(a) 管の埋込みまたは貫通は、建造物の構造および強度に支障のないように行う。

(b) ボックス類は、造営材その他に堅固に取付ける。なお、点検できない場所に布設してはならない。

(c) 管の曲げ半径（内側半径とする）は、管内径の6倍以上とし、曲げ角度は90度を超えてはならない。ただし、管の太さが22mm以下の場合で工事上やむを得ない場合は、管内断面が著しく変形しない程度まで管の曲げ半径を小さくしてもよい。

(d) 分岐回路の配管の1区間の屈曲箇所は、4カ所以下とし、曲げ角度の合計が270度を超えてはならない。

(e) 管の支持は、サドル、クリップ、ハンガー等を使用し、その取付け間隔は1.5m以下とする。ただし、管相互の接続点の両側、管とボックス等の接続点および管端に近い箇所で管を固定する。なお、軽鉄間仕切配管は、バインド線、専用支持具等を用いて支持する。

(f) コンクリート埋込みとなる管は、管をバインド線、専用支持金具等を用いて1m以下の間隔で鉄筋に結束し、コンクリート打込み時に容易に移動しないようにする。

(g) コンクリート埋込みとなる、ボックス、分電盤の外箱等は、型枠に堅固に取付ける。なお、ボックス、分電盤の外箱等に仮枠を使用した場合は、ボックス、分電盤の外箱等を取付けたのち、その周囲にモルタルを充てんする。

2.3.4 露出配管の布設

露出配管の布設は、2.3.3(a)～(e)によるほか、次による。ただし、配管の支持間隔は、1m以下とする。

(a) 管を支持する金物は、鋼製とし、管数、管の配列およびこれを支持する箇所の状況に応じたものとし、かつ、スラブ等の構造体に堅固に取付ける。

(b) 雨のかかる場所では、雨水浸入防止処置を施し、管端は下向きに曲げる。

2.3.5 位置ボックス、ジョイントボックス等

位置ボックス、ジョイントボックス等は、2.2.5(a)～(d)および(h)～(j)によるほか、次による。

(a) 隠ぺい配管の位置ボックス、ジョイントボックス等の使用区分は、表2.3.1に示すボックス以上のものと

(b) 露出配管の位置ボックス、ジョイントボックス等の使用区分は、表2.2.2に示すボックス以上のものとする。ただし、丸形露出ボックス（直径89mm）は、直径87mmとする。

(c) ケーブル配線に移行する箇所には、ジョイントボックスを設ける。

(d) 位置ボックスを通信情報設備の配線と共有する場合は、配線相互が直接接触しないように絶縁セパレータを設ける。

表2.3.1　隠ぺい配管の位置ボックスおよびジョイントボックスの使用区分

取付け位置		配管状況	ボックスの種類
天井スラブ内		(16) の配管5本以下または (22) の配管3本以下	中形四角コンクリートボックスまたは八角コンクリートボックス
		(16) の配管6本または (22) の配管4本	大形四角コンクリートボックスまたは八角コンクリートボックス
天井スラブ以外（床を含む）	スイッチ用位置ボックス	連用スイッチ3個以下	1個用スイッチボックスまたは中形四角アウトレットボックス
		連用スイッチ6個以下	2個用スイッチボックスまたは中形四角アウトレットボックス
		連用スイッチ9個以下	3個用スイッチボックス
	照明器具用、コンセント用位置ボックス等	(16) の配管5本以下または(22) の配管3本以下	中形四角アウトレットボックス
		(16) の配管6本または (22) の配管4本	大形四角アウトレットボックス
		(28) の配管2本以下	大形四角アウトレットボックス

（注）連用スイッチには、連用形のパイロットランプ、接地端子、リモコンスイッチ等を含む。

2.3.6　管の接続

(a) PF管相互、CD管相互、PF管とCD管との接続は、それぞれに適合するカップリングにより接続する。

(b) ボックスおよびエンドカバー等の付属品との接続は、コネクタにより接続する。

(c) PF管またはCD管と金属管等との異種管との接続は、ボックスまたは適合するカップリングにより接続する。

(d) 湿気の多い場所または水気のある場所に布設する配管の接続部は、防湿または防水処置を施す。

2.3.7　配管の養生および清掃

配管の養生および清掃は、2.2.7による。

2.3.8　通　　線

通線は、2.2.8による。

2.3.9　回路種別の表示

回路種別の表示は、2.2.9による。

2.3.10　接　　地

金属製ボックスの接地は、第14節「接地」による。

第4節　合成樹脂管配線（硬質ビニル管）

2.4.1　電　　線
電線は、EM-IE電線等とする。

2.4.2　管および付属品
(a) 管は、硬質ビニル管とし、管の太さは、電線の断面積に適合したものとする。
(b) 付属品は、管および布設場所に適合するものとする。

2.4.3　隠ぺい配管の布設
(a) 管の埋込みまたは貫通は、建造物の構造および強度に支障のないように行う。
(b) 管の切口は、リーマ等を使用して平滑にする。
(c) ボックス類は、造営材等に堅固に取付ける。なお、点検できない場所に布設してはならない。
(d) 分岐回路の配管の1区間の屈曲箇所は4カ所以下とし、曲げ角度の合計が270度を超えてはならない。
(e) 管の曲げ半径（内側半径とする）は、管内径の6倍以上とし、曲げ角度は90度を超えてはならない。ただし、管の太さが22mm以下の場合で工事上やむを得ない場合は、管内断面が著しく変形せず、管にひび割れが生じるおそれのない程度まで管の曲げ半径を小さくしてもよい。また、管を加熱する場合は、過度にならないようにし、焼けこげを生じないように注意する。
(f) 管の支持は、サドル、ハンガー等を使用し、その取付け間隔は、1.5m以下とする。ただし、管相互および管とボックス等との接続点または管端に近い箇所で管を固定する。なお、温度変化による伸縮性を考慮して締付ける。
(g) コンクリート埋込みとなる管は、管を鉄線、バインド線等で鉄筋に結束し、コンクリート打込み時に容易に移動しないようにする。なお、配管時とコンクリート打設時の温度差による伸縮を考慮して、直線部が10mを超える場合は、適当な箇所に伸縮カップリングを使用する。
(h) コンクリート埋込みとなる、ボックス、分電盤の外箱等は、型枠に堅固に取付ける。なお、ボックス、分電盤の外箱等に仮枠を使用した場合は、ボックス、分電盤の外箱等を取付けた後、その周囲にモルタルを充てんする。

2.4.4　露出配管の布設
露出配管の布設は、2.4.3(a)～(f)によるほか、次による。
(a) 温度変化による伸縮性を考慮して、直線部が10mを超える場合は、適切な箇所に伸縮カップリングを使用する。
(b) 管を支持する金物は、鋼製とし、管数、管の配列およびこれを支持する箇所の状況に応じたものとし、かつ、スラブ等の構造体に堅固に取付ける。
(c) 雨のかかる場所では、雨水浸入防止処置を施し、管端は下向きに曲げる。

2.4.5　位置ボックス、ジョイントボックス等
位置ボックス、ショイントボックス等は、2.2.5による。ただし、表2.2.2の丸形露出ボックス（直径89mm）は、直径87mmとする。

2.4.6 管の接続
(a) 硬質ビニル管相互の接続は、TSカップリングを用い、カップリングには接着剤を塗布し接続する。
(b) 硬質ビニル管とPF管、硬質ビニル管とCD管は、それぞれ適合するカップリングにより接続する。
(c) 硬質ビニル管と金属管等異種管との接続は、ボックスまたは適合するカップリングにより接続する。
(d) ボックス等との接続は、ハブ付きボックスまたはコネクタを使用し、(a)または(b)による。
(e) ボックス等に接続しない管端には、電線の被覆を損傷しないようにブッシングまたはキャップ等を取付ける。
(f) 湿気の多い場所または水気のある場所に布設する配管の接続部は、防湿または防水処置を施す。

2.4.7 配管の養生および清掃
配管の養生および清掃は、2.2.7による。

2.4.8 通　線
通線は、2.2.8による。

2.4.9 回路種別の表示
回路種別の表示は、2.2.9による。

2.4.10 接　地
金属製ボックスの接地は、第14節「接地」による。

第5節　金属製可とう電線管配線

2.5.1 電　線
電線は、EM-IE電線等とする。

2.5.2 管および付属品
(a) 管は、2種金属製可とう電線管を使用し、その太さは、電線の断面積に適合したものとする。
(b) 付属品は、管および布設場所に適合するものとする。
(c) 屋外で使用する管は、ビニル被覆2種金属製可とう電線管とする。

2.5.3 管の布設
(a) 管と付属品の接続は、機械的かつ電気的に接続する。
(b) 管の曲げ半径（内側半径とする）は、管内径の6倍以上とし、管内の電線が、容易に引替えることができるように布設する。ただし、露出場所または点検できる隠ぺい場所で、管の取外しが容易に行える場所において、工事上やむを得ない場合は、管内径の3倍以上としてもよい。
(c) 管の支持は、サドル、ハンガー等を使用し、取付け間隔は1m以下とする。ただし、垂直に布設し、人が触れるおそれのない場合および工事上やむを得ない場合は、2m以下としてもよい。なお、管相互および管とボックス等との接続点または管端から0.3m以下の箇所で管を固定する。
(d) ボックス等との接続は、コネクタを使用し、堅固に取付ける。
(e) 金属管等との接続は、カップリングにより機械的かつ電気的に接続する。
(f) ボックス等に接続しない管端には、電線の被覆を損傷しないように絶縁ブッシングまたはキャップ等を取

(g) ボンディングに用いる接続線は、2.2.6(e)による。

　(h) 接地については、第14節「接地」による。

2.5.4 　そ　の　他

　本節以外の事項は、第2節「金属管配線」による。

第6節　ライティングダクト配線

2.6.1 　ダクトの付属品

　付属品は、ダクトおよび布設場所に適合するものとする。

2.6.2 　ダクトの布設

　(a) ダクト相互および導体相互の接続は、機械的かつ電気的に接続する。

　(b) ダクトの支持間隔は、2m以下とする。ただし、ダクト1本ごとに2カ所以上とする。

　(c) ダクトの終端部は、エンドキャップにより閉そくする。

　(d) 接地については、第14節「接地」による。

第7節　金属ダクト配線

2.7.1 　電　　線

　電線は、EM-IE電線等とする。

2.7.2 　ダクトの布設

　(a) ダクトまたはこれを支持する金物は、スラブ等の構造体に吊りボルト、ボルト等で取付けるものとし、あらかじめ取付け用インサート、ボルト等を埋込む。ただし、やむを得ない場合は、十分な強度をもつ「あと施工アンカー」等を用いる。

　(b) ダクトの支持間隔は、3m以下とする。ただし、取扱者以外の者が出入りできないように設備した場所（以下「配線室等」という）において、垂直に布設する場合は、6m以下の範囲で各階支持としてもよい。

　(c) ダクトを支持する吊りボルトは、ダクトの幅が600mm以下のものは呼び径9mm以上、600mmを超えるものは呼び径12mm以上とする。

2.7.3 　ダクトの接続

　(a) ダクト相互およびダクトと配分電盤、プルボックス等との間は、突合わせを完全にし、ボルト等により接続する。

　(b) ダクト相互は、電気的に接続する。

　(c) ダクトと配分電盤、プルボックス等との間は、ボンディングを行い電気的に接続する。

　(d) ボンディングに用いる接続線は、2.2.6(e)による。

　(e) ダクトが床または壁を貫通する場合は、貫通部分でダクト相互またはダクトとプルボックス等の接続を行ってはならない。

　(f) 接地については、第14節「接地」による。

2.7.4　ダクト内の配線
　　(a)　ダクト内では、電線の接続をしてはならない。ただし、電線を分岐する場合で、電線の接続および点検が容易にできるときは、この限りでない。
　　(b)　ダクトのふたには、電線の荷重がかからないようにする。
　　(c)　ダクト内の電線は、各回線ごとにひとまとめとし、電線支持物の上に整然と並べて布設する。ただし、垂直に用いるダクト内では、1.5m以下ごとに緊縛する。
　　(d)　電線の分岐箇所その他の要所の電線には、合成樹脂製、ファイバ製等の表示札等を取付け、回路の種別、行先等を表示する。
　　(e)　ダクト内から電線を外部に引出す部分には、電線保護の処置を施す。
　　(f)　幹線に用いるダクトを、防災用配線（耐火ケーブルおよび耐熱ケーブルを除く）と一般用配線とで共用する場合は、2.2.5(k)による。

2.7.5　そ の 他
　　本節以外の事項は、第2節「金属管配線」による。

第8節　金属線ぴ配線

2.8.1　電　　　線
　　電線は、EM-IE電線等とする。

2.8.2　線ぴの付属品
　　付属品は、線ぴおよび布設場所に適合するものとする。

2.8.3　線ぴの布設
　　(a)　線ぴの切口は、バリ等を除去し平滑にする。
　　(b)　1種金属線ぴのベースは、1m以下の間隔で、造営材に堅固に取付ける。ただし、線ぴ相互の接続点の両側、線ぴと付属品（ボックスを含む）の接続点および線ぴ端に近い箇所で固定する。
　　(c)　2種金属線ぴの支持は、2.7.2(a)によるほか、支持間隔は1.5m以下とし、吊りボルトの呼び径は9mm以上とする。なお、必要に応じて振止めを施す。

2.8.4　線ぴの接続
　　(a)　線ぴおよび付属品は、機械的かつ電気的に接続する。ただし、次のいずれの場合も、ボンディングを行い電気的に接続する。
　　(1)　1種金属線ぴの接続部（線ぴ相互および線ぴとボックス間）
　　(2)　2種金属線ぴとボックス、管等の金属製部分との間
　　(b)　ボンディングに用いる接続線は、表2.2.3に示す太さの軟銅線または同等以上の断面積の銅帯もしくは編組み銅線とする。
　　(c)　接地については、第14節「接地」による。

2.8.5　線ぴ内の配線
　　(a)　1種金属線ぴ内では、電線の接続をしてはならない。
　　(b)　2種金属線ぴ内では、接続点の点検が容易にできる部分で電線を分岐する場合のみ、電線を接続してもよ

(c) 線ぴ内から電線を外部に引出す部分には、電線保護の処置を施す。
(d) 線ぴ内の電線は、整然と並べ、電線の被覆を損傷しないように配線する。

2.8.6 その他
本節以外の事項は、第2節「金属管配線」による。

第9節　バスダクト配線

2.9.1 ダクトの付属品
付属品は、ダクトおよび布設場所に適合するものとする。

2.9.2 ダクトの布設
(a) ダクトまたはこれを支持する金物は、スラブ等の構造体に吊りボルト、ボルト等で取付けるものとし、あらかじめ取付け用インサート、ボルト等を埋込む。ただし、やむを得ない場合は、十分な強度をもつ「あと施工アンカー」を用いる。
(b) ダクトの支持間隔は、3m以下とする。ただし、垂直に布設する場合で配線室等の部分は、6m以下の範囲で各階支持としてもよい。
(c) ダクトの要所には、回路の種別、行先等を表示する。
(d) ダクトの終端部およびプラグインバスダクトのうち、使用しない差込み口は閉そくする。ただし、換気形の場合は、この限りでない。
(e) ダクトを垂直に取付ける場合は、必要に応じスプリング、ゴム等を用いた防振構造の支持物を使用する。
(f) 特記により、直線部の距離が長い箇所には、エキスパンションダクトを設ける。

2.9.3 ダクトの接続
(a) ダクトが床または壁を貫通する場合は、貫通部分で接続してはならない。
(b) ダクト相互、導体相互およびダクトと配分電盤等との間は、突合わせを完全にし、ボルト等により堅固に接続する。なお、ダクトと配分電盤等との接続点には、点検が容易にできる部分に不可逆性の感熱表示ラベル等を貼付する。
(c) アルミ導体と銅導体との間は、異種金属接触腐食を起こさないように接続する。
(d) 接続に使用するボルト、その他の付属品は、ダクト専用のものを使用し、製造者の指定したトルク値で締付ける。
(e) ダクト相互およびダクトと配分電盤等との間は、ボンディングを行い、電気的に接続する。ただし、電気的に完全に接続されている場合は、ダクト相互の接続部のボンディングは省略してもよい。
(f) ボンディングに用いる接続線は、表2.9.1に示す太さの軟銅線または同等以上の断面積の銅帯もしくは編組み銅線とする。

表2.9.1 ボンド線の太さ

配線用遮断器等の定格電流（A）	ボンド線太さ（mm²）
400以下	22以上
600以下	38以上
1,000以下	60以上
1,600以下	100以上
2,500以下	150以上

(g) 接地については、第14節「接地」による。

2.9.4 その他

本節以外の事項は、第2節「金属管配線」による。

第10節　ケーブル配線

2.10.1 ケーブルラックの布設

(a) ケーブルラックまたはこれを支持する金物は、スラブ等の構造体に吊りボルト、ボルト等で取付けるものとし、あらかじめ取付け用インサート、ボルト等を埋込む。ただし、やむを得ない場合は、十分な強度をもつ後打ちメカニカルアンカーボルトを用いる。

(b) ケーブルラックの水平支持間隔は、鋼製では2m以下、その他については1.5m以下とする。ただし、直線部と直線部以外との接続点では、接続点に近い箇所で支持する。

(c) ケーブルラックの垂直支持間隔は、3m以下とする。ただし、配線室内等の部分は、6m以下の範囲で各階支持としてもよい。

(d) ケーブルラック本体相互間は、ボルト等により堅固に、かつ、電気的に接続する。

(e) ケーブルラックの自在継手部およびエキスパンション部にはボンディングを行い、電気的に接続する。

(f) ボンディングに用いる接続線は、2.2.6(e)による。

(g) ケーブルラックを支持する吊りボルトは、ケーブルラックの幅が呼び600mm以下のものは呼び径9mm以上、呼び600mmを超えるものは呼び径12mm以上とする。

(h) アルミ製ケーブルラックは、支持物との間に異種金属接触腐食を起こさないように取付ける。

(i) 最上階、屋上、塔屋に設置されるケーブルラックには振止めを施す。

2.10.2 ケーブルの布設

ケーブルは、重量物の圧力、機械的衝撃を受けないように布設することとし、次による。

(a) ケーブルを造営材に取付ける場合は、次による。

(1) ケーブルに適合するサドル、ステープル等でその被覆を損傷しないように取付ける。なお、サドルの材質は、湿気の多い場所では、ステンレス製、溶融亜鉛めっきを施したものまたは合成樹脂製とする。

(2) 支持点間の距離は、表2.10.1による。

表2.10.1　支持点間の距離　　（単位：m）

布設の区分	支持点間の距離
造営材の上面に布設するもの	2以下
造営材の側面または下面に布設するもの	1以下
人が容易に触れるおそれのあるもの	0.5以下

（注）ケーブル相互およびケーブルとボックス、器具等の接続箇所では、接続点に近い箇所で支持する。

(b) 天井内隠ぺい配線の場合において、幹線用以外のケーブルは、ころがし配線とすることができる。なお、布設については、次による。
 (1) ケーブルは、器具、ダクト等と接触しないように布設する。
 (2) ケーブルを支持する場合は、被覆を損傷しないように布設する。
(c) ケーブルラック上の配線は、次による。
 (1) ケーブルは、整然と並べ、水平部では3m以下、垂直部では1.5m以下の間隔ごとに緊縛する。ただし、次のいずれかの場合は、この限りでない。
  (イ) トレー形ケーブルラック水平部の配線。
  (ロ) 二重天井内におけるケーブルラック水平部の配線。ただし、幹線は除く。
 (2) ケーブルを垂直に布設する場合は、特定の子げたに荷重が集中しないようにする。
 (3) ケーブルの要所には、合成樹脂製、ファイバ製等の表示札または表示シート等を取付け、回路の種別、行先等を表示する。
 (4) 電力ケーブルは、積重ねを行ってはならない。ただし、単心ケーブルの俵積みの場合は、この限りでない。
(d) ケーブルを二重床内に布設する場合は、次による。
 (1) ケーブルは、ころがし配線とし、整然と布設する。また、その被覆を二重床の支柱等で損傷しないように行う。
 (2) ケーブルの接続は、2.1.2(f)による。なお、接続部近傍に張力止めを施す。ただし、2.1.2(f)(4)による場合で、コネクタ類または接続器具等で張力止めの措置が施されているものは、この限りでない。
 (3) ケーブルの接続場所は、上部の床が開閉可能な場所とし、床上から接続場所が確認できるマーキングを施す。
 (4) 弱電流電線と接触しないような処置をセパレータ等で行う。
 (5) 二重床内への空調吹出口付近に、ケーブルが集中しないように布設する。
(e) ケーブルをちょう架する場合は、次による。
 (1) 径間は、15m以下とする。
 (2) ケーブルには、張力が加わらないようにする。
 (3) ちょう架は、ケーブルに適合するハンガー、バインド線または金属テープ等によりちょう架し、支持間隔は0.5m以下とする。
(f) ケーブルを保護する管およびダクト等の布設については、第2節「金属管配線」～第5節「金属製可とう電線管配線」、第7節「金属ダクト配線」および第8節「金属線ぴ配線」による。なお、屋外における厚鋼電線管の接続は、防水処置を施したねじなし工法としてもよい。
(g) ケーブルを曲げる場合は、被覆が傷まないように行い、その屈曲半径（内側半径とする）は、表2.10.2による。なお、体裁を必要とする場所におけるケーブルの露出配線でやむを得ない場合は、被覆にひび割れを生じない程度に屈曲することができる。

表2.10.2 ケーブルの屈曲半径

ケーブルの種別	単心以外のもの	単心のもの
低圧ケーブル	仕上り外径の6倍以上	仕上り外径の8倍以上
低圧遮へい付きケーブル/高圧ケーブル	仕上り外径の8倍以上	仕上り外径の10倍以上

(注) 1. デュプレックス形、トリプレックス形およびカドプレックス形の場合は、より合わせ外径をいう。
　　 2. 低圧耐火ケーブルおよび耐熱ケーブルは、低圧ケーブルに同じとする。

(h) 垂直ケーブルの最終端支持を行う場合は、次による。
　(1) 吊り方式は、ワイヤグリップ方式またはプーリングアイ方式とする。
　(2) 引張強度は、ケーブル自重、張力に十分耐えるものとし、安全率は、4以上とする。
　(3) 各階ごとに振止め支持を行う。

2.10.3 位置ボックス、ジョイントボックス等
　　　位置ボックス、ジョイントボックス等は、2.2.5によるほか、次による。
(a) スイッチ、コンセント、照明器具等の取付け位置には、位置ボックスを設ける。ただし、ケーブルころがし配線で照明器具に送り配線端子のある場合は、位置ボックスを省略することができる。
(b) 隠ぺい配線で5.5mm^{2}以下のケーブル相互の接続を行う位置ボックス、ジョイントボックスは、心線数の合計が11本以下の場合は、中形四角アウトレットボックス44以上のもの、16本以下の場合は、大形四角アウトレットボックス44以上のものとする。
(c) 位置ボックスを通信情報設備の配線と共用する場合は、配線相互が直接接触しないように絶縁セパレータを設ける。
(d) 金属製ボックスのケーブル貫通部には、ゴムブッシング、絶縁ブッシング等を設ける。
(e) ボックス類は、造営材等に取付ける。なお、点検できない場所に設けてはならない。

2.10.4 ケーブルの造営材貫通
(a) ケーブルが造営材を貫通する場合は、合成樹脂管、がい管等を使用し、ケーブルを保護する。ただし、EM-EEケーブル等が木製野縁を貫通する場合は、この限りでない。
(b) メタルラス、ワイヤラスまたは金属板張りの造営材をケーブルが貫通する場合は、硬質ビニル管またはがい管に収める。なお、管端部はケーブルの被覆を傷つけないようにし、適切な管止めを施す。

2.10.5 接　　地
　　　接地は、第14節「接地」による。

第11節　平形保護層配線

2.11.1 一 般 事 項
　　　本節以外の事項は、JIS C 3652「電力用フラットケーブルの施工方法」による。

2.11.2 電　　線
　　　電線は、平形導体合成樹脂絶縁電線とする。

2.11.3 平形保護層および付属品

平形保護層、ジョイントボックス、差込み接続器およびその他の付属品は、電線に適合したものとする。

2.11.4 平形保護層配線の布設

(a) 平形保護層配線を床面に布設する場合は、粘着テープにより固定し、かつ、適当な防護装置の下部に布設する。また、壁面に布設する場合は、厚さ1.2mm以上の鋼板を用いたダクト内に収めて布設する。ただし、床面からの立上り部において、その長さを0.3m以下とし、かつ、適当なカバーを設けて布設するときは、この限りでない。

(b) 床面を清掃し、付着物等を取除き平滑にした後布設する。また、床面への固定は、幅30mm以上の粘着テープを用いて1.5m以下の間隔で固定する。なお、接続箇所、方向転換箇所も固定する。

(c) 平形保護層内には、電線の被覆を損傷するおそれのあるものを収めてはならない。

(d) 電線は、重ね合わせて布設してはならない。ただし、折曲箇所、交さ部分、接続部および電源引出部周辺は、この限りでない。

(e) 電線と通信用フラットケーブルを平行して布設する場合は、0.1m以上離隔する。なお、交さする場合は、金属保護層（接地された上部保護層を含む）で分離し、直交させる。

(f) 上部接地保護層相互および上部接地用保護層と電線の接地線とは、電気的に接続する。

(g) 電線の緑色または緑/黄色で表示された接地用導体は、接地線以外に使用してはならない。

(h) 電線の折返し部分は、布設後これを伸ばして再使用してはならない。

電線相互、端子台、コンセント等との接続は、次による。

2.11.5 電線相互、端子台、コンセント等との接続

(a) 電線相互、電線専用のコンセント等との接続は、専用のコネクタを使用して接続する

(b) 他の電線またはコンセントとの接続は、次のいずれかによる。

　(1) 電線を平形保護層の外部に引出す部分は、ジョイントボックスを使用する。

　(2) 電線に適した端子台を使用する。ただし、接続加工済みのものまたは一体となっているものを使用する場合は、この限りでない。

第12節　架空配線

2.12.1 建柱

(a) 鉄筋コンクリート柱または鋼管を主体とする電柱の根入れは、表2.12.1による。ただし、傾斜地、岩盤等では、根入れ長さを適宜増減してよい。

表2.12.1　電柱の根入れの長さ

材質区分	設計荷重（kN）	全　長（m）	根入れ（m）
鉄筋コンクリート柱	6.87以下	15以下	全長の1/6以上
		15を超え16以下	2.5以上
		16を超え20以下	2.8以上
	6.87を超え9.81以下	14以上15以下	全長の1/6以上＋0.3m
		15を超え20以下	2.8以上
鋼板組立柱・鋼管柱	6.87以下	15以下	全長の1/6以上
		15を超え16以下	2.5以上

(b) 根かせは、次による。
　(1) 根かせの埋設深さは、地表下0.3m以上とする。
　(2) 根かせは、電線路の方向と平行に取付ける。ただし、引留箇所は、直角に取付ける。
　(3) コンクリート根かせは、径13mm以上の亜鉛めっきUボルトで締付ける。
(c) 電柱には、足場ボルトおよび名札（建設年月、所有者名、その他）を設ける。なお、足場ボルトは道路に平行に取付け、地上2.6mの箇所より、低圧架空線では最下部電線の下方約1.2m、高圧架空線では高圧用アームの下方約1.2mの箇所まで、順次電柱の両側に交互に取付け、最上部は2本取付ける。

2.12.2 腕金等の取付け
(a) 腕金等は、これに架線する電線の太さおよび条数に適合するものとする。
(b) 腕金は、1回線に1本設けるものとし、負荷側に取付ける。ただし、電線引留柱においては、電線の張力の反対側とする。
(c) 腕金は、電線路の内角が大きい場合は、電柱をはさみ2本抱合わせとし、内角が小さい場合は、両方向に対し別々に設ける。
(d) 腕金は、十分な太さの亜鉛めっきボルトを用い電柱に取付け、アームタイにより補強する。
(e) コンクリート柱で貫通ボルト孔のない場合には、腕金はアームバンドで取付け、アームタイはアームタイバンドで取付ける。
(f) 抱え腕金となる場合は、抱ボルトを使用し、平行となるよう締付ける。
(g) 腕金の取付け穴加工は、防食処理前に行う。

2.12.3 がいしの取付け
(a) がいしは、架線の状況により、ピンがいし、引留がいし等使用箇所に適したがいしを選定して使用する。
(b) がいし間の距離は、高圧線間0.4m以上、低圧線間0.3m以上とする。なお、昇降用の空間を設ける場合は、電柱の左右両側を0.3m以上とする。
(c) バインド線は、銅ビニルバインド線による。なお、電線が太さ3.2mm以下の場合は太さ1.6mmとし、ピンがいしのバインド法は、両たすき3回一重とする。電線が太さ4.0mm以上の場合は太さ2.0mmとし、ピンがいしのバインド法は、両たすき3回二重とする。

2.12.4 架　　　線
(a) 架線は、原則として径間の途中で接続を行ってはならない。
(b) 絶縁電線相互の接続箇所は、カバーまたはテープ巻きにより絶縁処理を行う。
(c) 架空ケーブルのちょう架用線には、亜鉛めっき鋼より線等を使用し、間隔0.5m以下ごとにハンガーを取付けてケーブルを吊り下げるかまたはケーブルとちょう架用線を接触させ、その上に容易に腐食し難い金属テープ等を0.2m以下の間隔を保って、ら旋状に巻付けてちょう架する。
(d) 引込口は、雨水が屋内に浸入しないようにする。

2.12.5 機器の取付けおよびケーブルの取付け
(a) 高圧カットアウト、高圧負荷開閉器、避雷器、低圧開閉器等は保守の容易な箇所に取付ける。
(b) 避雷器は次の箇所に取付けることを原則とする。
　(1) 架空電線路の末端
　(2) 開閉器の布設箇所（常時開放の開閉器については両側）
　(3) 架空電線とケーブルの接続点

(4)　受電点（断路器または遮断器）の一次側
(c)　架空線には、引下げるケーブルの重量をかけてはならない。
(d)　引下げたケーブルの支持間隔は、1.5mを標準とする。
(e)　支持は、鋼製またはステンレス製の支持バンドとする。
(f)　ケーブルは、地中から地上2.5mまでを金属管等で保護をする。
(g)　保護管の上端には、雨覆い、シール材、テープ等のいずれかを使用して雨水の浸入を防ぐ。
(h)　保護管の地上部の支持は、3カ所を標準とする。
(i)　引込柱に制御機器、盤等を取付ける場合の標準取付け高さは、取付け心で1.5mとする。

2.12.6　支線および支柱
(a)　支線および支柱の本柱への取付け位置は、原則として高圧線の下方とする。なお、支線は、高圧線より0.2m以上、低圧線より0.1m以上離隔させる。ただし、危険のおそれがないように布設したものは、この限りでない。
(b)　支線は、安全率2.5以上とし、かつ、許容引張荷重4.31kN以上の太さの亜鉛めっき鋼より線等を使用する。また、支柱は、本柱と同質のものを使用する。
(c)　コンクリート柱に支線を取付ける場合は、支線バンドを用いて取付ける。
(d)　支線の基礎材は、その引張荷重に十分耐えるように布設する。支線下部の腐食のおそれのある支線は、その地ぎわ上下約0.3mの箇所には、支線用テープを巻付ける等適当な防食処理を施す。ただし、支線棒を用いる場合は、この限りでない。
(e)　低圧または高圧架線配線に使用する支線には、玉がいしを取付け、その位置は、支線が切断された場合にも地上2.5m以上となる箇所とする。
(f)　人および車両の交通に支障のおそれがある支線には、支線ガードを設ける。

2.12.7　接　　地
　　　　接地は、第14節「接地」による。

第13節　地 中 配 線

2.13.1　芝　　生
(a)　芝生の切取り
　(1)　再使用する芝生は取扱いやすい大きさに切取る。
　(2)　芝生を切取る幅は、掘削幅に対し、片側0.2m程度大きく切取る。
(b)　保存
　　　使用する芝は、高く積み重ねない。また、長期間直射日光に当たるところに置く場合は、シートなどで養生をする。
(c)　芝張り
　(1)　芝張り部分は客土を均し、ローラ、土羽板などを用いて、芝の張付けに支障のない程度に締固めてから芝張りを行う。
　(2)　芝張りは芝の長い方を水平方向にし、縦目地を通さず、べた張りとする。衣土は、芝張り後に規定の厚さに敷均し、ローラ、土羽板等を用いて、芝が地面に密着するように仕上げる。
　(3)　芝片がはく離しやすい箇所および傾斜地に張る場合は目串等にて芝を固定する。
(d)　芝生の養生

(1) 航空機が離着陸または走行する周辺の芝張り部分で、航空機のエンジンブラストによって芝が飛んだり、はがれたりするおそれのある場合は、スチールネット等で養生する。
(2) 養生の幅は、芝張りの幅を原則とする。

2.13.2 掘削および埋戻し
 (a) 掘削
  (1) 掘削は手掘りまたは機械掘りとする。なお、手掘りとは、人が持ち運びできるスコップ、つるはし、エアービック等を使用して行う掘削をいう。また、機械掘りとは、オペレータが操作するパワーショベル、トラクタショベル等を使用して行う掘削をいう。
  (2) 掘削の深さは、埋設物（敷均し砂等を含む）の埋設深さを満足する深さとする。地表から2m未満の掘削で特に必要のない場合は、直掘りとする。なお、作業ゆとり幅については、表2.13.2の土留め掘削を適用する。
  (3) 地表から5mまでの掘削で矢板、支保工による土留めをしない場合の掘削面の勾配は、表2.13.1による。

表2.13.1 掘削面の勾配

地山の種類	勾配比 $H：A^*$
砂からなる地山	1：1.5
崩壊しやすい地山	1：1.0
砂質土、レキ質土、玉石混じり	1：0.5
粘質土	1：0.3
岩盤質、硬粘質土	1：0.2
岩盤	1：0.0

（注）＊ Hは深さ、Aは逃げの距離

  (4) 土留め支保工は、地山の種類に応じた土圧に十分耐える構造とする。
  (5) 地中構築物（ハンドホール等）の地中構築または地中管路を埋設するための底面の作業ゆとり幅（片側）は、表2.13.2による。

表2.13.2 作業ゆとり幅　　　　　　　　　　　　　　　　　　（単位：m）

掘削方法／掘削深さ	直掘り 管路	直掘り 既製品	直掘り 現場打ち式	勾配掘削 管路	勾配掘削 既製品	勾配掘削 現場打ち式	土留め掘削 管路	土留め掘削 既製品	土留め掘削 現場打ち式
H≦1.0	0.2	0.3	0.4	—	—	—	0.2	0.4	0.4
1.0＜H≦2.0	0.4	0.5	0.5	—	—	—	0.4	0.5	0.5
2.0＜H≦4.0	—	—	—	0.3	0.4	0.6	0.6	0.8	0.8

出典：航空灯火・電気施設工事共通仕様書

  (6) 掘削中、予期しない埋設物があった場合は監督職員と協議して処置する。
  (7) 湧水および雨水による溜水は排水して土砂の崩壊を防ぐ。
  (8) 掘削は、原則として深さ5mまでとする。
 (b) 掘削土の処置
  (1) 掘削土は掘削場所付近に山積みする。
  (2) 供用中の空港については次による。

第2章　施　　工

　　(ｲ)　着陸帯内の掘削土は、現状地盤より0.3m以下に山積みする。多量の掘削土がある場合は、監督職員の承諾を得て処置する。

　　(ﾛ)　着陸帯外の掘削土は(1)、誘導路およびエプロン付近については(2)(ｲ)による。

(c)　埋戻し
　(1)　埋戻しの土は、掘削した土を使用する。ただし、玉石、砂レキが多い場合は監督職員の承諾を得て使用する。
　(2)　軟弱地盤または湧水地盤にあっては、湧水および溜水を排除しながら片側から埋戻す。
　(3)　埋戻しは原則として、埋戻しの厚さ0.3mごとに、ランマ、タンパ等で締固める。
　(4)　砂により埋戻す場合は、水締め等を行う。
　(5)　舗装部の転圧は路盤の下までは掘削土で十分に転圧を行った後、路盤材を転圧する。
　(6)　路盤材の一層の厚さは15cm以下、舗装下の厚さは7cm以下とし、施工方法は「空港土木工事共通仕様書」による。

(d)　発生土処理
　　埋戻し後の発生土は、良質土の場合は周辺に散布することができる。玉石、砂レキは、監督職員の承諾を得て処置する。

2.13.3　ハンドホールの設置

(a)　ハンドホールの設置
　(1)　ハンドホールの築造方法は、現場打ち式(設置場所で築造する方法)またはコンクリート二次製品とする。
　(2)　ハンドホールの据付けレベルは、コンクリート上端が地表面＋5cmとし、調整裕度は、中央において据付けレベルに対して－1～＋3cmの範囲とする。ただし、舗装部における据付けレベルは地表面＋1cm以下とする。
　(3)　ハンドホールには原則として、水抜きを設ける。
　(4)　管路の引込部分は、実管またはスリーブとする。

(b)　基礎地業
　(1)　基礎地業は表2.13.3を標準とする。

表2.13.3　基礎地業

名　称	砕　石	
	粒　度	厚　さ
ハンドホール	C-40	100mm

　(2)　基礎地業材はまんべんなく敷均し十分に転圧して規定の厚さに仕上げる。
　(3)　均しコンクリートは、平らに均し規定の厚さに仕上げる。
　(4)　均しコンクリートは生コンとする。ただし、少量の場合は、現場練りとすることができる。

(c)　コンクリート型枠
　(1)　型枠は木製(合板製)、鋼製またはその組合わせのいずれかとし、規定の強度と剛性をもつものを使用し、コンクリート部材の位置、形状および寸法が正確に確保されるように施工する。
　(2)　型枠は、容易に組立ておよび取外しができ、コンクリートが漏れないような構造とする。
　(3)　コンクリートのかどは、面取りとする。
　(4)　型枠には監督職員の承諾を得て、清掃、検査およびコンクリート打ちに便利な位置に一時的に開口を設ける。

(5) 型枠の内面にはく離剤または鉱油を塗布する場合、均等に塗布し鉄筋に付着しないようにする。

(6) 型枠はコンクリートの重圧に耐えるように取付ける。また、取外しは衝撃等を与えないで取外せる構造とする。

(7) 型枠の締付けは、鉄線、ボルト、棒鋼等を用い、これらの締付け材は、型枠を取外したのち、コンクリート表面に残しておいてはならない。

(8) 型枠の取外しは、原則としてコンクリート打設後10日以降とする。

(d) 鉄筋の加工および組立て

(1) 鉄筋は、常温で加工する。

(2) 鉄筋の曲げは次を標準とする。

　(イ) 普通丸鋼のフックは、常に半円形とし、半円形の端からの長さは、鉄筋直径の4倍以上（最小6cm）とする。

　(ロ) 異形鉄筋のフックは、半円形フックの場合には半円形の端からの長さは鉄筋直径の4倍以上（最小6cm）とする。直角フックの場合には折曲部から鉄筋直径の12倍以上とする。

(3) 鉄筋は、組立てに先立ち清掃、浮きさび、鉄筋の表面についたどろ、油、ペンキ等鉄筋とコンクリートの付着を害するおそれのあるものを取除く。

(4) 鉄筋は正しい位置に配置し、コンクリートを打設時に移動しないように組立てる。

(5) 鉄筋と型枠との間隔は、スペーサを用いて正しく保つ。

(6) 鉄筋の結束は0.8mm以上の焼きなまし鉄線で行う。

(7) 鉄筋の重ね継手の定着長さは、直径の40倍を標準とする。なお、丸鋼の場合は末端部を(2)(イ)により半円形フックにする。

(8) 鉄筋の組立て完了後は、監督職員の検査を受ける。

(e) コンクリートの品質

(1) コンクリートは、所定の強度、耐久性、水密性等を有し品質のばらつきのないものとする。

(2) コンクリートの強度は、材齢28日における圧縮強度とする。

(f) コンクリートの配合

(1) 施工に先立ち配合表を監督職員に提出する。ただし、少量の場合は、監督職員の承諾を得て省略することができる。

(2) 現場練り混ぜ時間は、ミキサ内に全部の材料を投入したのち、1分30秒以上、4分30秒以内を標準とする。

(3) 手練りは、水密性の練り台の上で均一になるまで行う。

(g) コンクリート打設

(1) コンクリートは、速やかに運搬し、直ちに打込む。なお、直ちに打込めない場合でも練り始めてから2時間を超えてはならない。

(2) 打設前に型枠内を清掃する。

(3) コンクリートの打設作業にあたっては、鉄筋の配置を乱さないように留意する。

(4) 一区画内コンクリートは、連続して打設することを原則とする。

(5) コンクリートは鉄筋の周囲および型枠の隅々まで行きわたるように行う。締固めにバイブレータを用いる場合は、型枠、鉄筋等に触れないよう注意して行う。

(6) コンクリートの打設中、表面に浮き出た水は、適当な方法で取除く。

(7) 型枠に接しないコンクリート面の仕上げは、締固めが終わり規定の高さおよび形に均す。

(h) 養生

(1) コンクリートは、打込み後、低温、乾燥、急激な温度変化等による有害な影響を受けないように、十分養生する。

2.13.4 管路の布設

(a) 管路の布設

(1) 管路は直線的に布設し、やむを得ず曲げる場合は、管路呼び径の10倍以上の曲げ半径とする。

(2) マンホールおよびハンドホールへ接続する管路の曲げ角度は30度以内とし、壁面より50cm以上離した位置から曲げる。ただし、ハンドホールからショルダに入る配管は除く。

(3) 管の切口は、リーマ等を使用して滑らかに仕上げる。

(4) 波付硬質合成樹脂管および硬質塩化ビニル管を使用した場合は、管路保護用の砂によって管路を保護する。ただし、掘削土が砂質土で石がない場合は、監督職員の承諾を得て省略することができる。

(5) 管路保護用の砂は管の上端または下端から約5cm以上敷き、締固める。

(6) 管路を布設するとき、木製の枕木を使用した場合は防腐剤（白蟻の発生しやすい地方は防蟻剤）を塗布する。

(7) 金属管を使用するときは、アスファルトジュート巻きまたは厚さ0.4mmの防食テープを1/2重ねて2回巻きとする。ただし、めっきを施した白管を使用する場合はこの限りでない。

(8) 金属管の接続部分は防水処置を行い、ねじを切った場合は、コールタールまたは防錆塗料を塗る。

(9) 異種の管を接続する場合は、管路材質の適合する継手を使用して接続する。

(10) マンホールおよびハンドホールへ接続する管路の口元は、ブッシング、ベルマウス、ソケットなどを取付け、ケーブルを傷めないよう処置する。

(11) マンホールおよびハンドホールにスリーブまたははつって管路を接続する場合は、防水モルタルまたはコーキング材を使用して防水処理を施す。

(12) 埋設深さ0.6m以上の管路には、埋設標識テープ（ダブル）を0.3mの深さに埋め込む。

(b) 管路清掃

(1) 管路は布設完了後、管内清掃をする。なお、波付硬質合成樹脂管については、ケーブル通線の際支障がないようにボビンなどを通して確認する。

(2) 通線をしない管路は、呼び線を入れる。なお、呼び線は、直径1.6mm裸硬銅線またはこれと同等以上の性能をもつものとする。

2.13.5 ケーブルの布設

(a) 管路内にケーブルを通線する場合は、引入前に清掃し、水などを除去し、ケーブルに損傷を与えないよう通線する。

(b) ケーブルは、原則として、ケーブルグリップを使用して通線する。

(c) ケーブルは、引入方向を決めて通線する。

(d) ケーブルの接続は、管路内で行ってはならない。

(e) ケーブルを曲げる場合の屈曲半径は、次による。

(1) 低圧ケーブルは、仕上り外径の6倍以上とする。ただし、単心ケーブルは、8倍以上とする。

(2) 高圧ケーブルは、仕上り外径の8倍以上とする。ただし、単心ケーブルは、10倍以上とする。

(f) ケーブルの接続は、マンホールおよびハンドホールで行い、管路内で接続してはならない。

(g) 航空照明用ケーブルは、誘導などによる障害が生じないようにする。

(h) 地中電線路において、ケーブルを曲げる場合は、被覆が傷まないように行い、その屈曲半径は、次による。

(1) 低圧ケーブルは、仕上り外径の6倍以上とする。ただし、単心ケーブルは、8倍以上とする。

(2) 高圧ケーブルは、仕上り外径の8倍以上とする。ただし、PNケーブル以外の単心ケーブルは、10倍以

上とする。
(3) 弱電ケーブルは、仕上り外径の6倍以上とする。
(i) マンホール、ハンドホール内のケーブルには、ケーブル名称を刻印した合成樹脂板を取付け、回路の種別、行先などを表示する。
(j) ハンドホール内のケーブルの余長は、2mとする。

2.13.6 高圧、低圧および弱電との離隔
(a) 低圧ケーブルと高圧ケーブルとが、接近しまたは交差する場合であって、ハンドホールまたはマンホール内以外の箇所で相互間の距離が0.15m以下のときは、次のいずれかによる。
(1) それぞれのケーブルを硬質ビニル管等の自消性のある難燃性(「電気用品の技術上の基準を定める省令」(経済産業省)別表第二附表第24の「難燃性試験」に合格するものをいう。以下同じ)の管に収めて布設する。
(2) いずれかのケーブルを金属管、鋼管等の不燃性の管に収めて布設する。
(b) ケーブルと地中弱電流電線とが接近しまたは交差する場合は、次による。
(1) ケーブルを金属管、鋼管等の不燃性の管、コンクリート巻きした管または硬質ビニル管等の自消性のある難燃性の管に収める場合は、その管が地中弱電流電線と直接接触しないようにする。
(2) ケーブルをポリエチレン管等の可燃性の管に収める場合は、管と地中弱電流電線との離隔距離が0.3mを超えるように布設する。

2.13.7 ケーブルの接続
(a) 直接接続
(1) ケーブル(航空照明用ケーブルは除く)の接続は、低圧ケーブルおよび制御ケーブルについては充てん式または熱収縮式接続材、高圧ケーブルについては充てん式または圧入式接続材を使用する。その施工方法は、ケーブル製造者または接続材製造者の施工標準による。
(2) 導体の接続に接続管を使用する場合は、はんだ上げまたは圧着による。
(3) 作業中に水分の付着および浸入することを避けるため、次に留意する。
(イ) 雨天日の接続作業は避ける。
(ロ) 水滴が浸入しないようにする。
(b) 端末処理
ケーブルの端末処理は、次による。
(1) 高圧ケーブルの場合は、次による。
(イ) 三又分岐管(単心形ケーブルは除く)を使用し、ストレスコーン(高圧ケーブルの終端接続部において電界の集中を防ぎ絶縁耐力を維持するために遮へい層をコーン状にしたもの)を絶縁テープ、保護テープによって現場で製作する端末処理方法。
(ロ) モールドした完成品のストレスコーンを使用し、三又分岐管(単心形ケーブルを除く)、絶縁テープおよび保護テープによって製作する端末処理方法。屋外用は、ケーブル心線の中間に水切りと雨覆いを取付ける。
(ハ) 工場でケーブル心線に、ひだ付き合成ゴム(耐塩形は磁器)をモールド加工した端末完成品のストレスコーンを使用し、ストレスコーンをブラケットで支持する端末処理方法。
(2) 低圧および制御ケーブルは、次による。
(イ) 断面積14mm^{2}以上の低圧ケーブルは、三又分岐管を使用して、ビニル絶縁テープで端末処理する。
(ロ) 断面積8mm^{2}以下および制御ケーブルは、ビニル絶縁テープで端末処理する。

(3) 施工方法は、ケーブル製造者または端末処理材製造者の施工標準による。

2.13.8 接　　　地
　接地は、第14節「接地」による。

2.13.9 そ　の　他
(a) キャタピラ付き重機、揚重機械のアウトリガ等、舗装を傷めるおそれのある重機類を使用する場合は、十分に養生して使用する。
(b) 掘削土、砂、砕石等は滑走路、誘導路等の舗装帯内に飛散させない。万一汚した場合は、速やかに清掃をする。

第14節　接　　　地

2.14.1 A種接地工事を施す電気工作物
(a) 高圧および特別高圧の機器の鉄台および金属製外箱。ただし、高圧の機器で人が触れるおそれがないように木柱、コンクリート柱その他これに類するものの上に布設する場合、鉄台または外箱の周囲に適当な絶縁台を設けた場合は、省略することができる。
(b) 特別高圧計器用変成器の2次側電路。
(c) 高圧および特別高圧計器用変成器の鉄心。ただし、外箱のない計器用変成器がゴム、合成樹脂等の絶縁物で被覆されたものは、この限りでない。
(d) 高圧および特別高圧の電路に布設する避雷器。
(e) 特別高圧電路と高圧電路とを結合する変圧器の高圧側に設ける放電装置。
(f) 高圧ケーブルを収める金属管、防護装置の金属製部分、ケーブルラック、金属製接続箱およびケーブルの被覆に使用する金属体。ただし、地中等で人が触れるおそれがないように布設する場合および高圧地中線路の地上立上り部の防護管の金属製部分は、D種接地工事とすることができる。

2.14.2 B種接地工事を施す電気工作物
(a) 高圧電路と低圧電路とを結合する変圧器の低圧側中性点。ただし、低圧電路の使用電圧が300V以下の場合において変圧器の構造または配電方式により変圧器の中性点に施工し難い場合は、低圧側の一端子。
(b) 高圧電路および特別高圧電路と低圧電路とを結合する変圧器であって、その高圧または特別高圧巻線との間の金属製混触防止板。
(c) 特別高圧電路と低圧電路とを結合する変圧器の低圧側の中性点（接地抵抗値10Ω以下）。ただし、低圧電路の使用電圧が300V以下の場合においては、(a)による。

2.14.3 C種接地工事を施す電気工作物
(a) 300Vを超える低圧用の機器の鉄台および金属製外箱。
(b) 300Vを超える低圧計器用変成器の鉄心。ただし、外箱のない計器用変成器がゴム、合成樹脂等の絶縁物で被覆されたものは、この限りでない。
(c) 300Vを超える低圧用の避雷器。
(d) 300Vを超える低圧ケーブル配線による電線路のケーブルを収める金属管、ケーブルの防護装置の金属製部分、ケーブルラック、金属製接続箱、ケーブルの金属被覆等。
(e) 300Vを超える低圧の合成樹脂管配線に使用する金属製ボックスおよび粉じん防爆形フレキシブルフィッ

　　　　チング。
(f) 金属管配線、金属製可とう電線管配線、金属ダクト配線、バスダクト配線による300Vを超える低圧屋内配線の管およびダクト。
(g) ガス蒸気危険場所および粉じん危険場所内の低圧の電気機器の外箱、鉄枠、照明器具、可搬形機器、キャビネット、金属管とその付属品等露出した金属製部分。
(h) 300Vを超える低圧の母線等を支持する金属製の部分。

2.14.4　D種接地工事を施す電気工作物
(a) 高圧地中線路に接続する金属製外箱。
(b) 300V以下の機器の鉄台および金属製外箱。
(c) 300V以下の計器用変成器の鉄心。ただし、外箱のない計器用変成器がゴム、合成樹脂等の絶縁物で被覆したものは、この限りでない。
(d) 300V以下の低圧回路に用いる低圧用避雷器。
(e) 低圧または高圧架空配線にケーブルを使用し、これをちょう架する場合のちょう架用線およびケーブルの被覆に使用する金属体。ただし、低圧架空配線にケーブルを使用する場合において、ちょう架用線に絶縁電線またはこれと同等以上の絶縁効力のあるものを使用する場合は、ちょう架用線の接地を省略できる。
(f) 地中配線を収める金属製の暗きょ、管および管路（地上立上り部を含む）、金属製の配線接続箱ならびに地中線の金属被覆等。
(g) マンホールまたはハンドホール内の金属製低圧ケーブル支持材。
(h) 高圧計器用変成器の2次側電路。
(i) 300V以下の低圧の合成樹脂管配線に使用する金属製ボックスおよび粉じん防爆形フレキシブルフィッチング。
(j) 300V以下の低圧の金属管配線、金属製可とう電線管配線、金属ダクト配線、ライティングダクト配線（ただし、合成樹脂等の絶縁物で金属製部分を被覆したダクトを使用した場合を除く）、バスダクト配線、金属線ぴ配線に使用する管、ダクト、線ぴおよび付属品、300V以下のケーブル配線に使用するケーブル防護装置の金属製部分、金属製接続箱、ケーブルラック、ケーブルの金属被覆等。
(k) 平形保護層配線。
　(1) 金属保護層、ジョイントボックスおよび差込接続器の金属製外箱。
　(2) 電線の接地用導体。
(l) 変電設備の金属製支持管等。
(m) エックス線発生装置。
　(1) 変圧器およびコンデンサの金属製外箱。
　(2) エックス線管導線に使用するケーブルの金属被覆。
　(3) エックス線管を包む金属体。
　(4) 配線およびエックス線管を支持する金属体。
(n) 外灯の金属製部分。

2.14.5　D種接地工事の省略
　　　　D種接地工事を施す電気工作物のうち、次のものは接地工事を省略できる。
(a) 直流300Vまたは交流対地電圧150V以下で人が容易に触れるおそれのない場所または乾燥した場所で次の場合。
　(1) 長さ8m以下の金属管および金属線ぴを布設する場合。

(2)　ケーブル防護装置の金属製部分およびケーブルラックの長さが8m以下の場合。
(b)　300V以下の合成樹脂管配線に使用する金属製ボックスおよび粉じん防爆形フレキシブルフィッチングで、次のいずれかに該当する場合。
　(1)　乾燥した場所に布設する場合。
　(2)　屋内配線の使用電圧直流300Vまたは交流対地電圧150V以下の場合において、人が容易に触れるおそれがないように布設する場合。
(c)　300V以下で次の場合。
　(1)　4m以下の金属管を乾燥した場所に布設する場合。
　(2)　4m以下の金属製可とう電線管および金属線ぴを布設する場合。
　(3)　ケーブルの防護装置の金属製部分およびケーブルラックの長さが4m以下のものを乾燥した場所に布設する場合。
(d)　直流300Vまたは交流対地電圧150V以下の機器を乾燥した場所に布設する場合。
(e)　対地電圧が150V以下で長さ4m以下のライティングダクト。
(f)　地中配線を収める金属製の暗きょ、管および管路（地上立上り部を含む）、金属製の電線接続箱ならびに地中ケーブルの金属被覆等であって、防食措置を施した部分。
(g)　接地用端子箱の金属製外箱。

2.14.6　C種接地工事をD種接地工事にする条件

C種接地工事を施す電気工作物のうち、300Vを超える場合で人が触れるおそれのないよう布設する次のものは、D種接地工事とすることができる。
(a)　金属管配線に使用する管
(b)　合成樹脂管配線に使用する金属製ボックスおよび粉じん防爆形フレキシブルフィッチング
(c)　金属製可とう電線管配線に使用する可とう管
(d)　金属ダクト配線に使用するダクト
(e)　バスダクト配線に使用するダクト
(f)　ケーブル配線に使用する管その他の防護装置の金属製部分、ケーブルラック、金属製接続箱およびケーブルラック被覆に使用する金属体

2.14.7　照明器具の接地

照明器具の接地には、次により接地工事を施す。
(a)　管灯回路が高圧で、かつ、放電灯用変圧器の2次短絡電流または管灯回路の動作電流が1Aを超える放電灯用安定器の外箱および放電灯器具の金属製部分には、A種接地工事。
(b)　管灯回路が300Vを超える低圧で、かつ、放電灯用変圧器の2次短絡電流または管灯回路の動作電流が1Aを超える放電灯用安定器の外箱および放電灯器具の金属製部分には、C種接地工事。
(c)　次の照明器具の金属製部分および安定器別置の場合の安定器外箱にはD種接地工事。ただし、二重絶縁構造のもの、管灯回路の使用電圧が対地電圧150V以下の放電灯を乾燥した場所に布設する場合は、接地工事を省略することができる。
　(1)　40形以上の蛍光ランプを用いる照明器具
　(2)　ラピッドスタート形蛍光灯器具
　(3)　Hf蛍光灯器具
　(4)　32W以上のコンパクト形蛍光ランプを用いる照明器具
　(5)　HID灯等の放電灯器具

(6) 対地電圧が150Vを超える放電灯以外の照明器具
(7) 防水器具および湿気・水気のある場所で人が容易に触れるおそれのある場所に取付ける器具。ただし、外郭が合成樹脂等耐水性のある絶縁物製のものは除く。

2.14.8 電熱装置の接地
電熱装置には、次の部分に接地工事を施すものとし、300V以下の場合にあってはD種接地工事、300Vを超える低圧のものにあってはC種接地工事を施す。
(a) 発熱線等のシースまたは補強層に使用する金属体
(b) 発熱線等の支持物または防護装置の金属製部分
(c) 発熱線等の金属製外部

2.14.9 接 地 線
接地線は、緑色または緑/黄色のEM-IE電線等を使用し、その太さは、次による。ただし、ケーブルの一心を接地線として使用する場合は、緑色の心線とする。
(a) A種接地工事
 (1) 接地母線および避雷器　　14 mm^{2}以上
 (2) その他の場合　　　　　　5.5 mm^{2}以上
 (3) B種接地工事は、表2.14.1による。
 (4) C種接地工事およびD種接地工事は、表2.14.2による。低圧用SPDの接地線は、クラスⅠは5.5mm^{2}以上、クラスⅡは3.5mm^{2}以上とし、防護対象機器と同一の接地に接続する。

表2.14.1　B種接地工事の接地線の太さ

| 変圧器一相分の容量 ||| 接地線の太さ |
100V級	200V級	400V級	
5kVA以下	10kVA以下	20kVA以下	5.5mm^{2}以上
10kVA以下	20kVA以下	40kVA以下	8mm^{2}以上
20kVA以下	40kVA以下	75kVA以下	14mm^{2}以上
40kVA以下	75kVA以下	150kVA以下	22mm^{2}以上
60kVA以下	125kVA以下	250kVA以下	38mm^{2}以上
75kVA以下	150kVA以下	300kVA以下	60mm^{2}以上
100kVA以下	200kVA以下	400kVA以下	60mm^{2}以上
175kVA以下	350kVA以下	700kVA以下	100mm^{2}以上

(注) 1.「変圧器一相分の容量」とは、次の値をいう。なお、単相3線式は200V級を適用する。
 (イ) 三相変圧器の場合は、定格容量の1/3
 (ロ) 単相変圧器同容量のΔ結線またはY結線の場合は、単相変圧器の1台分の定格容量
 (ハ) 単相変圧器同容量のV結線の場合は、単相変圧器1台分の定格容量、異容量のV結線の場合は、大きい容量の単相変圧器の定格容量
 2. 本表による接地線の太さが、表2.14.2により変圧器の低圧側を保護する配線用遮断器等に基づいて選定される太さより細い場合は、表2.14.2による。

表2.14.2　C種およびD種接地工事の接地線の太さ

低圧電動機およびその金属管等の接地		その他のものの接地 （配線用遮断器等の定格電流）	接地線の太さ
200V級電動機	400V級電動機		
2.2kW以下	3.7kW以下	30A以下	1.6mm以上
3.7kW以下	7.5kW以下	50A以下	2.0mm以上
7.5kW以下	18.5kW以下	100A以下	5.5mm^{2}以上
22kW以下	45kW以下	150A以下	8mm^{2}以上
30kW以下	55kW以下	200A以下	14mm^{2}以上
37kW以下	75kW以下	400A以下	22mm^{2}以上
—	—	600A以下	38mm^{2}以上
—	—	1,000A以下	60mm^{2}以上
—	—	1,200A以下	100mm^{2}以上

（注）電動機の定格出力が本表を超過するときは、配線用遮断器等の定格電流に基づいて接地線の太さを選定する。

2.14.10　A種およびB種接地工事の施工方法

(a) 接地極は、なるべく湿気の多い場所でガス、酸等による腐食のおそれのない場所を選び、接地極の上端を地下0.75m以上の深さに埋設する。

(b) 接地線と接地する目的物および接地極との接続工事は、電気的および機械的に堅ろうに施工する。

(c) 接地線は、地下0.75mから地表上2.5mまでの部分を原則として硬質ビニル管で保護する。ただし、これと同等以上の絶縁効力および機械的強度のあるもので覆う場合はこの限りでない。

(d) 接地線は、接地すべき機器から0.6m以下の部分および地中横走り部分を除き、必要に応じ管等に収めて損傷を防止する。

(e) 接地線を人が触れるおそれのある場所で鉄柱その他の金属体に沿って布設する場合は、接地極を鉄柱その他の金属体の底面から0.3m以上深く埋設する場合を除き、接地極を地中でその金属体から1m以上離隔して埋設する。

(f) 避雷用引下導線を布設してある支持物には、接地線を布設してはならない。ただし、引込柱は除く。

2.14.11　C種およびD種接地工事の施工方法

施工方法は、2.14.10による。なお、接地線の保護に、金属管を用いてもよい。また、電気的に接続されている金属管等は、これを接地線に代えることができる。

2.14.12　各接地と避雷設備および避雷器の接地との離隔

接地極およびその裸導線の地中部分は、雷保護設備、SPDの接地極およびその裸導線の地中部分と2m以上離す。

2.14.13　接地極位置等の表示

接地極の埋設位置には、その近くの適当な箇所に接地極埋設標を設け、接地抵抗値、接地種別、接地極の埋設位置、深さおよび埋設年月を明示する。ただし、電柱および屋外灯等の柱位置の場合ならびにマンホールおよびハンドホールの場合は、接地極埋設標を省略してもよい。

2.14.14　そ　の　他

(a) 高圧ケーブルおよび制御ケーブルの金属遮へい体は、1カ所で接地する。

(b) 計器用変成器の二次回路は、配電盤側接地とする。
(c) 接地導線と被接地工作物、接地線相互の接続は、はんだ上げ接続をしてはならない。
(d) 接地線を引込む場合は、水が屋内に浸入しないように施工する。
(e) 接地端子箱内の接地線には、合成樹脂製、ファイバ製等の表示札等を取付け、接地種別、行先等を表示する。

第15節 電灯設備

2.15.1 配線

配線は、第1節「共通事項」～第11節「平形保護層配線」によるほか、次による。
(a) 埋込形照明器具に設ける位置ボックスは、容易に点検できる箇所に取付ける。
(b) 照明器具を単体突合わせとする場合の突合わせ部分が覆われていない場合は、ケーブル配線に準じて行う。
(c) 断熱施工器具の器具側で送り容量を明示している場合は、送り配線の最大電流はその表示以下とする。
(d) 単極のスイッチに接続する配線は、電圧側とする。

2.15.2 電線の貫通

電線が金属部分を貫通する場合は、電線の被覆を損傷しないように適当な保護物を設ける。

2.15.3 機器の取付けおよび接続

(a) 機器の取付けは、その質量および取付け場所に応じた方法とし、質量の大きいものおよび取付け方法の特殊なものは、あらかじめ取付け詳細図を提出する。なお、自立形の盤等は、原則として頂部に振止めを施す。
(b) 天井取付けの機器は、吊りボルト、ボルト等で支持し、平座金およびナットを用いて堅固に取付け、必要のある場合は、ねじ等により振止めを施す。
(c) 天井埋込照明器具は、断熱材等により放熱を妨げられないように取付ける。
(d) 重量の大きい照明器具、天井扇等は、スラブその他構造体に、呼び径9mm以上の吊りボルト、ボルト等で堅固に取付ける。
(e) 吊りボルト等による照明器具の支持点数は表2.15.1による。ただし、差込みプラグ、コードペンダントおよびシステム天井用照明器具については、この限りでない。

表2.15.1 照明器具の支持点数

種　類	ボルト本数
電池内蔵形環形蛍光灯器具30形以上	1本以上
電池内蔵形蛍光灯器具20（16）形×1以上	2本以上
蛍光灯器具20（16）形×2以上、40（32）形×1以上	
蛍光灯器具20（16）形×4以上、40（32）形×5以上	4本以上

（注）コンパクト形蛍光灯器具、Hf蛍光灯器具は、本表に準じ、原則として器具の背面形式に適合した本数とする。

(f) 天井扇、換気扇は、堅固に取付ける。
(g) 壁取付けの機器は、取付け面との間にすき間のできないようにし、体裁よく取付ける。
(h) 防水形機器は、取付け場所および機器の構造に適合した方法で取付ける。なお、防水形コンセントは接地端子または接地極付きとし、湿気のある場所には防浸形のものを、水気のある場所には防水形のものを取付ける。
(i) タンブラスイッチは、つまみを上側または右側にしたとき閉路となるよう取付ける。

(j) 2極コンセントのうち、刃受け穴に長・短のあるものにあっては、長い方を向かって左側に取付け、接地側とする。

(k) 三相の場合、3極コンセントは垂直刃受け穴を接地側極とする。

(l) コンセントのうち次のものは、プレートに電圧等の表示を行う。
- (1) 単相200V
- (2) 三相200V
- (3) 一般電源用以外（発電機回路、UPS回路等）

(m) 消灯方式誘導灯のスイッチには、誘導灯用である旨の表示をする。

2.15.4 その他

分電盤等の図面ホルダに、単線接続図を具備する。

第16節 電熱設備

2.16.1 一般事項

本節以外の事項は、JIS C 3651「ヒーティング施設の施工方法」による。

2.16.2 発熱線等の布設

(a) 発熱線等は、平滑で鋭い突起がないように仕上げられた面へ、損傷を受けないように布設する。

(b) 発熱線等は、相互に直接接触させたり、重ねたりしてはならない。ただし、半導体素子その他これに類するもので抵抗温度係数の大きい材料を用いたものは、この限りでない。

(c) 発熱線等を曲げる場合は、被覆を損傷しないように行い、その屈曲半径（内側半径とする）は仕上り外径の6倍以上とする。ただし、金属材料をシースまたは補強層に用いたものは、10倍以上とする。

(d) 発熱線等をコンクリート内（アスファルトコンクリートを含む）に埋設する場合は、次による。
- (1) 発熱線等は、コンクリート打設により移動および損傷しないように布設する。
- (2) 発熱線等の布設箇所に伸縮目地等がある場合は、その目地部分には配管等で保護した接続用電線を用い、かつ、張力が加わらないように布設する。ただし、発熱抵抗体に半導体素子その他これに類するもので、抵抗温度係数の大きい材料を用いたものにあっては、保護管内においても、接続用電線としなくてもよい。
- (3) 発熱線等をアスファルトコンクリートで埋設する場合は、布設時にアスファルトコンクリートの温度が150℃以下であることを確認する。
- (4) 舗装転圧時に発熱線等が損傷を受けないよう、転圧時の転圧ローラ総重量は、第2種発熱線にあっては3t以下、第3種発熱線にあっては6t以下であることを確認する。
- (5) 発熱線等の施工中、随時に導通確認および絶縁抵抗測定を行う。

2.16.3 発熱線等の接続

発熱抵抗体相互、発熱抵抗体と接続用電線、接続用電線と配線の接続は、電流による接続部分の温度上昇がその他の部分の温度上昇より高くならないようにするほか、次による。

(a) 接続部分には、接続管その他の器具を使用しまたはろう付けをし、かつ、その部分を発熱線等の絶縁物と同等以上の絶縁性のあるもので十分被覆する。

(b) 発熱線等のシースまたは補強層に使用する金属体相互は、電気的に完全に接続する。

(c) 接続部分には、張力がかからないようにする。

(d) 発熱線抵抗体相互または発熱抵抗体と接続用電線を接続する場合は、発熱線等の布設場所で行う。

(e) 接続用電線と配線を接続する場合は、発熱線等の布設場所に近く、かつ、容易に点検できる場所に布設したボックス内で行う。ただし、配線が接続用電線を兼ねて発熱抵抗体と直接接続する場合の接続部には、ボックスを省略することができる。

(f) 接続部を屋外または屋内の水気のある場所に布設する場合は、接続部に防水処置を施す。

2.16.4 温度検出部等の設置

温度検出部は、被加温部または発熱線等の温度を有効に感知できる部位に設ける。

2.16.5 配線および機器の取付け等

(a) 制御盤から発熱線等までの配線については、第1節「共通事項」および第10節「ケーブル配線」の当該事項による。

(b) 制御盤等の取付けは2.15.3(a)、(b)、(d)、(g)、(l)および(m)によるほか、次による。
 (1) 制御盤、開閉器箱等は、操作、点検等に支障がないように取付ける。
 (2) 進相コンデンサを盤外に取付ける場合は、電動機用開閉器または制御盤より負荷側に接続し、コンデンサに至る回路には開閉器または配線用遮断器を設けてはならない。
 (3) 三相交流の相は、第1相、第2相、第3相の順に相転回するように接続する。

2.16.6 接　　地

接地は、第14節「接地」による。

第17節　雷保護設備

2.17.1 一 般 事 項

本節以外の事項は、「航空保安無線施設等雷害対策施工標準」(国土交通省航空局管制技術課)および関係法令による。

2.17.2 受雷部の取付け

(a) 突針部の取付けは、次による。
 (1) 突針を突針支持金物に取付けるときは、銅ろう付けまたは黄銅ろう付けで接合する。
 (2) 突針と導線の接続は、導線を差込み穴に差込んでねじ止めし、ろう付けを施す。
 (3) 突針支持金物および取付け金具は、「航空無線工事標準図面集」による。また、防水に注意して風圧等に耐えるよう堅固に取付ける。

(b) 棟上げ導体を布設する場合は、厚さ3×25mm以上の大きさの銅帯または厚さ4×25mm以上の大きさのアルミ帯を約0.6mごとに金物を用いて取付け、30m以下ごとに伸縮装置を設ける。なお、棟上げ導体の支持接続部分は、異種金属接触腐食を起こさないように行い、その接続方法は、次による。
 (1) 銅帯の接続は、黄銅ろう付けまたは継手を用いた方法とする。
 (2) アルミ帯の接続は、継手を用いた方法とする。

(c) 笠木を棟上げ導体として使用する場合の接続は、笠木の伸縮を考慮し、かつ、異種金属接触腐食を起こさないように行う。

2.17.3 避雷導線の布設

(a) 導線は、太さ38mm^{2}以上の銅より線とする。

(b) 導線の支持は、銅または黄銅製の止め金具を使用して堅固に取付ける。

(c) 導線は、その長さが最も短くなるように布設する。なお、やむを得ない場合は直角に曲げても差支えないが、コ形に曲げる場合には、コ形に曲げる部分の全長はその開口端の長さ（長さが最も短くなるように布設した場合の長さ）の10倍を超えてはならない。

(d) 導線を垂直に引下げる部分は約1mごとに、水平に布設する部分は約0.6mごとに緊縛する。

(e) 導線が地中に入る部分、その他導線を保護する必要のある箇所には、ステンレス管（非磁性のものに限る）、合成樹脂管等を使用して地上2.5m地下0.75mまでの部分を保護する。

(f) 導線の途中接続は避け、やむを得ず接続する場合は、導線接続器を使用し、導線と接続器の接続はろう付けを施す。

(g) 導線と接地極の接続は、「航空無線工事標準図面集」による。

2.17.4 接地極の埋設

(a) 接地極は、地下0.75m以上の深さに埋設する。

(b) 1条の引上導線に2個以上の接地極を接続する場合は、その間隔を2m以上とし、地下0.75m以上の深さのところで、太さ22mm^{2}以上の銅より線で接続する。

(c) 接地極および埋設地線は、ガス管から1.5m以上離隔する。

(d) 接地抵抗低減剤を使用する場合は、監督職員の承諾を得て使用する。

2.17.5 導線棟上げ導体と他の工作物との離隔

(a) 導線および棟上げ導体は、電力線、通信線またはガス管から1.5m以上離隔する。

(b) 導線および棟上げ導体から距離1.5m以下に近接する雨どい、鉄管、鉄はしご等の金属体は、導線に接続する。なお、この接続線には、太さ14mm^{2}以上の銅より線を使用する。

(c) 導線および棟上げ導体と(a)および(b)の工作物との間に静電的遮へい物がある場合は、(a)または(b)を適用しない。

2.17.6 鉄骨等と導線との接続

鉄骨造、鉄骨鉄筋コンクリート造等での建物で、避雷導線の一部を鉄骨または鉄筋で代替する場合の避雷導線と受雷部、鉄骨等との接続は、「航空無線工事標準図面集」による。

(a) 避雷導線を鉄骨または鉄筋に接続する場合は、銅板を黄銅ろう付けした鉄板を鉄骨または鉄筋に溶接し、それに避雷導線を接続した接続端子を取付ける。ただし、避雷導線を直接鉄板にテルミット溶接する場合は、この限りでない。

(b) 鉄板の厚さは6mmとし、大きさは鉄骨に溶接する場合にあっては50×100mm、鉄筋に溶接する場合は75mm幅で、主鉄筋2本に溶接可能な長さとする。

(c) 銅板の厚さは3mmとし、大きさは接続端子が接続できる大きさとする。

(d) 避雷導線を接続端子に取付ける場合は、接続端子に避雷導線を差込み、黄銅ねじ2本で締付けた後、はんだを充てんする。

(e) 接続端子と鉄板との接続は、φ9.6の黄銅ボルト2本で行う。

(f) 溶接部が露出の場合は、接続部分に防食塗装を塗布する。

2.17.7 接地極位置等の表示

接地極位置等の表示は、2.14.13による。

第18節　施工の立会いおよび試験

2.18.1 施工の立会い

施工のうち表2.18.1に示すものは、次の工程に進むのに先立ち、監督職員の立会いを受ける。ただし、これによることができない場合は、監督職員の指示による。

表2.18.1　施工の立会い

項目	細目	施工内容	立会時期	立会箇所
共通		電線相互の接続および端末処理	絶縁処理前	監督職員の指示による
		同上接続部の絶縁処理	絶縁処理作業過程	
電灯・動力・電熱設備		金属管、PF管、CD管、硬質ビニル管、金属製可とう電線管	コンクリート打設および二重天井、壁仕上げ材取付け工事前	〃
		照明器具およびプルボックス等の取付け	〃	
		壁埋込盤類キャビネットの取付け	ボックスまわり壁埋戻し前	
		主要機器および盤類の設置等	設置作業過程	
		発熱線等の接続および絶縁処理	作業過程	
		発熱線等の布設	布設作業過程	
		平形保護層配線の布設	〃	
		防火区画貫通部の耐火処理および外壁貫通部の防水処理	処理作業過程	
		接地極の埋設	掘削部埋戻し前	
		総合調整	調整作業過程	
避雷設備		突針の取付け	取付け作業過程	〃
		導線の建造物への接続	溶接作業過程	
		接地極の埋設	掘削部埋戻し前	
構内配電線路指示による		電柱の建柱位置および建柱	建柱穴掘削前および建柱過程	〃
		地中電線路の経路および布設	掘削前および埋戻し前	
		現場打ちマンホール・ハンドホールの配筋等	コンクリート打設前	

2.18.2 施工の試験

(a) 次に示す事項に基づいて試験を行い、監督職員に試験成績書を提出し、承諾を受ける。

　(1) 配線完了後、2.1.14により、絶縁抵抗および絶縁耐力試験を行う。

　(2) 接地極埋設後、接地抵抗を測定する。

　(3) 非常用の照明装置は、次より照度を測定する。測定箇所は監督職員の指示による。

　(イ) JIS C 7612「照度測定方法」に準拠し、視感度補正および角補正が行われている低照度測定用の光電管照度計等を用い、物理的測定方法によって床面の水平面照度を測定する。

　(ロ) 測定時の点灯電源は、次による。

　　(i) 電池内蔵形器具の場合は、電源切替え後のものとする。ただし、内蔵電池が過放電にならないように行う。

　　(ii) 電源別置形器具の場合は、常用電源とする。なお、この場合、当該回路の電圧（分電盤内）を測定する。

　(ハ) 測定に際し、外光の影響を受けないようにする。

2-2-38

第2章　施　　工

　(4)　照明器具は、取付けおよび配線完了後、その全数について点灯試験を行う。
　(5)　コンセントは、取付けおよび配線完了後、その全数について極性試験を行う。
　(6)　分電盤は、据付けおよび配線完了後、その全数について外観構造、シーケンス試験を行う。
　(7)　制御盤は、据付けおよび配線完了後、その全数についてJEM 1460「配電盤・制御盤の定格および試験」
　　　による現地試験を行う。なお、試験項目は、外観構造、シーケンス、動作特性の各項目とする。
　(8)　発熱線等は、布設過程中および埋設完了後、導通試験および絶縁抵抗測定を行う。
(b)　防火区画貫通の耐火処理の工法は、耐熱性があることの証明を監督職員に提出する。

第3編　受変電設備工事

第1章　機　　材
　第1節　キュービクル式配電盤………… 3 - 1 - 1
　第2節　高圧閉鎖配電盤………………… 3 - 1 -12
　第3節　変 圧 器 盤………………………… 3 - 1 -13
　第4節　低圧閉鎖配電盤………………… 3 - 1 -13
　第5節　盤内収容機器…………………… 3 - 1 -14

第2章　施　　工
　第1節　据　付　け……………………… 3 - 2 - 1
　第2節　配　　　線……………………… 3 - 2 - 1

第1章 機　　　材

第1節　キュービクル式配電盤

1.1.1　一般事項
キュービクル式配電盤は、高圧配電線路から受電し、公称電圧6.6kV、定格遮断電流12.5kA以下のものをいう。本節以外の事項は、JIS C 4620「キュービクル式高圧受電設備」による。

1.1.2　構造一般
(a) 扉を開いた状態で、高圧充電露出部と触れないよう、絶縁性保護カバー等を設ける。
(b) 前面保守形（薄形）は、次による。
　(1) 盤の奥行寸法は、1m以下とする。ただし、変圧器容量200kVAを超えるものは除く。
　(2) 機器の点検・操作は、すべて前面より行える構造とする。なお、導体接続部等の締付けや確認が行えるものとする。
　(3) 外部配線およびケーブル等の接続は、すべて前面より行える構造とする。
(c) 配電盤は、正面および後面に用途名称板を設ける。ただし、後面に保守・点検スペースのないものについては、正面だけでよい。名称板は、合成樹脂製（文字刻記または文字印刷）または金属製（文字刻記または文字印刷）とする。
(d) 変圧器、交流遮断器等は、ボルト等を用いて底板または構成材に固定する。なお、移動車輪付き変圧器には、移動転倒防止用ストッパを設ける。
(e) 低圧制御機器等は、主回路充電部に近接しない位置に設ける。
(f) 制御回路の配線用端子台は、電圧種別により十分な離隔を行う。
(g) 配電盤内における高圧部の引込み、引出用ケーブルヘッド等は取付け余地を考慮し、取付け金物等を設ける。
(h) 交流遮断器と機械的または電気的にインターロックされていない断路器には、交流遮断器の開閉状態を電気的または機械的に表示する装置を、断路器の操作場所に近接して設置する。ただし、避雷器用の断路器には設けなくてもよい。
(i) 配電盤の主要器具を取付ける取付け板または取付け枠は、表1.1.1による。ただし、面積が0.1m^{2}以下の取付け板、取付け金物（補助取付け枠、補助板、取付け台等）は、この限りでない。

表1.1.1　取付け板または取付け枠の厚さ
（単位:mm）

	材　料	材料の呼び厚さ 面積0.1m^{2}を超えるもの
取付け板	鋼板	1.6以上
取付け枠	鋼板	1.6以上
	軽量形鋼	2.3以上
	平形鋼・山形鋼	3.0以上

（注）鋼板には、必要に応じ補強を行う。

(j) 変圧器、交流遮断器、高圧進相コンデンサ等の機器端子の高圧充電部には、絶縁性保護カバーを設ける。

なお、モールド変圧器の表面は、高圧充電部とみなす。

(k) 高圧の配線各部の最小絶縁距離は、表1.1.2に示す値以上とする。

表1.1.2 高圧の配線各部の最小絶縁距離　　（単位：mm）

場　　所		最小絶縁距離
高圧充電部[*1]	相互間	90
	大地間（低圧回路を含む）	70
絶縁電線非接続部[*2]	相互間	20
	大地間（低圧回路を含む）	20
高圧充電部と絶縁電線非接続部相互間[*2]		45
電線端末充電部から絶縁支持物までの沿面距離		130

（注）＊1　単極の断路器等の操作にフック棒を用いる場合は、操作に支障のないように、その充電部相互間および外箱側面との間を、120mm以上とする。ただし、絶縁バリアのある断路器等においては、この限りでない。また、絶縁電線の端末部の被覆端から50mm以内は、絶縁テープ処理を行っても、その表面を高圧充電部とみなす。
　　　＊2　最小絶縁距離は、絶縁電線被覆の外側からの距離とする。

(l) 低圧主回路の充電部と非充電金属体間および異極充電部間の絶縁距離は、表1.1.3に示す値以上とする。

表1.1.3　低圧主回路の絶縁距離　　（単位：mm）

線間電圧	最小空間距離	最小沿面距離
300V以下	10	10
300V超過	10＊	20

（注）＊　短絡電流を遮断したときに排出されるイオン化したガスの影響を受けるおそれがある遮断器の一次側の導体は、絶縁処理を施す。

(m) 器具類における絶縁距離および低圧制御回路等の絶縁距離は、次による。
　　空間距離は、JIS C 60664-1「低圧系統内機器の絶縁協調-第1部：基本原則、要求事項及び試験」による。

1.1.3　キャビネット

(a) 配電盤は、表1.1.4に示す標準厚さ以上の鋼板またはステンレス鋼板を用いて製作し、必要に応じ折曲げ、プレスリブ加工または鋼材等で補強を施す。また、組立てた状態において金属部は、相互に電気的に連結しているものとする。ただし、ステンレス鋼板とする場合は、特記による。

表1.1.4　鋼板およびステンレス鋼板の標準厚さ（単位：mm）

構成部	鋼板 屋内	鋼板 屋外	ステンレス鋼板 屋内	ステンレス鋼板 屋外
側面板		2.3		2.0
底板		1.6	1.5	1.5
屋根板	1.6	2.3		2.0
仕切板		1.6	1.2	1.2
ドアおよび前面板		2.3	1.5	2.0

（注）1. 仕切板とは、配電盤内に隔壁として使用するものをいう。
　　　2. ケーブル引込み、引出口の底板は、取外しできるものとする。

(b) 屋内用配電盤は、次による。
　(1) ドアは、施錠でき、かつ、90度以上開いた状態で固定できる構造とする。

(2) ちょう番は、ドア前面から見えないものとする。

(3) ドアの端部は、⌞または⌐形折曲げ加工を行う。

(4) ドアには、ハンドルと連動する上下の押さえ金具を設ける。なお、両開きのドアの場合は、左右それぞれに設ける。

(c) 屋外形配電盤は(b)に準ずるほか、次による。

(1) 防雨性（受電部の部分にあっては、防噴流性）を有し、雨水のたまらない構造とする。

(2) 屋根構造は、原則として正面が高く背面が低い片流れ式とし、屋根の傾斜は1/30以上とする。

(d) 収容された機器の温度が、最高許容温度を超えないように、小動物が侵入し難い構造の通気孔または換気装置を設ける。

(e) 配電盤を構成する鋼板（溶融亜鉛めっきを施すものおよびステンレス鋼板は除く）の表面見え掛かり部分は、製造者の標準色により仕上げる。なお、鋼板の前処理は、次のいずれかとする。

(1) 鋼板は、加工後、脱脂、りん酸塩処理を行う。

(2) 表面処理鋼板を使用する場合は、脱脂を行う。

1.1.4 導電部

(a) 高圧主回路は、その回路を保護する遮断器の定格遮断電流（遮断電流を限流するものにあってはその限流値）に対し機械的強度および熱的強度をもつものとする。

(b) 高圧主回路の配線には、JIS C 3611「高圧機器内配線用電線」による高圧用絶縁電線等を使用するものとし、次による。

(1) PF・S形は、14mm^{2}以上の太さのものとする。

(2) CB形は、38mm^{2}以上の太さのものとする。ただし、計器用変圧器、SPD、高圧進相コンデンサ等への配線は、14mm^{2}以上でよい。

(c) 低圧主回路の配線は、次による。

(1) 電流容量は、次による。

(イ) 変圧器2次側に直接接続される母線の電流容量は、変圧器の定格電流以上とする。

(ロ) 母線と配線用遮断器等とを接続する分岐導体の電流容量は、その配線用遮断器等の定格電流以上とする。

(2) 中性母線は、次による。

(イ) 中性母線の電流容量は、他の母線の電流容量と同一とする。

(ロ) 多線式電路の中性母線には、過電流遮断器を設置してはならない。ただし、過電流遮断器が動作した場合において、各極が同時に遮断されるものは、この限りでない。

(ハ) 中性母線には、容易に操作できる単独の開閉器類およびねじ止め以外のレバーブロックを設けてはならない。

(3) 主回路の配線に銅帯または銅棒を用いる場合は、次による。

(イ) 電流密度は、表1.1.5による。

(ロ) 導体の各部の温度が、JIS C 4620「キュービクル式高圧受電設備」の温度上昇限度を超えないことが保証される場合は、この限りでない。

(ハ) 被覆、塗装、めっき等の酸化防止処置を施す。

表1.1.5　銅帯または銅棒の電流密度

電流容量（A）	電流密度（A/mm^2）
400以下	2.5以下
800以下	2.0以下
1,200以下	1.7以下
2,000以下	1.5以下

（注）1. 材料の面取りおよび整形のため、電流密度は、＋5％の裕度を認める。
　　　2. 途中にボルト穴の類があっても　その部分の断面積の減少が1/2以下の場合は、これを考慮しなくてもよい。

(4) 主回路配線に電線を用いる場合は、JCS 3416「600V耐燃性ポリエチレン絶縁電線（EM-IE）」、JIS C 3317「600V二種ビニル絶縁電線（HIV）」、JIS C 3307「600Vビニル絶縁電線（IV）」、JIS C 3316 「電気機器用ビニル絶縁電線」等とする。なお、電線の許容電流は表1.1.6による。ただし、最小電流容量は、30A以上とする。

表1.1.6　電線の許容電流

太さ（mm^2）	許容電流（A） EM-IE、HIV	許容電流（A） IV
3.5	39	30
5.5	52	40
8	65	49
14	95	71
22	124	93
38	174	132
60	234	177
100	321	243
150	426	322
200	506	382
250	600	453
325	702	530

（注）1. 基準周囲温度は40℃とし、周囲温度が高くなるおそれのある場合には、補正を行う。
　　　2. 他の電線を使用する場合は、最高許容温度により、許容電流を増加させてもよい。

(d) 主回路導体は、表1.1.7により配置し、その端部または一部に色別を施す。ただし、工事上やむを得ない場合の配置および色別された絶縁電線を用いる場合は、この限りでない。

表1.1.7 主回路導体の配置色別

電圧種別	電気方式	左右、上下遠近の別	赤	白	黒	青	白
高圧	三相3線	左右の場合左から 上下の場合上から 遠近の場合近い方から	第1相	第2相	—	第3相	—
低圧	三相3線	左右の場合左から 上下の場合上から 遠近の場合近い方から	第1相	接地側第2相	非接地第2相	第3相	—
低圧	三相4線		第1相	—	第2相	第3相	中性
低圧	単相2線		第1相	接地側第2相	非接地第2相	—	—
低圧	単相3線		第1相	中性相	第2相	—	—
低圧	直流2線式	左右の場合右から 上下の場合上から 遠近の場合近い方から	正極	—	—	負極	—

(注) 1. 三相回路または単相3線式回路より分岐する回路は、分岐前の色別による。
　　 2. 単相2線式の第1相は、黒色としてもよい。
　　 3. 三相交流の相は、第1相、第2相、第3相の順に相回転する。
　　 4. 左右、遠近の別は、各回路部分における主となる開閉器の操作側またはこれに準ずる側から見た状態とする。

(e) 盤内配線に低圧の電線を使用する場合、電線の被覆の色は、表1.1.8による。なお、主回路は表1.1.7の色別によってもよい。

表1.1.8 電線の被覆の色

回路の種別	被覆の色
一般	黄
接地線	緑または緑/黄

(注) 1. 主回路に特殊な電線を使用する場合は、黒色としてもよい。
　　 2. 制御回路等に特殊な電線を使用する場合は、他の色としてもよい。
　　 3. 接地線は、回路または器具の接地を目的とする配線をいう。
　　 4. 接地線にやむを得ず本表以外の色を用いた場合は、その端部に緑色の色別を施す。

(f) 制御回路等の配線は、次による。
　(1) 制御回路の配線は1.25mm²以上、計器用変成器の2次回路の配線は2mm²以上とし、電線の種類は(c)(4)により、被覆の色は表1.1.8による。ただし、電子回路用等の配線は、製造者の標準とする。
　(2) 監視制御回路等の配線は、ドアの開閉、収納機器の引出し、押込み等の際に損傷を受けることがないようにする。
(g) 導電接続部は、次による。
　(1) 導電部相互の接続または機器端子との接続は、構造に適合した方法により電気的かつ機械的に完全に接続する。
　(2) 変圧器と銅帯との接続には、可とう導体または電線を使用し、可とう性を有するように接続する。
　(3) 外部配線と接続するすべての端子またはその付近には、端子符号を付ける。
　(4) 低圧の外部配線を接続する端子部（器具端子部を含む）は、電気的かつ機械的に完全に接続できるものとし、次による。
　　(イ) ターミナルラグを必要とする場合は、圧着端子とし、これを具備する。なお、主回路に使用する圧着端子は、JIS C 2805「銅線用圧着端子」による裸圧端子とする。ただし、これにより難い場合は、盤製造者が保証する裸圧着端子としてもよい。
　　(ロ) 絶縁被覆のないターミナルラグには、肉厚0.5mm以上の絶縁キャップまたは絶縁カバーを付属させる。
　　(ハ) 端子台を設ける場合は、ケーブルのサイズに適合したものとする。

(5) 主回路配線で電線を接続する端子部にターミナルラグを使用する場合で、その間に絶縁性隔壁のないものは、次のいずれかによる。
　(イ) ターミナルラグを2本以上のねじで取付ける。
　(ロ) ターミナルラグに振止めを設ける。
　(ハ) ターミナルラグが30度傾いた場合でも1.1.2(m)の絶縁距離を保つように取付ける。
　(ニ) ターミナルラグの絶縁キャップ相互の間隔は、2mm以上とする。
(6) 接続端子部近辺には不可逆性の感熱表示ラベル等を貼付し、貼付する部分は次による。
　(イ) 変圧器2次側端子（電線、ケーブルとの接続部とする）
　(ロ) 低圧配電盤1次側母線（電線、ケーブルとの接続部とする）

1.1.5 盤内器具類
　(a) 開閉器類は、次による。
　(1) 配線用遮断器および低圧気中遮断器は、JIS C 8201-2-1 低圧開閉装置及び制御装置-第2-1部：回路遮断器(配線用遮断器及びその他の遮断器) による。
　(2) 漏電遮断器は、JIS C 8201-2-2 低圧開閉装置及び制御装置-第2-2部：(漏電遮断器) による。
　(3) 電磁接触器は、第2編1.7.6(c)による。ただし、コンデンサ開閉用のものにあっては、常時励磁式とし、次に示す性能以上とする。
　　(イ) 使用負荷種別：AC-3号
　　(ロ) 開閉頻度および通電率の組合わせの号別：5号
　　(ハ) 耐久性の種別
　　　(ⅰ) 機械的耐久性：3種
　　　(ⅱ) 電気的耐久性：3種
　(4) 双投電磁接触器は、(3)による。ただし、電気的または機械的にインターロックされている場合は、単投のものを2個組合わせてもよい。また、電源切替え等に使用する開閉頻度の少ないものは、次に示す性能以上のものとしてもよい。
　　(イ) 機械的耐久性：5種
　　(ロ) 電気的耐久性：5種
　(b) 監視制御回路等に用いる回路保護装置は、第2編1.12.5による。
　(c) 計器用変成器は、次による。
　(1) 計器用変成器は、JIS C 1731-2「計器用変成器-（標準用及び一般計測用）第2部：計器用変圧器」およびJEC 1201「計器用変成器（保護継電器用）」によるほか、次による。
　　(イ) 屋内用としモールドは、全モールドまたはコイルモールドとする。
　　(ロ) 高圧用は、エポキシまたは合成ゴムモールド形とし、最高電圧は6.9kV、耐電圧は表1.1.9、表1.1.10および表1.1.11の試験電圧に耐えるものとする。

表1.1.9　計器用変圧器の試験電圧（雷インパルス耐電圧）　　（単位：kV）

公称電圧	最高電圧	試験電圧（雷インパルス耐電圧）	
		全　　波	裁　断　波
		非接地形および接地形計器用変圧器	非接地形および接地形計器用変圧器（コンデンサ形計器用変圧器を除く）
6.6	6.9	60	65

表1.1.10 計器用変圧器の試験電圧（商用周波耐電圧）　　　（単位：kV）

公称電圧	最高電圧	試験電圧（商用周波耐電圧）		
		非接地形計器用変圧器の1次巻線一括と2次巻線および外箱一括間／コンデンサ形計器用変圧器の1次線路側端子と1次接地側端子間	接地形計器用変圧器の1次接地側端子と外箱間	コンデンサ形計器用変圧器の分圧コンデンサの端子間
6.6	6.9	22	2	—

表1.1.11 計器用変圧器の試験電圧（誘導耐電圧）

種　類	試験電圧（誘導耐電圧）
非接地形計器用変圧器	定格1次電圧の2倍
単相接地形計器用変圧器	定格1次電圧の3.46倍
三相接地形計器用変圧器*	定格1次電圧の2倍
コンデンサ形計器用変圧器の変圧器	1次接地側端子の試験電圧の分圧電圧

（注）＊　三相接地形計器用変圧器の試験電圧は、1次線路側端子と1次接地側端子間に誘導させる。

　(ハ)　確度階級は、次による。

　　(i)　JISによる場合は、1.0級以上とする。

　　(ii)　JECによる場合は、1P級以上とする。

　(ニ)　定格2次負担は、その回路に接続される計器、継電器、配線等の必要な負担を有する。

(2)　変流器は、(イ)～(ヘ)によるほか、表1.1.12に示す規格による。

表1.1.12 変流器

呼　称	規格名称等
計器用変成器	JIS C 1731-1　計器用変成器-(標準用及び一般計測用) 第1部：変流器
	JIS C 4620　キュービクル式高圧受電設備 附属書1 (規定) 変流器
	JEC 1201　計器用変成器（保護継電器用）

　(イ)　屋内用とし、モールドは、全モールドまたはコイルモールドとする。

　(ロ)　高圧用のものの最高電圧は6.9kV、耐電圧は表1.1.13の試験電圧に耐えるものとする。

表1.1.13 変流器の試験電圧　　　（単位：kV）

公称電圧	最高電圧	試験電圧		
		雷インパルス耐電圧（全波）	商用周波耐電圧　1次巻線（1次導体）一括と2次巻線および外箱一括間	商用周波耐電圧（低圧側）
				2次巻線と外箱相互間／1次巻線または2次巻線が2つ以上の相互に絶縁された巻線からなるものの巻線相互間
6.6	6.9	60	22	2

　(ハ)　確度階級は、次による。

　　(i)　JISによる場合は、1.0級以上とする。ただし、定格過電流強度が40倍を超えるものは3.0級以上としてよい。

　　(ii)　JECによる場合は、1PS級（継電器専用のものは1P級）以上とする。ただし、定格過電流強度が40

倍を超えるものは3PS級（継電器専用のものは3P級）以上としてよい。
- (ニ) 定格2次負担は、(1)(ニ)による。
- (ホ) 必要な熱的および機械的強度をもつ。
- (ヘ) 瞬時要素付きの保護継電器に用いるものの定格過電流定数は、10以上とする。

(3) 零相変流器は、次による。
- (イ) 高圧地絡継電器用に用いるものは、JIS C 4601「高圧受電用地絡継電装置」による。
- (ロ) 高圧地絡方向継電器用に用いるものは、JIS C 4609「高圧受電用地絡方向継電装置」による。
- (ハ) 屋内用とし、モールドは、全モールドまたはコイルモールドとする。
- (ニ) ケーブルの太さに適合する貫通形とする。

(d) 指示計器は、次による。
(1) 機械式は、表1.1.14に示す規格によるほか、次による。
- (イ) 角形埋込形（広角度目盛）とする。
- (ロ) 大きさは、110mm角以上とする。
- (ハ) 指示計器の階級は、1.5級（周波数計、位相計、力率計および無効率計を除く）とする。
- (ニ) 周波数計の階級は、1.0級とする。
- (ホ) 位相計、力率計および無効力率計の階級は、5.0級とする。

表1.1.14　機械式の指示計器

呼　称	規格名称等	備　考
指示計器	JIS C 1102-1　直動式指示電気計器 第1部：定義及び共通する要求事項	JISマーク表示品
	JIS C 1102-2　直動式指示電気計器 第2部：電流計及び電圧計に対する要求事項	〃
	JIS C 1102-3　直動式指示電気計器 第3部：電力計及び無効電力計に対する要求事項	〃
	JIS C 1102-4　直動式指示電気計器 第4部：周波数計に対する要求事項	〃
	JIS C 1102-5　直動式指示電気計器 第5部：位相計，力率計及び同期検定器に対する要求事項	〃
	JIS C 1102-7　直動式指示電気計器 第7部：多機能計器に対する要求事項	〃
	JIS C 1102-8　直動式指示電気計器 第8部：附属品に対する要求事項	
	JIS C 1103　配電盤用指示電気計器寸法	

(2) 電子式は、表1.1.14に示す規格によるほか、次による。
- (イ) 指示計器の階級は、1.5級（周波数計、位相計、力率計および無効率計を除く）とする。
- (ロ) 周波数計の階級は、1.0級とする。
- (ハ) 位相計、力率計および無効力率計の階級は、5.0級とする。
- (ニ) 複数の計器を兼用し1台で複数の項目の表示ができるものでもよい。ただし、兼用する場合は、1台で1つの単位回路までとする。

(e) 最大需要電流計（警報接点付き）は、次による。
(1) 機械式は、次による。
- (イ) 角形埋込形とする。
- (ロ) 大きさは、110mm角以上とする。
- (ハ) 需要指針（時限針）、最大需要指針（置針）および警報用指針または指標（整定針または指標）を有する。
- (ニ) 瞬時電流計を組込むかまたは付属する。
- (ホ) 需要指針および瞬時電流計の階級は、1.5級とする。
- (ヘ) 需要指針は、熱動形とする。

(ト)　時限（95％指示時間）は、10分間とする。
　(2)　電子式は、次による。
　　　(イ)　需要指針値、最大需要指示値を表示でき、警報用指示値または指標値を任意に設定、表示できる。
　　　(ロ)　瞬時電流値を表示できる。
　　　(ハ)　需要指針値および瞬時電流値の階級は、1.5級とする。
　　　(ニ)　時限（95％指示時間）は、10分間とする。
(f)　積算計器は、表1.1.15に示す規格によるほか、次による。
　(1)　屋内用埋込形とする。
　(2)　電力量計は、表1.1.15に示す規格による普通計器以上のものとし、計量法による検定品としない。
　(3)　電子式電力量計は、性能において(2)による。

表1.1.15　積算計器

呼　　称	規格名称等
積算計器	JIS C 1210　電力量計類通則
	JIS C 1211-1　電力量計（単独計器）-第1部：一般仕様
	JIS C 1216-1　電力量計（変成器付計器）-第1部：一般仕様
	JIS C 1263-1　無効電力量計-第1部：一般仕様
	JIS C 1281　電力量計類の耐候性能
	JIS C 1283-1　電力量，無効電力量及び最大需要電力表示装置（分離形）-第1部：一般仕様

(g)　高調波計（警報接点付き）は、次による。
　(1)　高調波電流の検出方法は、電流検出方式または電圧検出方式とする。
　(2)　高調波総合ひずみ率および各次数成分ひずみ率を表示できる。
　(3)　警報値を任意に設定できる。
　(4)　高調波指示値の階級は、2.5級とする。
(h)　保護継電器は、静止形または誘導形とし、JEC 2500「電力用保護継電器」および個別規格によるほか、次による。
　(1)　埋込形とする。
　(2)　高圧過電流継電器は、次による。
　　　(イ)　受電用に用いるものは、JIS C 4602「高圧受電用過電流継電器」とし、瞬時要素付きとする。
　　　(ロ)　それ以外に用いるものは、JIS C 4602「高圧受電用過電流継電器」またはJEC 2510「過電流継電器」による。
　(3)　高圧地絡継電器は、JIS C 4601「高圧受電用地絡継電装置」による。
　(4)　高圧地絡方向継電器は、JIS C 4609「高圧受電用地絡方向継電装置」による。
　(5)　電圧継電器は、JEC 2511「電圧継電器」による。
　(6)　比率差動継電器は、JEC 2515「電力機器保護用比率差動継電器」による。
(i)　デマンド監視装置は、次による。
　(1)　埋込形とする。
　(2)　デマンド時限は、30分とする。
　(3)　静止形とし、パルス変換器等を付属させる。
　(4)　警報値の設定は、デジタルで3段階の設定ができる。
　(5)　デジタル表示するものは、次のものとする。

　　　　(イ)　現在デマンド値

　　　　(ロ)　使用可能な電力値または基準電力値

　　　　(ハ)　時限残り時間

　　(6)　各段階の警報を、ブザーおよび表示灯により行う。

　　(7)　外部出力用の接点は、3点以上とする。

　　(8)　時限初期の警報ロック機能をもつ。

(j)　自動力率制御装置は、メーターリレー形または静止形とし、次による。

　　(1)　埋込形とする。

　　(2)　無効電力検出方式とする。

　　(3)　出力制御方式は、サイクリック制御とする。

　　(4)　時限設定が可能な遅延タイマ付きとする。

　　(5)　試験用手動投入スイッチを組込むかまたは付属させる。

(k)　制御回路等に用いる制御継電器は、第2編1.12.5による。

(l)　補助継電器は、第2編1.12.5による。

(m)　制御用スイッチは、第2編1.12.5による。なお、捻回形制御用スイッチは、次による。

　　(1)　自動復帰式制御スイッチは、誤操作を防止した機能のもので、ハンドル戻しは、スプリング等による自動式とする。

　　(2)　停止式制御用スイッチは、ハンドルの引きおよび戻しはない機構のものとする。

(n)　表示灯は、2灯表示式（緑、赤）とするほか、第2編1.12.5による。

(o)　表示器は、次による。

　　(1)　故障表示器は、次による。

　　　　(イ)　照光式故障表示器

　　　　　　表面は、アクリル樹脂等材料を使用し、保護継電器等の動作の表示記号または文字が刻記または印刷されたものとする。なお、照光表示は、発光ダイオードを用いて行う。

　　　　(ロ)　ターゲット式故障表示器

　　　　　　動作コイル表示板、復帰子、押しボタン等により構成されるものとする。

　　　　(ハ)　液晶表示器

　　　　　　液晶パネルに表示記号または文字を、表示するものとする。

　　(2)　動作表示器は、(1)による。

(p)　低圧進相コンデンサは、JIS C 4901「低圧進相コンデンサ（屋内用）」によるほか、次による。

　　(1)　相数は三相とし、直列リアクトル（6％のもの）と組合わせて使用し、定格電圧は表1.1.16による。

表1.1.16　低圧進相コンデンサの定格電圧

電圧の種別	定格電圧
200V級	234V
400V級	468V

　　(2)　放電抵抗器付きとする。

(q)　低圧進相コンデンサ用直列リアクトルは、JIS C 4901「低圧進相コンデンサ（屋内用）附属書JA（参考）低圧進相コンデンサ用直列リアクトル」による。なお、相数は三相とし、定格電圧は表1.1.17による。

表1.1.17　低圧進相コンデンサ用直列リアクトルの定格電圧

（単位：V）

回路電圧	定格電圧
220	8.11
440	16.2

(r) 屋内支持がいしは、JIS C 3814「屋内ポストがいし」、JIS C 3851「屋内用樹脂製ポストがいし」によるものとし、高圧用のものの耐電圧は表1.1.18による。

表1.1.18　屋内支持がいしの耐電圧　　（単位：kV）

公称電圧	定格電圧	雷インパルス耐電圧(全波)	商用周波耐電圧
6.6	7.2	60	22

(s) 試験用端子は、次による。
　(1) 高圧回路の変流器および計器用変圧器には、盤表面の作業しやすい位置に試験用端子を設ける。なお、プラグイン形とし試験用プラグを付属させる。
　(2) 零相変流器の試験用端子は、盤表面または盤内の作業しやすい位置に設ける。
(t) 盤内には、内部照明用の蛍光灯を盤ごとに設ける。なお、点滅はドアの開閉による。また、点検用の2P 125V 15Aコンセントを同一列盤で1カ所以上設ける。
(u) 換気装置は製造者の標準とし、運転は盤内の最高許容温度を超えないものとする。
(v) 配線用遮断器等またはその付近に回路名称を示すカードホルダまたは用途名称板等を設ける。
(w) 器具番号表示は、次による。
　盤に取付ける器具には、器具または器具付近の容易に見える位置にJEM 1090「制御器具番号」、JEM 1093「交流変電所用制御器具番号」による器具番号の表示を行う。
(x) 予備品等は、次による。
　配電盤等の監視制御回路等に用いるヒューズは、現用数のそれぞれ20％とし、種別ごとに1個以上を具備する。
(y) 盤用標準付属工具は、製造者の標準一式とする。

1.1.6　接　　地

(a) 接地する機材、電路、接地線の太さ等は、第2編第2章第14節「接地」による。
(b) 外部接地配線と接続する配電盤の接地端子は、次による。
　(1) 接地端子は、銅もしくは黄銅製の端子台または接地母線に取付け、はんだ上げを要しないものとする。
　(2) 接地端子を取付けるねじは、十字穴付きまたは溝付き六角頭とし、頭部に容易に消えないような緑色の着色を施す。
(c) 盤内接地回路は、B種、避雷器およびその他の種別（A種、C種、D種）の3種類に分け、接地別に外部接地配線と接続する接地端子まで配線する。
(d) B種接地端子は、金属製箱と絶縁して設け、変圧器ごとに安全かつ容易に漏れ電流を測定できるものとする。
(e) 避雷器接地端子は、金属製箱と絶縁して設け、他の接地端子と離隔する。

1.1.7 表　　示

(a) 次の事項を表示する銘板を正面ドア裏面に設ける。

(b) 名称、形式

(c) 屋内・屋外用別（別銘板としてもよい）

(d) 受電形式（相、線式、kV）

(e) 定格周波数（Hz）

(f) 受電設備容量（kVA）

(g) 定格遮断電流（kA）

(h) 総質量（kg）

(i) 製造者名および受注名（受注名は、別銘板としてもよい）

(j) 製造番号

(k) 製造年月

第2節　高圧閉鎖配電盤

1.2.1　一般事項

本節以外の事項は、JEM 1425「金属閉鎖形スイッチギヤ及びコントロールギヤ」による。

1.2.2　構造一般

構造一般は、1.1.2（(e)、(l)および(m)を除く）によるほか、次による。

(a) 引出形の交流遮断器、開閉器等を使用する場合は、引出用ガイドレール、ストッパ等を備える。

(b) 多段式配電盤はリフタにより、交流遮断器等の組込みおよび積卸しを行いやすい構造とする。

(c) 交流遮断器は、固定取付け式のものにあっては、ボルト等を用い、引出形等移動車輪のあるものは移動防止装置を用いて構成材に固定する。

1.2.3　キャビネット

キャビネットは、1.1.3による。

1.2.4　導電部

導電部は、1.1.4に準ずる。

1.2.5　接　地

接地は、1.1.6による。

1.2.6　表　示

表示は、1.1.7による。

第1章　機　材

Coffee Break

JEM 1425「金属閉鎖形スイッチギヤ及びコントロールギヤ」

3.6～36 kVの電圧を対象にした金属閉鎖形配電盤のことを「金属閉鎖形スイッチギヤ及びコントロールギヤ」という。日本電機工業会規格のJEM 1425で定められている。一般には、小規模設備はJIS規格、列盤構成の中・大容量規模はJEM規格となる。

スイッチギヤ（switchgear）とは開閉装置のことをいう。キュービクルはスイッチギヤの中の一種で、その関係を示したのが表1となる。

表1　スイッチギヤの種類と基本仕様（JEM 1425）

機器収納	主回路絶縁の有無	盤間の仕切板	規格の分類記号	スイッチギヤの分類	保護等級（異物侵入）
固定機器を箱体に収納	なし	なし	CX形	キュービクル形スイッチギヤ	
搬出形機器を箱体に収納			CY形		
引出形機器を箱体に収納			CW形		
引出形機器を機能ユニットに収納して列盤構成する	あり	あり（非金属）	PW	コンバート形スイッチギヤ	IP 2 X（12mm） IP 3 X（2.5mm） IP 4 X（1.0mm） （試験器具径）
			PWG		
	なし	あり（金属）	MW	メタルクラッド形スイッチギヤ	
	あり		MWG		

第3節　変圧器盤

1.3.1　一般事項

変圧器盤は、変圧器と高圧負荷開閉器、計器用変成器、配線用遮断器等の全部または一部を接地された金属箱に収容するものとし、本節以外の事項は、第1節「キュービクル式配電盤」による。

1.3.2　構造一般

構造一般は、1.1.2による。

1.3.3　導電部

導電部は、高圧の導体に銅帯または銅棒を用いる場合は1.1.4(c)(3)による。

第4節　低圧閉鎖配電盤

1.4.1　一般事項

低圧閉鎖配電盤は、配線用遮断器、計器用変成器、母線等の全部または一部を、接地された金属箱内に収容するものとし、本節以外の事項は、第1節「キュービクル式配電盤」による。

1.4.2　構造一般

構造一般は、1.1.2（(d)、(f)、(g)、(j)および(k)を除く）による。低圧閉鎖配電盤の形式は、JEM 1265「低圧金属閉鎖形スイッチギヤ及びコントロールギヤ」による。

第5節　盤内収容機器

1.5.1　交流遮断器

交流遮断器は、JIS C 4603「高圧交流遮断器」またはJEC 2300「交流遮断器」に適合するほか、次による。

(a) 交流遮断器の種類は、真空遮断器またはガス遮断器とする。
(b) 定格電圧は7.2kVとし、絶縁階級は6号Aとする。
(c) 定格遮断時間は、5サイクル以下とする。
(d) 標準動作責務は、JISに規定するA号とする。
(e) 操作方法は、直流100V瞬時励磁方式または電動バネ蓄勢方式として、手動引外し装置付きとする。
(f) 主回路は水平引出し、自動連結の引出形とする。ただし、屋外盤は、固定形とすることができる。
(g) 動作度数記録計付きとする。
(h) 多段積みの場合は、引出押込用リフタを設置した部屋に対し1台備える。

1.5.2　高圧電磁開閉器

高圧電磁開閉器は、JEM 1167「高圧交流電磁接触器」に適合するほか、次による。

(a) 主回路の定格使用電圧は、6.6kVとし、絶縁階級は6号B以上とする。
(b) 定格短時間電流に1秒間機械的、熱的に耐える強度をもつ。
(c) 操作方式は、直流100V瞬時励磁方式とし、手動引外し装置付きとする。
(d) 主回路は水平引出しで、自動連結の引出式とする。
(e) 三極双投形は、開閉器2組をもって構成し、必要に応じ機械的インターロック機構を備える。
(f) 多段積みの場合は、引出しおよび押込用リフタ（遮断器兼用の場合は除く）を設置した部屋に対して1台備える。

1.5.3　配電用変圧器

配電用変圧器は、JEC 2200「変圧器」またはJIS C 4306「配電用6kVモールド変圧器」に適合するほか、次による。

(a) 絶縁モールド形とし、絶縁種類はB種以上とする。
(b) 高圧側の公称電圧は、6.6kVとし、絶縁強度は短時間交流試験電圧を22kV、雷インパルス全波試験電圧を60kVとする。
(c) 定格は、連続定格とする。
(d) 冷却方式は、自冷式とする。
(e) 1次側が高圧の場合、単相、三相とも50kVA以下は3タップ、50kVA超過の場合は5タップとする。なお、1次側が低圧の場合は3タップとする。
(f) UPS（交流無停電電源装置）の入出力回路に使用する変圧器は、混触防止板付きとする。
(g) UPSの出力側に使用する変圧器の励磁突入電流は、原則として定格電流の300％以下とする。
(h) 配電用変圧器には、次のものを付属させる。
　(1) 標準付属品一式
　(2) ダイヤル温度計（原則として150kVA以上のもの）
　(3) 重量50kg以上の場合は、移動平車輪付きとし、必要に応じて引出し、押込用傾斜台を設置した部屋に対して1台備付ける。

1.5.4 高圧進相コンデンサ

高圧進相コンデンサは、JIS C 4902-1「高圧及び特別高圧進相コンデンサ並びに附属機器-第1部：コンデンサ」によるほか、次による。

(a) 定格電圧は6.6kVとし、絶縁階級は6号Aとする。
(b) 相数は三相とする。
(c) 放電装置としての放電抵抗は、付属または内蔵とする。
(d) 警報接点付きとする。

1.5.5 高圧進相コンデンサ用直列リアクトル

高圧進相コンデンサ用直列リアクトルは、JIS C 4902-2「高圧及び特別高圧進相コンデンサ並びに附属機器-第2部：直列リアクトル」によるほか、次による。

(a) 定格回路電圧は6.6kVとし、絶縁階級は6号Aとする。
(b) 相数は、三相とする。
(c) モールド形とする。
(d) 冷却方式は、自冷式とする。

1.5.6 断路器

断路器は、JIS C 4606「屋内用高圧断路器」およびJEC 2310「交流断路器」によるほか、次による。

(a) 定格電圧は7.2kVとし、絶縁階級は6号Aとする。
(b) 短時間短絡電流は、断路器の2次側に設置される遮断器等の値と同等以上とする。
(c) 操作方式は、三極同時開閉の遠隔手動操作（リンク機構操作）方式とし、開閉表示用補助接点付きとする。
(d) 主回路に使用する場合は、断路器2次側の遮断器等が閉のとき開閉できない機構とする。
(e) 接触部の構造は、定格短時間電流12.5kA以下の断路器については、十分な余裕をもった接触構造とし、12.5kAを超える断路器については、スプリング等による他力圧接形構造とする。

1.5.7 高圧負荷開閉器（受電点区分開閉器）

高圧負荷開閉器は、JIS C 4605「高圧交流負荷開閉器」およびJIS C 4607「引外し形高圧交流負荷開閉器」およびJIS C 4611「限流ヒューズ付高圧交流負荷開閉器」によるほか、次による。

(a) 定格電圧は7.2kVとし、絶縁階級は6号Aとする。
(b) 気中または真空開閉器とし、手動操作または直流100V瞬時励磁操作とする。
(c) 絶縁バリアを設ける。
(d) 限流ヒューズと組合わせるものは、次による。
　(1) 定格短時間電流は、4kA以上とする。
　(2) 引外し装置付きのものの定格過負荷遮断電流は、限流ヒューズと協調のとれたものとする。
　(3) ストライカ装置および警報接点付きのものとする。
(e) 引込柱に設けるものは、(a)および(b)によるほか、次による。
　(1) 屋外閉鎖形とし、手動操作とする。
　(2) 過電流蓄勢トリップ付き地絡トリップ形とし、定格制御電圧は、AC100Vとする。

1.5.8 避雷器

避雷器は、JIS C 4608「高圧避雷器（屋内用）」およびJEC 203「避雷器」およびJEC 217「酸化亜鉛型避雷器」によるほか、次による。

(a) 定格電圧は、8.4kVとする。
　　(b) 公称放電電流は、受電用は10kA、サージ吸収用は2.5kA、その他は5kAとする。
　　(c) サージ吸収用以外は、引出式を標準とする。

1.5.9　計器用変成器

　　計器に用いるものは、JIS C 1731-1「計器用変成器－(標準用及び一般計測用) 第1部：変流器」により、JIS C 1731-2「計器用変成器－(標準用及び一般計測用) 第2部：計器用変圧器」に用いるものおよび保護継電器と計器に共用するものは、JEC 1201「計器用変成器(保護継電器用)」によるほか、次による。

(a) 計器用変圧器は、次による。
　(1) 屋内用巻線形でモールド形とし、高圧用にあっては引出式を標準とする。
　(2) 高圧用の定格1次電圧は6.6kVとし、絶縁階級は6号Aとする。
　(3) 確度階級は、1.0級または1P級以上、3G級とする。
　(4) 定格2次負担、定格3次負担は、それぞれ100VA、50VA以上を原則とする。
　(5) 1次側に設ける高圧ヒューズは、遮断器および開閉器の遮断容量をもつ限流式とする。

(b) 計器用変流器は、次による。
　(1) 屋内用とし、モールド形とする。
　(2) 高圧用の最高電圧は6.9kVとし、絶縁階級は6号Aとする。
　(3) 確度階級は、1.0級または1PS級以上とする。
　(4) 定格2次負担は、高圧用にあっては40VA以上、低圧用にあっては15VA以上とし、十分な過電流強度をもつ。

1.5.10　零相変流器

　　高圧地絡継電器用に用いるものは、JIS C 4601「高圧受電用地絡継電装置」、高圧地絡方向継電器に用いるものは、JIS C 4609「高圧受電用地絡方向継電装置」によるほか、次による。

(a) 屋内用とし、樹脂モールドの貫通形とする。
(b) 定格電圧は6.6kVとし、絶縁階級は6号Aとする。
(c) 定格零相1次電流、定格零相2次電流は、それぞれ200mA、1.5mAとする。
(d) 確度階級は、H級とする。
(e) 定格負担は、10Ω(力率0.5遅れ電流)とし、十分な定格過電流強度をもつ。

1.5.11　零相電圧検出器(コンデンサ形)

　　零相電圧検出器(コンデンサ形)は、次による。

(a) 最高電圧は、6.9kVとし、絶縁階級は6号Aとする。
(b) 引出式を原則とする。

1.5.12　高圧地絡継電器

　　高圧地絡継電器は、JIS C 4601「高圧受電用地絡継電装置」、JIS C 4609「高圧受電用地絡 方向継電装置」によるほか、次による。

(a) 埋込形引出式で、静止形とし、誤動作防止のための方向性をもつ。
(b) 地絡電流に対し動作が確実で、温度変化、周波数変化が小さく安定している。
(c) 耐振性、耐衝撃性に優れ、時限整定目盛がある。

1.5.13　過電流継電器

高圧受電用過電流継電器は、JIS C 4602「高圧受電用過電流継電器」およびJEC 2510「過電流継電器」によるほか、次による。

(a)　埋込形引出式で静止形とする。
(b)　過電流に対し動作が確実で、温度変化、周波数変化が小さく安定している。
(c)　耐震性、耐衝撃性に優れ、時限整定目盛付きで、過電流に対し十分な強度をもつ。
(d)　主要回路に使用するものは、瞬時要素付きとする。

1.5.14　その他の保護継電器

その他の保護継電器は、JEC 2500「電力用保護継電器」によるほか、次による。

(a)　埋込形引出式で静止形とする。
(b)　動作が確実で、温度変化、周波数変化が小さく安定している。
(c)　耐震性、耐衝撃性に優れている。

1.5.15　計　器　類

(a)　指示計器は、JIS C 1102-1「直動式指示電気計器-第1部：定義及び共通する要求事項」～ JIS C 1102-9「直動式指示電気計器-第9部：試験方法」および JIS C 1103「配電盤用指示電気計器寸法」によるほか、次による。ただし、トランスデューサ方式の指示計器は除く。
　(1)　角形丸胴埋込形（広角度目盛）とする。
　(2)　大きさは110mm角とする。
　(3)　指示計器の確度階級は、1.5級（周波数計、位相計、力率計および無効力率計を除く）とする。
　(4)　周波数計の確度階級は、1.0級とする。
　(5)　位相計、力率計および無効力率計の確度階級は5.0級とする。
(b)　積算計器はJIS C 1210「電力量計類通則」、JIS C 1216-1「電力量計（変成器付計器）-第1部：一般仕様」、JIS C 1263-1「無効電力量計-第1部：一般仕様」、JIS C 1281「電力量計類の耐候性能」およびJIS C 1283-1「電力量、無効電力量及び最大需要電力表示装置（分離形）-第1部：一般仕様」によるほか、次による。
　(1)　屋内用埋込形で、電力量計は、1kWhパルス発振器付きを標準とする。
　(2)　原則として検定付きの製品とする。

1.5.16　高圧限流ヒューズ

高圧限流ヒューズは、JIS C 4604「高圧限流ヒューズ」によるほか、次による。

(a)　定格電圧は7.2kVとし、絶縁階級は6号Aとする。
(b)　定格遮断電流は20kA以上とし、遮断表示確認機構付きとする。
(c)　用途による種別は、次による。
　(1)　キュービクル配電盤の主遮断装置として用いるものは、JIS C 4604「高圧限流ヒューズ」によるG種とする。
　(2)　変圧器の保護用は、JIS C 4604「高圧限流ヒューズ」によるT種とする。
　(3)　コンデンサの保護用は、JIS C 4604「高圧限流ヒューズ」によるC種とする。

1.5.17　配線用遮断器

主回路に用いる配線用遮断器は、JIS C 8201-2-1「低圧開閉装置及び制御装置-第2-1部：回路遮断器（配線用遮断器及びその他の遮断器）」によるほか、次による。

(a) 裏面配線方式とする。

(b) フレームの大きさは、引出式のものは100A以上とし、定格遮断電流は7.5kA以上とする。

(c) 開閉表示用補助接点および警報接点付きとする。

(d) 単相3線式以上の配電系統における配線用遮断器は、2次側の種別にかかわりなく3極または4極とする。

(e) 切替部に使用する場合はプラグイン式とする。

1.5.18 漏電遮断器

漏電遮断器は、JIS C 8201-2-2「低圧開閉装置及び制御装置-第2-2部:漏電遮断器」によるほか、次による。

(a) 過電流保護機能を備えたものとし、1.5.17(e)を除く。

(b) 高速形で雷インパルス不動作形のものとする。

1.5.19 電磁開閉器

電磁開閉器は、JIS C 8201-3「低圧開閉装置及び制御装置-第3部:開閉器、断路器、断路用開閉器及びヒューズ組みユニット」によるほか、次による。

(a) 電磁開閉器の種類は気中形とする。

(b) 電流容量は30A以上とする。

(c) 開閉頻度は4号以上とする。

(d) 機械的寿命、電気的寿命はそれぞれ4種、3種以上とする。

(e) 制御電源は、直流100Vまたは交流100Vもしくは200Vとする。

1.5.20 制御用継電器

制御用継電器は、次による。

(a) 電動機の過負荷(過電流)、単相(欠相)または逆相運転を防止する保護継電器は、JIS C 8201-3「低圧開閉装置及び制御装置-第3部:開閉器、断路器、断路用開閉器及びヒューズ組みユニット」、JEM 1356「電動機用熱動形及び電子式保護継電器」およびJEM 1357「三相誘導電動機用誘導形及び静止形保護継電器」による。

(b) 補助継電器として用いる電磁形の制御継電器は、JIS C 4540-1「電磁式エレメンタリリレー-第1部:一般要求事項」、JEM 1038「電磁接触器」によるほか、次による。

(1) 補助継電器は、プラスチックカバー付きのプラグイン式とする。

(2) 電流容量は3A以上、開閉頻度は2号以上とし、機械的寿命および電気的寿命は1種以上とする。

1.5.21 操作開閉器

操作開閉器は、JIS C 4526-1「機器用スイッチ-第1部:一般要求事項」によるほか、次による。

(a) 操作開閉器は盤表面に装備し、制御回路および計器回路の開閉または切替用として使用するもので、最大使用電圧600V、最大使用電流10Aとする。

(b) 遮断電流容量は、交流220Vにおいて110A、直流110Vにおいて11Aとする。

(c) 操作開閉器の分類等は表1.5.1とする。

表1.5.1 操作開閉器

分類	把手形状	用途	復帰方式
計器用切替開閉器	菊形（指針形）	相切替用：交流電圧計、電流計等指示 回路切替用：直流電圧計、周波数計等	手動復帰
操作開閉器	卵形（小判形）	遠隔電磁操作用：断路器、気中遮断器、接触器等	手動復帰（ただし、設計図書に規定する場合に限る）
		制御回路切替用	手動復帰
制御開閉器	ピストル形（ステッキ形）	遠隔電磁操作用：気中遮断器、真空遮断器（開閉器）	中性点自動復帰
		電源自動切替用	

(d) 閉鎖形とし、開閉頻度は3号以上、機械的寿命は3種以上、電気的寿命は2種以上とする。

(e) 自動復帰式スイッチは、原則として誤動作防止機構付きとする。

(f) 操作用ボタンスイッチは、押しボタンの面が締付けリングから突出しない形式のものとし、運転・停止用は入-切またはON-OFF、その他用途に応じた表示をする。なお、照光式ボタンスイッチも同様とし、正面から容易にランプ交換ができる構造のものとする。

Coffee Break

遮断器、開閉器、真空電磁接触器の機能表

表1　遮断器の種類

種類	消弧媒体	消弧原理	特徴
油遮断器	絶縁油	絶縁油の消弧能力を利用し、電極が開いたときに、油中に発生するアークによる油の分解ガスの冷却効果によって消弧する	一般的には経済性に優れ、高電圧化ができる。低騒音であるが、高速度遮断が困難、絶縁油の劣化管理が必要。最近は、ほとんど製作されていない
磁気遮断器	大気中の電磁力	アーク電流による電磁力を利用し、アークシュートのような消イオン装置へアークを押込める	安定した遮断性能をもち、小電流から大電流まで遮断時の開閉サージがほとんど発生しない特徴がある。最近は、ほとんど製作されていない
真空遮断器	高圧真空	10^{-5}Pa程度の高圧真空においては、電極を開いたときに発生するアークのイオン金属粒子が拡散する作用があるのを利用して消弧する	真空中の絶縁耐力が高く、小型軽量化ができ、優れた遮断性能をもつ。遮断部が真空容器中に密封されるのでアークの放出がなく、保守点検が容易
ガス遮断器	SF_6ガス	SFガスが高温では熱伝導度が急激に増加する熱化学特性を利用して消弧する。アークにSFガスを吹付ける方式が主流（最近ではSFガス以外のガスを使用しているガス遮断器が多い）	小電流遮断時に開閉サージが発生しにくい。遮断性能に優れている。消弧媒体を大気中に放出しないので低騒音。SF_6ガスは水分が混入すると耐電圧性能が低下するので水分管理が必要。また温暖化ガスの原因といわれるので新規制作はほとんどない
気中遮断器	大気中の電磁力	遮断電流による電磁力を利用して、アークをアークシュート内に押込め、アークを冷却して消弧する。低圧回路用の遮断器として用いられる	接点やアークシュートの分解点検が容易で、キュービクルに収納しやすい構造をもつ。遮断器に内蔵できる過電流引外し装置の動作時間設定が容易
配線用遮断器	大気中の電磁力	気中遮断器と同じ原理で、開閉機構や引外し装置などを絶縁物の容器内に一体に組立てた遮断器。低圧回路用の遮断器として用いられる	開閉機構や引外し装置が絶縁物の容器に内蔵されているので、操作上安全で、また各相が同時に遮断されるため、三相回路の欠相事故が防止でき、小型軽量で、低圧回路の配電用や負荷分岐回路用に使用される

第1章　機　　材

表2　各種遮断器の役割と機能

種類	役割	機能
高圧遮断器 （VCB）	・主として回路保護用として使用される ・通常の負荷電流の開閉。電動機等の負荷設備の開閉。機器系統に故障が発生したときには、保護装置と組合わせ自動的に電気系統を遮断して、故障箇所を系統から切離す	・負荷電流および過電流短絡電流を開閉できる ・操作方式は、ばね操作が主体 ・高圧、特別高圧回路用は真空遮断器が主流となっている
電力ヒューズ	・負荷開閉器と組合わされて使用される ・キュービクル式高圧受電設備のPF・S形に用いられる ・過大電流のジュール熱により溶断して遮断する ・適正に使用されれば、経済的な回路構成ができる	・過電流、短絡電流を遮断できる ・閉路等の繰返し遮断はできない ・短絡電流の電流波高値を低く抑制する限流形が主流となっている
配線用遮断器	・低圧回路の配線保護用、機器保護用、電路開閉用 ・低圧機器の開閉制御用 ・低圧回路の過負荷、短絡保護を目的に低圧幹線および分岐回路に布設するもので、負荷電流が開閉できるとともに、回路の過負荷、短絡事故に対しても、これを自動的に遮断する機能をもつ	・引外し方式により、熱動電磁式、電磁式、電子式がある ・熱動電磁式は、過電流でヒータが発熱し、バイメタルが動作して、可動接触部のラッチを外して引外す。大電流時は電磁力により瞬時に遮断させる ・電磁式は瞬時引外し装置とオイルダッシュポットにより制動された電磁石を用いて遮断する ・電子式は各相に備えた変流器二次側の電子回路により動作させる
気中遮断器	・低圧回路の幹線保護用、機器保護用、電路開閉用 ・低圧回路の過負荷、短絡保護を目的に主に大容量の低圧配電系統に布設する ・系統を任意に運転・停止させるとともに、機器、系統に故障が発生したときには、保護装置と組合わせ自動的に電気系統を遮断して、故障箇所を系統から切離す	・負荷電流および過電流、短絡電流を開閉できる ・操作方式は、ばね操作が主体

表3　各種開閉器の役割と機能

種類	役割	機能
負荷開閉器	・高圧受電設備の負荷開閉用として広く使われている（変圧器や電動機、コンデンサなど負荷電流が流れている回路の開閉に使用される） ・一般に電力ヒューズと組合わされて使用される	・負荷電流の開閉はできるが短絡電流は開閉できない ・開閉方式により、気中式、真空式などがある
電磁接触器	・多頻度開閉を目的とした開閉器 ・高圧電動機や変圧器、コンデンサの一次開閉器として使用される ・負荷電流の多頻度開閉能力をもつが、遮断器のような短絡電流開閉能力はもたないため、電力ヒューズと組合わせて回路の短絡保護ができるコンビネーションスイッチがある	・負荷電流および過負荷電流を開閉できる ・多頻度開閉用として利用される ・電磁操作が主体となる ・高圧用は真空電磁接触が主流となっている
断路器	・保守点検のために設ける回路分離用として使用される ・電力系統切替えのための回路分離用としても使用される ・定格電圧のもとで無負荷状態の電路を開閉するためのもの	・無負荷状態で電路を断路・開閉できるが、負荷電流の開閉はできない ・一部に、負荷電流の開閉はできるが、短絡投入はできない負荷断路器がある

表4 真空遮断器と真空電磁接触器の比較

仕様		真空遮断器	真空電磁接触器
用途		事故時の短絡電流を投入・遮断できる能力をもっており、回路保護用として使用される（別名保護遮断器）	負荷電流の開閉、過負荷程度の保護が考えられており、通常はモータ、トランス等の負荷の開閉操作用として使用される
機能		回路保護に重点がおかれているため、機械的にも、電気的にも引外し動作が優先されるように、引外し自由方式を備えている	操作に主眼がおかれているため、引外し自由方式は備えていない（遮断器の代用はできない）が長寿命
性能	準拠規格	JEC 2300、JIS C 4603	JEM 1167
	定格電圧	3.6kV、7.2kV	3.3kV、6.6kV
	絶縁階段	標準レベル（3号A、6号A）	低レベル（3号B、6号A）
	定格電流	大（600～4,000A）	小（150～720A）
	遮断電流	大（16～40kA at 7.2kV）	小（2.5～7.2kA at 6.6kV）
	開閉頻度	低	高
	電気的寿命	短（1,000～10,000回）	長（10万～25万回）
	寸法・質量	大	小
	価格	高	低

第2章 施　　工

第1節　据付け

2.1.1　キュービクル式配電盤等
- (a) チャンネルベースは溝形鋼を標準とし、溝形鋼の上面が水平になるよう調整する。基礎ボルトは、十分な強度をもつアンカーおよび樹脂アンカーとする。
- (b) 盤の面数が多い場合等においては、レベルベースはチャンネルベースの据付けおよびレベルの調整が容易に行えるように設ける。
- (c) 配電盤は固定されたベース用溝形鋼の上に据付け、ボルトで固定する。なお、盤の前後の出入りおよび曲がりならびに盤とベース間および盤間の詳細レベル調整をライナ、スペーサ、座金等を使用して盤相互間にすき間、段差等が生じないように行う。
- (d) 屋外形配電盤は、浸水に注意し配電盤の重量を安全に支持できる基礎の上に設置する。
- (e) 配電盤は、防蛇、防鼠処理を十分に行う。
- (f) 屋外変電設備にフェンスを設ける場合、その出入口には施錠装置を設ける。なお、出入口には、職員の指示によって立入りを禁止する旨を表示する。
- (g) 地震時の水平移動、転倒等の事故防止できるよう「建築設備耐震設計・施工指針」（（一財）日本建築センター発行））により耐震処理を行う。
- (h) 注意標識等は、関係する法令または職員の指示によって設ける。

第2節　配　線

2.2.1　機器への配線
- (a) 高圧の機器および電線は、人が容易に触れるおそれがないように布設する。なお、取扱者以外の者が出入りできないように設備した場所においても、裸導線を使用する場合は、遮へい板を設けることにより、取扱者が容易に触れるおそれがないように布設する。
- (b) 変圧器、交流遮断器、高圧進相コンデンサ等の機器端子の充電部露出部分には保護板、保護筒、絶縁キャップ等を設ける。
- (c) 変圧器と銅帯との接続に可とう導体または電線を使用し、可とう性を有するように接続する。
- (d) 機器端子などへの接続は、第2編2.1.3による。

2.2.2　ケーブル配線
　　　第2編第2章第1節「共通事項」および第10節「ケーブル配線」の該当事項によるほか、次による。
- (a) ケーブルをピット内に配線する場合は、行先系統別に整然と配列する。
- (b) 制御回路等の機器端子への接続は製造者標準のコネクタ等を用いてもよい。

2.2.3　金属管配線等
　　　金属管配線、合成樹脂管配線、金属ダクト配線、バスダクト配線等は第2編「電力設備工事」の該当事項による。

2.2.4　コンクリート貫通箇所

　　　第2編2.1.10、2.1.11、2.1.12および2.1.13によるほか、次による。電気室床の閉口部、床貫通管の端口は、床下からの湿気、じんあい等が侵入し難いよう適当な方法によって閉そくする。

2.2.5　接　　　地

　　　第2編第2章第14節「接地」による。

第4編 静止形電源設備工事

第1章 機　　材
　第1節　直流電源装置················ 4-1-1
　第2節　交流無停電電源装置（UPS）···· 4-1-10
　第3節　機器の試験···················· 4-1-14

第2章 施　　工
　第1節　据　付　け···················· 4-2-1
　第2節　配　　　線···················· 4-2-1
　第3節　施工の立会いおよび試験········ 4-2-2

第1章　機　　　材

第1節　直流電源装置

1.1.1　一般事項

　　直流電源装置は、整流装置と蓄電池で構成し、本節によるほか防災電源（消防法による非常電源、建築基準法による予備電源）となる直流電源装置は、関係法令に適合したものとする。

1.1.2　構造一般

(a) 直流電源装置は、良質な材料で構成し、各部は容易に緩まず、丈夫で耐久性に富み、電線の接続、開閉装置の操作、機器の保守、点検、修理等が安全かつ容易にできるものとする。

(b) 盤は、前面に用途名称板を設ける。名称板は、合成樹脂製（文字刻記または文字印刷）または金属製（文字刻記または文字印刷）とする。

(c) 制御配線用端子台は、電圧種別により十分な離隔を行う。

(d) 盤には、底板を設ける。なお、ケーブル引込み、引出口の底板は、取外しできるものとする。

(e) 盤の主要器具（計器、表示灯等は、含まない）を取付ける取付け板または取付け枠は、表1.1.1による。ただし、面積が0.1m^{2}以下の取付け板、取付け金物（補助取付け枠、補助板、取付け台等）は、この限りでない。

表1.1.1　取付け板または取付け枠の厚さ（単位：mm）

材　料		材料の厚さ
		面積0.1m^{2}を超えるもの
取付け板	鋼板	1.6以上
取付け枠	鋼板	1.6以上
	軽量形鋼	2.3以上
	平形鋼・山形鋼	3.0以上

（注）鋼板には、必要に応じ補強を行う。

(f) 低圧主回路の充電部と非充電金属体間および異極充電部間の絶縁距離は、表1.1.2に示す値以上とする。ただし、スイッチング方式のユニット内についてはこの限りでない。

表1.1.2　低圧主回路の絶縁距離　　　（単位：mm）

線間電圧	最小空間距離	最小沿面距離
300V以下	10	10
300V超過	10*	20

（注）＊　短絡電流を遮断したときに排出されるイオン化したガスの影響を受けるおそれがある遮断器の一次側の導体は、絶縁処理を施す。

(g) 器具類における絶縁距離、制御回路等の絶縁距離は、JIS C 8201-1「低圧開閉装置及び制御装置-第1部：通則　附属書JA（規定）定格インパルス耐電圧を表示しない装置の絶縁距離」による。

(h) 蓄電池を盤に収納する場合は、次による。

　(1) 蓄電池を内蔵する部分は、耐酸または耐アルカリ塗装を施す。ただし、制御弁式据置鉛蓄電池およびシー

　　　　　　ル形ニッケル・カドミウムアルカリ蓄電池の場合はこの限りでない。
　　(2) 蓄電池には、転倒防止枠を設ける。
　　(3) 蓄電池と転倒防止枠との間には、緩衝材を設ける。
(i) 架台式蓄電池の架台は、鋼製とし、耐酸または耐アルカリ塗装を施す。ただし、制御弁式据置鉛蓄電池およびシール形ニッケル・カドミウムアルカリ蓄電池の場合はこの限りでない。

1.1.3　キャビネット

(a) 屋内用の盤は、各構成部とも呼び厚さ1.6mm以上の鋼板を用いて製作され、必要に応じ折曲げまたはプレスリブ加工あるいは鋼材をもって補強され、組立てた状態において金属部は相互に電気的に接続されているものとする。

(b) 屋内用の盤は、次による。
　　(1) ドアは、施錠でき、かつ、開いたドアは固定できる構造とする。
　　(2) ちょう番は、ドア前面から見えないものとする。
　　(3) ドアの端部は、L またはコ形折曲げ加工を行う。

(c) 収容された機器の温度が、最高許容温度を超えないように、小動物が侵入し難い通気孔または換気装置を設ける。

(d) 配電盤を構成する鋼板（溶融亜鉛めっきを施すものは除く）の表面見え掛かり部分は、製造者の標準色により仕上げる。なお、鋼板の前処理は、次のいずれかとする。
　　(1) 表面処理鋼板を使用し、脱脂を行う。
　　(2) 鋼板加工後、脱脂、りん酸塩処理を行う。

1.1.4　導　電　部

(a) 主回路の配線は次による。
　　(1) 母線（中性線を含む）の電流容量は、主幹器具の定格電流以上とし、母線と配線用遮断器等とを接続する分岐導体の電流容量は、その配線用遮断器等の定格電流以上とする。
　　(2) 低圧の主回路の中性母線には、容易に操作できる単独の開閉器類およびねじ止め以外のレバーブロックを装置してはならない。
　　(3) 主回路の配線に銅帯または銅棒を用いる場合は、表1.1.3による電流密度のものとし、これらに被覆、塗装、めっき等の酸化防止処置を施す。ただし、導体の各部の温度が、JIS C 4620「キュービクル式高圧受電設備」の温度昇限度を超えないことが保証される場合は、この限りでない。

表1.1.3　銅帯または銅棒の電流密度

電流容量	電流密度
400A以下	2.5A/mm^{2}以下
800A以下	2.0A/mm^{2}以下
1,200A以下	1.7A/mm^{2}以下
2,000A以下	1.5A/mm^{2}以下

（注）1. 材料の面取りおよび成形のため、電流密度は、＋5％の裕度を認める。
　　　2. 途中にボルト穴の類があっても、その部分の断面積の減少が1/2以下の場合は、これを考慮しなくてもよい。

　　(4) 主回路配線に電線を用いる場合は、JCS 3416「600Vポリエチレン絶縁電線」、JIS C 3317「600V二種ビニル絶縁電線（HIV）」、JIS C 3307「600Vビニル絶縁電線（IV）」、JIS C 3316「電気機器用ビニル絶縁電線」等とする。なお、電線の許容電流は、表1.1.4による。ただし、最小電流容量は、30A以上とする。

表1.1.4　電線の許容電流

太さ (mm²)	許容電流 (A)	
	EM-IE、HIV等	IV
3.5	39	30
5.5	52	40
8	65	49
14	95	71
22	124	93
38	174	132
60	234	177
100	321	243
150	426	322
200	506	382
250	600	453
325	702	530

(注) 1. 基準周囲温度は40℃とし、周囲温度が高くなるおそれのある場合には、補正する。
　　2. 他の電線を使用する場合は、最高許容温度により、許容電流を増加させてもよい。

(b) 主回路の導体は、表1.1.5により配置し、その端部または一部に色別を施す。ただし、工事上やむを得ない場合の配置および色別された絶縁配線を用いる場合は、この限りでない。

表1.1.5　主回路導体の配置色別

電圧種別	電気方式	左右、上下、遠近の別	赤	白	黒	青
低圧	三相3線式	左右の場合：左から 上下の場合：上から 遠近の場合：近い方から	第1相	接地側 第2相	非接地 第2相	第3相
	単相2線式		第1相	接地側 第2相	—	—
	単相3線式		第1相	中性相	第2相	—
	直流2線式	左右の場合：右から 上下の場合：上から 遠近の場合：近い方から	正極	—	—	負極

(注) 1. 三相回路または単相3線式回路より分岐する回路は、分岐前の色別による。
　　2. 単相2線式の第1相は、黒色としてもよい。
　　3. 三相交流の相は、第1相、第2相、第3相の順に相回転するものとする。
　　4. 左右、遠近の別は、各回路部分における主となる開閉器の操作側またはこれに準ずる側から見た状態とする。

― Coffee Break ―

相表示の注意

1. 一般的な相表示は、RSTは電源側の相表示、UVWは機器側の相表示として使われているが、実際の電気設備においては、これらの表記以外にも、ABCや黒赤白青などの色別の表示が使われている。
2. 相表示の規定
   2.1 電気学会：電気規格調査会標準規格（JEC規格）では、電気機器の相表示について次のように規定している。
   - 変圧器の線路端子記号は、高圧巻線をUVW、低圧巻線をuvw、三次巻線をabcとしている（三相三巻線変圧器の端子配列例を図1に示す）。
   - 同期機・誘導機は、線路側端子をUVWと規定している。また、同期機で各相の中性点端子を引出した場合はXYZを用いるとしている。

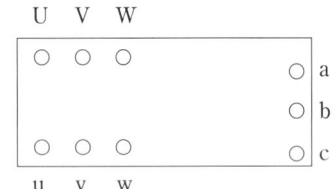

   図1　三相三巻線変圧器の端子配列

   2.2 日本電機工業会規格（JEM 1134）では、相表示について、配電盤や閉鎖型配電盤などは、第1相を赤相、第2相を白相、第3相を青相と表示することを標準としている。またJEM 1134において、単相3線式の色別は、第1相を赤相、中性相を黒相、第3相を青相と表示することを標準としており、国土交通省仕様（他の官庁仕様も同じ）では、第1相を赤相、中性相を白相、第3相を黒相と表示している。
3. 電源側の相表示には、JECでは「ABC、RST」、日本工業規格（JIS）では「ABC、L1-L2-L3」が解説図の中で、電源の記号として使われるなど、多種多様である。
4. 電力会社の相表示方法

   各電力会社では、発電所から需要家までの相表示を統一するため、日本電気技術規格委員会の発変電規程（JEAC 5001）に基づき、相表示を行っている。

   JEAC 5001第5-20条（特別高圧母線、高圧母線の相表示および接続状態表示装置）において、「特別高圧母線（母線と機器間及び機器相互間を含む）及び高圧母線には、その見やすい箇所に相別の表示をすることが望ましい」と規定されている。そのため、電力会社の設備には相表示札が付けられている。

   また、同規定の解説では、「色別（赤、白、黒）、記号別（A、B、CまたはR、S、T）などによるのが普通で、同一系統はできるだけ統一した表示を行うことが望ましい」としており、統一した表示方法を規定していない。従って、電力会社では、各社の社内マニュアルなどで相表示の方法をそれぞれ決めているのが現状である。表1は、各電力会社の相表示の一覧を示している。日本全国で色別が異なっていることが分かる。

表1　JEM規格と電力会社の相表示

対象	第1相 色別	呼称	記号	第2相 色別	呼称	記号	第3相 色別	呼称	記号
JEM	赤			白			青		
北海道電力	青		□	赤		○	白		△
東北電力	赤	R	○	白	S	△	黒	T	□
東京電力	黒		□	赤		○	白		△
中部電力	青	B	○	白	W	△	赤	R	□
北陸電力	赤	R	○	黄	S	□	青	T	△
関西電力	赤	A		青	B		白	C	
中国電力	赤		○	白		△	青		□
四国電力	赤		○	白		△	黒		□
九州電力	白			赤			青		
沖縄電力	赤	A		白	B		青	C	
電源開発	赤	A		白	B		黒	C	

(c) 盤内配線に使用する電線の被覆の色は、表1.1.6による。なお、主回路は、表1.1.5の色別によってもよい。

表1.1.6 電線の被覆の色

回路の種別	被覆の色
一般	黄
接地線	緑または緑/黄

(注) 1. 主回路に特殊な電線を使用する場合は、黒色としてもよい。
2. 制御回路等に特殊な電線を使用する場合は、他の色としてもよい。
3. 接地線とは、回路または器具の接地を目的とする配線をいう。
4. 接地線にやむを得ず本表以外の色を用いた場合は、その端部に緑色の色別を施す。

(d) 制御回路等の配線は、次による。
 (1) 制御回路の配線は1.25mm^{2}以上、計器用変成器の2次回路の配線は2mm^{2}以上とする。ただし、電子回路用等の盤内配線は、製造者の標準とする。
 (2) 監視制御回路等の配線は、ドアの開閉、収納機器の引出し、押込み等の際に損傷を受けることのないようにする。

(e) 導電接続部は、次による。
 (1) 導電部相互の接続または機器端子との接続は、構造に適合した方法により電気的かつ機械的に完全に接続する。
 (2) 外部配線と接続するすべての端子またはその付近には、端子符号を付ける。
 (3) 低圧の外部配線を接続する端子部（器具端子部を含む）は、電気的かつ機械的に完全に接続できるものとし、次による。
  (イ) ターミナルラグを必要とする場合は、圧着端子とし、これを具備する。なお、主回路に使用する圧着端子は、JIS C 2805「銅線用圧着端子」による裸圧着端子とする。ただし、これにより難い場合は、盤製造者が保証する裸圧着端子としてもよい。
  (ロ) 絶縁被覆のないターミナルラグには、肉厚0.5mm以上の絶縁キャップまたは絶縁カバーを付属させる。
  (ハ) 端子台を設ける場合は、ケーブルのサイズに適合したものとする。
 (4) 主回路配線で電線を接続する端子部にターミナルラグを使用する場合で、その間に絶縁性隔壁のないものにおいては、次のいずれかによる。
  (イ) ターミナルラグを2本以上のねじで取付ける。
  (ロ) ターミナルラグに振止めを設ける。
  (ハ) ターミナルラグが30度傾いた場合でも1.1.2(f)の絶縁距離を保つように取付ける。
  (ニ) ターミナルラグには、肉厚0.5mm以上の絶縁キャップを取付け、その絶縁キャップ相互の間隔は、2mm以上とする。

1.1.5 盤内器具類

(a) 開閉器類は、次による。
 (1) 配線用遮断器は、JIS C 8201-2-1「低圧開閉装置及び制御装置-第2-1部：回路遮断器（配線用遮断器及びその他の遮断器）」による（「附属書1（規定）JIS C 60364建築電気設備規定対応形回路遮断器」を除く）。
 (2) 漏電遮断器は、JIS C 8201-2-2「低圧開閉装置及び制御装置-第2-2部：漏電遮断器」による（「附属書1（規定）JIS C 60364建築電気設備規定対応形漏電遮断器」を除く）。
 (3) 電磁接触器は、表1.1.7に示す規格による。なお、2極用に3極のものを用いてもよい。

表1.1.7　電磁接触器

呼　称	規格名称等
電磁接触器	JIS C 8201-1　低圧開閉装置及び制御装置-第1部：通則
	JIS C 8201-4-1　低圧開閉装置及び制御装置-第4-1部：接触器及びモータスタータ：電気機械式接触器及びモータスタータ

(イ) 直流電磁接触器は、次に示す性能以上とする。
　(ⅰ) 使用負荷種別：DC-1
　(ⅱ) 開閉頻度および通電率の組合わせの号別：5号
　(ⅲ) 耐久性の種別
　　① 機械的耐久性：4種
　　② 電気的耐久性：4種

(ロ) 交流電磁接触器は、次に示す性能以上とする。
　(ⅰ) 使用負荷種別：AC-1
　(ⅱ) 開閉頻度および通電率の組合わせの号別：5号
　(ⅲ) 耐久性の種別
　　① 機械的耐久性：4種
　　② 電気的耐久性：4種

(4) 双投電磁接触器は、(3)による。ただし、電気的または機械的にインターロックされている場合は、単投のものを2個組合わせてもよい。また、電源切替え等に使用する開閉頻度の少ないものは、次に示す性能以上のものとしてもよい。
　(イ) 機械的耐久性：5種
　(ロ) 電気的耐久性：5種

(b) 制御回路に用いる回路保護装置は、表1.1.8に示す規格によるものとし、その回路に必要な遮断容量をもつものとする。

表1.1.8　回路保護装置

呼　称	規格名称等	備　考
配線用遮断器	JIS C 8201-2-1　低圧開閉装置及び制御装置-第2-1部：回路遮断器（配線用遮断器及びその他の遮断器）	「附属書1（規定）JIS C 60364 建築電気設備規定対応形回路遮断器」を除く
サーキットプロテクタ	JIS C 4610　機器保護用遮断器	
ヒューズ	JIS C 6575-1　ミニチュアヒューズ-第1部：ミニチュアヒューズに関する用語及びミニチュアヒューズリンクに対する通則	
	JIS C 6575-2　ミニチュアヒューズ-第2部：管形ヒューズリンク	
	JIS C 6575-3　ミニチュアヒューズ-第3部：サブミニチュアヒューズリンク（その他の包装ヒューズ）	
	JIS C 8314　配線用筒形ヒューズ	JISマーク表示品
	JIS C 8319　配線用ねじ込みヒューズ及び栓形ヒューズ	〃
	JEM 1293　低圧限流ヒューズ通則	

(c) 指示計器は、次による。
　(1) 機械式は、表1.1.9に示す規格によるほか、次による。

(イ) 角形埋込形（広角度目盛）とする。
(ロ) 指示計器の階級は、1.5級とする。

表1.1.9　機械式の指示計器

呼　称	規格名称等	備　考
指示計器	JIS C 1102-1　直動式指示電気計器　第1部：定義及び共通する要求事項	
	JIS C 1102-2　直動式指示電気計器　第2部：電流計及び電圧計に対する要求事項	JISマーク表示品
	JIS C 1102-3　直動式指示電気計器　第3部：電力計及び無効電力計に対する要求事項	〃
	JIS C 1102-7　直動式指示電気計器　第7部：多機能計器に対する要求事項	〃
	JIS C 1102-8　直動式指示電気計器　第8部：附属品に対する要求事項	
	JIS C 1103　配電盤用指示電気計器寸法	

(2) 電子式は、次によるほか、表1.1.9に示す規格による。
(イ) 指示計器の階級は、1.5級とする。
(ロ) 複数の計器を兼用し1台で複数の項目の表示ができるものでもよい。ただし、兼用する場合は、1台で1つの単位回路までとする。

(d) 制御回路等に用いる制御継電器（補助継電器として用いるものを除く）は、その出力開閉部の特性が、JIS C 8201-5-1「低圧開閉装置及び制御装置-第5部：制御回路機器及び開閉素子-第1節：電気機械式制御回路機器」に準じ、次に示すものとする。

(1) 自動交互継電器は、電磁式、小形モータ式または半導体式とする。
(2) 限時継電器は、時間調整が容易な閉鎖形とする。
(3) 使用負荷種別、開閉頻度および通電率の組合わせの号別および耐久性の種別は、他の器具類とつり合いのとれたものとする。

(e) 補助継電器として用いる電磁形の制御継電器は、JIS C 8201-5-101「低圧開閉装置及び制御装置-第5部：制御回路機器及び開閉素子-第101節：接触器形リレー及びスタータの補助接点」とJEM 1038「電磁接触器」による。

(f) 制御用スイッチは、表1.1.10に示す規格によるものとし、使用負荷種別、開閉頻度および力率の組合わせの号別および耐久性の種別は、他の器具類とつり合いのとれたものとする。なお、制御用ボタンスイッチは、次による。

(1) 押しボタンスイッチ（照光ボタンスイッチを除く）は、押しボタンの面がガードリングより突出しない形式のものまたは保護カバー付きのものとし、運転・停止用のものは入-切またはON-OFF、その他のものは用途に応じた表示を行う。
(2) 照光ボタンスイッチの開閉の操作および表示は、押しボタンスイッチによる。

表1.1.10　制御用スイッチ

呼　称	規格名称等
制御用スイッチ	JIS C 8201-1　低圧開閉装置及び制御装置-第1部：通則
	JIS C 8201-5-1　低圧開閉装置及び制御装置-第5部：制御回路機器及び開閉素子-第1節：電気機械式制御回路機器
	JIS C 0447　マンマシンインタフェース（MMI）-操作の基準
	JIS C 0448　表示装置（表示部）及び操作機器（操作部）のための色及び補助手段に関する規準

(g) 表示灯の光源は、発光ダイオード式表示灯（JIS C 8201-5-1「低圧開閉装置及び制御装置-第5部：制御回路機器及び開閉素子-第1節：電気機械式制御回路機器」）による。
(h) 表示は次による。
　(1) 故障表示器は次による。
　　(イ) 照光式故障表示器
　　　　表面は、アクリル樹脂等材料を使用し、保護継電器等の動作の表示記号または文字を彫刻または印刷する。なお、照光表示は、発光ダイオードを用いて行う。
　　(ロ) ターゲット式故障表示器
　　　　動作コイル表示板、復帰子、押しボタン等により構成されるものとする。
　　(ハ) 液晶表示器
　　　　液晶パネルに文字表示をするものとする。
　(2) 動作表示は、(1)による。
(i) 盤内には、内部照明用の蛍光灯を設け、点滅はドアの開閉によるものとする。
(j) 盤内の換気は、製造者の標準とする。
(k) 器具番号表示は、次による。
　　盤に取付ける器具には、器具または器具付近の容易に見える位置に、JEM 1090「制御器具番号」、JEM 1093「交流変電所用制御器具番号」による器具番号の表示を行う。
　(l) 予備品等は、次による。
　　　配電盤等の監視制御回路等に用いるヒューズは、現用数のそれぞれ20％とし、種別ごとに1個以上を具備するものとする。

1.1.6　状態・警報表示項目

(a) 状態表示項目は、次によるほか、製造者の標準とする。なお、制御用スイッチの切替えにより指示計器を兼用するものでもよい。
　(1) 整流器出力電圧（V）
　(2) 整流器出力電流（A）
　(3) 蓄電池電圧（V）
　(4) 負荷電流（A）または蓄電池電流（A）
　(5) その他製造者標準の電圧または電流
(b) 警報表示項目は、次の事項が個別または一括で行われるほか、製造者の標準とする。ただし、制御弁式据置鉛蓄電池および小形シール鉛蓄電池ならびにシール形ニッケル・カドミウムアルカリ蓄電池の場合は、蓄電池液面低下に変えて蓄電池温度上昇の警報表示とする。
　(1) 配線用遮断器トリップ（全数）
　(2) 蓄電池液面低下
　(3) 蓄電池電圧低下
　(4) 均等充電（必要ない場合は、不要）・浮動充電（均等充電が不要の場合は浮動充電を運転としてもよい）
　(5) 整流装置故障
　(6) その他製造者標準のもの。なお、移報用の遠方監視用接点を設ける。

1.1.7　整流装置

　　整流装置は、JIS C 4402「浮動充電用サイリスタ整流装置」による。また、他の半導体素子等を用いた整流装置は、上記規格に準ずるほか、次による。

(a) 充電方式は、入力電源が復帰したとき自動的に回復充電を行い浮動充電に移行するものとし、手動操作により均等充電が行える方式とする。ただし、制御弁式据置鉛蓄電池の場合は、均等充電は不要とする。

(b) 定格直流電圧は、使用する蓄電池に適合するものとする。

(c) 直流電圧電流特性は、次による。ただし、交流電圧の変化量は定格値の±10％、周波数の変動量（交流電圧および周波数の変動量の絶対値の和）は±10％以内とする。
　(1) 定電圧特性：定格直流電圧および浮動充電電圧の定電圧精度は、±2％以下とする。
　(2) 電圧調整範囲：定格直流電圧および浮動充電電圧の±3％以上とする。
　(3) 垂下特性：定格直流電流の120％以下の直流電流で、直流電圧が蓄電池の公称電圧まで垂下するものとする。ただし、蓄電池の1セル当たりの公称電圧は、鉛蓄電池は2V、アルカリ蓄電池は1.2Vとする。

(d) 力率は、直流出力側が、定格電圧、定格電流のとき、次の値とする。
　(1) 交流入力が三相のものにあっては、遅れ70％以上とする。
　(2) 交流入力が単相のものにあっては、遅れ65％以上とする。

1.1.8 蓄電池

蓄電池は、表1.1.11に示す規格による。

表1.1.11 蓄電池

呼　称	規格名称等
蓄電池	JIS C 8704-1　据置鉛蓄電池-一般的要求事項及び試験方法-第1部：ベント形
	JIS C 8704-2-1　据置鉛蓄電池-第2-1部：制御弁式-試験方法
	JIS C 8704-2-2　据置鉛蓄電池-第2-2部：制御弁式-要求事項
	JIS C 8706　据置ニッケル・カドミウムアルカリ蓄電池
	JIS C 8709　シール形ニッケル・カドミウムアルカリ蓄電池

(a) 蓄電池のセル数は、鉛蓄電池は54セル、アルカリ蓄電池は86セルを標準とする。なお、複数のセルを1つの槽内に収納した一体形のものでもよい。

(b) 減液警報装置の検出部を2セルに設ける。ただし、制御弁式据置鉛蓄電池およびシール形ニッケル・カドミウムアルカリ蓄電池の場合は、温度上昇の検出部を設ける。

1.1.9 接地

(a) 接地する機材、電路、接地線の太さ等は、第2編第2章第14節「接地」による。

(b) 外部接地配線と接続する盤や装置の接地端子は、次による。
　(1) 接地端子は、銅もしくは黄銅製の端子台または接地母線に取付け、はんだ上げを要しないものとする。
　(2) 接地端子を取付けるねじは、溝付き六角頭とし、頭部に消えないような緑色の着色を施す。

1.1.10 表示

(a) 次の事項を表示する銘板をドア裏面に設ける。
　(1) 名称
　(2) 形式
　(3) 交流側：相数、定格電圧（V）、定格周波数（Hz）、定格入力容量（kVA）または定格電流（A）
　(4) 直流側：浮動充電電圧（V）、定格電圧（V）、定格電流（A）
　(5) 製造者名および受注者名（受注者名は、別銘板としてもよい）製造年月および製造番号

(b) 蓄電池1組には、見やすいところに次の事項を表示する。

(1) 名称
(2) 形式
(3) 容量（Ah）
(4) 製造者名および受注者名（受注者名は、別銘板としてもよい）
(5) 製造年月および製造番号

1.1.11 予備品等

予備品、付属品等は、製造者の標準品一式とする。なお、ヒューズは、現用数の20％とし、種別ごとに最低1個を具備する。

第2節　交流無停電電源装置（UPS）

1.2.1　一般事項

(a) 交流無停電電源装置（以下「UPS」という）は、整流装置、逆変換装置、蓄電池等で構成され、商用電源等が停電したとき、無瞬断で定電圧および定周波数の交流電力を供給するものとし、本節によるほかJEC 2433「無停電電源システム」およびJIS C 4411-3「無停電電源装置（UPS）-第3部：性能及び試験要求事項」による。また、簡易形のものは、前記規格に準ずるものとし、整流装置、逆変換装置、蓄電池等の全部を1つのキャビネットに収納するか、一部を別キャビネットにした小容量のものとする。

(b) UPSは、交流直送回路を有し、逆変換装置出力回路との間で、自動および手動で任意に切替えができるものとする。ただし、常時逆変換装置給電の場合の交流直送回路から逆変換装置出力回路への切替えは、手動のみでもよい。なお、切替えスイッチは、半導体等を用いた切替えスイッチまたは高速機械式とする。

1.2.2　構造一般

(a) 構造一般は、1.1.2による。ただし、簡易形は除く。
(b) 簡易形は、蓄電池および換気ファンの交換ができるものとする。

1.2.3　キャビネット

キャビネットは、1.1.3による。ただし、簡易形については、製造者標準とする。

1.2.4　導電部

導電部は、1.1.4による。ただし、簡易形については、製造者標準とする。

1.2.5　盤内器具類

盤内器具類は、1.1.5（(i)は除く）によるほか、次による。ただし、簡易形にあっては、製造者標準とする。

(a) 指示計器は、1.1.5(c)によるほか、次による。
(1) 周波数計の階級は、1.0級とする。
(2) 力率計および無効力率計の階級は、5.0級の性能以上とする。

(b) 計器用変成器は、表1.2.1に示す規格によるほか、次による。
(1) 計器用変圧器は、次による。
(イ) 確度階級は、1.0級または1P級の性能以上とする。
(ロ) 定格2次負担は、その回路に接続されている計器、継電器、配線等の必要な負担をもつ。
(2) 変流器は、次による。

㈹　確度階級は、1.0級または1PS級（継電器専用のものは1P級）の性能以上とする。
　㈹　定格2次負担は、その回路に接続されている計器、継電器、配線等の必要な負担をもつ。
(c)　配線用遮断器またはその付近に回路名称を示すもの等を設ける。

表1.2.1　計器用変成器

呼　称	規格名称等
計器用変成器	JIS C 1731-1　計器用変成器-(標準用及び一般計測用)　第1部：変流器
	JIS C 1731-2　計器用変成器-(標準用及び一般計測用)　第2部：計器用変圧器
	JIS C 4620　キュービクル式高圧受電設備　附属書Ⅰ（規定）変流器
	JEC 1201　計器用変成器（保護継電器用）

1.2.6　性　　　能

　　　性能は、表1.2.2によるほか、次による。
(a)　性能は、非同期時、かつ、単機運転時のものとする。
(b)　定格運転時に1台を投入または解列させた場合の出力電圧瞬時変動率は、定格出力電圧の10％以内とする。また、0.1秒以内に定格出力電圧の±2％以内に復帰するものとする。
(c)　停電補償時間は、特記により、その基本条件は次による。
　⑴　負荷条件は、定格容量、定格力率時とする。
　⑵　温度条件は、特記のない場合は、25℃とする。

表1.2.2 定格・特性表(常時インバータ給電方式)

	UPS(簡易形を除く)		簡易形UPS		備考
	三相出力	単相出力	三相出力	単相出力	
1. 交流入力 　相数 　電圧精度 　周波数精度	三相3線 定格電圧±10% 定格周波数±5%	三相3線 単相2線または3線 定格電圧±5% 定格周波数±5%	三相3線 単相2線または3線 定格電圧±10% 定格周波数±5%	単相2線または3線 三相3線 定格電圧±10% 定格周波数±5%	＊1
2. 交流出力 　定格 　相数 　電圧精度 　周波数精度	連続定格 三相3線 定格電圧±2% 定格周波数±0.1%	連続定格 単相2線または3線 定格電圧±2% 定格周波数±0.1%	連続定格 三相3線 定格電圧±3% 定格周波数±1%	連続定格 単相2線または3線 定格電圧±3% 定格周波数±1%	
3. 過負荷耐量	110% 10分 150% 10秒	110% 10分 150% 10秒	製造者標準	製造者標準	＊2
4. 波形ひずみ率	5%以下 (線形負荷時)	5%以下 (線形負荷時)	5%以下 (線形負荷時)	5%以下 (線形負荷時)	
5. 定格負荷力率 (負荷力率変動範囲)	0.8遅れ (0.7遅れ～1.0)	0.8遅れ (0.7遅れ～1.0)	0.8遅れ (0.7遅れ～1.0)	0.6遅れ(1～2kVA) (0.6～0.9遅れ) 0.7遅れ(3～5kVA) (0.7～0.9遅れ) 0.8遅れ(5kVA以上) (0.7～0.9遅れ)	
6. 過渡電圧変動 　負荷急変50～100% 　停電・復電時	±10%以内 ±10%以内	±10%以内 ±10%以内	±10%以内 ±10%以内	±10%以内 ±10%以内	＊3
7. 出力電圧不平衡率	±3%(負荷電流不平衡率30%において)	—	製造者標準	—	
8. 効率	50kVA以下 80%以上 50kVAを超える 85%以上	50kVA以下 80%以上 50kVAを超える 80%以上	製造者標準	製造者標準	＊4
9. 切替時間	0.1ms以内	0.1ms以内	1/4サイクル以内	1/4サイクル以内	＊5

(注) ＊1 電圧の上昇および周波数の降下を正にとって両変化の百分率の代数和が、＋10%を超える場合と、－10%未満の場合を除く。
　　＊2 過負荷については機器が損傷しない対策を施しているものとする。
　　＊3 0.1秒以内に定格出力電圧の±2%以内に復帰するものとする。
　　＊4 UPSは、逆変換装置、整流装置の総合効率とし、簡易形は充電を含むものとする。
　　＊5 交流直送回路と逆変換装置出力回路との切替えのことをいう。

1.2.7　状態故障表示項目

(a) UPSの状態故障表示項目は、表1.2.3による。ただし、簡易形UPSについては、(b)による。

表1.2.3 表示項目

項　目	表　示	備　　考
交流入力 直流入力 直送入力	計測表示	
整流装置運転 均等充電 浮動充電 逆変換装置運転 給電 直送給電 故障	状態表示	(1) 均等充電が必要ない場合は、その表示は不要 (2) 故障は、同期異常、負荷異常、切替異常等を含む

(b) 簡易形UPSの状態故障表示項目は、逆変換装置給電および交流直送給電が分かる表示があるものとする。UPS本体での故障表示は、製造者標準とし、遠方監視用端子を設ける。

1.2.8　整流装置

整流装置は、1.1.7（(d)を除く）による。

1.2.9　蓄電池

蓄電池は、1.1.8によるほか、次による。

(a) 蓄電池の電圧範囲は、製造者標準とする。
(b) 蓄電池のセル数は、製造者標準とする。
(c) 簡易形の場合は、表1.2.4に示す規格によってもよい。

表1.2.4 蓄電池（簡易形）

呼　称	規格名称等
蓄電池（簡易形）	JIS C 8702-1　小形制御弁式鉛蓄電池-第1部：一般要求事項，機能特性及び試験方法
	JIS C 8702-2　小形制御弁式鉛蓄電池-第2部：寸法、端子及び表示
	JIS C 8702-3　小形制御弁式鉛蓄電池-第3部：電気機器への使用に際しての安全性

1.2.10　接　地

接地は、1.1.9による。なお、簡易形ものは、製造者の標準による接地端子付きのものとする。

1.2.11　表　示

(a) UPSは、見やすいところに次の事項を表示する。なお、簡易形にあっては、定格電流、過負荷耐量、定格負荷力率、受注者名および製造年月は除いてもよい。
　(1) 名称
　(2) 形式
　(3) 定格容量（kVA）
　(4) 入力側：相数、定格電圧（V）、定格周波数（Hz）
　(5) 出力側：相数、定格電圧（V）、定格周波数（Hz）、定格電流（A）、過負荷耐量、定格負荷力率
　(6) 製造者名および受注者名（受注者名は、別銘板としてもよい）

(7)　製造年月および製造番号（簡易形は、管理番号としてもよい）
(b)　蓄電池1組には、見やすいところに次の事項を表示する。ただし、簡易形の場合は除く。
　(1)　名称
　(2)　形式
　(3)　容量（kVA）
　(4)　製造者名および受注者名（受注者名は、別銘板としてよい）
　(5)　製造年月および製造番号
(c)　単独設置する整流装置には、見やすいところに次の事項を表示する。
　(1)　名称
　(2)　形式
　(3)　交流側：相数、定格電圧（V）、定格周波数（Hz）、定格容量（kVA）
　(4)　直流側：浮動充電電圧（V）、定格電圧（V）、定格電流（A）
　(5)　製造者名および受注者名（受注者名は、別銘板としてよい）
　(6)　製造年月および製造番号

1.2.12　予備品等

予備品、付属品、工具等は、製造者の標準品一式とする。なお、ヒューズは、現用数の20％とし、種別ごとに最低1個を具備する。

第3節　機器の試験

1.3.1　試　験

(a)　機器単体の試験は、次による。

機器単体の試験は、表1.3.1に基づいて行い、監督職員に試験成績書を提出し、承諾を受ける。ただし、配線用遮断器およびJISマーク表示品または製造者が設計図書に指定されているものにあっては、試験成績書の提出を省略することができる。

表1.3.1　機器単体の標準試験

機器の種類＼細目	試験の方法	試験項目	試験個数
配線用遮断器	JIS C 8201-2-1の附属書2による受渡検査	機械的操作、過電流引外し装置の校正、不足電圧および電圧引外し装置の動作、耐電圧、空間距離	各種類および各定格について1以上
漏電遮断器	JIS C 8201-2-2の附属書2による受渡検査	機械的操作、過電流引外し装置の校正、不足電圧および電圧引外し装置の動作、テスト装置の動作、漏電引外し特性、耐電圧、空間距離	〃
電磁接触器	JIS C 8201-4-1による受渡試験	動作および動作限界、耐電圧	各定格について1以上
低圧気中遮断器	JIS C 8201-2-1の附属書2による受渡検査	機械的操作、過電流引外し装置の校正、不足電圧および電圧引外し装置の動作、耐電圧、空間距離	全数

第1章 機　材

機器の種類	細目	試験の方法	試験項目	試験個数
計器用変成器	標準用および一般計測用の変流器、JIS C 4620の附属書1に規定する変流器	JIS C 1731-1による受渡検査	構造、極性、商用周波耐電圧（注水状態の検査を除く）、誘導耐電圧（変流器を除く）、部分放電（高圧以上のモールドおよび69kV以上の油入形、ガス絶縁のものに限る）、巻線端子間耐電圧（変流器のみ）、比誤差および位相角	全数
	標準用および一般計測用の計器用変圧器	JIS C 1731-2による受渡検査		
	上記2種以外のもの	JEC 1201による受入試験	上記のほか零相電流および残留電流（零相変流器のみ）、巻線端子間耐電圧（変流器のみ）	
指示計器	アナログ表示の直動式電気計器　電流計、電圧計、電力計、無効電力計、周波数計（指針形、振動片形）、位相計、力率計、以上を利用した多機能計器	JIS C 1102-1、JIS C 1102-9による試験方法	製造者の社内規格に定めるもの	〃
最大需要電流計（警報接点付き）		製造者の社内規格による受渡試験	製造者の社内規格に定めるもの	〃
積算計器	電力量計（単独計器）	JIS C 1211-1による受渡検査	構造および寸法、銘板の表示、計量誤差の許容限度、始動電流、潜動、発信装置付き計器の発信パルス、絶縁抵抗、商用周波耐電圧	〃
	同上（変成器付き計器）	JIS C 1216-1による受渡検査		
	無効電力量計	JIS C 1263-1による受渡検査		
	電力量、無効電力計及び最大需要電力表示装置（分離形）	JIS C 1283-1による受渡検査	構造および寸法、銘板の表示、機構誤差の許容限度、需要時限の限度、入力パルスの追従性、絶縁抵抗、商用周波耐電圧	
高調波計（警報接点付き）		製造者の社内規格による受渡検査	製造者の社内規格に定めるもの	〃
記録電気計器				
保護継電器	高圧受電用過電流継電器	JIS C 4602による受渡検査	構造、不動作、動作電流特性、動作時間特性、商用周波耐電圧	〃
	過電流継電器	JEC 2510による受入検査	動作値誤差、動作時間誤差、動作時間整定による誤差、構造、絶縁	
	電圧継電器	JEC 2511による受入試験	動作値誤差、構造、絶縁	
	高圧受電用地絡継電装置	JIS C 4601による受渡検査	構造、動作電流特性、動作時間特性、商用周波耐電圧	
	高圧受電用地絡方向継電装置	JIS C 4609による受渡検査	構造、動作電流特性、動作電圧特性、位相特性、動作時間特性、商用周波耐電圧	
	比率差動継電器	JEC 2515「電力機器保護用比率差動継電器」による受渡検査	動作値誤差、比率特性誤差、動作時間、高調波抑制特性、構造、絶縁	
制御継電器		製造者の社内規格による受渡試験	構造、動作、絶縁抵抗、耐電圧	各種類について1以上

4-1-15

機器の種類	細目	試験の方法	試験項目	試験個数
低圧進相コンデンサ		JIS C 4901による受渡検査	構造、端子相互間の耐電圧、端子一括とケース間およびケース外装間の耐電圧（Ｎ１形の端子一括とＮ２形は除く）、静電容量または容量、損失率、放電性（放電抵抗器内蔵のもののみ）、密閉率（密閉(1)のもののみ）	全数
デマンド監視装置自動力率制御装置		製造者の社内規格による受渡検査	製造者の社内規格に定めるもの	
交流遮断器	定格電圧7.2kV、定格遮断電流12.5kA以下のもの	JIS C 4603による受渡検査	構造、主回路端子間抵抗、開閉性能（定格値のみ）、耐電圧（商用周波耐電圧、乾燥状態のみ）	〃
	上記以外のもの	JEC 2300による受入試験	構造、開閉、抵抗測定、商用周波耐電圧	
変圧器	油入、定格１次電圧6kV、定格容量500kVA以下のもの	JIS C 4304による受渡検査	無負荷電流および無負荷損、変圧比、極性または位相変位、負荷損および短絡インピーダンス、電圧変動率、効率、加圧耐電圧、誘導耐電圧、構造、部分放電（モールドのみ）	〃
	モールド、定格１次電圧6kV、定格容量500kVA以下のもの	JIS C 4306による受渡検査		
	上記２種以外のもの	JEC 2200による受入試験	構造、巻線抵抗測定、変圧比測定、極性試験および位相変位、短絡インピーダンスおよび負荷損測定、無負荷損および無負荷電流測定、短時間交流耐電圧（誘導耐電圧、加圧試験）、負荷時タップ切替装置の試験、効率、温度上昇試験（特別高圧変圧器のみ）およびJEM1482、JEM1483によるエネルギー消費効率	〃
高圧進相コンデンサ		JIS C 4902-1による受渡検査	構造、容量、耐電圧（商用周波電圧のみ）、損失率、密閉率、放電性（放電抵抗器を備えているもののみ）	〃
直列リアクトル		JIS C 4902-2による受渡検査	構造、容量、耐電圧（商用周波電圧のみ）、導体抵抗、損失	
断路器		JIS C 4606による受渡検査	構造、同相主回路端子間の抵抗値、無電圧開閉、耐電圧（商用周波耐電圧のみ）	〃
限流ヒューズ		JIS C 4604による受渡検査	構造、抵抗、無電圧開閉性能（断路形ヒューズのみ）、耐電圧（主回路端子と大地間の商用周波耐電圧のみ）	

機器の種類	細目	試験の方法	試験項目	試験個数
高圧負荷開閉器	高圧交流負荷開閉器	JIS C 4605による受渡検査	構造、主回路の乾燥商用周波耐電圧、補助回路および制御回路の耐電圧、主回路の抵抗、無電圧連続開閉	全数
	引外し形高圧交流負荷開閉器	JIS C 4607による受渡試験	構造、主回路の乾燥商用周波耐電圧、補助回路および制御回路の耐電圧、主回路の抵抗、無電圧連続開閉、引外し（制御電圧の下限のみ）、トリップ（制御電圧の下限のみ）	
	限流ヒューズ付き高圧交流負荷開閉器	JIS C 4611による受渡検査	構造、主回路の乾燥商用周波耐電圧、補助回路および制御回路の耐電圧、主回路の抵抗、無電圧連続開閉、引外し（制御電圧の下限のみ）、開放動作（制御電圧の下限のみ）、ストライカ連動	
高圧電磁接触器		JEM 1167による受渡検査	構造、動作、商用周波耐電圧	〃
避雷器	JISによるもの	JIS C 4608による受渡試験	構造、絶縁抵抗、商用周波放電開始電圧、100％衝撃放電開始電圧	〃
	JECによるもの	JEC 203による受入試験	構造点検、商用周波放電開始電圧、雷インパルス放電開始電圧、漏れ電流	
		JEC 217による受入試験	構造、動作開始電圧、抵抗測定および漏れ電流	
高圧カットアウト		製造者の社内規格による受渡検査	製造者の社内規格で定めるもの	〃

(b) 直流電源装置の試験は、表1.3.2に基づいて行い、監督職員に試験成績書を提出し、承諾を受ける。

表1.3.2　直流電源装置の標準試験

機器	細目 試験の種類	試験の方法	試験項目
整流装置	構造試験	製造者の社内規格による試験方法により、設計図書に示されている構造であることを確認する	構造
	性能試験	JIS C 4402による。ただし、交流側および直流側の変化は、表1.3.3によってもよい	電圧電流特性
		JIS C 4402による	効率、耐電圧動作
蓄電池	構造試験	製造者の社内規格による試験方法により、設計図書に示されている構造であることを確認する	構造
	性能試験	JIS C 8704、JIS C 8706、JIS C 8707による	容量
		JIS C 8707、SBA 5006による	安全弁作動

表1.3.3　交流側および直流側の変化

交流入力電圧	電源周波数	直流出力電流
110％	100％	0　50　100％
100％	100％	0　50　100％
90％	100％	0　50　100％

(c) UPSの試験は、表1.3.4に基づいて行い、監督職員に試験成績書を提出し、承諾を受ける。ただし、簡易形は、形式試験としてもよい。

表1.3.4　UPSの標準試験

機器 \ 細目	試験の種類	試験の方法	試験項目
整流装置等	構造試験	製造者の社内規格による試験方法により、設計図書に示されている構造であることを確認する	構造
	性能試験	JEC 202、JEC 2431によるほか、製造者の社内規格による	軽負荷試験、出力電圧精度の測定、出力周波数精度の測定、波形ひずみ率の測定、総合効率の測定、出力電圧瞬時変動、不平衡負荷試験、過負荷耐量、同期試験、交流入力停電試験、交流入力復電試験、切替試験、全負荷試験、再始動試験、保護装置動作、付属機器
蓄電池	構造試験	製造者の社内規格による試験方法により、設計図書に示されている構造であることを確認する	構造
	性能試験	JIS C 8704、JIS C 8706、JIS C 8707による	容量
		JIS C 8707、SBA 5006による	安全弁作動

(d) バスダクトおよび付属品ならびにケーブルラックの試験は、次による。

(1) バスダクトおよび付属品の試験は、表1.3.5に基づいて行い、監督職員に試験成績書を提出し、承諾を受ける。

表1.3.5　バスダクトの標準試験および個数

機器 \ 細目	試験の方法	試験項目	試験個数
600Vバスダクト	JIS C 8364による受渡検査	構造、絶縁抵抗、耐電圧	全数

(2) ケーブルラックの試験は、製造者の社内規格による試験方法（形式試験としてもよい）に基づいて行い、監督職員に試験成績書を提出し、承諾を受ける。

第2章 施　　工

第1節 据付け

2.1.1　盤　　類

(a) 直流電源装置およびUPS盤類の据付けは、次による。ただし、簡易形UPSにあっては、特記のない限り(2)、(3)は除く。
　(1)　地震時の水平移動、転倒時の事故を防止できるよう耐震処置を行う。
　(2)　ベース用溝形鋼は、基礎ボルトにより床面に固定する。
　(3)　盤類には、固定されたベース用溝形鋼の上に盤を取付け、ボルトにより固定する。なお、隣接した盤相互間にすき間のできないようにライナ等を用い調整を行い固定する。
(b) 機器の操作、取扱いに際して特に注意すべき事項のあるものについては、盤内の見やすい箇所に必要な事項を表示する。
(c) 主回路接続図を、表面が透明板で構成されたケースまたは額縁に納め、壁に取付ける。ただし、簡易形UPSには、設けなくてよい。
(d) 注意標識等は条例により設ける。
(e) 直流電源装置、無停電電源装置の盤類は、隣接した盤相互間にすき間のできないように、据付ける。また防蛇および防鼠処理を十分に行う。

2.1.2　架台式蓄電池

蓄電池の架台の据付けは、次による。
(a) 地震時の水平移動、転倒時の事故を防止できるよう耐震処置を行う。
(b) 蓄電池架台の取付けは、水平に据付けボルトにより固定する。なお、隣接した架台相互間にすき間のできないようにライナ等を用い調整を行い固定する。
(c) 注意標識等は条例により設ける。

第2節 配　　線

2.2.1　ケーブル配線

ケーブル配線は、第2編第2章第1節「共通事項」および第10節「ケーブル配線」の当該事項によるほか、次による。
(a) ケーブルをピット内に配線する場合は、行先系統別に整然と配列する。
(b) 制御回路等の機器端子等への接続は、製造者標準のコネクタ等を用いてもよい。
(c) 注意標識等は条例により設ける。

2.2.2　金属管配線等

金属管配線、合成樹脂管配線、金属ダクト配線、バスダクト配線等は、第2編「電力設備工事」の当該事項による。

2.2.3 コンクリート貫通箇所

コンクリート貫通箇所は、第2編2.1.10、2.1.11、2.1.12および2.1.13によるほか、次による。

(a) 電気室床の開口部、床貫通管端口は、床下からの湿気、じんあい等が侵入し難いよう、適当な方法によって閉そくする。

2.2.4 接地

接地は、第2編第2章第14節「接地」による。

第3節　施工の立会いおよび試験

2.3.1 施工の立会い

施工のうち、表2.3.1に示すものは、次の工程に進むに先立ち監督職員の立会いを受ける。ただし、これによることができない場合は、監督職員の指示による。

表2.3.1　施工の立会い

項　目	細　目	立会い時期	立会い箇所
直流電源装置、交流無停電電源装置	基礎ボルトの位置および取付け	ボルト取付け作業過程	監督職員の指示による
	電気室内埋込配管の布設	コンクリート打設前	
	電線の布設	布設作業過程	
	防火区画貫通部の耐火処理および外壁貫通部の防水処理	処理過程	
	電線の機器への接続	接続作業過程	
	機器類の設置	設置作業過程	
	総合調整	調整作業過程	

2.3.2 施工の試験

機器の設置および配線完了後、表2.3.2に示す事項に基づいて試験を行い、監督職員に試験成績書を提出し、承諾を受ける。

表2.3.2　施工の標準試験

試験の種類	試験の方法	試験項目
構造	製造者の社内規格による試験方法により、設計図書に示されている構造であることを確認する	構造試験
絶縁抵抗	表2.2.3に示す絶縁抵抗試験による	性能試験
総合動作	製造者の社内規格による試験方法により、設計図書に示されている構造であることを確認する	機能試験

表2.2.3　絶縁抵抗試験　　（単位：MΩ）

測定箇所	絶縁抵抗値
特別高圧と大地間	100以上
1次（高圧側）と2次（低圧側）間	30以上
1次（高圧側）と大地間	
2次（低圧側）と大地間	5以上
制御回路一括と大地間	

(注) 1. 絶縁抵抗試験を行うに不適当な部分はこれを除外して行う。
　　 2. 盤1面に対しての絶縁抵抗値とする。

第5編　通信・情報設備工事

第1章　機　材
- 第1節　電線類　　　　　　　　　　　　5-1-1
- 第2節　電線保護物類　　　　　　　　　5-1-2
- 第3節　配線器具　　　　　　　　　　　5-1-2
- 第4節　端子盤・機器収納ラック等　　　5-1-3
- 第5節　構内交換装置　　　　　　　　　5-1-7
- 第6節　構内情報通信網装置　　　　　　5-1-13
- 第7節　情報表示装置　　　　　　　　　5-1-17
- 第8節　拡声装置　　　　　　　　　　　5-1-21
- 第9節　非常警報装置　　　　　　　　　5-1-24
- 第10節　映像・音響装置　　　　　　　　5-1-25
- 第11節　入退室管理装置　　　　　　　　5-1-30
- 第12節　呼出し装置　　　　　　　　　　5-1-32
- 第13節　テレビ共同受信装置　　　　　　5-1-33
- 第14節　テレビ電波障害防除装置　　　　5-1-34
- 第15節　監視カメラ装置　　　　　　　　5-1-34
- 第16節　自動火災報知装置　　　　　　　5-1-39
- 第17節　自動閉鎖装置（自動閉鎖機構）　5-1-43
- 第18節　非常警報装置　　　　　　　　　5-1-44
- 第19節　外線材料　　　　　　　　　　　5-1-45

第2章　施　工
- 第1節　共通事項　　　　　　　　　　　5-2-1
- 第2節　金属管配線　　　　　　　　　　5-2-3
- 第3節　合成樹脂管配線（PF管、CD管および硬質塩化ビニル管）　　　5-2-5
- 第4節　金属製可とう電線管配線　　　　5-2-6
- 第5節　金属ダクト配線　　　　　　　　5-2-6
- 第6節　金属線ぴ配線　　　　　　　　　5-2-6
- 第7節　ケーブル配線（光ファイバケーブルは除く）　　　　　　　　5-2-7
- 第8節　通信用フラットケーブル配線　　5-2-9
- 第9節　光ファイバケーブル配線　　　　5-2-9
- 第10節　床上配線　　　　　　　　　　　5-2-10
- 第11節　架空配線　　　　　　　　　　　5-2-10
- 第12節　地中配線　　　　　　　　　　　5-2-11
- 第13節　接地　　　　　　　　　　　　　5-2-11
- 第14節　構内情報通信網設備　　　　　　5-2-11
- 第15節　構内交換設備　　　　　　　　　5-2-12
- 第16節　情報表示設備　　　　　　　　　5-2-12
- 第17節　拡声設備　　　　　　　　　　　5-2-13
- 第18節　誘導支援設備　　　　　　　　　5-2-13
- 第19節　映像・音響設備　　　　　　　　5-2-14
- 第20節　入退室管理装置　　　　　　　　5-2-14
- 第21節　呼出し設備　　　　　　　　　　5-2-14
- 第22節　テレビ共同受信設備　　　　　　5-2-15
- 第23節　テレビ電波障害防除設備　　　　5-2-15
- 第24節　監視カメラ設備　　　　　　　　5-2-17
- 第25節　自動火災報知設備　　　　　　　5-2-17
- 第26節　自動閉鎖設備（自動閉鎖機構）　5-2-18
- 第27節　非常警報設備　　　　　　　　　5-2-19

第1章 機　　　材

第1節　電　線　類

1.1.1　電　線　類

一般配線工事に使用する電線類は、第2編1.1.1によるほか、表1.1.1および表1.1.2に示す規格による（原則EMケーブル類を使用すること）。

表1.1.1　通信設備用電線・ケーブル

呼　　称	規格名称等	備　　考
EM屋内通信線	JCS 9074　耐燃性ポリエチレン被覆屋内用平形通信電線	EM-TIEF
	製造者規格　ポリエチレン絶縁耐燃性ポリエチレンシース屋内用通信電線	EM-TIEE
EM構内ケーブル	JCS 9075　耐燃性ポリエチレンシース通信用構内ケーブル	EM-TKEE
EMボタン電話ケーブル	JCS 9076　耐燃性ポリエチレンシース屋内用ボタン電話ケーブル	EM-BTIEE
EM-CCP-APケーブル	製造者規格　着色識別星型ポリエチレン絶縁ポリエチレンシースケーブル	EM-CCP-AP（JCS 9072に準拠しJIS 60度傾斜試験に合格したノンハロゲンケーブル）
EM-CPEEケーブル	JCS 5420　市内対ポリエチレン絶縁耐燃性ポリエチレンシースケーブル	EM-CPEE
EM-FCPEEケーブル	JCS 5421　着色識別ポリエチレン絶縁耐燃性ポリエチレンシースケーブル	EM-FCPEE
EM-FCPEE-Sケーブル	製造者規格　着色識別ポリエチレン絶縁ケーブル（遮へい付きテープ）	EM-FCPEE-S（JCS 5421に準拠したテープ遮へい付きケーブル）
EM警報用ケーブル	JCS 4396　警報用ポリエチレン絶縁ケーブル	EM-AE
EM同軸ケーブル	JCS 5422　耐燃性ポリエチレンシース高周波同軸ケーブル（ポリエチレン絶縁編組形）	EM-□C-2E
	JCS 5423　衛星放送テレビジョン受信用耐燃性ポリエチレンシース同軸ケーブル	EM-S-□C-FB
	製造者規格　テレビジョン受信用同軸ケーブル	EM-S-□C-HFL（JIS C 3502に準拠しJIS 60度傾斜試験に合格したノンハロゲンケーブル）
BS-CS用同軸ケーブル	JIS C 5410　高周波同軸コネクタ通則	
SDワイヤ	JCS 9073　SDワイヤ	SD
EMマイクロホンコード	JCS 4508　マイクロホン用耐燃性ポリオレフィンコード	
EM-UTPケーブル	JCS 5503　耐燃性ポリオレフィンシースLAN用非ツイストペアケーブル	UTP-CAT5E/F
EM光ファイバケーブル	JIS X 5150　構内情報配線システム JCS 5505　環境配慮形光ファイバケーブル	

表1.1.2　高周波同軸コネクタ

呼　称	規格番号	規格名称
高周波同軸コネクタ	JIS C 5411	高周波同軸C01形コネクタ
	JIS C 5412	高周波同軸C02形コネクタ
	JIS C 5413	高周波同軸C03形コネクタ
	JIS C 5414	高周波同軸C04形コネクタ
	JIS C 5415	高周波同軸C05形コネクタ
	JIS C 5419	高周波同軸C11形コネクタ

第2節　電線保護物類

1.2.1　金属管等

　　金属管、PF管、硬質ビニル管、金属可とう電線管、金属線ぴおよびそれらの付属品は、第2編1.2.1～1.2.5による。

1.2.2　プルボックス、ダクトおよびラック

　(a)　通信用のプルボックス、金属ダクト、ケーブルラックには、接地端子を設けなくてもよい。
　(b)　プルボックスは、第2編1.2.6(a)～(c)による。
　(c)　金属ダクトは、第2編1.2.7による。
　(d)　ケーブルラックは、第2編1.2.8(a)～(d)および(h)～(k)によるほか、次による。
　　(1)　親げたと子げたの接合は、溶接、かしめまたはねじ止めとし、堅固に接続されたものとする。
　　(2)　本体相互は、堅固に接続できる。

1.2.3　防火区画等の貫通部に用いる材料

　　防火区画等の貫通部に用いる材料は、第2編1.2.9による。

第3節　配線器具

1.3.1　通信用プラグユニット

　　UTPケーブルに接続される通信用プラグユニットは、JIS X 5150「構内情報配線システム」の接続器具に関する要件を満足する8極モジュラプラグとする。

1.3.2　光コネクタ

　　光ファイバの接続に使用するコネクタは、JIS X 5150「構内情報配線システム」の光ファイバ接続器具の要件を満足するものとする。ただし、特記がない場合はSCコネクタとする。なお、SCコネクタアダプタおよびSCコネクタは、JIS C 5973「F04形光ファイバコネクタ」に適合するものとする。

1.3.3　BNCコネクタ

　　同軸ケーブルの接続に使用するコネクタは、JIS C 5412「高周波同軸C02形コネクタ」の仕様を満足するものとする。ただし、テレビ共同受信設備・テレビ電波障害防除設備および特記による場合は除く。

第4節　端子盤・機器収納ラック等

1.4.1　一般事項
(a) 端子盤またはラック内に搭載する機器を固定できる構造とする。
(b) セパレータは、厚さ1.6mm以上の鋼板または厚さ3.0mm以上の合成樹脂製とし、着脱できるものとする。
(c) 配線孔は、電線の被覆を損傷するおそれのないようにブッシングで保護する。ただし、被覆を損傷するおそれのないものは除く。
(d) 強電流回路を含む機器の外箱は、製造者の標準の接地端子を設けたものとする。
(e) 強電流回路の充電部は、外部から手を触れない構造とする。

1.4.2　端子盤等
(a) 端子盤は、次による。
　(1) 形式等は、「航空無線工事標準図面集」による。
　(2) 屋内用キャビネットの構造、鋼板の厚さ、前処理、仕上げ等は、次により製作されたものとする。
　　(イ) キャビネットを構成する各部は、鋼板またはステンレス鋼板とし、その呼び厚さは正面の面積に応じて、表1.4.1に示す値以上とする。なお、ドアに操作用器具を取付ける場合は、必要に応じて鋼板に補強を行う。

表1.4.1　鋼板、ステンレス鋼板の呼び厚さ

正面の面積（m^2）	呼び厚さ（mm）	
	鋼　板	ステンレス鋼板
0.1以下	1.0	0.8
0.1を超え0.2以下	1.2	1.0
0.2を超えるもの	1.6	1.2

（注）鋼板を折曲げ、リブ加工等で補強した場合は、ステンレス鋼板の値を適用してもよい。

　　(ロ) 全面枠およびドアは、端部を∟または⊐形の折曲げ加工を行う。また、全面枠は折曲げた突合わせ部分に溶接加工を行う。
　　(ハ) ドアは、開閉式とし、ドアのちょう番は、表面から見えないものとする。
　　(ニ) 埋込形キャビネットの全面枠のちりは、15～25mmとする。
　　(ホ) ドアを含む全面枠の面積が0.3m^2以上の場合には、その裏面に受け金物を設ける。ただし、受部のある構造のものは除く。
　　(ヘ) ドアはすべて錠付きとし、ドアのハンドルは表面に突出ない構造で非鉄金属製とする。
　　(ト) ドア表面の上部に、合成樹脂製の名称板を設ける。
　　(チ) ドアは、裏面に結線図を収容する図面ホルダを設ける。なお、露出形でドアのない構造のものは、難燃性透明ケース等を添付する。
　　(リ) 鋼板製キャビネット（溶融亜鉛めっきを施すものを除く）の表面見え掛かり部分は、製造者の標準色により仕上げる。なお、鋼板の前処理は、次のいずれかとする。
　　　(i) 表面処理鋼板を使用し、脱脂を行う。
　　　(ii) 鋼板加工後、脱脂、りん酸塩処理を行う。
　　(ヌ) 鋼板製（溶融亜鉛めっきを施すものに限る）およびステンレス製キャビネットは、製造者の標準によ

り仕上げる。
　　　㈧　接地端子を設ける。なお、取付け位置は原則として保守点検時に容易に作業できる位置とする。ただし、試験用のものを別に設けた場合は除く。
　⑶　屋外用キャビネットは、⑵（ただし、㈧を除く）により製作されたものとする。
　　　㈰　パッキン、絶縁材料等は、吸湿性が少なく、かつ、劣化しにくいものを使用する。
　　　㈪　ドアを閉じた状態の保護構造は、JIS C 0920「電気機械器具の外郭による保護等級（IPコード）」によるIPX4とし、内部に雨雪が浸入しにくく、これを蓄積しない構造とする。
　　　㈫　ドアは、ちょう番が外ちょう番のものでもよい。
　　　㈬　ドアは、ハンドルが表面より突出した構造のものでもよい。
　　　㈭　キャビネットには、水抜き穴を設ける。
　⑷　ドアの幅が600mm以上の場合は、両開きとする。
　⑸　キャビネットに設ける木板は、厚さ15mm以上25mm以下のものとし、耐水性の塗装が施されたものとする。
⒝　本配線盤は、次により製作されたものとする。
　⑴　キャビネットは⒜⑵による。なお、交換機一体形のキャビネットの場合は製造者の標準品とするほか、次のいずれかによる。
　　　㈰　交換機と本配線盤を同一のキャビネットとしたもの。
　　　㈪　交換機キャビネットと列をなし、外観上統一されたもの。
　⑵　端子板、弾器、ケーブル等が容易に実装または接続できる構造とする。
　⑶　上部正面に表示板を設ける。
　⑷　試験弾器等を用い、局線との切分けができる。切断プラグは試験弾器端子数の5％以上付属させる。

1.4.3　機器収納ラック

　機器を収容するラックは、次により製作されたものとする（一般では19インチラックと称する）。
　EIA（Electronic Industries Alliance：米国電子工業会）により規格化されている。
　日本でも同等サイズのラックがJIS化（JIS C 6010-2 電子機器用ラック及びユニットシャシのモジュラオーダ－第2部：25mm実装のインタフェイス整合寸法　附属書1（規定）キャビネット及びラック寸法）されている。

⒜　横幅：全体の幅の基本は約60cmとする。ワイドラックと称するタイプは約70cmとする。
　　高さ：実装機器の高さ方向は「U（ユニット）」という単位で規定される。1U＝1.75インチ（44.45mm）。
　　奥行：規定なし。
⒝　ラック寸法は、表1.4.2による。

表1.4.2　標準ラック寸法表　　　　　　　　　　（単位：mm）

項　　　目		EIA寸法	JIS寸法
ユニットシャーシ	幅	482.6	480
	高さ	44.45（1U）	50
取付け穴	幅ピッチ	465.1	465
	高さピッチ	ユニバーサルピッチ：15.875-15.875-12.7の繰返し ワイドピッチ：31.75-12.7の繰返し	50

⒞　ラックは、鋼製またはアルミ製とし、鋼板の表面見え掛かり部分の仕上げは、製造者の標準色とする。
⒟　ラックには、天板、背面板、側板を取付け、取外しができる。

(e) ケーブルの引込みが、背面上部および底面からできる。
(f) 搭載される機器等の発熱を考慮して、必要に応じて通気口または冷却用ファンを設ける。

1.4.4 端子類

(a) 端子板は、「航空無線工事標準図面集」に示す種類のものとする。
(b) 各端子の端子相互間および端子とキャビネット間の絶縁抵抗は、表1.4.3による。

表1.4.3 端子の絶縁抵抗

端子	絶縁抵抗
B型	DC500Vでそれぞれ50MΩ以上
D型	
E型	
F型	DC250Vでそれぞれ50MΩ以上
G型	

(c) UTP（Unshield Twisted Pair）パッチパネルは、ブロック形またはモジュラ形とし、次による。
 (1) ブロック形は、端子ブロックをもち、ブロック専用パッチコードを使用して、機器側とフロア配線側を接続でき、JIS X 5160「構内情報配線システム」の接続器具に関する要件を満足するものとする。
 (2) モジュラ形は、1.3.1によるジャックをもち、RJ-45パッチコードを使用して、機器側とフロア配線側を接続でき、JIS X 5150「構内情報配線システム」の接続器具に関する要件を満足するものとする。ただし、特記がない場合の横一連のポート数は24ポート以上とする。
 (3) PoE（Power over Ethernet）機能付きパッチパネルは次による。
  (イ) 1ポート当たり、15.4Wの電力を供給する機能をもつ。
  (ロ) 電力供給の必要な機器を判断し、不必要な端末への電力供給を防止する機能をもつ。
  (ハ) 過電流・短絡を検出し、電力供給を停止する機能をもつ。
  (ニ) ミッドスパン方式の電力供給を行う機能をもつ。
(d) 光ファイバパッチパネルは、次による。
 (1) 1.3.2に適合したコネクタ用アダプタをもち、コネクタが付いた光パッチコードを使用して、機器側とフロア配線側を器具の要件を満足する。ただし、特記がない場合の光コネクタの横一連のポート数は16ポート以上とする。
 (2) JIS X 5160「構内情報配線システム」の光ファイバ接続器具の要件を満足する。

1.4.5 通信用SPD

通信用保安器を設ける場合の規格は、表1.4.4による。ただし、建築物等の避雷設備は、建築基準法によるほか、無線施設については、通信用SPDカテゴリC2、D1による（「航空保安無線施設等雷害対策施工標準」航空局管制技術課 最新版）。通信用SPDは、JIS C 5381-21「通信及び信号回線に接続するサージ防護デバイスの所要性能及び試験方法」によるほか、次による。
(a) 通常時の通信および信号伝送に障害を生じさせない。
(b) 通信用SPDカテゴリC（インパルス耐久性試験で、印加電流波形に8/20μSを用い、最小印加回数10回としたもの）の性能は、表1.4.4による。

表 1.4.4 通信用SPDカテゴリC

用途＼項目	最大連続使用電圧	定格電流	使用周波数帯域	挿入損失	インパルス耐久性	電圧防護レベル
構内情報通信網用[*1]	DC5V以上	100mA以上	100MHz以下	3dB以下	100A以上	600V以下
構内情報通信網用[*1]（PoE方式）	DC48V以上	330mA以上				
一般回線[*2] 専用線[*2]	DC170V以上	85mA以上	3.4kHz以下	1.5dB以下	2kA以上	500V以下
ISDN回線[*2] ADSL回線[*2]			2MHz以下			
拡声スピーカ用[*3]	AC110V以上	100mA以上	10kHz以下			1,500V以下
テレビ信号用（アンテナ受信方式）	DC30V以上		2.15GHz以下			1,000V以下
監視カメラ用（電源重畳方式）		200mA以上	10MHz以下			500V以下
監視カメラ用（ITV）	DC3V以上	100mA以上				
自動火災報知設備感知器用[*4]	DC27V以上		10kHz以下			

(注) 線当たりとし、対地間の値を示す。
　＊1　10BASE-T、100BASE-TXする場合を示す。
　＊2　電流制限機能をもつ。
　＊3　100Vハイインピーダンス系スピーカラインに適用する場合を示す。
　＊4　回路電圧DC24Vの場合を示す。

(c) 通信用SPDカテゴリD（インパルス耐久性試験で、印加電流波形に10/350μSを用いるもの）の性能は、特記による。

1.4.6　表　示

次の事項を表示する銘板をドア表面等に設ける。

(a) 名称
(b) 製造者名および受注者名（受注者名は、別の銘板としてよい）
(c) 製造年月および製造番号

1.4.7　端子（MDF/IDF）

(a) 端子は外線と自局内との責任分界点となるMDFや機器の間に設置するIDF等がある。信号線は、従来からのラッピング端子からクリップ式タイプが増えている。

(b) クリップ式専用端子は専用工具によるワンタッチの一工程でケーブルやジャンパー線の端子への接続と不要部分の切断を同時に行うことができる。従来行われてきたはんだ上げ、ねじ止め、ラッピングといった作業などが不要で、次のような特徴がある。

(1) 作業はすべて前面のみで行うことができ、背面にスペースを確保する必要がない。
(2) 専用工具による接続とガスタイト方式（端子のスリットに心線が押込まれる際に、絶縁被覆が自動的に裂かれ、心線部が空気に触れない接続方式）により、接続後において機械的にも電気的にも安定した性能が保たれる。このため、接続点での切断や腐食の心配がなく、信頼性が向上する。
(3) 配線作業が簡単で、脱着も迅速にできる。
(4) 3種類の高性能保安器を使用でき、異常電圧に対して保護ができる。施工面での簡素化と省スペース化の通信用小型端子（LSA-PLUS）がある。

(5)　　同一心線のマルチ（2本）接続ができる（導体径0.65mm以下に限る）。

(6)　　導体径0.9mmに対応した端子板がある。

(7)　　保安器は、プラグイン方式で装着できる。

第5節　構内交換装置

1.5.1　一般事項

(a)　電気通信回線設備に接続する端末機器は本節によるほか、電気通信事業法に適合したものとする。

(b)　構内交換装置は、交換機、局線中継台、本配線盤および電源装置等により構成され、構内の電話施設相互および一般公衆電話交換網に所属する電話施設との間を接続する。なお、パッケージおよびユニットは、次による。

(1)　　パッケージは、交換機を構成する回路部分が装着された最小単位の基板をいう。

(2)　　ユニットは、パッケージの集合体または電源装置、処理装置等が組込まれた装置をいう。

(3)　　パッケージおよびユニットの標準回線数は、製造者の標準とする。

(c)　局線、内線および電源装置の実装数および容量数は、「航空無線工事標準図面集」によるほか、次による。

(1)　　実装数は、当初実装されたパッケージの範囲内で使用可能な回線数とする。

(2)　　容量数は、基本サービス機能および設計図書に示された機能に係るソフトウェアを変更することなく、パッケージの増設またはユニットの増設および架の増設等により収容可能となる回線数とする。

(3)　　電源装置の容量は、(2)に規定する容量数に応じたものとする。ただし、交換機一体形電源装置でユニットまたは架の中に電源装置の増設ができる場合は除く。

(d)　外部配線との接続には、接続する電線に適合した端子またはコネクタを用い、符号または番号を明示する。ただし、容易に判断できるものについては省略してもよい。

(e)　配線孔は、1.4.1(c)による。

(f)　強電流回路を含む機器の外箱は、1.4.1(d)による。

(g)　交換機に付属するケーブルラックまたはダクト等は、製造者の標準品とする。

(h)　強電流回路の充電部は、1.4.1(e)による。

1.5.2　交換機

(a)　交換機はデジタルPBX、IP-PBXまたはVoIPサーバとし、次による。

(1)　　局線応答方式は、局線中継台方式、分散中継台方式、ダイヤルイン方式・ダイレクトインダイヤル方式・ダイレクトインライン方式またはこれらを併用したものとし、その区別は、特記による。

(2)　　表1.5.1の環境条件において、正常に動作するものとする。

表1.5.1　環境条件

温　度	5 〜 40℃（デジタルPBXおよびIP-PBX） 10 〜 35℃（VoIPサーバ）
湿　度	30 〜 80％ RH

(b)　電気的規格は、電気通信事業法に基づく「端末設備等規則」（昭和60年　郵政省令第31号）による。

(c)　トラフィック条件は、1内線当たりの発着信呼量5.4HCS以上とする。

(d)　キャビネットの構造および材質は製造者の標準とする。

(e)　交換機は、表1.5.2に示す基本サービス機能をもつものとする。

表1.5.2 交換機の基本サービス機能

名　称	機　能
保留音送出	被呼局線を保留した場合、通話者に対して保留音を送出する機能
ハウラ音自動送出	受話機外しおよびダイヤル途中放棄の場合、一定時間後に自動的にハウラ音を送出する機能
内線代表	代表内線の番号をダイヤルした場合、話し中であれば、グループ内の空内線を自動的に呼出す機能
代理応答	グループ内のいずれかの内線へ着信があった場合、グループ内の他の内線から応答できる機能
固定短縮ダイヤル	内線から局線へ自動発信する場合、あらかじめ登録された相手は、特定の番号で呼出すことができる機能
局線着信転送	中継台式で、着信した局線を交換手が関与しないで、他の内線に転送できる機能
サービスクラス	分散中継台式の場合は表1.5.3に、中継台式の場合は表1.5.4に示すサービスクラスを内線1回線単位ごとに任意に設定できる機能
コールバックトランスファ	着信局線と応答通話中、内線加入者がその局線を保留し、他の加入者と打合わせ通話を行った後、再び局線通話に戻ることができまたは他の内線に転送できる機能
警報表示	ヒューズ断、装置障害等の各種障害を表示する機能
局線着信表示	分散中継台式で、局線着信を局線表示盤の局線ランプの点滅およびリンガなどの鳴動により表示する機能
番号通知機能	発信番号を通信先に通知する機能

表1.5.3 分散中継台式のサービスクラス

機能　　　　サービスクラス	局線発信 国際	局線発信 市外	局線発信 市内	局線着信 応答	局線着信 被転送	局線着信 再転送	内線相互
超特甲	○	○	○	○	○	○	○
特甲	×	○	○	○	○	○	○
準特甲	×	△	○	○	○	○	○
甲	×	×	○	○	○	○	○
準甲	×	×	×	○	○	○	○

（注）○印は接続可能、×印は接続不可能、△印は特定地域のみ接続可能とする。

表1.5.4 中継台式のサービスクラス

機能　　　　サービスクラス	局線発信 国際	局線発信 市外	局線発信 市内	局線着信	内線相互
超特甲	○	○	○	○	○
特甲	×	○	○	○	○
準特甲	×	△	○	○	○
甲	×	×	○	○	○
準甲	×	×	×	○	○

（注）○印は接続可能、×印は接続不可能、△印は特定地域のみ接続可能とする。

(f) 保守・運用機能は、次による。
　(1) 障害データおよびトラフィックデータの取出し形式、方法等は、製造者の標準とする。
　(2) 内線容量101回線以上の構内交換機には、障害データおよびトラフィックデータの取出しに必要な表示装置および記録装置を設ける。また、内線番号変更機能をもつ。
(g) IP-PBXは、(c)および(d)によるほか、次による。

第1章　機　　材

(1) 呼制御プロトコルは、特記による。
(2) 音声圧縮方式は、JT-G711「音声周波数帯域信号のPCM符号化方式」またはJT-G729「8kbit/s CS-ACELPを用いた音声符号化方式」とする。
(3) 品質クラス分類は、表1.5.5による。

表1.5.5　IP電話の品質クラス分類

項　目 ＼ クラス	クラスA	クラスB	クラスC
総合音声伝送品質率（R）*	＞80	＞70	＞50
エンドトゥエンド遅延*	＜100ms	＜150ms	＜400ms
呼損率（接続品質）	≦0.15	≦0.15	≦0.15

（注）＊ 数値は95％確率で満足するものとする。

(h) VoIPサーバは、(g)によるほか、次による。
 (1) 呼の処理能力は、特記による。
 (2) 機器収納ラックにVoIPサーバを収容する場合は、1.4.3による。
(i) 電源装置は、次による。
 (1) 整流装置および蓄電池は、鋼板製外箱に収納したものとし、前面に指示計器を設ける場合は、2.5級以上とする。外箱を構成する鋼板の表面見え掛かり部分は、製造者の標準色により仕上げる。なお、鋼板の前処理は、次のいずれかによる。
  (イ) 表面処理鋼板を使用し、脱脂を行う。
  (ロ) 鋼板加工後、脱脂、りん酸塩処理を行う。
 (2) 整流装置は、次による。
  (イ) 充電方式は、入力電源が復帰したとき自動的に回復充電を行えるものとする。
  (ロ) 電源電圧の±10％の変動において、正常に動作する。
  (ハ) 直流出力、絶縁抵抗、耐電圧、力率および効率は、表1.5.6による。

表1.5.6　直流出力、絶縁抵抗、耐電圧、力率、効率

項　目		許容範囲
定電圧精度		±2％以下
電圧調整範囲		±3％以上
雑音電圧		5mV以下
負荷電圧変動範囲		±5V以下
絶縁抵抗	交流側導電部と箱との間	3MΩ以上
	交流側導電部と直流側導電部との間	
	直流側導電部と箱との間	
耐電圧	交流側導電部と箱との間 1,500V	50Hzまたは60Hzの商用周波交流電圧を1分間加えて異常のないもの
	交流側導電部と直流側導電部との間 1,500V	
	直流側導電部と箱との間 500V	
力率	直流出力30A以下	遅れ65％以上
	直出流力30Aを超えるもの	遅れ70％以上
効率	直流出力10A以下	60％以上
	直流出力10Aを超えるもの	65％以上

(3) 蓄電池は、表1.5.7によるほか、次による。

(イ) 蓄電池の接続管および接続板には、絶縁カバーを設ける。

(ロ) 蓄電池の収容部分は、内蔵する蓄電池の大きさに見合う通気孔を設ける。

(ハ) 蓄電池を収納する部分の内面は、耐酸または耐アルカリ塗装を行う。ただし、陰極吸収式シール形据置鉛蓄電池およびシール形ニッケル・カドミウムアルカリ蓄電池（陰極吸収式）の場合は除く。

(ニ) 蓄電池の収納部には、蓄電池のずれや転倒を防止する枠または金具を設ける。蓄電池と蓄電池枠（転倒防止枠）との間には、緩衝材を設ける。

表1.5.7 蓄電池の規格

呼　称	規格名称等
蓄電池	JIS C 8704-1　据置鉛蓄電池-一般的要求事項及び試験方法-第1部：ベント形
	JIS C 8704-2-1　据置鉛蓄電池-第2-1部：制御弁式-試験方法
	JIS C 8704-2-2　据置鉛蓄電池-第2-2部：制御弁式-要求事項
	JIS C 8706　据置ニッケル・カドミウムアルカリ蓄電池
	JIS C 8709　シール形ニッケル・カドミウムアルカリ蓄電池

(4) 交換機一体形電源装置の内部仕様は、製造者の標準とする。なお、キャビネットは次のいずれかによる。

(イ) 交換機と電源装置を同一のキャビネットとしたもの。

(ロ) 交換機キャビネットと列をなし、外観上統一されたもの。

1.5.3 局線中継台

局線中継台は、次によるほか、製造者の標準とする。

(a) 接続方式は、1台1座席の押しボタン操作またはタッチパネル等による無ひも式とする。

(b) 局線着信は、可視および可聴式とする。

(c) 着信順応答ができる。

(d) 再呼出しに応答ができる。

(e) 分割通話は、押しボタンまたはタッチパネル等による分割式とする。

(f) 割込通話は、押しボタンまたはタッチパネル等による割込式とする。

(g) 扱者呼出しの応答ができる。

(h) 通話の保留および保留応答ができる。

(i) 警報表示は、可視および可聴式とする。

1.5.4 電話機等

(a) 一般電話機は、次による。

(1) 押しボタン式とする。

(2) アナログ式の場合は、ダイヤルパルス信号およびボタンダイヤル信号を送出できる電話機とし、手動により切替わる。なお、信号の規格は、電気通信事業法に基づく「端末設備等規則」による。

(b) 多機能電話機は、次による。

(1) 機能録音ボタン等の登録により、交換機に設定された各種サービス機能が利用できる。

(2) 押しボタン式またはタッチパネル式とする。

(3) 日時、ダイヤルモニタ、通話時間等を表示する表示部をもつ。

(c) IP電話機は、次による。

(1) 音声圧縮方式（コーデック）は、JT-G711「音声周波数帯域信号のPCM符号化方式」に対応し、遅延揺らぎ（ジッタ）吸収バッファをもつ。

(2) インタフェースは、次による。

　(イ) インタフェースは、100BASE-TXまたは1000BASE-Tとする。

　(ロ) LAN接続インタフェースを1ポート設ける。

　(ハ) PC接続インタフェースを特記により設ける場合は、タグV-LAN機能をもつものとする。

(3) 電源供給は、PoE方式とし、ACアダプタも使用できる。ただし、ACアダプタは、特記による。

(d) デジタルコードレス電話機は、次による。

(1) PHS方式による簡易形携帯電話システムで、基地局および携帯電話機により構成され、交換機と連動し、内線相互および局線との通話が行える。

(2) 方式等は、(一社) 電波産業会の標準規格のRCR STD-28「第二世代コードレス電話システム」による。

(e) 電話機等には、通信コネクタ（プラグユニット）付き電話機コードを付属させる。

(f) ファクシミリは、国際電気通信連合（ITU）のT勧告のTシリーズT.4に定めるG3機によるほか、次による。

(1) 交換機の内線として接続できる。

(2) 印字用紙はA判普通紙とし、用紙カセットは2段装着できる。

(3) 送信原稿サイズは、A3判縦挿入とする。

(4) 送受信原稿の記憶ができる。

(5) ワンタッチダイヤル、短縮ダイヤル、複写等の機能をもつ。

(g) IPコードレス電話機は、次による。

(1) 無線LAN方式による携帯電話システムとし、基地局および携帯電話機により構成する。

(2) 基地局および携帯電話機は、1.5.2(g)を満足し、基地局は、次による。

　(イ) QoS機能をもつ。

　(ロ) ハンドオーバ機能をもつ。

(h) VoIPゲートウェイは、FAX等のIP網接続機能のない機器をIP網に接続する機能およびエコーキャンセラ機能をもつ。

1.5.5　ボタン電話装置

(a) 主装置は、次による。

(1) 制御方式は、蓄積プログラム方式とし、基本サービス機能は、表1.5.8による。

表1.5.8 ボタン電話主装置の基本サービス機能

名　称	機　　能
保留タイマ	局線または構内交換機の内線を一定時間以上保留した場合、そのボタン電話機に警報音を出す機能
保留音	被呼局線を保留した場合、通話者に対して保留音を送出する機能
短縮ダイヤル	ボタン電話機から局線へ自動発信する場合、あらかじめ登録された相手を1～3桁の番号で呼出すことのできる機能
サービスクラス	表1.5.4に示すサービスクラスをボタン電話機ごとに任意に設定できる機能
秘話	局線または構内交換装置の内線との通話中は、他のボタン電話機から操作しても聞こえない機能
代理応答	ボタン電話機に着信があった場合、他のボタン電話機から応答できる機能
局線別着信	局線または構内交換装置の内線1回線ごとに着信音が鳴る電話機を指定することができる機能
相手番号自動再送	相手が通話中等で再発信する場合、操作で同じ相手に再発信する機能
音声呼出し	ボタン電話機相互の通話で、相手を音声で呼出すことのできる機能
会議通話	局線または構内交換装置の内線およびボタン電話機との間で同時に通話ができる機能
オンフックダイヤル	発信するとき、送受話器を置いたままダイヤルができ、相手の声をスピーカで聞いた後、送受話器を上げて応答できる機能
コールバックトランスファ	着信局線と応答通話中、その局線を保留し、他の加入者と打合わせ通話を行った後、再び局線通話に戻ることができまたは他の内線に転送できる機能

　(2)　本体は、製造者の標準とする。
　(3)　電気的規格は、電気通信事業法に基づく「端末設備等規則」によるほか、次による。
　　(イ)　電源電圧は、交流100Vとし、±10％の変動があっても正常に動作する。
　　(ロ)　各ボタン電話機と主装置間の線路ループ抵抗が、20Ω以下において正常に動作する。
(b)　ボタン電話機は、次による。
　(1)　押しボタン式とする。
　(2)　信号の規格は、製造者の標準とする。
　(3)　発信および着信を行うボタンを設ける。
　(4)　着信、保留、話中および発信番号の表示窓を設定する。
　(5)　各種機能に必要なボタンを設ける。
　(6)　停電用ボタン電話機は、停電時に局線への接続ができる。

1.5.6　予備品等

　　交換機、局線中継台、電源装置の予備品等は、製造者の標準品一式とする。

1.5.7　表　示

　　機器には正面の部分を避けて、表1.5.9に示す事項を表示する。ただし、試験器、保守用工具等でJIS等の規格に定めのあるものはこれらによる。

表1.5.9 表　　示

交換機または主装置	局線中継台	本配線盤	電源装置	電話機
名称	名称	名称	名称	形式
定格入力電圧	—	—	定格電圧	—
定格出力電圧	—	—	—	—
製造番号	—	—	製造番号	—
製造年月	製造年月	—	製造年月	—
製造者名	製造者名	製造者名	製造者名	製造者名
受注者名	—	受注者名	受注者名	—

(注) 1. 電話機およびボタン電話装置の製造者名は、商標を表示してもよい。
　　 2. 主装置の製造番号は、製造ロット番号でもよい。
　　 3. 受注者名は別表示としてもよい。

第6節　構内情報通信網装置

1.6.1　一般事項

(a) 電気通信回線設備に接続する端末機器は本節によるほか、電気通信事業法に適合したものとする。

(b) 構内情報通信網装置は、リピータ・ルータ・スイッチ等の機能をもつ機器、インタフェース等により構成され、端末との接続あるいは構内情報通信網装置を相互に接続するものとし、表1.6.1に示した機能とインタフェースの組合わせを単独または複数もつものとする。なお、用語は次による。

　(1) インタフェースボードは、構内情報通信網装置を構成する回路部分が装着された最小単位の基盤をいう。

　(2) ユニットは、インタフェースボードの集合体または電源装置、処理装置が組込まれた装置をいう。

　(3) ボックス形は、機能とインタフェースの組合わせを単独または複数もつもので、構成が固定的なものをいう。

　(4) モジュール形は、(3)と同様な機能をもち、インタフェースボード単位で増減できるものをいう。

表1.6.1　構内情報通信網装置機能・インタフェース一覧

機能 インタフェース	規格名称等
10BASE-Tおよび10BASE-F	JIS X 5252「ローカルエリアネットワーク及びメトロポリタンエリアネットワークCSMA/CDアクセス方式及び物理層仕様」
100BASE-TXおよび100BASE-FX	
1000BASE-Tおよび1000BASE-SX、LX	
10GBASE-SR、LR、ER、LX4、T	特記による

(c) 入力電源条件は、電圧単相100V±10％とする。

(d) 表1.6.2の環境条件において、正常に動作する。

表1.6.2　環境条件

温度	10～35℃（ネットワーク管理装置） 5～40℃（その他の機器）
湿度	30～80％RH

(e) 各種インタフェースは表1.6.3の規格による。

表1.6.3 各種インタフェース規格

インタフェース種別	規格名称等	記　号
広域イーサネット	10BASE-T	JIS X 5252「ローカルエリアネットワーク及びメトロポリタンエリアネットワーク-CSMA/CDアクセス方式及び物理層仕様」
	100BASE-TX	
	1000BASE-SX、LX	
FDDI	物理層プロトコル（PHY）	JIS X 5261
	媒体アクセス制御（MAC）	JIS X 5260-1
	物理層媒体依存（PMD）	JIS X 5263
	局管理（SMT）	特記による
ATM	「広帯域ISDNユーザ・網インタフェース物理レイヤ仕様--一般的特性-」	JT-I432.1
	「広帯域ISDNユーザ・網インタフェース155520kbit/sおよび622080kbit/s物理レイヤ仕様」	JT-I432.2
	「広帯域ISDNユーザ・網インタフェース1544kbit/sおよび2048kbit/s物理レイヤ仕様」	JT-I432.3
	「広帯域ISDNユーザ・網インタフェース51840kbit/s物理レイヤ仕様」	JT-I432.4
	「広帯域ISDNユーザ・網インタフェース25600kbit/s物理レイヤ仕様」	JT-I432.5
	ATM-Forum　準拠	
ADSL	「非対称ディジタル加入者線送受信機」	JT-G992.1
	「スプリッタレス非対称ディジタル加入者線（ADSL）送受信機」	JT-G992.2
V.24	データ端末装置とデータ回線終端装置間の接続回路の定義	ITU-T V.24
	情報技術-データ通信-25極DTE/DCEインタフェースコネクタおよび連絡番号の割当て	ISO 2110
	情報技術-データ通信-37極DTE/DCEインタフェースコネクタおよび連絡先番号の割当て	ISO 4902
X.21	公称データ網における同期式動作向けのデータ端末装置（DTE）とデータ回線終端装置（DCE）間のインターフェース	ITU-T X.21
	公衆100kbit/sまでのデータ信号速度で動作する不平衡複流相互接続回路の電気特性	ITU-T V.10
	10Mbit/sまでのデータ信号速度で動作する不平衡複流相互接続回路の電気特性	ITU-T V.11
	情報技術-データ通信-15極DTE/DCEインタフェースコネクタ及び連絡番号の割当て	ISO 4903
X.25	「X.25パケットモード端末インタフェース」	JT-X25
Frame Relay	「ISDNフレームモードベアラサービスレイヤ2仕様」	JT-Q922
	「ISDNフレームモードベアラサービスレイヤ3仕様」	JT-Q933
高速デジタル回線	「専用線二次群速度　ユーザ・網インタフェース　レイヤ1仕様」	JT-G703-a
	「専用線一次群速度　ユーザ・網インタフェース　レイヤ1仕様」	JT-I431-a
ISDN基本	「ISDN基本ユーザ・網インタフェース　レイヤ1仕様」	JT-I430
ISDN一次群	「ISDN一次群速度ユーザー・網インタフェース　レイヤ1仕様」	JT-I431

(f) インタフェースおよび電源装置の実装数および容量数は、次による。
　(1) 実装数は、当初実装されたインタフェースボードの範囲内で使用可能なインタフェース数とする。
　(2) 容量数は、機能に係るソフトウェアを変更することなく、インタフェースボードの増設またはユニットの増設および架の増設等により収納可能なインタフェース数とする。

(3) 電源装置の容量は、(2)に規定する容量数に応じたものとする。
(g) ネットワークの管理および設定の必要な装置は、TelnetまたはTFTP等によるリモート管理および設定ができるものとする。
(h) 装置のパケット転送能力、フィルタリング能力等の性能およびインタフェース種別、ポート数については、特記による。
(i) ネットワークの取扱う通信プロトコルはTCP/IPとする。ただし、音声・映像・監視データ等を伝送するときの通信プロトコルは特記による。
(j) 構内情報通信網装置のネットワーク管理機能は、SNMPのエージェント機能とする。
(k) 配線の接続は、接続する電線に適合した端子またはコネクタを用い、符号または番号を明示する。ただし、容易に判断できるものについては表示を省略してもよい。
(l) 機器への接続ケーブルは、その接続部にケーブルの自重がかからないようにする。

1.6.2 リピータ

(a) リピータは、その伝送距離を延長するまたはインタフェースを変換する中継装置でOSI第1層で動作するものとする。
(b) リピータHUBは、複数のポートをもつリピータとし、最大4段、HUB間およびHUBと端子間100mまで接続できるものとする。ただし、光ファイバを用いる場合は、HUB間およびHUBと端子間1kmまで接続できるものとする。
(c) インテリジェント、HUBはネットワーク管理機能をもつリピータ、HUBとし、SNMP機能をもつ。

1.6.3 ルータ

(a) ルータの機能は、表1.6.4による。

表1.6.4 ルータの機能

名　称	機　能
ブリッジ	トランスペアレントブリッジ、トランスレーションブリッジを基本機能とする
経路制御機能	スタティックルーティング、RIP、OSPFによるダイナミックルーティングを基本機能とする
フィルタリング	発信元IPアドレス、送信先IPアドレス、アプリケーション（ポート番号）等により転送の可否制御ができるものとする
優先制御機能	アプリケーション（ポート番号）ごとの優先制御ができるものとする
マルチキャスト機能	マルチキャストを転送する。対応プロトコルについては特記とする

(b) 基本ソフトウェアを含む各種ソフトウェアの記憶方式は、書換え可能であり、装置の電源が断たれた状態であっても保持される。

1.6.4 スイッチ

(a) スイッチは、同一インタフェースを複数または異なるインタフェースを複数搭載した機器で、OSI第2層で動作するものとする。
(b) 各々のポート間はスイッチングによりデータを転送する。
(c) スイッチ（パケット）の基本機能は、表1.6.5のグループ化・MACアドレス登録・スイッチングとする。

表1.6.5 スイッチの機能

名　称	機　　能
グループ化	同一装置内のポート単位で任意のグループ化が行える。グループ同士での通信が必要な場合の方式は、特記による
MACアドレス登録	自動または手動でMACアドレスを登録することができ、ポートごとに複数かつ装置全体で1,000以上の登録ができる
スイッチング	Store and Forward方式またはCut Through/Store and Forward自動切替方式（ネットワーク上の伝送品質が劣化した場合にはStore and Forwardに切替わる）とする。パケットの遅延時間について規定する場合は、特記による
フィルタリング	発信元アドレス、送信先アドレス、プロトコルタイプ等により転送の可否を制御することが、ポート単位でできること
V-LAN	装置間をまたがるグループ化を構築する。装置全体で構成可能なグループ数は、特記による
マルチキャスト機能	マルチキャストを転送する。対応プロトコルについては特記とする
ルーティング機能	スイッチにおいてルータと同一の機能を実現する

(d) マルチレイヤスイッチはスイッチとルータの機能を兼備えたものとする。

1.6.5　ファイヤウォール

ファイヤウォールは、転送されるパケットを失うことなく、他のネットワークから不正アクセスを防ぐことができる機能およびアクセスの履歴を残すロギング機能をもつ。インタフェースの種類と数量、対応可能な同時セッション数、処理能力、暗号化機能等は特記による。

1.6.6　ネットワーク管理装置

(a) ネットワーク管理装置は、SNMPのマネージャ機能を有し構内情報通信網装置を統合して運用管理するものとする。
(b) ネットワーク管理ソフトウェアを運用する装置に使用するオペレーションシステムと装置本体の仕様は、特記による。
(c) ネットワーク管理装置の入力装置はCD-ROMドライブまたはDAT装置とする。
(d) ネットワークと100Base-T、1000Base-Tにて接続する。
(e) ネットワーク管理装置の機能は表1.6.6とし、ネットワーク監視、障害管理、機器構成管理、ログ管理までを基本機能とする。

表1.6.6　ネットワーク管理装置の機能

名　称	機　　能
ネットワーク監視	通信異常、ネットワーク接続機器のチェックを行う
障害管理	インタフェース単位および装置の共通部で稼働、障害状況を管理し、ディスプレイ上にその状態を表示するとともに、警報発生をブザー等により発報する
機器構成管理	各機能の基本機能を本装置より設定する
ログ管理	ポート単位の稼働状況、障害状況、管理装置本体の操作状況等のログを蓄積する
パフォーマンス管理	装置のトラフィック状況、各ポートの接続状況をグラフィックに表示する
RMON（Remote Monitoring MIB）	通常の管理機能ではなく、さらに詳細な情報をRemote MIBを収集することにより得ることができ、これによりプロトコル解析といった様々なサービスを提供する
オートディスカバリー	ネットワークに接続された機器を自動認識し、ビジュアルなネットワーク構成図を自動的に作成する

1.6.7　収納ラック

機器を収容するラックは、1.4.3によるほか、次による。

(a) 前面ドアは、施錠でき、施錠した状態で、搭載機器のLED表示等が確認できる構造とする。

(b) ラック内に搭載する機器の電源用として、必要に応じた分岐回路および必要数の配線用遮断器を設ける。

(c) ラック内には、増設用として2P15A（接地極付き）コンセントを2個以上設ける。

1.6.8　予備品等

予備品等は、製造者の標準品一式とする。

1.6.9　表　　示

機器には、正面の部分を避けて、名称、製造年月、製造者名を表示する。

第7節　情報表示装置

1.7.1　一般事項

(a) 情報表示装置は、マルチサイン装置、出退表示装置および時刻表示装置の全部または各々独立した装置により構成され、画像等により情報を表示する。

(b) 各装置には、必要に応じ換気口を設ける。

(c) 外部配線との接続には接合する電線に適した端子、コネクタまたはジャック等を用い、外部配線接続側はねじ止めまたは差込形のものとし、符号または名称による表示を行う。ただし、容易に判断できるものについては省略してもよい。

(d) 配線孔は、1.4.1(c)による。

(e) 強電流回路を含む機器の外箱は、1.4.1(d)による。

(f) 強電流回路の充電部は、1.4.1(e)による。

(g) 機器の仕上げは、次による。外箱を構成する鋼板の表面見え掛かり部分は、製造者の標準色により仕上げる。なお、鋼板の前処理は、次のいずれかによる。

　(1) 表面処理鋼板を使用し、脱脂を行う。

　(2) 鋼板加工後、脱脂、りん酸塩処理を行う。

(h) ラックは、1.4.3による。

1.7.2　マルチサイン装置

(a) マルチサイン装置は、文字、画像等を表示するもので、操作表示部、情報表示盤等で構成される。また、通信プロトコルはTCP/IP方式とする。

(b) 操作制御部は発光ダイオード式情報表示盤、プラズマ式情報表示盤、液晶式情報表示盤等の操作制御を行うものとし、次による。

　(1) 文字、画像等を入力し、表示部に出力できる。

　(2) 停電補償は、プログラムの記録を1週間以上保持できる。

　(3) 表示部画面をモニタできる機能をもつ。

　(4) 1年間のスケジュール管理ができる。

　(5) イメージスキャナによる入力ができるものとし、スキャナを設ける場合は、特記による。

(c) 発光ダイオード式情報表示盤は、次による。

　(1) 外箱は、鋼板製、ステンレス製等とし、大きさ、荷重等に応じた補強が施されている。

(2) 屋外用の外箱は、JIS C 0920「電気機械器具の外郭による保護等級（IPコード）」によるIPX4とし、内部に雨雪が浸入しにくく、これを蓄積しない構造とする。
(3) 発光ダイオード式の表示面は、4色表示（黒、赤、橙、黄緑）またはフルカラー表示とする。
(4) 発光ダイオード式の表示面は、表示素子（ユニット）の組合わせにより構成される。なお、表示素子サイズ、画面サイズ、輝度、表示画像および全画面ドット数等の性能は、特記による。

(d) プラズマ式情報表示盤は、次による。
(1) 画面形状は、広角形（縦横比 9：16）とする。
(2) プラズマディスプレイの性能は、表1.7.1によるほか、電子情報技術産業協会規格「EIAJ ED-2710A」、「カラープラズマディスプレイモジュール測定方法」による。

表1.7.1　プラズマディスプレイ性能

項　目	性　　能
入力端子	映像入力1系統以上
解像度	広角型：1,024×768以上

(e) 液晶式情報表示盤の表示性能は、表1.7.2による。

表1.7.2　液晶式情報表示盤の表示性能

項　目	性　　能
入力端子	映像入力1系統以上
輝度	200cd/m^2
解像度	1,024×768以上

(f) 電源装置または機器に組込む電源部は、次による。
(1) 入力電圧は交流100Vとし、入力側には過電流遮断器等を設ける。なお、電源装置には出力側にも設ける。
(2) 電源用変圧器は、絶縁変圧器とする。
(3) 電源装置の外箱は鋼板製とし、接地端子を設ける。

1.7.3　出退表示装置
(a) 出退表示設備は、表示対象者の在席の有無等を一覧表示または分割表示するもので、表示盤、制御装置、電源部等で構成されたものとする。
(b) 電源装置または機器に組込む電源部は、1.7.2(f)による。
(c) 制御装置（パルス伝送方式）および中継増幅器は、次による。
(1) 外箱は、厚さ1.2mm以上の鋼板製または合成樹脂製とし、大きさ、重量等に応じた補強が施されたものとする。
(2) 外箱の形式は、壁掛形または据置形とする。なお、特記により埋込形とする場合は、厚さ1.6mm以上の鋼板製とする。
(3) プログラムの停電補償は、1週間以上とし、停電時の出退状況は24時間以上記憶を保持できる。
(4) 必要に応じて中継増幅器等を設ける。
(d) 出退表示盤は、次による。
(1) 外箱は、鋼板製または合成樹脂製とし、大きさ、重量等に応じた補強が施されたものとする。
(2) ちょう番は、表面から見えない構造とする。

(3) 発光ダイオード出退表示盤の照射方式は、発光ダイオードによる直射式とし、1の表示窓の光が他の表示窓に漏れない構造とする。また、発光ダイオード表示盤の表示窓の輝度および1窓当たりの発光ダイオードに流れる電流は、表1.7.3の性能を満足するものとする。

表1.7.3 発光ダイオードによる表示窓の性能

項目＼色別	赤	黄緑	橙
輝度	40cd/m^{2}以上	95cd/m^{2}以上	70cd/m^{2}以上
電流	60mA以下	60mA以下	90mA以下

(4) 発光ダイオードの表示方法は、次のいずれかとする。
　(イ) 2モード：赤または黄緑のいずれかによる表示色の点灯と消灯を繰返す表示方法。
　(ロ) 4モード：赤、黄緑、橙、消灯を製造者の標準とする順序により繰返す表示方法。
(5) 表示窓には、アクリル樹脂等を使用し、表面に塗料等で、文字または透過文字を記入する。なお、卓上形表示器および卓上形操作器の記名部分と押しボタンを兼用する場合は塗料等で文字を記入する別銘板を設けて文字を記入する。
(6) 継電器の接点定格は、使用電流に十分耐え、使用電圧が定格電圧の＋10〜-20％変化しても正常に動作する。
(7) 表示盤に呼出し機能を設ける場合は、次による。
　(イ) 構造・性能は、(d)(1)〜(6)による。
　(ロ) 呼出し表示は、専用表示窓を点灯または兼用表示窓をフリッカすることにより呼出しのあったことを表示する。
　(ハ) 呼出し時は、チャイムまたは電子音により被呼出し者に呼出しがあったことを知らせる。
　(ニ) 復帰押しボタンを押すかまたは再度呼出しボタンを押すことにより表示窓を復帰できる。
(e) 発信器の表示窓は、原則として合成樹脂板を使用し、表面に塗料等で文字を記入するかまたは別銘板を設けて文字を記入する。なお、スイッチに直接文字を記入してもよい。

1.7.4　時刻表示装置
1.7.4.1　一般事項
時刻表示装置は、時刻を常時表示するもので、親時計、子時計、電源装置等で構成される。

1.7.4.2　親時計
(a) 外箱は、鋼板製またはアルミ製とする。ただし、壁掛形で表面見え掛かり部分に限り、合成樹脂製としてもよい。
(b) 発振装置は、水晶式とし、精度は、週差0.7秒以下とする。
(c) 親時計の発生する子時計駆動用パルスは、有極式30秒パルスとする。
(d) 親時計には、親モニタを設ける。
(e) 親時計は、電源装置が組込まれたものとし、前面にて交流入力状態か蓄電池による駆動状態が確認できる構造とする。
(f) 親時計は、電波による時刻規正機構付きとする。
(g) 回線制御部には、子時計駆動用の継電器または半導体スイッチ、制御用スイッチ、回線ヒューズ等を設け、子時計回線ごとに一斉運針停止ができる。なお、1回線につき、コイル直流抵抗値が2,000Ωの子時計を、

30個以上接続できる機能をもつ。
- (h) 継電器は、直流用で防じんカバー付きプラグイン形とし、機械的寿命は500万回以上、電気的寿命は、接点定格電流および抵抗負荷で50万回以上とする。ただし、子時計駆動用継電器は、上記によるほか、DC 0.5A抵抗負荷で80万回以上とする。
- (i) 回線監視部には、各子時計回線ごとに回線モニタを設ける。ただし、子時計回線数が1回線のみの場合は、回線モニタを設けなくてもよい。
- (j) 仕上げは、1.7.1(g)によるほか、黄銅板にめっき仕上げを施した場合は、クリヤ塗装仕上げを行う。

1.7.4.3 電源装置

- (a) 親時計の電源装置は、次による。
  - (1) 整流装置および蓄電池により構成される。
  - (2) 蓄電池は、密閉形蓄電池とし、10時間以上の運転が可能な容量とする。ただし、停電時には親時計のみ運針し、商用電源回復時に自動的に子時計を修正する機構のものにあっては、親時計運針用の容量でよい。
- (b) 電源用変圧器は、絶縁変圧器とする。定格電圧の−10％の電圧であっても確実に動作する。

1.7.4.4 子時計

- (a) アナログ子時計は次による。
  - (1) 子時計のコイル直通抵抗は、気温20℃において公称寸法250〜500mmまでは2,000Ω以上とし、500mmを超え600mmまでは1,500Ωとする。なお、許容差は、記銘値の±10％以下とする。
  - (2) 有極式30秒パルスによる30秒運針のものとし、プラス側に正パルスがきたときに分を示す。
  - (3) 定格電圧の−20％の電圧であっても確実に動作する。
  - (4) 指針の調整ができる構造とする。
  - (5) 極性を区別できるコネクタを用いて、配線と接続できる。
  - (6) 取付け金具の形状は、地震時にあっても落下し難い形状のものとする。
  - (7) 電気時計に組込む場合のスピーカは、1.8.3(a)(4)、(6)〜(8)および(d)による。なお、非常放送用となる場合は、1.8.3(a)〜(c)による。
- (b) デジタル子時計は液晶式の透過形、反射形および発光ダイオード式とする。(a)(5)によるほか、次による。
  - (1) 有極式30秒パルスにより1分単位で時刻表示する。
  - (2) 表示時刻は12時間-24時間の切替えができる。
  - (3) 定格電圧の−10％の電圧であっても確実に動作する。
  - (4) 表示用電源は交流100Vとする。
- (c) 仕上げは、1.7.1(g)によるほか、黄銅板にめっき仕上げを施した場合は、クリヤ塗装仕上げを行う。

1.7.4.5 プログラムタイマおよび電子式チャイム

- (a) プログラムタイマは、次による。
  - (1) 平日、休日および特定日ごとのプログラムの設定ができ、プログラムの変更およびチェックができる。
  - (2) 1週間を周期として、1分単位に任意の時刻設定ができる。
  - (3) 入力電源が断たれた状態で、プログラムは、24時間は消えない。
  - (4) 臨時の休日設定ができる。
  - (5) プログラムタイマの精度は、週差0.7秒以下とする。
- (b) 電子式チャイムは、音量調節ができる。

1.7.5 予備品等

予備品等は、製造者の標準品一式とする。

1.7.6 表示

機器には、正面の部分を避けて、表1.7.4および表1.7.5に示す事項を表示する。なお、商標を設ける場合は、適切な箇所に設ける。

表1.7.4 表示項目（情報表示装置・出退表示装置）

情報・出退表示盤	発信器	卓上表示器用電源装置	情報表示操作制御部
名称	名称	名称	—
—	—	定格入力電圧	—
—	—	定格出力電圧	—
—	—	定格出力電流	—
製造番号	製造番号	製造番号	製造番号
製造年月	製造年	製造年月	製造年月
製造者名	製造者名	製造者名	製造者名
受注者名	—	—	—

(注) 1. 製造年月は、略号でもよい。
2. 製造者名は、商標でもよい。
3. 受注者名は、別表示としてもよい。

表1.7.5 表示項目（時刻表示装置）

親時計	子時計
名称	名称
定格入力電圧	定格電圧
定格出力電圧	—
定格出力電流	—
製造番号	製造番号
製造年月	製造年月
製造者名	製造者名
受注者名	—

(注) 1. 製造年月は、略号でもよい。
2. 製造者名は、商標でもよい。
3. 受注者名は、別表示としてもよい。

第8節 拡声装置

1.8.1 一般事項

(a) 拡声装置は、音源部、増幅制御部、出力部等で構成され、音声等による情報伝達および環境音楽（BGM）等の放送を行うものとし、形式等は「航空無線工事標準図面集」による。
(b) 外部配線との接続は、1.7.1(c)による。
(c) 配線孔は、1.4.1(c)による。
(d) 強電流回路を含む機器の外箱は、1.4.1(d)による。
(e) 機器を収容するラックは、1.4.3によるほか、収容した全機器の電源を一斉に操作できるスイッチまたは接点を設ける。
(f) 機器の仕上げは、1.10.1(e)による。

(g) 強電流回路の充電部は、1.4.1(e)による。

1.8.2　Hi形増幅器

(a) 増幅器は、動作状態を確認できるものとする。ただし、定格出力20W以下のものは除く。
(b) スピーカラインはハイインピーダンス100系とする。
(c) デスク形増幅器には、アナウンスマイクおよびその専用入力回路を設ける。なお、マイクロホンの性能は、表1.10.9に定める以上のものとする。
(d) 時報チャイム機能をもつ増幅器、外部信号により電源の入-切ができる。
(e) ライン入力は、予備として最低1入力は残す。
(f) 各入力回路の定格は、表1.8.1による。

表1.8.1　入力回路の定格

入力回路の用途	入力インピーダンスの範囲	入力レベル (mV)	(dBV)	(dBs)
Hi（ハイ）インピーダンスマイク入力	5kΩ以上	2.45以下	－52以下	－50以下

（注）ライン入力の定格および（注）欄は表1.10.5による。

(g) 録音出力回路は、次による。ただし、増幅器に組込みの録音機器に対する出力回路は、この限りでない。
　(1) 出力インピーダンスは、10kΩ以下とする。
　(2) 出力レベルは、増幅器の定格出力時開放で100mV以上とする。
(h) 出力制御器をもつ増幅器は、一斉スイッチが設けられたものとする。ただし、5回線以下の増幅器を除く。また増幅器には、電源表示を設ける。
(i) 性能は、表1.8.2による。

表1.8.2　Hi形増幅器の性能

項　目	性　　能
周波数特性（定格出力より－10dBにおいて）	±6dB以内（周波数100Hz～10kHzにおいて）
ひずみ率（定格出力より－6dBにおいて）	2%以下（周波数1kHzにおいて）
信号対雑音比（SN比）	45dB以上
ミキシング方式	オールミキシング可能

（注）ひずみ率は、定格出力で測定しても、周波数1kHzで5%を超えないものとする。

1.8.3　スピーカ

(a) キャビネットスピーカ（専用キャビネットと、内部に取付けたコーンスピーカをさす）は、次による。
　(1) 木製キャビネットには、原則として、厚さ5mm以上の合板またはパーチクルボードを使用する。ただし、壁掛形の場合の裏板は、この限りでない。
　(2) 金属製キャビネットの板厚は、0.8mm以上とする。
　(3) 合成樹脂製キャビネットの肉厚は、2mm以上とする。
　(4) 壁掛形および吊り下げ形スピーカのリード線は、表示または色別を行う。なお、リード線の色別は、原則として共通線は白、緊急線は赤、通常線は黒とする。ただし、2以上の入力をもつ通常線の色は製造者の標準とする。
　(5) 天井埋込形スピーカには、差込式配線接続用の送り端子を設け、記号等を付ける。
　(6) ハイインピーダンス入力のスピーカは、増幅器の標準出力電圧に適合した値とし、入力インピーダンス

は、2種類以上の値を有する。ただし、アッテネータを内蔵するものにあっては、1種類でもよい。
(7)　スピーカは、JIS C 5532「音響システム用スピーカ」による。
(8)　コーンスピーカの周波数特性は、表1.8.3による。

表1.8.3　Hi形増幅器用コーンスピーカの周波数特性

項　目	性　　能
周波数特性	偏差20dB以内（周波数180Hz～10kHzにおいて）
入力インピーダンス	1.6kΩ、2kΩ、3.3kΩ、4kΩまたは10kΩ

(b)　天井埋込形防じん袋入りまたは防じんカバー付きスピーカは、(a)(5)～(8)による。
(c)　ホーンスピーカは、(a)(4)および(6)によるほか、JIS C 5504「ホーンスピーカ」による。
(d)　アッテネータは、次による。
　(1)　L形抵抗減衰器またはトランス式とする。
　(2)　インピーダンスは、スピーカの使用する入力インピーダンスに適合したものとする。

1.8.4　その他の機器

(a)　マイクロホンは、1.10.7.1による。
(b)　リモコンマイクは、1.10.7.1(a)および(b)によるほか、次による。
　(1)　マイクロホンと、リモコン操作器により構成されたものとする。なお、リモコン操作器に前置増幅器を組込む場合は、主増幅器の性能に適合したものとする。
　(2)　卓上形とする。
　(3)　出力回路は、600Ω平衡方式とする。
　(4)　出力制御器をもつ場合には、一斉スイッチが設けられたものとする。
(c)　CDプレーヤは、1.10.7.2による。
(d)　AM用アンテナは、ステンレス製ホイップアンテナとする。

1.8.5　予備品等

予備品等は、製造者の標準品一式とする。

1.8.6　表　示

機器には、正面の部分を避けて、表1.8.4に示す事項を表示する。ただし、マイクロホン、スピーカ（単体）等JISに規定のあるものはこれによる。

表1.8.4 表示項目

増幅器	スピーカ
名称	名称
電源電圧	入力インピーダンス
消費電力または電流	定格入力
製造年月	―
製造番号	―
製造者名	製造者名
受注者名	―

(注) 1. 製造年月は、略号でもよい。
2. 製造番号は、省略してもよい。
3. 製造者名は、商標でもよい。
4. 受注者名は、別表示としてもよい。

第9節 非常警報装置

1.9.1 一般事項

(a) 非常警報装置は、本節によるほか、消防法に適合したものとする。

(b) 非常警報装置は、非常放送装置または非常ベルにより火災の発生が報知できるものとする。

(c) 外部配線との接続は、1.7.1(c)による。

(d) 配線孔は、1.4.1(c)による。

(e) 強電流回路を含む機器の外箱は、1.4.1(d)による。

(f) 強電流回路の充電部は、1.4.1(e)による。

1.9.2 非常放送装置

1.9.2.1 増幅器および操作装置

非常放送装置作動中はローカル放送を停止し、マイク放送中は地区ベルを停止できる機能および出力端子をもつものとする。

1.9.2.2 マイクロホン

非常放送装置に付属するマイクロホンは、製造者の標準品とする。

1.9.2.3 スピーカ

スピーカは、1.8.3(a)～(c)による。

1.9.3 非常ベル（自動式サイレンを含む）

1.9.3.1 起動装置

(a) 表面に「非常警報」の文字を記入する。

(b) 押しボタンは、押した状態を保持し、押しボタン保護板は、特殊な工具を用いることなく取替えまたは再使用ができるものとする。

1.9.4 予備品等

予備品等は、製造者の標準品一式とする。または予備品等は、1.16.9(a)～(c)、(e)および(f)による。

1.9.5 表　示

(a) 非常ベル（自動式サイレンを含む）、表示灯および起動装置は、1.16.10(c)による。ただし、型式番号は、認定番号と読替える。

(b) 操作部、一体形および複合装置は、1.16.10(a)による。ただし、型式番号は、認定番号と読替えるものとする。

(c) 増幅器および操作装置、マイクロホン、スピーカ、遠隔操作器、非常電話親機および非常電話子機は、1.8.6による。

第10節　映像・音響装置

1.10.1　一般事項

(a) 映像・音響装置は、増幅器・スピーカ・プロジェクタ・スクリーン・その他の機器（マイクロホン、各種レコーダ、カラーモニタ・カラーテレビ等）により構成され、複合映像信号および音声信号を入出力する機能を有し、録画・録音・再生等が行えるものとする。

(b) 外部配線との接続は、1.7.1(c)による。

(c) 配線孔は、1.4.1(c)による。

(d) 強電流回路を含む機器の外箱は、1.4.1(d)による。

(e) 機器の仕上げは、次による。
 (1) 機器外箱を構成する鋼板の仕上げは、製造者標準とする。
 (2) 木板は、その表面に化粧合板を使用したものまたは塗装が施されたものとする。ただし、埋込部分等、明らかに外観上の考慮を必要としないものは除く。

(f) ラックは、1.4.3による。

(g) 複合映像信号はNTSC標準方式による。

(h) 映像信号の接続条件は、表1.10.1、表1.10.2および表1.10.3による。

表1.10.1　映像信号の接続条件

項目（出力/入力）	定　格
インピーダンス	75Ω
複合映像信号コネクタ	1Vp-p（不平衡） F形接栓、電子機器用ピンコネクタまたはBNCコネクタ

表1.10.2　映像信号の接続条件（S映像信号の場合）

項目（出力/入力）	定　格
インピーダンス	75Ω
S映像信号 　Y信号 　C信号	 1Vp-p（不平衡） 0.286Vp-p（不平衡）
コネクタ（S端子）	Y/Cコネクタ

（注）1. S映像信号とは、Y信号とC信号の2種類で構成される映像信号をいう。
　　　2. C信号の定格は、バースト信号の振幅を表す。

表1.10.3　映像信号の接続条件（RGB信号の場合）

項目（出力/入力）	定　格
インピーダンス	75Ω
RGB信号 　R信号 　G信号 　B信号	 0.7Vp-p 0.7Vp-p（ただし、SYNC ON G信号は1.0Vp-p） 0.7Vp-p
HD VD SYNC	TTLハイインピーダンス正極性/負極性

1.10.2　Lo形増幅器

(a) 増幅器には、電源表示を設ける。

(b) スピーカラインは、ローインピーダンスとする。

(c) 性能および入力回路の定格は、表1.10.4および表1.10.5による。

表1.10.4　Lo形増幅器の性能

項　　目	性　　能
周波数特性（定格出力により－10dBにおいて）	±3dB以内（周波数50Hz～12.5kHzにおいて）
ひずみ率（定格出力により－6dBにおいて）	1.0%以下（100Hz～10kHzにおいて）
信号対雑音比（SN比）	60dB以上
音質調整器	高音・低音調節可能
ミキシング方式	オールミキシング可能

表1.10.5　入力回路の定格

入力回路の用途	入力インピーダンスの範囲	入力レベル (mV)	(dBV)	(dBs)
ローインピーダンスマイク入力	600Ω以上	0.775以下	－62以下	－60以下
ライン入力	600Ω以上	1,000	0以下	2以下
ライン入力	600Ω以上	300	－10以下	－8以下
ライン入力	10kΩ以上	100	－20以下	－18以下

(注) 1. 入力レベルとは、入力側操作用音量調節器を最大利得に調節したとき、定格負荷インピーダンスに定格出力電力を得るために増幅器の入力端子に供給すべき1kHzの定常信号レベル（電圧）をいう。ただし、1つの系に上記操作用音量調節器以外に、主音量調節器等をシリーズに設ける場合は、その音量調節器は、0～20dBの範囲で任意に調節してもよい。なお、ただし書きでいう音量調節器が半固定式のものの場合は、その調節値は規定しない。
2. マイク入力を除く入力で、入力別操作用音量調節器をもたない入力のレベルは、本表の値より0～12dBの範囲で高くてもよい。
3. 増幅器に内蔵するピックアップおよびテープレコーダからの入力には、本表を適用しない。
4. デシベル表示の基準値は、次のとおり。
　　0dBV＝1V、0dBs＝0.775V
　　なお、dBVを単にdBと表示してもよい。
5. ライン入力とは、カセットテープレコーダ、CDプレーヤ、MDレコーダ、チャイム入力等ライン出力機器を接続する入力をいう。

1.10.3　スピーカ

スピーカの性能は、JIS C 5532「音響システム用スピーカ」によるほか、次による。

(a) Lo形増幅器用コーンスピーカの周波数特性は、表1.10.6による。

表1.10.6　Lo形増幅器用コーンスピーカの性能

項　目	性　　能
周波数特性	偏差20dB以内（周波数80Hz～15kHzにおいて）
入力インピーダンス	4～8Ωまたは16Ω

(b) 集合形スピーカは、複数のスピーカが1つのキャビネットに収納されたものとし、各スピーカの性能、キャビネットの材質形状等は、特記による。

1.10.4　プロジェクタ

(a) 入力信号の接続条件は、表1.10.1、表1.10.2および表1.10.3による。
(b) 液晶パネルに光源を照射し、レンズを用いてスクリーンに投写するもので、その性能等は、表1.10.7および表1.10.8により、その区別は特記による。

表1.10.7　液晶プロジェクタ光出力

	Ⅰ　形	Ⅱ　形	Ⅲ　形
光出力	1,000lm以上	2,000lm以上	3,000lm以上

（注）光出力は、周囲から入射光がない状態とし全白信号で変調した試験入力信号を加え、スクリーンを9分割し、各々の面の中心輝度を測定し、その平均値から算出した値とする。

表1.10.8　液晶プロジェクタ解像度

	①　形	②　形	③　形
解像度	1,024×768ドット以上	1,280×1,024ドット以上	1,600×1,200ドット以上

(c) 背面投写式の投写方法は、スクリーンに直接投写する方法または反射鏡を使用する方法とし、その区別は特記による。
(d) 背面投写式キャビネット形のキャビネットは、製造者の標準とする。
(e) 背面投写式キャビネット（組合わせ）形は、次による。
　(1) 側面または裏面より点検できる。
　(2) 組合わせ目地部分は、3mm以下とする。

1.10.5　切替装置

(a) 複数の映像信号および音声信号を入力でき、同一系統の映像信号と音声信号を同時に、手動で選択および出力できる。なお、系統数は特記による。
(b) システムに応じた入出力端子をもち、その条件は特記による。

1.10.6　スクリーン

(a) スクリーン形状は、平面形状で標準形（縦横比3：4）とする。
(b) 種別および材質等は、次による。
　(1) 反射マット形スクリーンは、スクリーン生地前面に合成樹脂等の反射材を平滑に塗布したものとする。
　(2) 反射ビーズ形スクリーンは、スクリーン生地前面に球状ガラスの反射材を塗布したものとする。
　(3) 反射細密ビーズ形スクリーンは、スクリーン生地前面に球状ガラスの反射材を塗布したものとし、球状

ガラスの直径は、ビーズ形スクリーン球状ガラスの1/2程度以下とする。

(4) 反射ストライプ形スクリーンは、スクリーン生地前面にアルミ製の反射材を縦縞状に塗布したものとする。

(5) 透過形スクリーンは、平板形状のものとし、材質およびスクリーンに光学加工を施す場合の形状等は特記による。

(c) 電動巻上式の電動機電源電圧は交流100Vまたは200Vとし、スクリーンの上下動遠隔操作（有線式）ができるものとする。

1.10.7 その他の機器

その他の映像・音響機器は、次による。

1.10.7.1 マイクロホン

(a) マイクロホンは、JIS C 5502「マイクロホン」に適合するものとし、ムービングコイルマイクロホン（ダイナミック形）またはコンデンサマイクロホン（エレクトレット形）とする。

(b) 性能は、表1.10.9による。

表1.10.9 マイクロホンの性能

項　目		性　　能
周波数特性	全指向性（正面感度レベル）	偏差10dB以内（周波数100Hz～10kHzにおいて）
	有指向性（正面感度レベル）	偏差15dB以内（周波数100Hz～10kHzにおいて）
出力方式		600Ω以下　平衡または不平衡
感度		－60dB以上

(注) 1. 周波数特性の基準周波数は、1kHzとする。
2. デシベル表示の基準値は、マイクロホンに1kHz、1Paの音圧を加え、開放出力電圧が1Vの場合を0dBとする。

(c) 電波式ワイヤレス受信機はダイバーシティ受信方式とする。

(d) 電波式ワイヤレスマイクは、「特定無線設備の技術基準適合証明等に関する規則」（昭和56年郵政省令第37条）で定める小規模な無線設備について、電波法に定める技術基準に適合する無線機器とする。種別はハンド形またはタイピン形とする。

1.10.7.2 CDプレーヤ

性能は、表1.10.10による。なお、連装機能を設ける場合は、特記による。

表1.10.10　CDプレーヤの性能

項　目	性　能
周波数特性	偏差±1dB（周波数20Hz～20kHzにおいて）
全高調波ひずみ率	0.01％以下
信号対雑音比（SN比）	90dB以上

1.10.7.3　Ｄ　Ｖ　Ｄ

性能は、表1.10.11による。

表1.10.11　DVDの性能

項　目	性　　　能
周波数特性	偏差±1dB（周波数20Hz～20kHzにおいて）
映像出力	表1.10.1および表1.10.2による
水平解像度	500TV本以上
音声SN比	100dB以上

1.10.7.4　カラーモニタ・カラーテレビ
　(a)　画面形状は、広角形（縦横比9：6）とする。
　(b)　性能は、表1.10.12による。

表1.10.12　カラーモニタ・カラーテレビの性能

項　目	性　　　能	
	カラーモニタ	カラーテレビ
映像入力	表1.10.2および表1.10.3による	
入力端子	映像1系統以上	映像/音声1系統以上
水平解像度	15形以下は250TV本以上	
	15形を超えるものは450TV本以上	

（注）15形とは、画面対角概略寸法381mm（15インチ）のことをいう。

1.10.7.5　書画カメラ
　(a)　撮像部は、固体撮像素子（CCD）で構成されたものとする。
　(b)　CCD画素数は、32万画素以上とする。
　(c)　水平解像度は、320TV本以上とする。
　(d)　資料提示面において、A4判の被写体が撮影できる。
　(e)　電動ズーム（6倍以上）およびオートフォーカス機能をもつ。

1.10.8　予備品等
　　予備品等は、製造者の標準品一式とする。

1.10.9　表　　示
　　機器には、正面の部分を避けて、表1.10.13に示す事項を表示する。ただし、マイクロホン、スピーカ（単体）等JISに定めのあるものは、それによる。

表1.10.13 表示項目

増幅器	スピーカ	プロジェクタ	スクリーン	その他の機器
名称	名称	名称	名称	名称
電源電圧	入力インピーダンス	電源電圧	電源電圧	電源電圧
消費電力または電流	定格入力	消費電力または電流	―	消費電力または電流
製造年月	―	製造年月	製造年月	製造年月
製造番号		製造番号	製造番号	製造番号
製造者名	製造者名	製造者名	製造者名	製造者名
受注者名	―	受注者名	受注者名	―

(注) 1. スクリーンの電源電圧は、電動巻上式のものに限る。
    2. 製造年月は、略号でもよい。
    3. 製造番号は、省略してもよい。
    4. 製造者名は、商標でもよい。
    5. 受注者名は、別表示としてもよい。

第11節　入退室管理装置

1.11.1　一般事項

(a) 入退室管理装置は、制御装置、認識部等で構成され、管理区域内への入退室者を制限および管理するものとする。

(b) 外部配線との接続は、1.7.1(c)による。

(c) 配線孔は、1.4.1(c)による。

(d) 強電流回路を含む機器の外箱は、1.4.1(d)による。

(e) 強電流回路の充電部は、1.4.1(e)による。

1.11.2　制御装置

(a) 制御装置は、制御部、電源部等により構成され、認識部等より送られた情報内容を蓄積および判断し、施解錠等の入退出管理を行うもので、次による。

(1) 機能上重要な揮発性の記憶素子には、入力電源が断たれた状態であっても、記憶できる保護装置を設ける。

(2) 記憶容量は、システムの機能に見合った容量とする。

(3) 制御装置の機能は、表1.11.1による。

表1.11.1 制御装置の機能

名　　　　称	機　　　　能	基本機能
施解錠制御	認識部等から送られた情報の判別を行った結果に従って、接続する電気錠等の施解錠を行う	○
許可・不許可設定	電気錠等ごとに操作者の施解錠操作の許可・不許可の設定を行う	○
設定データバックアップ機能	入力電源が断たれた状態で、設定データを48時間以上保持する	○
遠隔施解錠制御	遠隔制御器等からの制御指示に従って、接続する電気錠等の施解錠を行う	
スケジュール設定・制御	平日、休日または特定日ごとのスケジュール設定をし、タイムスケジュールに従い、接続する電気錠等の施解錠を行う	
記録機能	入退室における操作履歴（時刻、場所、指示機器、動作内容、操作者データ、操作状態等）の情報を記録し、紙等への出力を行う	
照明・空調制御	照明設備または空調設備等と情報の受渡しを行い、照明・空調等の連動発停を行う	
防災・防犯等インテグレーション機能	自動火災報知設備または防犯システム等と隣の報知の受渡しを行い、各設備との連動を行う	

（注）基本機能は、○印を適用する。

1.11.3　認　識　部

認識部は、管理区域内への入退出者を認識するもので、次による。なお、認識方法は特記による。

(a) 磁気カードリーダは、次による。

(1) 磁気カード内の情報を読取り、その情報を制御装置へ出力する。

(2) 磁気カードは、JIS X 6301「識別カード-物理的特性」による。

(b) 暗証番号（テンキーパッド）入力装置は、暗証番号の入力スイッチおよび入力された情報を読取り、その情報を制御装置へ出力する。

(c) ICカードリーダは、次による。

(1) ICカード内の情報を読取り、その情報を制御装置へ出力する。

(2) タイプBカード（JIS X 6322-2「識別カード-非接触（外部端子なし）ICカード-近接型-第2部：電力伝送及び信号インタフェース」によるB型のカード）の読取りができる。

(d) 非接触カードリーダは、次による。

(1) 近接された非接触カードの情報を読取り、その情報を制御装置へ出力する。

(2) 非接触カードは、無線式、電磁誘導式、静電結合式等とし、区別、機能、形状等は、特記による。

(e) バイオメトリックス照合装置は、次による。

入退出者のバイオメトリックス情報を読取り、その情報を制御装置へ出力する。バイオメトリックス情報としては、指紋、網膜、虹彩等とし、区別、機能等は、特記による。

1.11.4　その他の機器

(a) 遠隔制御器は、次による。

(1) 指定した電気錠等に対して施解錠制御を行い、電気錠等の施解錠の状態をLED、LCD等により表示する。

(2) 電気錠等にて異常状況が発生した場合、ブザー、ランプ、LED等により表示する。

(b) 電気錠は、次による。

(1) 電気的に施解錠制御が可能な機能および機械的（鍵、サムターン等）により施解錠が可能な機能をもつ。

(2) 錠の施解錠状態、扉の開閉状態の出力機能をもつ。

1.11.5 予備品等

予備品等は、製造者の標準品一式とする。

1.11.6 表示

機器には、正面の部分を避けて表1.11.2に示す事項を表示する。

表1.11.2 表示事項

制御装置	その他の機器
名称	名称
製造年月	製造年月
製造者名	製造者名
受注者名	―

(注) 受注者名は、別表示としてもよい。

第12節　呼出し装置

1.12.1 一般事項

(a) 呼出し装置は、呼出し部、制御部、電源部、表示部等で構成され、音声および表示による呼出し等を行うものとする。

(b) 外部配線との接続は、1.7.1(c)による。

(c) 配線孔は、1.4.1(c)による。

(d) 強電流回路を含む機器の外箱は、1.4.1(d)による。

(e) 強電流回路の充電部は、1.4.1(e)による。

1.12.2 インターホン

インターホンは、JIS C 6020「インターホン通則」によるほか、次による。

(a) 電話形の選局機構は、押しボタン式とする。

(b) 仕上げ色は、製造者の標準色とする。

1.12.3 テレビインターホン

テレビインターホンは、1.12.2によるほか、次による。

(a) 親機には、映像モニタおよび映像モニタボタンを設ける。

(b) 子機には、カメラおよび呼出しボタンを設ける。

1.12.4 予備品等

予備品等は、製造者の標準品一式とする。

1.12.5 表示

機器には、正面の部分を避けて、次の事項を表示する。

(a) 名称

(b) 製造年月

(c) 製造者名または商標

第13節　テレビ共同受信装置

1.13.1　一般事項
(a) テレビ共同受信装置は、受信部、混合部、増幅部、分配整合部等で構成され、テレビの放送・情報を受信・分配を行うものとし、形式等は「航空無線工事標準図面集」による。
(b) 配線孔は、1.4.1(c)による。
(c) 強電流回路を含む機器の外箱は、1.4.1(d)による。
(d) 強電流回路の充電部は、1.4.1(e)による。

1.13.2　機器
(a) 混合（分波）器・分岐器・分配器および増幅器の入出力接栓は、F形接栓とし、屋外に用いるものはJIS C 0920「電気機械器具の外郭による保護等級（IPコード）」によるIPX3とする。
(b) 分岐器および分配器は、CS・BS・U形とする。
(c) テレビ端子および直列ユニットは、CS・BS・U形とし、プラグを付属させる。
(d) 増幅器には誘電雷防止装置として、信号入出力部および電源部の1次側に雷保護装置を設ける。

1.13.3　アンテナおよびアンテナマスト
(a) アンテナの給電部は、JIS C 0920「電気機械器具の外郭による保護等級（IPコード）」によるIPX3とする。
(b) アンテナマストは、表1.13.1に示す規格による。

表1.13.1　アンテナマスト

呼　称	規　格	備　考
アンテナマスト	JIS G 3459　配管用ステンレス鋼鋼管	JISマーク表示品
	JIS G 3444　一般構造用炭素鋼鋼管	〃
	JIS G 3454　圧力配管用炭素鋼鋼管	〃

（注）亜鉛付着量350g/m^2（JIS H 8641「溶融亜鉛めっき」に規定するHDZ35）以上の溶融亜鉛めっきを施したものとする。

(c) マスト支持材は、亜鉛付着量350g/m^2（JIS H 8641「溶融亜鉛めっき」に規定するHDZ35）以上の溶融亜鉛めっきを施した鋼製またはステンレス製とする。

1.13.4　機器収容箱
(a) 機器収容箱は、1.4.2(a)(2)～(5)による。
(b) 増幅器を収容する場合は、AC125V、2P15A接地端子付きのコンセントを設ける。

1.13.5　予備品等
予備品等は、製造者の標準品一式とする。

1.13.6　表示
(a) 機器には、正面の部分を避けて、名称、製造者名または商標を表示する。ただし、アンテナは製造者名または商標のみでもよい。
(b) 機器収容箱は、1.4.6(b)による。

第14節　テレビ電波障害防除装置

1.14.1　一般事項
- (a) テレビ電波障害防除装置は、受信部、混合部、増幅部、分配整合部等で構成され、テレビ放送の再放送を行うものとし、形式等は「航空無線工事標準図面集」による。
- (b) 配線孔は、1.4.1(c)による。
- (c) 強電流回路を含む機器の外箱は、1.4.1(d)による。
- (d) 強電流回路の充電部は、1.4.1(e)による。

1.14.2　機器
　　各機器の性能は、「航空無線工事標準図面集」によるほか、次による。
- (a) 保安器、混合（分波）器、増幅器、分配器および分岐器の入出力接栓は、F形またはフィッティングコネクタとする。屋外に用いるものは、F形接栓とし、JIS C 0920「電気機械器具の外郭による保護等級（IPコード）」によるIPX3とする。
- (b) 幹線に用いる分配器および分岐器は電流通過形とし、通過電流容量は3Aとする。
- (c) 電源供給器の入出力部および屋外に設ける増幅器は、誘導雷防止装置付きとし、電源電圧の±10%の変動に対して動作に異常を生じないものとする。
- (d) 電源供給器の入出力電圧は、その系に適した電圧とし、出力電流容量は3Aとする。
- (e) 「航空無線工事標準図面集」によるテレビ共同受信装置の記号により特記された機器は、1.13.2による。

1.14.3　ヘッドエンドおよび機器収容箱等
- (a) ヘッドエンドは、鋼板製またはアルミ製とし、鋼板製の場合は、1.4.2(a)(2)(ヌ)による。
- (b) 機器収容箱の構造、鋼板の厚さ、前処理、仕上げ等は、1.4.2(a)(2)～(5)による。
- (c) 屋外の機器収容箱は、合成樹脂製、アルミダイキャスト製、鋳鉄製または鋼板製とする。

1.14.4　アンテナマスト
　　アンテナマストは、1.13.3(b)および(c)による。

1.14.5　予備品等
　　予備品等は、製造者の標準品一式とする。

1.14.6　表示
- (a) 機器には、正面の部分を避けて、名称、製造者名または商標を表示する。ただし、アンテナは製造者名または商標のみでもよい。
- (b) 機器収容箱は、1.4.6による。ただし、1.14.3に示す機器収容箱は除く。

第15節　監視カメラ装置

1.15.1　一般事項
- (a) 監視カメラ装置は、カメラ、ビデオモニタ、録画装置、その他の機器等で構成され、建物内外の監視等を行うものとする。無線施設監視用は、システム構築が容易で互換性、汎用性等に優れたネットワークカメ

ラにより整備する。
(b) カメラ設置箇所および監視対象
 (1) 場外無線施設（巡回保守対象の空港場内施設も含む）
  (イ) 送受信装置、モニタ装置、制御装置内等で表示機能をもつもの
  (ロ) 空中線
  (ハ) 巡回保守を実施するうえで有効なもの（個別指針による）
 (2) 積雪地のILS施設
  (イ) 空中線
  (ロ) 積雪深観測箇所
 (3) 高カテゴリーILS施設
  (イ) 空中線
  (ロ) 制限区域全般
(c) 個別指針
 (1) ILS
  (イ) LOCサイトの屋外カメラは、LOC空中線および空中線周辺の状況が視認できる箇所に1台設置する。T-DME併設サイトは、T-DME空中線が可視範囲にあるものとする。
  (ロ) GSサイトの屋外カメラにおいては、セオドライト設置台付近に1台設置する。T-DME併設サイトにおいては、T-DME空中線が可視範囲にあるものとする。
  (ハ) シェルタ内カメラは、モニタの盤面メーターが確認でき、他の盤の表示ランプが視認できる位置に1台設置する。
  (ニ) 夜間監視に必要な照明は類似灯火となる可能性があるため、近赤外線投光器を設置し、ネットワークカメラのナイトビジョンと組合わせて使用する。これによることができない場合は、類似灯火に該当しないように、関係者と設置条件の調整を行う。
 (2) VOR、VOR/DME、VORTAC
  (イ) VORサイトの屋外カメラは、キャリアおよびサイドバンドレドームならびにメインモニタ空中線が視認可能な場所に2台を限度に設置する。
  (ロ) DMEまたはタカン空中線がカウンターポイズ上以外に設置されている場合は、空中線レドームが視認できる場所へカメラを設置する。原則としてカメラを増設しない。
  (ハ) 夜間監視に必要な照明は、必要とされる照明をカウンターポイズ等に設置する。
 (3) A/G系
  (イ) 空中線がカメラの視野角に収まらない場合、広範囲に空中線が設置されている場合には、効果的な箇所を一部監視する。
  (ロ) 運用者が配置されている空港のA/G空中線の監視用カメラについて、運用者による目視確認等の対応ができる場合は設置しない。
  (ハ) 夜間監視が必要な場合の照明は、必要とされる照明を空中線柱等に設置する。
 (4) レーダー系
  (イ) レドームがある場合は、レドーム内にカメラおよび照明を整備する。
  (ロ) レドームがない場合は、空中線を効果的に監視できる位置にカメラを設置する。
  (ハ) レドーム内に照明がない場合は、必要とされる照明をレドーム内に設置する。
  (ニ) RML空中線（基地局を含む）への着雪や落雷のおそれがある場合、レドームへの着雪のおそれがある場合および進入道路の確認が必要となる場合等、サイト条件に応じ効果的な場所にカメラを設置する。

(5) 積雪地ILS：整備条件は、豪雪地帯対策特別措置法指定地域に設置された施設とする。
　　(イ)　LOC
　　　　(ⅰ) 屋外カメラは空中線全体および空中線エレメントの着雪状況ならびにサイト周辺の状況を監視できるよう設置する。ただし、障害物件とならないように考慮する。
　　　　(ⅱ) 過去5年間に、空港付近の最大積雪深が80cmを超えた空港では、LOC前方区域の積雪深が確認できる位置にカメラを設置する（空中線監視用カメラで確認できる場合を除く）。
　　　　(ⅲ) 夜間監視に必要な照明は、間接照明でも投光器でも類似灯火の可能性があるため、近赤外線投光器を設置し、ネットワークカメラのナイトビジョンと組合わせて使用する。
　　(ロ)　GS/T-DME
　　　　(ⅰ) 屋外カメラは、GS送信空中線レドームおよびGSモニタ空中線の着雪状況ならびにサイト周辺の状況を監視できるよう設置する。ただし、障害物件とならないように考慮する。
　　　　(ⅱ) GS前方区域の積雪深が確認できる位置にカメラを設置する（空中線監視用カメラで確認できる場合を除く）。巡回保守を行う施設においては、できる限り2台のカメラで積雪深が観測できるように設置し、設置できない場合は予備カメラを準備する。
　　　　(ⅲ) 夜間監視に必要な照明は類似灯火となる可能性があるため、近赤外線投光器を設置し、ネットワークカメラのナイトビジョンと組合わせて使用する。これによることができない場合は、類似灯火に該当しないように、関係者と設置条件の調整を行う。
　　※　参考資料　豪雪地帯対策特別措置法指定地域の空港（平成21年4月現在）
　　　① 特別豪雪地帯：稚内空港、中標津空港、青森空港
　　　② 豪雪地帯：利尻空港、紋別空港、旭川空港、女満別空港、釧路空港、帯広空港、新千歳空港、函館空港、大館能代空港、秋田空港、花巻空港、庄内空港、山形空港、新潟空港、富山空港、能登空港、小松空港、美保空港、鳥取空港
(6) 高カテゴリーILS
　　(イ) 迅速なSSP体制移行確認ができるようにする。
　　(ロ) 運用評価期間中の迅速なALM原因の確認ができるようにする。
　　(ハ) LOCサイトの屋外カメラにあっては、LOCシェルタ上またはLOCシェルタ付近に1台設置する。
　　(ニ) GSサイトの屋外カメラにあっては、セオドライト設置台付近に1台設置する。
　　(ホ) FFMの屋外カメラにあっては、空中線付近に1台設置する。
　　(ヘ) IMサイトの屋外カメラにあっては、シェルタ付近に1台設置する。
　　(ト) 夜間監視に必要な照明は類似灯火となる可能性があるため、近赤外線投光器を設置し、ネットワークカメラのナイトビジョンと組合わせて使用する。これによることができない場合は、類似灯火に該当しないように、関係者と設置条件の調整を行う。
　　(チ) 大型表示装置を設置し、SSP体制運用評価時に複数のカメラ映像を表示できるようにする。また、必要な映像を拡大表示できるようにする。
(7) 監視所：SMC（バックアップSMC）
　　(イ) 場外、保守委託の施設等の監視を行う。
　　(ロ) 時間運用官署管理の24時間運用施設について夜間の監視を行う。
　　(ハ) 大型表示装置を設置または他の表示装置を共用し、複数のカメラ映像を表示できるようにする。また、必要な映像を拡大表示できるようにする。
　　(ニ) 対象施設の監視制御を行うPCを設置し、カメラ制御監視ができるようにする。
　　(ホ) 必要に応じ、カメラ映像ならびに音声をPCのHDD等に録画できるようにする。
　　(ヘ) カメラ制御ならびに映像閲覧は、各サイトでのカメラ制御ソフトのインストールから管理ソフトまで

第1章　機　　材

　　SMCでパスワード等によるセキュリティを確保し、アクセス制限を行えるようにする。また、バックアップSMCでSMCのすべてをバックアップできるようにする。

　(8)　常駐官署

　　　時間運用官署管理の24時間運用施設については、SMCまたはバックアップSMCにおいて、夜間ITVによる監視ができるようにする。

(d)　屋外に設けるものは、次の条件において正常に動作するものとする。

　(1)　温度　カラー：0 〜 40℃
　　　　　　　白黒：−10 〜 50℃

　(2)　湿度：35 〜 85％

(e)　機器を収容するラックは、1.4.3による。

(f)　アナログ伝送方式の映像信号はNTSC方式またはEIA方式とし、走査方式は2：1インターレス、走査線数は525本、レベルは1.0Vp-p、インピーダンスは75Ωとする。

(g)　各機器の信号の接続端子は、コネクタまたはねじ止め式とする。なお、端子は接続する電線の太さおよび電圧に適合した構造とする。

(h)　配線孔は、1.4.1(c)による。

(i)　強電流回路を含む機器の外箱は、1.4.1(d)による。

(j)　強電流回路の充電部は、1.4.1(e)による。

1.15.2　カ　メ　ラ

(a)　撮像部は、固体撮像素子（1/3形または1/4形CCD）で構成されたものとする。

(b)　性能は、表1.15.1による。

表1.15.1　カメラの性能

方　式　　　　項　目	水平解像度	最低被写体照度	ホワイトバランス
白黒方式	420TV本以上	1 lx以下	―
カラー方式	330TV本以上	10 lx以下	自動補正方式

（注）　1.　最低被写体照度は、F1.4の標準レンズをカメラに取付けた状態において、色温度3,100K、反射率89％の試験用被写体が確認できる限界の映像を得るために必要な被写体照度をいう。
　　　　2.　ホワイトバランスは、カラー方式のカメラにおいて光源に合わせて色の再現性を調整する機能（白い被写体を撮像したときに白く再現するように調整する機能）をいう。

(c)　被写体の照度に変化があっても、自動絞りレンズ機能（ALC）により出力を一定とすることができる。

(d)　標準レンズ、広角レンズ、望遠レンズ等が取付けられる。取付けるレンズの区別および機能等は特記による。

1.15.3　ビデオモニタ

(a)　白黒方式のビデオモニタの水平解像度は、550TV本以上とする。

(b)　カラー方式のビデオモニタの水平解像度は、15形以下は250TV本以上、15形を超えるものは450TV本以上とする。

1.15.4　録画装置

(a)　デジタル記憶媒体の容量は、画像圧縮方式をMotion-JPEG、解像度を320×240、フレームレートを3fpsとした場合に、接続するカメラすべての映像を480時間以上録画できる。

(b) デジタル記憶媒体を、増設できる外部接続インタフェースをもつ。
(c) 入力電源が断たれた状態で、設定条件が72時間以上保持できる。
(d) 時刻規正機構付きとする。
(e) デジタルレコーダは、次による。
　(1) 録画スケジュールは、各々のカメラに対して曜日ごとに設定できる。
　(2) 解像度、フレームレート等の録画条件は、カメラごとに設定できる。なお、その条件は特記による。
　(3) 外部センサ等の警報信号または動態検知機能により、自動的にフレームレートを切替える機能をもつ。
　(4) 日時を指定して録画した映像を再生する機能をもつ。
　(5) 録画映像のうち指定した任意の時間の映像データを他の記録媒体に出力する機能をもつ。
　(6) ネットワーク伝送方式の場合は、映像の閲覧および設定変更を制限する機能をもつ。

1.15.5　その他の機器

(a) アナログ伝送方式の場合は、次による。
　(1) 映像切替器および映像分配器の周波数帯域は、5MHz以上とする。
　(2) 映像切替器の仕様は、次による。
　　手動映像切替器は、押しボタン等により4局以上の映像を切替えられるものとし、5,000回以上の切替操作に耐えられるものとする。
　(3) 自動映像切替器は、半導体式とし、4局以上の映像を切替えられるものとする。
　(4) 映像分配器は、半導体式とし、入力および出力の間での映像利得は±1dB以内とする。
　(5) 映像補償器は、EM-5C-2Eで1km、EM-7C-2Eで1.2km以上を補償できるものとし、ケーブル長さに応じて補償量を調整できるものとする。
(b) ハウジングは、次による。
　(1) ハウジングは、金属製または十分な強度をもつ合成樹脂製とする。
　(2) 屋外形ハウジングは、JIS C 0920「電気機械器具の外郭による保護等級（IPコード）」によるIPX4とする。
　(3) 耐候形ハウジングは、JIS C 0920「電気機械器具の外郭による保護等級（IPコード）」によるIPX4によるほか、特記によりワイパ、デフロスタ、ヒータおよびファンを取付けられる。
　(4) ハウジングの架台は、1.13.3(b)による。
(c) 屋外で使用する旋回装置および操作器は、次による。
　(1) 水平旋回角度は、260度以上とし、上下に旋回できるものにあっては、上側15度以上、下側40度以上旋回できる。
　(2) 旋回装置は、風速40m/sで動作できるものとする。
　(3) 操作器は、対応する旋回装置に適合したものとする。

1.15.6　予備品等

予備品等は、製造者の標準品一式とする。

1.15.7　表　　示

機器には、正面の部分を避けて、表1.15.2に示す事項を表示する。

表1.15.2　表示項目

ハウジング	手動映像切替器	その他の機器
名称	名称	名称
製造年月	製造年月	製造年月
製造番号	製造番号	製造番号
製造者名	製造者名	製造者名
―	―	定格入力電圧
―	―	消費電力または電流
受注者名	―	―

(注)　1. 製造年月は略号としてもよい。
　　　2. 製造番号は省略してもよい。
　　　3. 製造者名は商標とすることができる。
　　　4. 受注者名は別表示としてよい。

第16節　自動火災報知装置

1.16.1　一般事項

(a) 自動火災報知装置は、本節によるほか、消防法に適合したものとする。

(b) 自動火災報知装置は、受信機、中継器、発信機、感知器等により構成され、火災の感知および警報が有効に行えるものとする。

(c) 外部配線との接続は、1.7.1(c)による。

(d) 配線孔は、1.4.1(c)による。

(e) 強電流回路を含む機器の外箱は、1.4.1(d)による。

(f) 強電流回路の充電部は、1.4.1(e)による。

(g) 機器を収容するキャビネット等は、次による。

　(1) 外箱を構成する鋼板（溶融亜鉛めっきを施すものを除く）の前処理は、次のいずれかとする。

　　(イ) 表面処理鋼板を使用し、脱脂を行う。

　　(ロ) 鋼板加工後、脱脂、りん酸塩処理を行う。

　(2) 塗装色は、製造者の標準色とする。

1.16.2　受信機（P型）

(a) 消防法に適合した旨の表示があるものとする。

(b) 外箱は、鋼板製または自己消火性のある合成樹脂製とし、耐久性があり、内部の構造を点検できるものとする。

(c) 実装数が容量数に満たない場合でも、容量数の継電器、発光ダイオード、配線整理用端子、内部配線等を設ける。

(d) 地区表示装置は、合成樹脂板に指定文字を刻記または印刷されたものとする。

(e) 地区表示装置には、表示窓と組合わせてLEDまたはプラズマディスプレイを使用してもよい。

(f) 自立形のものは、送受話器を内蔵させる。

(g) 予備電源は、密閉形蓄電池とし、自動的に充電されるものとする。また、その容量は、非常電源を兼ねるものとする。

(h) 受信機（P型）は、非常放送設備の放送中に、自動火災報知設備の地区音響の鳴動を停止する入力端子を設け、鳴動を停止した際には、その旨を表示する機能をもつものとする。ただし、P型3級受信機は除く。

(i) 受信機（P型）において、非常放送設備と連動する場合は地区信号移報端子および火災確認信号移報端子を設ける。ただし、P型3級受信機は除く。
(j) 蓄積式受信機は、発信機からの火災信号を受信した場合に、蓄積機能を自動的に解除する機能をもつ。
(k) P型1級受信機は、感知器回路の導通試験機能をもつ。

1.16.3 受信機（R型）

受信機（R型）は、1.16.2(a)～(c)および(f)～(j)によるほか、次による。

(a) 地区表示装置は2回線以上の表示ができるものとし、2回線以上を超えて発報したときは、押しボタン等で発報中の表示を呼出せるものとする。
(b) 表示装置は、地区表示装置と組合わせて、液晶表示、プラズマディスプレイが設けられたものとする。ただし、液晶表示の場合は、バックライト等の内部照明により表示面の確認ができるものとする。
(c) 受信機（R型）は、火災表示試験装置ならびに終端器に至る外部配線の断線および受信機から中継器（感知器からの火災信号を直接受信するものにあっては感知器）に至る配線の短絡および断線ならびに中継器等の故障を検出できる機能をもつものとする。
(d) 受信機（R型）にアナログ機能がある場合は、火災表示、注意表示等を行う温度または濃度を設定できるものとする。
(e) 受信機（R型）に自動試験機能を設ける場合は、次の機能を満足するものとする。
　(1) 常用電源から予備電源に切替える装置の作動状況が、プリンタ等により自動的に確認できる。
　(2) 予備電源の異常が生じたとき、音響装置および表示灯が自動的に作動する。
　(3) 火災信号、火災表示信号または火災情報信号を受信することにより、火災表示または注意表示の作動状況が、プリンタ等により自動的に確認できる。
　(4) 外部配線に異常が生じたとき、音響装置および表示灯が自動的に作動する。
　(5) 外部に電源を供給するために設けられたヒューズ、ブレーカその他の保護装置が作動したとき、音響装置および表示灯が自動的に作動する。
　(6) 信号処理装置または中央処理装置に異常が生じたとき、音響装置および表示灯が自動的に作動する。
　(7) 自動試験機能等対応型感知器（自動試験機能付き）の異常および地区音響装置の回線が断線または短絡した場合に音響装置および表示灯が自動的に作動する。
　(8) 中継器から(3)～(7)に係る信号を受信したときに、音響装置および表示灯が自動的に作動する。
(f) 受信機に遠隔試験機能を設ける場合は、自動試験機能等対応型感知器（遠隔試験機能付き）の異常を遠隔試験機能で検出できるものとする。
(g) 受信機に外部試験器を用いて遠隔試験を行う場合は、次による。
　(1) 外部試験器を接続し、操作することにより、自動試験機能等対応型感知器（遠隔試験機能付き）の異常を検出できる。
　(2) 外部試験器を受信機に接続した状態が継続した場合に、点滅する表示灯等により確認ができる。

1.16.4 副受信機・表示装置

(a) 副受信機は、次による。
　(1) 外箱は、1.16.2(b)による。
　(2) 表示窓は、1.16.2(d)による。
　(3) 地区灯・音響停止スイッチ、スイッチ注意灯および電話用ジャック（受信機と併設のもの）を設ける。ただし、P型1級受信機の副受信機とならない場合は、電話ジャックを設けなくてもよい。
　(4) 実装数が容量数に満たない場合でも、容量数の発光ダイオード、配線整理用端子、内部配線等を設ける。

(b) 液晶を表示装置として設ける場合の電源は、予備電源または非常電源とする。

(c) 表示装置として液晶表示を使用する場合は、バックライト等の内部照明により、表示面の確認ができる。

(d) 内照式液晶ディスプレイは、平面地図、系統図、グラフ、表、文字等が表示でき、バックライト等の内部照明により、表示面の確認ができるものとする。なお、画面サイズ、表示色数、形式等の種別は、特記による。

(e) プラズマディスプレイは、平面地図、系統図、グラフ、表、文字等が表示できるものとする。なお、画面サイズ、表示色数、形式等の種別は、特記による。

1.16.5　中継器

中継器は、1.16.2(a)、(b)および(g)によるほか、次による。ただし、受信機により電源の供給を受ける中継器または電源の供給を必要としない中継器は(g)を除く。

(a) 主電源回路および外部負荷に電源を供給する回路には、過電流遮断器を設ける。

(b) 中継器および感知器回路の異常を検出する機能をもち、その一括警報を受信機へ出力する機能をもつ。

(c) アナログ式は、1.16.3(d)による。

(d) 中継器に自動試験機能を設ける場合は、次の機能を満足する。
　(1) 常用電源から予備電源に切替える装置の作動状況が、プリンタ等により自動的に確認できる。
　(2) 予備電源に異常が生じたとき、容易に確認できる。
　(3) 外部配線に異常が生じたとき、受信機にその旨の信号を自動的に発信する。
　(4) 中継器に係る信号処理装置または中央処理装置に異常が生じたとき、受信機にその旨の信号を自動的に発信する。
　(5) 自動試験機能等対応型感知器（自動試験機能付き）の異常および地区音響装置の回線が断線または短絡した場合に、音響装置および表示灯が自動的に作動する。

(e) 中継器に遠隔試験機能を設ける場合は、1.16.3(g)による。

1.16.6　発信機

(a) 消防法に適合した旨の表示があるものとする。

(b) 表面に「火災報知機」の文字を記入する。なお、消火栓ポンプを始動させる場合は、「消火栓始動」、「消火栓連動」または「消火栓起動」の文字を併記する。

(c) 押しボタンは、押した状態を保持し、押しボタン保護板は、特殊な工具を用いることなく取替えまたは再使用ができるものとする。

(d) P型1級受信機に接続する発信機には、電話ジャックおよび応答装置を設ける。

1.16.7　感知器

(a) 消防法に適合した旨の表示があるものとする。

(b) 感知器には、作動表示装置を設ける。ただし、分布形、防爆形および動作温度100℃以上の定温式は除く。

(c) 感知器には、送り配線接続可能な端子を設ける。ただし、分布形、防水形、防食形および防爆形を除く。

(d) 自動試験機能対応型感知器で、自動試験機能付きまたは遠隔試験機能付きは、次による。
　(1) 自動試験機能付きは、火災報知設備に係る機能が適正に維持されていることを確認できる機能をもつ。
　(2) 遠隔試験機能付きは、感知器に係る機能が適切に維持されていることを確認できる機能をもつ。

1.16.8　その他の機器

(a) 警報ベルは、直径100mm以上とし、打鈴棒を収納した方式とする。なお、埋込型の場合は、呼び厚さ1.2mm

以上の鋼板製外箱に収容する。
(b) 24V用消火栓表示灯等には、発光ダイオードを用い、表示灯のグローブ、枠等に合成樹脂製のものを使用する場合は、自己消火性の材質のものとする。
(c) 単独に設ける機器収容箱は、呼び厚さ1.2mm以上の鋼板製外箱に発信機、警報ベル（自動式サイレンを含む）、表示灯等を組合わせて収納するほか、配線整理用端子板を設ける。また、音響孔は、丸打抜きまたは長穴加工とする。
(d) 別途消火栓組込みの機器収容箱には、発信機、警報ベル（自動サイレンを含む）、表示灯等を組合わせて収納するほか、配線整理用端子板を設ける。
(e) 消火栓ポンプ起動装置は、次による。
　(1) 移報器は、始動用継電器を内蔵し、鋼板厚さ1.2mm以上の外箱に収納する。ただし、制御盤等に内蔵させる場合は、この限りでない。
　(2) 消火栓ポンプ始動用表示灯を専用に設ける場合は、始動時に点灯させ、火災報知用表示灯と消火栓ポンプ始動用表示灯とを兼用させる場合は、運転中にフリッカをさせる。回路試験器の押しボタンは、押した状態を保持しない。

1.16.9 予備品等

(a) ヒューズは、各種類ごとに現用数の2倍の個数とし、10個を超えるものにあっては10個とする。
(b) 押しボタン保護板は現用数とし、5個を超えるものにあっては5個とする。ただし、再使用できるものを除く。
(c) 携帯用送受話器は、P型1級受信機およびR型受信機に内蔵または備付けのもののほかに1個を付属させる。ただし、副受信機を併設する場合は、その台数を加えた個数とする。
(d) 工具は、製造者の標準品一式とする。
(e) 受信機回路図は、2部とする。
(f) 受信機に自動試験機能を有しているものにあってはシステムブロック図を備える。

1.16.10 表示

各機器には、正面の部分を避けて、次の事項を表示する。
(a) 受信機
　(1) 種別、型式および型式番号
　(2) 製造年月
　(3) 製造者名または商標
　(4) 定格電圧
　(5) 受注者名（別表示としてもよい）
(b) 副受信機、中継器
　(1) 名称
　(2) (a)(2)～(4)による。
(c) 発信機
　(1) 種別、型式および型式番号
　(2) 製造年月
　(3) 製造者名または商標
(d) 感知器
　　(c)によるほか、差動式分布形感知器（空気管式）には最大空気管長を表示する。

(e) 警報ベル
　(1) (a)(2)～(4)による。
　(2) 定格電流
(f) 消火栓ポンプ起動装置
　(1) 名称
　(2) (a)(2)～(4)による。
(g) 回路試験器、差動スポット試験器
　(1) 名称
　(2) (a)(2)～(4)による。
(h) 機器収容箱
　(a)(2)および(3)による。

第17節　自動閉鎖装置（自動閉鎖機構）

1.17.1　一般事項
(a) 自動閉鎖装置は、本節によるほか、建築基準法に適合したものとする。
(b) 自動閉鎖装置は、連動制御器、自動閉鎖装置、感知器等により構成され、火災が発生した場合に、防火戸、ダンパ等を自動的に閉鎖するものとする。
(c) 外部配線との接続は、1.7.1(c)による。
(d) 配線孔は、1.4.1(c)による。
(e) 強電流回路を含む機器の外箱は、1.4.1(d)による。
(f) 強電流回路の充電部は、1.4.1(e)による。
(g) 仕上げは、1.7.1(g)による。

1.17.2　連動制御器
(a) 火災信号および制御信号を回路ごとの配線を使用して送受信する方式の連動制御器は、1.16.2(b)～(e)によるほか、次による。
　(1) 複数の回線を順次に作動させる場合は、1つの回線の煙感知器連動のダンパ（以下「防煙ダンパ」という）等が作動しなくても、次の回線の防煙ダンパ等に作動信号を伝達できる方式とする。
　(2) 電動ダンパを使用した防煙ダンパ回路は、防煙ダンパを遠方復帰できる機能をもつ。
(b) 火災信号および制御信号を固有信号に変換して送信する方式の連動制御器は、(a)および1.16.2(b)～(e)、(g)、1.16.3(a)～(c)による。

1.17.3　自動閉鎖装置
(a) 通電作動形とする。
(b) 一度作動した防火戸等が外力により押戻されても、復旧操作をしない限り再ロックしないものとする。

1.17.4　感知器
　感知器は、1.16.7による。

1.17.5　予備品等
　予備品などは、1.16.9(a)、(b)、(e)および(f)による。

1.17.6 表　　示

(a) 連動制御器は、1.16.10(a)(2)、(3)および名称を表示する。
(b) 自動閉鎖装置は、1.16.10(a)(2)、(3)、(4)、(e)および最低動作電圧を表示する。
(c) 感知器は、1.16.10(c)による。

第18節　非常警報装置

1.18.1　一般事項

(a) 非常警報装置は、本節によるほか、消防法に適合したものとする。
(b) 非常警報装置は、非常放送装置または非常ベルにより火災の発生が報知できるものとする。
(c) 外部配線との接続は、1.7.1(c)による。
(d) 配線孔は、1.4.1(c)による。
(e) 強電流回路を含む機器の外箱は、1.4.1(d)による。
(f) 強電流回路の充電部は、1.4.1(e)による。

1.18.2　非常放送装置
1.18.2.1　増幅器および操作装置

非常放送装置作動中はローカル放送を停止し、マイク放送中は地区ベルを停止できる機能および出力端子をもつものとする。

1.18.2.2　マイクロホン

非常放送装置に付属するマイクロホンは、製造者の標準品とする。

1.18.2.3　スピーカ

スピーカは、1.8.3(a)～(c)による。

1.18.3　非常ベル（自動式サイレンを含む）
1.18.3.1　起動装置

(a) 表面に「非常警報」の文字を記入する。
(b) 押しボタンは、押した状態を保持し、押しボタン保護板は、特殊な工具を用いることなく取替えまたは再使用ができるものとする。

1.18.4　予備品等

予備品等は、製造者の標準品一式とする。または1.16.9(a)～(c)、(e)および(f)による。

1.18.5　表　　示

(a) 非常ベル（自動式サイレンを含む）表示灯および起動装置は、1.16.10(c)による。ただし、型式番号は、認定番号と読替える。
(b) 操作部、一体形および複合装置は、1.16.10(a)による。ただし、型式番号は、認定番号と読替える。
(c) 増幅器および操作装置、マイクロホン、スピーカ、遠隔操作器、非常電話親機および非常電話子機は、1.8.6による。

第19節　外線材料

1.19.1　電　　柱

(a) コンクリート柱は、第2編1.16.1による。

(b) 鋼管柱の材質は、JIS G 3444「一般構造用炭素鋼鋼管」のSTK 400、STK 490またはSTK500に粉体塗装もしくは樹脂系被覆を施し、耐候性をもつものとする。なお、粉体塗装の場合は、JIS H 8641「溶融亜鉛めっき」の2種を施した上に、第1編2.9.1(c)(1)による素地ごしらえを行う。

1.19.2　装柱材料

ちょう架金物および自在バンド等の装柱材料は、亜鉛めっきを施した鋼製またはステンレス製とする。

1.19.3　地中ケーブル

地中ケーブル保護材料は、第2編1.16.4による。

第2章 施 工

第1節 共通事項

2.1.1 電線の接続

電線の接続は、第2編2.1.2(a)、(b)および(g)によるほか、次による。

(a) 電線の端末処理は、心線を傷つけないように行い、電線に適した工具を用いて外装をはぎ取る。ただし、湿気の多い場所では、合成樹脂モールド工法により成端部を防護し、エポキシ樹脂、ウレタン樹脂等を注入して防湿成端処理を行う。

(b) EM-構内用ケーブル、EM-通信ケーブル等の相互の接続は、段接続とするほか、次による。
  (1) 心線の接続は、ひねり接続はんだ上げの後、PEスリーブを用いるかまたは絶縁性コネクタを用いて行う。
  (2) データ回線における心線の接続は、専用のコネクタによる。
  (3) ケーブル被覆の接続は、解体可能なクロージャまたは樹脂充てん型クロージャを使用する

(c) EM同軸ケーブルおよびBS・CS用同軸ケーブル等の相互接続および端末は、F形接栓を使用する。

2.1.2 電線と機器端子との接続

電線と機器端子との接続は、次による。

(a) 端子板への接続は、端末側を右側とする。
(b) 端子にはさみ込み接続する場合は、必要に応じ座金を使用し、ねじで締付ける。
(c) クリップ式端子に接続する場合は、その端子に適合した方法で接続する。
(d) 太さ1.6mm以上の電線の接続は、(a)および第2編2.1.3による。
(e) 遮へい付きケーブルと機器端子との接続は、適合したコネクタ等を用いて接続する。

2.1.3 電線の色別

電線は、表2.1.1により色別する。

表2.1.1 電線の色別

配線種別	色　別
電気時計	青（赤または黒）
拡声	黒（赤または黄）
火災報知	赤（表示線）、黒（電話線）、青（ベル線）、黄または青（確認ランプ線）、白（共通線）
接地線	緑または緑/黄

(注) 1. （ ）内の色は、マイナス側または共通側を示す。
　　 2. ケーブルの場合、この色別により難い場合は、配線種別ごとに統一された色別を行う。

2.1.4 端子盤内の配線処理等

(a) 端子盤内の配線は、電線（UTPケーブルを除く）を一括し、くし形編出しして端子に接続する。また、1列の端子板が2個以下の場合は扇形編出しとしてもよい。また、硬質塩化ビニル製盤用配線ダクトによって整線を行ってもよい。

(b) 電線は、余裕をもたせて無理のない程度に曲げて金具等により木板に支持する。

(c) 木板の端子板上部に、各設備種目ごとに用途名等を記入する。
(d) UTPパッチパネルに接続する場合は、専用の工具を用いて接続する。

2.1.5 屋内配線と強電流電線との離隔
屋内配線と強電流電線との離隔は、第2編2.1.6および第2編2.1.7による。

2.1.6 地中配線と地中強電流電線との離隔
地中配線と地中強電流電線との離隔は、第2編2.1.8による。

2.1.7 屋内配線と水管、ガス管等との離隔
屋内配線と水管、ガス管等とは、直接接触しないように施工する。

2.1.8 発熱部との離隔
発熱部との離隔は、第2編2.1.9による。

2.1.9 メタルラス張り等との絶縁
メタルラス張り等との絶縁は、第2編2.1.10による。

2.1.10 電線等の防火区画等の貫通
電線等の防火区画等の貫通は、第2編2.1.11および第2編2.1.12による。

2.1.11 管路の外壁貫通等
外壁を貫通する管路等は、第2編2.1.13による。

2.1.12 絶縁抵抗
絶縁抵抗は、次による。
(a) 屋内および屋側配線の場合（UTPケーブル配線は除く）は、配線の電線相互間および電線と大地間の絶縁抵抗値は、測定場所に適合した電圧の絶縁抵抗計を使用して、1回路または1系統当たり5MΩ以上とする。なお、機器取付け後の大地間の絶縁抵抗値は、1MΩ以上とする。ただし、絶縁抵抗測定を行うのに不適当な部分は除く。
(b) 架空配線および地中配線の場合（UTPケーブル配線は除く）は、配線の電線相互間および電線と大地間の絶縁抵抗値は、測定場所に適合した電圧の絶縁抵抗計を使用して、1回路または1系統当たり5MΩ・km以上（1km以下は5MΩ以上）とする。なお、機器取付け後の大地間の絶縁抵抗値は1MΩ・km以上（1km以下は1MΩ以上）とする。ただし、絶縁抵抗測定を行うのに不適当な部分は除く。

2.1.13 耐震施工
耐震施工は、第2編2.1.15による。

第2節　金属管配線

2.2.1　管および付属品

　　　管および付属品は、第2編2.2.2による。

2.2.2　隠ぺい配管の布設

　　　隠ぺい配管の布設は、第2編2.2.3(a)～(c)、(f)および(g)によるほか、次による。
(a) 管の曲げ半径（内側半径とする）は、管内径の6倍以上とし、曲げ角度は、90度を超えてはならない。また、1区間の屈曲箇所は4カ所以下とし、その曲げ角度の合計値が270度を超えてはならない。ただし、屋内通信線を収容する場合の1区間の屈曲箇所は、5カ所以下としてもよい。
(b) ボックス、端子盤の外箱等は、型枠に堅固に取付ける。なお、ボックス、端子盤の外箱等に仮枠を使用した場合は、ボックス、端子盤の外箱等を取付けた後、その周囲にモルタルを充てんする。

2.2.3　露出配管の布設

　　　露出配管の布設は、第2編2.2.4によるほか、2.2.3による。

2.2.4　メタルラス張り壁等（ワイヤラス張り、金属板張り等を含む）の木造造営物における配管

　　　メタルラス張り壁等（ワイヤラス張り、金属板張り等を含む）の木造造営物における配管は、第2編2.1.10による。

2.2.5　位置ボックス、ジョイントボックス等

　　　位置ボックス、ジョイントボックス等は、第2編2.2.5(b)～(f)および(h)～(k)によるほか、次による。
(a) 機器の取付け位置には、位置ボックス、プレートを設ける。ただし、位置ボックスが機器等により隠ぺいされる場合は、プレートを取付けなくてもよい。
(b) 位置ボックスおよびジョイントボックスの使用区分は、表2.2.1および表2.2.2に示すボックス以上のものとする。なお、取付け場所の状況により、これらにより難い場合は、同容積以上のボックスとしてもよい。
(c) プレートには、はく離しない方法で用途別を表示する。ただし、機器を実装した場合および床付きプレートには、用途別表示をしなくてもよい。

表2.2.1 隠ぺい配管の位置ボックス、ジョイントボックスの使用区分

取付け位置		配管状況	ボックスの種別
天井スラブ		（22）または（E25）以下の配管4本以下	中形四角コンクリートボックス54または八角コンクリートボックス75
		（22）または（E25）以下の配管5本	大形四角コンクリートボックス54または八角コンクリートボックス75
		（28）または（E31）以下の配管4本以下	大形四角コンクリートボックス54
天井スラブ以外（床を含む）	壁掛形表示盤および埋込形ブザー	（22）または（E25）以下の配管4本以下	中形四角アウトレットボックス44
		（22）または（E25）以下の配管5本	大形四角コンクリートボックス44
		（28）または（E31）以下の配管4本以下	大形四角アウトレットボックス54
	押しボタンスイッチ、アッテネータおよびスポット形感知器用試験器	スイッチ1個（連用スイッチの場合は3個以下）、アッテネータ1個または試験器2個以下	1個用スイッチボックスまたは中形四角アウトレットボックス44
		スイッチ2個（連用スイッチの場合は6個以下）、アッテネータ2個または試験器5個以下	2個用スイッチボックスまたは中形四角アウトレットボックス44
	上記以外の位置ボックスおよびジョイントボックス	（22）または（E25）以下の配管4本以下	中形四角アウトレットボックス44
		（22）または（E25）以下の配管5本	大形四角アウトレットボックス44
		（28）または（E31）以下の配管4本以下	大形四角アウトレットボックス54

表2.2.2 露出配管の位置ボックス、ジョイントボックスの使用区分

用途	配管状況	ボックスの種別
位置ボックスおよびジョイントボックス	（22）または（E25）以下の配管4本以下	丸形露出ボックス（直径89mm）
	（28）または（E31）以下の配管4本以下	丸形露出ボックス（直径100mm）
押しボタンスイッチ、アッテネータおよびスポット形感知器用試験器	スイッチ1個（連用スイッチの場合は3個以下）、アッテネータ1個または試験器2個以下	露出1個用スイッチボックス
	スイッチ2個（連用スイッチの場合は6個以下）、アッテネータ2個または試験器5個以下	露出2個用スイッチボックス
	上記以外	スイッチ等の個数に適合したスイッチボックス

2.2.6 管の接続

　　　管の接続は、第2編2.2.6(a)、(b)および(f)、(g)による。

2.2.7 配管の養生および清掃

　　　配管の養生および清掃は、第2編2.2.7による。

2.2.8 通線

　　　通線は、第2編2.2.8によるほか、垂直に布設する管路内の電線は、表2.2.3に示す間隔でボックス内にて支持する。

表2.2.3　垂直管路内の電線支持間隔

電線の種類、太さ	支持間隔
電線38mm² 以下	30m以下
ケーブル（光ファイバケーブルを除く）	12m以下

2.2.9　系統種別の表示

　　　　幹線用プルボックス、端子盤その他の要所の電線には、合成樹脂製、ファイバ製等の表示札等を取付け、系統種別、行先等を表示する。

第3節　合成樹脂管配線（PF管、CD管および硬質塩化ビニル管）

2.3.1　管および付属品

　　　　管および付属品は、第2編2.3.2および第2編2.4.2による。

2.3.2　隠ぺい配管の布設

　　　　隠ぺい配管の布設は、第2編2.3.3および第2編2.4.3による。

2.3.3　露出配管の布設

　　　　露出配管の布設は、第2編2.3.4および第2編2.4.4による。

2.3.4　位置ボックス、ジョイントボックス等

　　　　位置ボックス、ジョイントボックス等は、2.2.5(a)および(c)によるほか、次による。
(a) 位置ボックス、ジョイントボックス等の使用区分は、表2.2.1に示すボックス以上のものとする。ただし、配管サイズ（22）または（E25）は（PF16）等、（28）または（E31）は（PF22）等と読替えるものとする。
(b) 硬質塩化ビニル管を露出配管として使用する場合の位置ボックス、ジョイントボックス等の使用区分は、表2.2.2に示すボックス以上のものとする。ただし、「丸形露出ボックス（直径89mm）」は、直径87mmとする。

2.3.5　管の接続

　　　　管の接続は、第2編2.3.6および第2編2.4.6による。

2.3.6　配管の養生および清掃

　　　　配管の養生および清掃は、第2編2.2.7による。

2.3.7　通　　線

　　　　通線は、2.2.8による。

2.3.8　系統種別の表示

　　　　系統種別の表示については、2.2.9による。

第4節　金属製可とう電線管配線

2.4.1　管および付属品

　　　　管および付属品は、第2編2.5.2による。

2.4.2　管 の 布 設

　　　　管の布設は、第2編2.5.3(b)～(d)および(f)によるほか、金属製可とう電線管を金属管等と接続する場合は、カップリングにより接続する。

2.4.3　そ の 他

　　　　位置ボックス、配管の養生、清掃、通線その他本節に明示のない事項は、第2節「金属管配線」による。

第5節　金属ダクト配線

2.5.1　ダクトの布設

　　　　ダクトの布設は、第2編2.7.2による。

2.5.2　ダクトの接続

　　　　ダクトの接続は、第2編2.7.3(a)および(e)による。

2.5.3　ダクト内の配線

　　　　ダクト内の配線は、第2編2.7.4(a)、(b)、(e)および(f)によるほか、次による。
　(a)　配線は、各設備ごとに一括して、電線支持物の上に整然と並べ、布設する。ただし、垂直に用いるダクト内では、1.5m以下ごとに固縛する。
　(b)　電線を外部に引出す部分その他の要所の電線には、合成樹脂製、ファイバ製等の表示札を取付け、系統種別、行先等を表示する。

2.5.4　そ の 他

　　　　その他本節に明示のない事項は、第2節「金属管配線」による。

第6節　金属線ぴ配線

2.6.1　線ぴの付属品

　　　　線ぴの付属品は、第2編2.8.2による。

2.6.2　線ぴの布設

　　　　線ぴの布設は、第2編2.8.3による。

2.6.3　線ぴの接続

　　　　線ぴを金属管または金属製可とう電線管に接続する場合は、電線の被覆を破損するおそれのないように布設する。

2.6.4 線ぴ内の配線

   線ぴ内の配線は、第2編2.8.5による。

2.6.5 その他

   その他本節に明示のない事項は、第2節「金属管配線」による。

第7節　ケーブル配線（光ファイバケーブルは除く）

2.7.1 ケーブルの布設

(a) ケーブルの布設にあたっては、ケーブルの被覆を損傷しないように行う。

(b) ケーブルを造営材に取付ける場合は、次による。

　(1) ケーブルに適合するサドル、ステップル等でその被覆を損傷しないように取付ける。なお、湿気の多い場所で使用するサドルは、ステンレス製または溶融亜鉛めっきを施したものとする。

　(2) 支持点間の距離は、表2.7.1による。

表2.7.1　支持点間の距離

布設の区分	支持点間の距離
造営材の上面に布設するもの	1m以下
造営材の側面または下面に布設するもの	0.5m以下

(c) 隠ぺい配線の場合において、ケーブルに張力が加わらないよう布設する場合は、ころがし配線とすることができる。

(d) 露出配線の場合は、天井下端または幅木上端等に沿って行う。

(e) ケーブルラック上の配線は、次による。

　(1) ケーブルは、整然と並べ、水平部では3m以下、垂直部では1.5m以下の間隔ごとに固縛する。ただし、次のいずれかの場合は除く。

　　(イ) トレー形ケーブルラック水平部の配線。

　　(ロ) 二重天井内におけるケーブルラック水平部の配線。ただし、幹線は除く。

　(2) ケーブルを垂直に布設する場合は、特定の子げたに荷重が集中しないようにする。

　(3) ケーブルの要所には、合成樹脂製、ファイバ製等の表示札等を取付け、系統種別、行先等を表示する。

(f) ケーブルをちょう架する場合は、次による。

　(1) 径間は、15m以下とする。

　(2) ケーブルには、張力が加わらないようにする。

　(3) ちょう架は、ケーブルに適合するハンガー、バインド線または金属テープ等によりちょう架し、支持間隔を0.5m以下とする。

(g) ケーブルを保護する管およびダクト等の布設については、第2節「金属管配線」～第6節「金属線ぴ配線」による。なお、ボックスまたは端子盤から機器への引出配線が露出する部分は、これをまとめて保護する。

(h) ケーブルを曲げる場合は、被覆が傷まないように行い、その屈曲半径(内側半径とする)は、表2.7.2による。

表2.7.2　ケーブルの屈曲半径

ケーブルの種別	布設中の曲げ半径	接続および固定時の曲げ半径
EM-UTPケーブル（4対以下）	仕上り外径の8倍以上	仕上り外径の4倍以上
EM-UTPケーブル（4対を超える）	仕上り外径の10倍以上	仕上り外径の6倍以上
CCPケーブル（ラミネートシース）	仕上り外径の15倍以上	仕上り外径の6倍以上
EM-同軸ケーブル	仕上り外径の10倍以上	仕上り外径の6倍以上
EM-同軸ケーブル（ラミネートシース）	仕上り外径の15倍以上	仕上り外径の6倍以上
上記以外の通信ケーブル	仕上り外径の10倍以上	仕上り外径の4倍以上

(i)　二重床内配線は、第2編2.10.2(d)(1)、(2)および(5)によるほか、電磁誘導および静電誘導による障害が生じないように、データ伝送用配線は、電力用ケーブルとの直接の接触は避ける。

(j)　UTPケーブルの布設は、(a)〜(i)によるほか、次による。
  (1)　ケーブルのすべての対を成端する。
  (2)　フロア配線盤から通信アウトレットまでのケーブル長は、90m以内とする。
  (3)　ケーブル結束時には、ケーブル外径が変化するほど強く締付けてはならない。
  (4)　コネクタやパッチパネルでの成端作業時、対のより戻し長は、13mmを超えないものとする。
  (5)　対の割当ては、JIS X 5150「構内情報配線システム」による。また、心線の割付けは1つの構内で統一する。
  (6)　パッチパネルにおけるパッチコード（またはジャンパ）の長さは2m以内とする。
  (7)　通信アウトレットには、接続先が認識できるように表示を行う。
  (8)　フロア配線盤から通信アウトレットまでのリンク性能は、JIS X 5150「構内情報配線システム」のクラスDランクの性能を満足するものとする。

2.7.2　ケーブルラックの布設

ケーブルラックの布設は、第2編2.10.1(a)〜(c)、(g)および(h)によるほか、ケーブルラック相互の接続は、ボルト等により接続する。

2.7.3　位置ボックス、ジョイントボックス等

位置ボックス、ジョイントボックス等は、第2編2.10.3（(a)を除く）によるほか、次による。

(a)　通信・情報機器の取付け位置には、位置ボックスを設ける。ただし、ケーブルころがし配線で通信・情報機器に送り配線端子のある場合は、位置ボックスを省略することができる。

(b)　天井隠ぺい配線で、外径が10mm程度以上のケーブルを収容する位置ボックスおよびジョイントボックスは、大形四角アウトレットボックス54以上のものとし、それ以外は、中形四角アウトレットボックス44以上のものとする。

2.7.4　ケーブルの接続

(a)　ケーブルの接続は、端子盤、プルボックス、アウトレットボックス等の内部で行う。ただし、合成樹脂モールド接続工法による場合は除く。

(b)　シールドしてある電線の接続は、コネクタまたは端子により行う。

2.7.5　ケーブルの造営材貫通

ケーブルの造営材貫通は、第2編2.10.4による。

第8節　通信用フラットケーブル配線

2.8.1　通信用フラットケーブルの布設

通信用フラットケーブルの布設は第2編2.11.4(a)、(b)、(d)、(e)、(g)および(h)によるほか、次による。
(a) フラット形同軸ケーブル等の曲げ半径は、許容曲げ半径以上とする。
(b) 床面への固定は、粘着テープを用いて1m以下の間隔で固定する。
(c) 折曲げ部分には、防護材として鋼板を置き粘着テープで固定する。

2.8.2　通信用フラットケーブル相互または機器との接続

通信用フラットケーブル相互または機器との接続は、次による。
(a) 通信用フラットケーブル相互の接続および分岐は、専用のコネクタおよび工具を使用して接続する。
(b) 通信用フラットケーブルと機器との接続は、必要により端子箱を取付け、接続する。

第9節　光ファイバケーブル配線

2.9.1　一般事項

配線は、次による。
(a) ネットワーク機器に光ファイバコードを接続する場合は、コネクタを使用する。また、屋外に設けるコネクタは、取付け後、接続箱等に収納して、その箱に防水処置を施す。
(b) ラックに収容する機器に接続するケーブル端末には、ファイバ製、合成樹脂製等の表示札またはマークバンド等を取付け、系統種別、行先、ケーブル種別等を表示する。

2.9.2　光ファイバケーブルの布設
(a) 光ファイバケーブルの布設作業中は、光ファイバケーブルが傷まないように行い、その屈曲半径（内側半径とする）は仕上り外径の20倍以上とする。また、固定時の屈曲半径（内側半径とする）は、仕上り外径の10倍以上とする。
(b) 支持または固定する場合には、光ファイバケーブルに外圧または張力が加わらないようにする。
(c) 外圧または衝撃を受けるおそれのある部分は、適当な防護処置を施す。
(d) 光ファイバケーブルに加わる張力および側圧は、許容張力および許容側圧以下とする。
(e) 光ファイバケーブルの布設時には、テンションメンバに延線用撚戻し金物を取付け、一定の速度（10m/分程度以下）で布設し、張力の変動や衝撃を与えないようにする。
(f) 布設時には、光ファイバケーブルの端末よりケーブル内に水が浸入しないように防水処置を施す。
(g) 光ファイバケーブルを電線管等より引出す部分には、ブッシング等を取付け、引出部で損傷しないようにスパイラルチューブ等により保護する。
(h) 光ファイバケーブルの布設時は、踏んだり荷重が光ファイバケーブル上に加わらないように施工する。
(i) コネクタ付き光ファイバケーブルの場合は、コネクタを十分に保護して布設する。
(j) フラット形光ファイバケーブルの布設は、2.8.1による。

2.9.3　光ファイバケーブルの保護材の布設

光ファイバケーブルの保護材の布設は、第2節「金属管配線」～第7節「ケーブル配線（光ファイバケーブルは除く）」および第10節「床上配線」～第12節「地中配線」による。

2.9.4 光ファイバケーブル相互の接続

(a) 光ファイバケーブル相互の接続は、アーク放電による融着接続または光コネクタによる接続とし、最大接続損失は融着接続で0.3dB/1カ所、コネクタ接続で0.75dB/1カ所以下とする。なお、光ファイバケーブルの接続を融着接続とする場合は、JIS C 6841「光ファイバ心線融着接続方法」による。

(b) 融着接続およびコネクタの取付けは、光ファイバケーブルに適した材料、専用の工具および治具を用いて行う。

(c) 融着接続作業は、湿度の高い場所を避け、できるだけじんあいの少ない場所で行う。

(d) 接続部は、接続箱に収めて保護する。なお、融着後心線を納める場合の屈曲直径は30mm以上とし、心線は突起物等に接しないように納める。

2.9.5 光ファイバケーブルと機器端子との接続

光ファイバケーブルと機器端子との接続は、次による。

(a) 光ファイバケーブルを機器端子の間に接続箱を設けて、コネクタ付き光ファイバコードを用いて接続する。ただし、機器の内部に接続箱等の設備がある場合およびケーブルが集合光ファイバコードの場合のように、コネクタ付き光ファイバコードが不要の場合は除く。

(b) 光ファイバケーブルと機器端子は、コネクタで接続し、その最大接続損失は、0.75dB/1カ所以下とする。また、余長を納める場合の屈曲直径は、30mm以上とする。

第10節 床上配線

2.10.1 布線方法

(a) 床上配線は、ワイヤプロテクタを使用し、なるべく外傷を受けるおそれのない場所に布設する。

(b) ワイヤプロテクタの大きさは、収容する電線の太さおよび条数に適合したものとする。

(c) ワイヤプロテクタは、粘着テープ等を用いて床に固定する。

(d) ワイヤプロテクタから電線を引出す箇所には、電線の被覆を損傷するおそれのないように保護を行う。

第11節 架空配線

2.11.1 建柱

建柱方法は、第2編2.12.1による。

2.11.2 架線

架線は、第2編2.12.4(a)および(d)によるほか、次による。

(a) ちょう架用線は、亜鉛めっき鋼より線とする。

(b) ちょう架用線を電柱に取付ける場合には、柱頭より0.5m下がった箇所に適当な支持金具で取付ける。また、引込口においては、フックボルト等を使用し、造営材に取付ける。

(c) ちょう架用線を使用する場合は、間隔0.5m以下ごとにハンガーを取付けて電線を吊り下げるかまたは電線とちょう架用線とを接触させ、その上に腐食し難い金属テープ等を0.2m以下の間隔を保って、ら旋状に巻付けてちょう架する。

(d) SDワイヤ、屋外通信線およびテレビ信号用高発泡プラスチック絶縁ラミネートシース自己支持形同軸ケーブル等を架線する場合には、ちょう架金物を電柱に固定し、電線の支持線をちょう架金物に取付ける。なお、電線の心線には荷重がかからないようにし、引留箇所等で電線支持線が露出する部分には、防食塗料

を塗布する。また、支持線と心線を分離した箇所は、スパイラルスリーブ等を用いて心線側の防護を行う。

2.11.3 支線および支柱

支線および支柱は、第2編2.12.6(b)～(d)および(f)による。

2.11.4 接　　地

ちょう架用線その他の接地については、第13節「接地」による。

第12節　地中配線

2.12.1 ハンドホールの設置

ハンドホールの設置は、第2編2.13.3による。

2.12.2 管路等の布設

管路等の布設は、第2編2.13.4によるほか、データ回線等に使用するケーブルには、標識シート等を管頂と地表面（舗装のある場合は、舗装下面）のほぼ中間に設け、おおむね2mの間隔で用途を表示する。

2.12.3 ケーブルの布設

ケーブルの布設は、2.7.1(h)および2.9.2(a)～(h)によるほか、第2編2.13.5(a)～(e)および(g)～(i)による。

第13節　接　　地

2.13.1 接　地　線

接地線は、緑色または緑/黄色のEM-IE電線等とする。

2.13.2 接地の施工

接地の施工方法は、第2編2.14.10(a)、(b)および(d)～(f)によるほか、接地極およびその裸導線の地中部分は、雷保護設備接地極およびその裸導線の地中部分と5m以上、他の接地極およびその裸導線の地中部分と3m以上離す。

2.13.3 接地極位置等

接地極位置等の表示は、第2編2.14.13による。

第14節　構内情報通信網設備

2.14.1 配　線　等

(a) 配線等は、第1節「共通事項」～第13節「接地」による。

(b) 機器からパッチパネル間のケーブルの長さは、3m以内とする。

(c) 外部配線との接続箇所には、符号または番号を明示する。

(d) 盤内等において、屋内ケーブルと信号線、交流電源線との直接接触は避けるものとし、これにより難い部分は、セパレータ等を用いて直接接触しないようにする。

2.14.2 機器の据付け
(a) 自立形機器の据付けは、次による。
　(1) 地震時の水平移動、転倒等の事故を防止できるよう耐震処置を行う。
　(2) 盤類は、固定された鋼製ベースの上に盤を据付けボルトで固定する。
(b) 卓上機器の据付けは、次による。
　(1) 卓上機器の置台は、地震時の大幅な移動、転倒等の事故を防止できるように耐震処置を行う。
　(2) 卓上機器は、地震時に台上から落下することのないように、耐震処置を行う。
(c) 壁取付けの機器は、取付け面との間にすき間のできないように、体裁よく取付ける。また、地震時に壁から落下することのないように、耐震処置を行う。

第15節　構内交換設備

2.15.1 配　線　等

配線等は、第1節「共通事項」～第13節「接地」によるほか、次による。
(a) ケーブルラック上のケーブルの積重ね高さは、水平部にあっては0.2m以下、垂直部は0.15m以下とする。
(b) ケーブルの端末は、端子に取付けやすいように編出しを行う。ただし、コネクタ接続とする場合は除く。
(c) ラッピング端子への巻付けは、適合したラッピング工具を用いて巻付ける。
(d) 編出し部分の長さは、所要長に端子収容替えが1回できる程度の余裕をもたせる。
(e) 接続しない予備心線は、十分な余長をもたせておく。
(f) 外部配線との接続箇所には、符号または番号を明示する。ただし、容易に判断できるものは除く。
(g) ジャンパ線は、配線輪を通じ十分なたるみをもたせて配線する。
(h) 盤内等において、屋内ケーブルと信号線、交流電源線との直接接触は避けるものとし、これにより難い部分は、セパレータ等を用いて直接接触しないようにする。

2.15.2 機器の据付け

機器の据付けは、2.14.2(a)～(c)によるほか、次による。
(a) プラットホームは、ケーブル成端および配線整理を行うのに十分な高さとし、木製の場合は、クリヤラッカー塗装仕上げを施す。なお、ケーブルが下から立上がる場合は、人が乗って作業しても損傷しない構造の点検口を設ける。
(b) 電話機の取付け位置の詳細は、監督職員との協議による。
(c) 電話機の取付け位置には、通信プラグユニットを設ける。

2.15.3 架空引込配管
(a) 架空引込配管は、建物の外側に0.1m以上突出させ、雨水が容易に入らないよう下向きに設ける。
(b) フックボルトは、引込口上約0.2mに取付けるものとし、フックボルトの太さは、呼び径12mm以上とする。

第16節　情報表示設備

2.16.1 配　線　等

配線等は、第1節「共通事項」～第13節「接地」による。

2.16.2 機器の取付け

機器の取付けは、2.14.2によるほか、次による。

(a) 出退表示装置の卓上形発信器の取付け位置には、配線用コネクタ等を設ける。

(b) 情報表示盤の取付けは、その荷重および取付け場所に応じた方法とし、荷重の大きいものおよび取付け方法が特殊なものは、あらかじめ取付け詳細図を提出する。

(c) 子時計の取付けは、次による。
 (1) コネクタを用いて配線と接続する。
 (2) アナログ子時計の取付けは、「航空無線工事標準図面集」による。

第17節　拡声設備

2.17.1 配線等

配線等は、第1節「共通事項」～第13節「接地」によるほか、次による。

(a) シールドしてある電線の接続は、コネクタまたは端子により行い、確実にシールド処理を施す。

(b) ボックスまたは端子盤から増幅器への引出配線が露出する部分は、これをまとめて保護する。

2.17.2 機器の取付け

(a) ラック形増幅器および卓上機器の取付けは、2.14.2(a)および(b)による。

(b) スピーカの取付けは、次による。
 (1) スピーカは、その種別およびキャビネットの形状等を考慮し、体裁よく取付ける。
 (2) 同一室内に同一放送系統のスピーカを2個以上取付ける場合は、スピーカ相互の極性を考慮し接続する。
 (3) 屋外用のスピーカは、風雨に耐えるように取付けるものとし、必要に応じ取付け台等を用いる。
 (4) 天井埋込形スピーカの取付けは、「航空無線工事標準図面集」による。

(c) 壁付きのアッテネータは、その入-切により一斉回路に影響を与えない接続とする。

(d) AM用アンテナを他のアンテナと同一のアンテナマストに取付けるときは、他のアンテナに接触しないように取付ける。

第18節　誘導支援設備

2.18.1 配線等

配線等は、第1節「共通事項」～第13節「接地」による。

2.18.2 機器の取付け

(a) 音声誘導装置の取付けは、次による。
 (1) 検出部の取付けは、その種類および取付け場所に応じた方法とし、あらかじめ取付け詳細図を提出する。
 (2) 制御部の取付けは、2.14.2(c)による。

(b) インターホン、外部受付け用インターホン等の取付け位置には、配線用コネクタ等を設ける。

第19節　映像・音響設備

2.19.1　配線等

配線等は、第1節「共通事項」～第13節「接地」によるほか、ボックスまたは端子盤から増幅器への引出配線が露出する部分は、これをまとめて保護する。

2.19.2　機器の取付け

(a)　機器を収容するラックの据付けは、2.14.2(a)による。

(b)　スピーカは、その種別およびキャビネットの形状等を考慮し、取付ける。

(c)　プロジェクタの取付けは、次による。

(1)　天吊形は、専用の吊り金具を用いてスラブその他構造体に、呼び径9mm以上の吊りボルト、ボルト等で取付ける。

(2)　キャビネット（組合わせ）形の取付けは、2.14.2(a)による。

(d)　スクリーンの取付けは、その荷重および取付け場所に応じた方法とする。

(e)　荷重の大きいものおよび取付け方法が特殊なものは、あらかじめ取付け詳細図を提出する。

(f)　ラック形増幅器および卓上機器の据付けは、2.14.2(a)(1)および(b)による。

(g)　スピーカの取付けは、次による。

(1)　スピーカは、その種別およびキャビネットの形状等を考慮し、取付ける。

(2)　同一室内に同一放送系統のスピーカを2個以上取付ける場合は、スピーカ相互の極性を考慮し接続する。

(3)　天井埋込形スピーカの取付けは、「航空無線工事標準図面集」による。

第20節　入退室管理装置

2.20.1　配線等

配線等は、第1節「共通事項」～第13節「接地」による。

2.20.2　機器の取付け

機器を収容するラックの据付けは、2.14.2(a)～(c)による。

第21節　呼出し設備

2.21.1　配線等

配線等は、第1節「共通事項」～第13節「接地」による。

2.21.2　機器の取付け

卓上形のインターホンの取付け位置には、配線用コネクタ等を設ける。

第2章 施工

第22節　テレビ共同受信設備

2.22.1　配線等
配線等は、第1節「共通事項」～第13節「接地」によるほか、次による。
(a) 同軸ケーブルの曲げ半径（内側半径とする）は、ケーブル外径の10倍以上とする。ただし、機器への接続部においては6倍以上とする。
(b) 各機器で同軸ケーブルを接続しない端子には、ダミー抵抗を取付ける。
(c) 増幅器、分岐器、分配器等に同軸ケーブルを接続する場合は、F形接栓を使用する。また、屋外に設ける場合は、防水形F形接栓で接続した後、防水処理を行う。
(d) 機器収容箱内のケーブルには、合成樹脂製、ファイバ製等の表示札またはマークバンドを取付け、系統種別、行先等を表示する。

2.22.2　機器の取付け
アンテナの取付けは、次による。
(a) 混信、雑音およびゴーストのないよう電界方向を考慮して取付ける。
(b) 他の弱電流電線または強電流電線などから3m以上離隔し、壁等に取付ける。
(c) アンテナマストおよびパラボラアンテナの取付けは、「航空無線工事標準図面集」による。
(d) 複数のアンテナを同一のアンテナマストに取付けるときは、設置場所等の条件を考慮し、取付ける。UHFアンテナ相互は0.6m以上離して取付ける。

2.22.3　電界強度測定
最上階床コンクリート打設直後に、アンテナ取付け位置およびその周辺において全チャンネルについて、次の事項を測定する。
(a) 受信レベル
(b) 受信画質
(c) 等価C/N比
(d) ビット誤り率

第23節　テレビ電波障害防除設備

2.23.1　共通事項
道路や私有地に立入り施工を行う場合は、所定の官署および相手方の許可を得る等の留意をするほか、安全対策に十分注意する。

2.23.2　配線等
配線等は、第1節「共通事項」～第13節「接地」によるほか、次による。
(a) 機器収容箱内のケーブルおよび電柱の部分には、プラスチック製、ファイバ製等の名札またはマークバンドを取付け、次の事項を表示する。
　(1) 機器収容箱のケーブル：行先
　(2) 電柱（自立性）：管理者名または番号、設置年月
　(3) 電柱（共架性）：管理者

(b) 他の事業者の電柱等に共架する場合の支線や装柱材料は、その事業者の規定による。
(c) 保安器の接地線は、地上高2mの部分まで保護カバー等により保護する。
(d) 引込線用フックは、直径6mm以上を使用し、十分な強度をもった棟木等に取付ける。
(e) 屋側に同軸ケーブルを支持する場合は、サドル等により固定する。なお、支持間隔は、0.5m以下とする。

2.23.3 ケーブルの地上高

ケーブルの地上高は、次のとおりとする。なお、盛土や舗装等で路面が高くなるおそれがあるときは、それを考慮する。

(a) 道路上は、原則として5m以上とする。ただし、交通に支障を及ぼすおそれがない場合で、やむを得ない場合は、歩車道の区別のある道路の歩道上は2.5m以上、その他の道路は4.5m以上としてもよい。
(b) 横断歩道橋上は、3m以上とする。
(c) 鉄道または軌道上を横断する場合は、軌道面から6m以上とする。
(d) 河川を横断する場合は、舟行に支障を及ぼすおそれがない高さ以上とする。
(e) (a)～(d)以外のところでは、3.5m以上とする。

2.23.4 離　隔

(a) 他人の設置した架空弱電流配線とは0.3m以上離す。ただし、その所有者の承諾を得た場合は、この限りでない。
(b) 高圧または低圧の強電流電源と共架する場合、架空弱電流電線と高圧強電流電線との間は1.5m以上、低圧強電流電線との間は0.75m以上離隔する。ただし、双方がケーブルの場合には、高圧では0.5m以上、低圧では0.3m以上としてもよい。
(c) 高圧または低圧の強電流電線と架空弱電流電線が接近または交さする場合は、両者は高圧強電流電線との間は0.8m以上、低圧強電流電線との間は0.6m以上離隔する。ただし、双方がケーブルの場合には、それぞれ高圧では0.4m以上、低圧では0.3m以上としてもよい。

2.23.5 機器の取付け

機器類の取付けは、2.22.2によるほか、次による。
(a) 電源供給器および機器収容箱等の接地は、第13節「接地」による。
(b) 電源供給器および機器収容箱等の電源を直接電力会社等より受ける場合は、配線用遮断器2P15ATを納めた屋外形開閉箱を設けて接続し、施工方法は、当該電力会社の定める方法による。

2.23.6 事前調査

(a) 事前調査は、特記された調査箇所数を建物建設前に路上で測定する。なお、調査地点は、監督職員との協議による。
(b) 調査は、特記されたチャンネルに対して、次項目について行う。
　(1) 受信レベル
　(2) 受像画質
　(3) 等価C/N比
　(4) ビット誤り率
(c) 調査報告は、CATV技術者（第1級有線テレビジョン放送技術者）が行うものとする。ただし、調査は、CATV技術者（第2級有線テレビジョン放送技術者）が行ってもよい。

第24節　監視カメラ設備

2.24.1　配　線　等
配線等は、第1節「共通事項」〜第13節「接地」によるほか、次による。
(a) カメラ切替器、受像機等に同軸ケーブルを接続する場合は、適合するコネクタを使用する。
(b) 屋外に設けるコネクタは取付け後、防水処理を施す。
(c) キャビネット、ラックに納めた機器に接続するケーブル端子には、ファイバ製、合成樹脂製等の表示札またはマークバンド等を取付け、系統種別、行先、ケーブル種別等を表示する。
(d) 同軸ケーブルを曲げる場合は、2.22.1(a)による。

2.24.2　機器の取付け
(a) 機器を収容するラックの取付けは、2.14.2(a)(1)による。
(b) カメラの取付けは、次による。
　(1) 照明や太陽の直接光がレンズに入らないよう、位置と角度に留意して取付ける。
　(2) 空調設備の給排気が直接当たらない場所に取付ける。
　(3) カメラは、振動のないように取付ける。

第25節　自動火災報知設備

2.25.1　配　線　等
配線等は、第1節「共通事項」〜第13節「接地」による。

2.25.2　機器の取付け
(a) 空気管の取付けは、次による。
　(1) 空気管は、たるみのないように張り、直線部は約0.35m間隔に、屈曲部および接続部からは0.05m以下に、ステップル等で固定する。
　(2) 空気管の接続には、銅管スリーブを用い、空気の漏れおよびつまり等のないようにはんだ上げし、空気管と同色の塗装をする。
　(3) 空気管の曲げ半径は、5mm以上とし、管の著しい変形および傷等ができないように曲げる。
　(4) 壁、梁等の貫通箇所、埋設箇所または外傷を受けるおそれのある箇所には、保護管を使用する。
　(5) 空気管は、暖房用配管その他の発熱体から原則として0.3m以上離し、冷暖房用給気口等から離して布設する。
　(6) 空気管を金属面に取付ける場合は、金属面から浮かし、小屋裏等に布設する場合は、ちょう架用線等を使用して布設する。
　(7) 空気管は、取付け面の下方0.3m以内および感知区域の取付け面の各辺から1.5m以内の位置に設ける。
　(8) 空気管を取付けた後、他の塗装等により感度を低下させないようにする。
　(9) 検出部は、5度以上傾斜させないように設ける。
(b) 差動式、定温式、熱アナログ式スポット型感知器および自動試験機能等対応型感知器の取付けは、次による。
　(1) 換気口等の吹出口から、1.5m以上離して取付ける。
　(2) 放熱器等温度変化率の大きなものの直上または変電室内の高圧配線の直上等、保守作業が困難な場所は避けて取付ける。

(3)　感知器の下端は、取付け面から0.3m以内に設ける。
　(4)　感知器は、45度以上傾斜させないように設ける。
(c)　煙式スポット型感知器（アナログ式および自動試験機能等対応型感知器を含む）の取付けは、(b)(1)および(4)によるほか、次による。
　(1)　感知器の下端は、取付け面の下方0.6m以内の位置に設ける。
　(2)　壁または梁から0.6m以上離れた位置に設ける。ただし、廊下および通路でその幅が1.2m未満の場合は、中央部に設ける。
　(3)　高所に取付ける場合は、保守点検ができるように考慮する。
(d)　光電式分離型感知器（アナログ式を含む）の取付けは、次による。
　(1)　感知器の受光面は、日光を受けないように設ける。
　(2)　感知器の光軸（感知器の送光面の中心と受光面の中心を結ぶ線）は、並行する壁から0.6m以上離れた位置に設ける。
　(3)　感知器の送光部および受光部は、その背部の壁から1m以内の位置に設ける。
　(4)　感知器の光軸の高さは、天井等の高さの80％以上となる位置に設ける。
　(5)　感知器の光軸の長さは、感知器の公称監視距離以下とする。
(e)　炎感知器の取付けは、次による。
　(1)　炎感知器は、直射日光、ハロゲンランプ等の紫外線および赤外線ランプ等の赤外線の影響を受けない位置に設ける。ただし、遮光板を設ける場合は、この限りでない。
　(2)　壁によって区画された区域ごとに、当該区域の床面から1.2mまでの空間の各部分から当該感知器までの距離が公称監視距離の範囲とする。
　(3)　障害物等により有効に火災の発生を感知できない場所を避けて取付ける。
(f)　受信機および副受信機の取付けは、2.14.2(a)および(c)による。なお、壁掛形受信機の取付け高さは、操作部を床上0.8m以上、かつ1.5m以下とする。
(g)　受信機には次の事項を見やすい箇所に表示する。なお、表示方法は、透明なケースまたは額縁に収めたものとし、下げ札としてもよい。
　(1)　警戒区域一覧図
　(2)　取扱方法の概要
　(3)　アナログ式受信機にあっては公称受信温度、濃度範囲およびアナログ式感知器の種別
　(4)　自動試験機能付き受信機にあってはシステム概念図および自動試験機能対応型感知器の種別、個数ならびに取扱方法。
　(5)　遠隔試験機能付き受信機にあっては(4)によるほか、外部試験器を用いる場合は、型名および接続するときの注意事項。

第26節　自動閉鎖設備（自動閉鎖機構）

2.26.1　配　線　等
　　配線等は、第1節「共通事項」～第13節「接地」による。

2.26.2　機器の取付け
(a)　感知器の取付けは、2.25.2(c)によるほか、防火戸用は、防火戸からの水平距離が1m以上10m以内の位置に設ける。
(b)　連動制御器の取付けは、2.14.2(a)(1)および(c)による。

(c) 連動制御器には取扱説明書、また多回線数形の場合は、警戒区域一覧図（透明なケースまたは額縁に収める）を付属させる。

第27節　非常警報設備

2.27.1　配　線　等

配線等は、第1節「共通事項」～第13節「接地」による。

2.27.2　機器の取付け

(a) 起動装置、操作部、一体形および複合装置は、壁面に固定する。

(b) 非常放送装置の取付けは、次による。

(1) 増幅器および操作装置の取付けは、2.14.2(a)(1)および(c)による。

(2) スピーカの取付けは、2.18.2(b)による。

第6編　無線機器設置工事

第1章　機　　材
　　第1節　電　線　類・・・・・・・・・・・・・・・・・・・・・ 6-1-1
　　第2節　電線保護物類・・・・・・・・・・・・・・・・・・ 6-1-2
　　第3節　耐　震　装　置・・・・・・・・・・・・・・・・・・・ 6-1-2
　　第4節　支持金具類・・・・・・・・・・・・・・・・・・・・ 6-1-2
　　第5節　機器収容架・・・・・・・・・・・・・・・・・・・・ 6-1-3
　　第6節　配　線　盤・・・・・・・・・・・・・・・・・・・・・ 6-1-4

第2章　施　　工
　　第1節　共通事項・・・・・・・・・・・・・・・・・・・・・・ 6-2-1
　　第2節　TSR装置設置・・・・・・・・・・・・・・・・・・ 6-2-4
　　第3節　PAR装置設置・・・・・・・・・・・・・・・・・・ 6-2-7
　　第4節　ORSR装置設置・・・・・・・・・・・・・・・・ 6-2-9
　　第5節　航空路用SSR装置設置・・・・・・・・・ 6-2-10
　　第6節　空港面探知レーダー装置（ASDE）
　　　　　　設置・・・・・・・・・・・・・・・・・・・・・・・・・・・ 6-2-11
　　第7節　VOR/DME装置設置・・・・・・・・・・・ 6-2-13
　　第8節　TACAN装置設置・・・・・・・・・・・・・・ 6-2-16
　　第9節　ILS装置設置・・・・・・・・・・・・・・・・・・ 6-2-17
　　第10節　通信制御装置設置・・・・・・・・・・・・・ 6-2-20
　　第11節　対空通信装置設置・・・・・・・・・・・・・ 6-2-22
　　第12節　デジタル録音再生装置設置・・・・・・ 6-2-22
　　第13節　ORM装置設置・・・・・・・・・・・・・・・・ 6-2-23
　　第14節　TDU装置設置・・・・・・・・・・・・・・・・ 6-2-23

第1章 機　　材

第1節　電　線　類

1.1.1　電線類

機器設置工事に使用する電線類は、第2編表1.1.1および第5編表1.1.1に規定するもののほか、表1.1.1による。

表1.1.1　電　線　類

呼　称	規格番号	規格名称等	記　号	備　考
搬送ケーブル		搬送局内ケーブル	PE-V	75Ω対形ケーブル
プログラムケーブル		PVC絶縁プログラムケーブル	PG、V	PVC対よりシールド
		TZ形プログラムケーブル	PG、TZ-AE	
遮へいPVCシース電線		架橋PE絶縁遮へいPVCシース電線	PE	PE対よりシールド
プリント局内ケーブル		プリント局内ケーブル	SWVP	
計装用ケーブル	JCS	計装用ケーブル	JKVV	
	〃	〃	JKEE	
機器配線用耐熱ビニル電線	NDS XC 3502B	機器配線用電線	LW、MW	U、B、Jの3種
	NDS XXC 3504C	機器配線用耐熱ビニール電線	WLH、WLH$_2$	105℃
ジャンパー線		通信ジャンパー用ビニル絶縁ナイロンシース電線	TJVY	
		遮へいジャンパー線		
機内電線	JCS 3368	電子・通信機器用電線	KHV	単線、より線
同軸ケーブル	JIS C 3501	高周波同軸ケーブル(ポリエチレン絶縁編組形)	C、D	(ポリエチレン絶縁編組形)
		5AF同軸ケーブル	5AF	
		〃	HF-39D	
		〃	HF-20D	
		低損失同軸ケーブル	WF-H50-□S	
ACバスケーブル		0.5×12P		
HE楕円導波管			HE-80	
矩形導波管	FIAJ		WRJ-1.4	
キャブタイヤケーブル	JIS C 3327	600Vゴムキャブタイヤケーブル	PNCT	1～2種
同軸ケーブル		絶縁高周波同軸ケーブル LHPX(AN)		低損失型同軸ケーブル
電話機コード		電話機コード	TC-60S	2心
		〃	HC-61S	4心
UL2464ケーブル		UL2464ケーブル（UL E）		

1.1.2　同軸接栓

高周波同軸ケーブルに使用する接栓は、NDS規格ケーブルを使用する場合NDS規格のものを、JIS規格ケーブルを使用する場合はJIS規格によるものを使用する。その他の規格によるケーブルを使用する場合は、そのケーブルの規格に合致したものを利用する。

第2節　電線保護物類

1.2.1　電線管類

　　　電線管類および付属物は、第2編第1章第2節「電線保護物類」に示すものとする。

第3節　耐震装置

1.3.1　耐震金具

(a) 耐震金具は、JIS G 3101「一般構造用圧延鋼材」(SS400) を使用して製作し、その種類は次による。
　(1) フリーアクセスフロア補強金具（機器等固定金具）
　(2) 床面固定金具（機器・物品棚等固定金具）
　(3) 天井面固定金具（機器・物品棚等固定金具）
　(4) 壁面固定金具（機器・物品棚等固定金具）
　(5) 脱落防止金具（物品棚等固定金具）
　(6) 移動計測器架固定金具（計測器用バンドを含む）
　(7) 導波管用耐震金具
　(8) ケーブルラック振止め金具

(b) キャスターストッパは、硬質合成ゴムを使用して製作する。

(c) 卓上機器については、卓上機器耐震固定工法を用いて固定する。

第4節　支持金具類

1.4.1　一般事項

(a) 支持金具類は、1.3.1の一般構造用圧延鋼材（以下「形鋼」という）を使用して製作する。

(b) 支持金具は、必要に応じてネオプレンゴム等により導波管・ケーブル等を保護する構造とする。

(c) 屋外にて使用する支持金具類は、取付けボルトを含めて加工後溶融亜鉛めっき処理を施す。

(d) めっき付着量は、次による。
　(1) ねじ加工を施したボルト類　　　　300g/m^{2}以上
　(2) 厚さ3.2mm以下の形鋼　　　　　　350g/m^{2}以上
　(3) 厚さ4mm以上の形鋼　　　　　　　450g/m^{2}以上

1.4.2　TSR装置用支持金具

　　　TSR装置用支持金具の種類は、次による。
(a) 導波管切換器支持金具
(b) サーキュレータ支持金具
(c) 矩形導波管支持金具
(d) 同軸切換器取付け金具
(e) ケーブル支持金具
(f) ハーモニックフィルタ支持金具
(g) バンドパスフィルタ支持金具

1.4.3 VOR空中線装置用支持金具
VOR装置の使用支持金具類は、次による。
(a) キャリア空中線装置用座板
(b) サイドバンド空中線取付け板
(c) モニタ空中線取付け金具

1.4.4 対空通信装置用支持金具
対空通信装置用支持金具の種類は、次による。
(a) 空中線支持柱
(b) 支持柱取付け金具

1.4.5 通信制御用支持金具
通信制御用支持金具の種類は、次による。
(a) 卓間連結金物
(b) 卓上部振止め金具
(c) ケーブル立下り支持金具

第5節 機器収容架

1.5.1 一般事項
(a) 本品の部材は、JIS・JEC規格の合格品を使用する。
(b) ケーブル等の導入口は、架の上部に設ける。

1.5.2 端子盤
端子盤は、次の端子板を架内に取付け金具を設けて取付け、前面パネルが単独に取外せる構造とする。
(a) 電力用端子板（6端子）　　1式
(b) 制御用端子板　　　　　　1式

1.5.3 コンセント盤
コンセント盤には、次のものを取付ける。
(a) 埋込型コンセント（15A用）　2個
(b) 警報表示型ヒューズ　　　　1式

1.5.4 表示板
(a) 架名称表示板は、白色アクリル板（厚さ3mm以上）に指定文字を丸ゴシック体にて彫刻し、黒色塗料を充てんする。
(b) 盤名称等の表示板は、白色アクリル板の厚さを2mm以上とする。

1.5.5 その他
(a) その他の盤類については、設計図書による。
(b) 架内コンセントは、設計図書による。

第6節　配　線　盤

1.6.1　一般事項
(a) 本節における配線盤は、主配線盤（MDF）および中間配線盤（IDF）の2種類とする。
(b) 配線盤は、両面自立型または片面自立型とする。また、必要に応じ筐体型を使用（航空無線工事標準図面集による）する。

1.6.2　構　造
(a) 配線盤の構造は、次による。
　(1) 枠組みは、山形鋼および平鋼を使用して組立てる。
　(2) 両面自立型は、前面を縦桁、裏面を横桁とする。
　(3) 片面自立型は、縦桁のみとし壁面等での保持が可能な構造とする。
　(4) 使用する端子板は配線盤用端子板とし、号数および取付け個数は、設計図書による。
　(5) 局線を収容する場合は、DF-「　」号VAジャック板または同等品を使用するものとし、号数および取付け個数は、設計図書による。
　(6) 避雷弾器および試験弾器の取付けは、設計図書による。
　(7) 配線輪を端子板数と同数取付ける。
　(8) 接地銅帯を取付ける。
　(9) 配線盤は、接続金物により増設が可能な構造とする。
　(10) 配線盤架上に回線端子収容位置表示板を取付ける。
(b) 配線盤には、基礎山形鋼を隠ぺいする木製カバーを付属させる。
(c) 配線盤の塗装は、マンセルN5.5またはマンセル2.5Y7/1.5（ミストヴェージュ）による焼付塗装とし、木製カバーはラッカー塗り仕上げとする。
(d) 保守用コンセントは設計図書による。
(e) 付属品および予備品については、設計図書による。

1.6.3　電線と機器端子との接続
(a) ケーブルの接続および分岐は、原則として端子板を介して行う。端子との接続は、導体が単線の場合には、ねじ接続、ラッピング接続、クリップ接続とし、より線の場合には、ねじ接続とする。なお、単線0.9mm以下の接続に圧着端子を用いてはならない。
(b) 端子の接続は電線を傷つけないようにする。
　ねじ接続の場合は、心線をねじの締まる方向に合わせて締付け、太い電線の場合、座金等を利用して確実に締付ける。原則として1ねじ1接続とする。
(c) 機器との接続は、受側に適合した接続方法とする。
　(1) ビス、ナット等により締付ける方法：この場合は必要に応じて座金等を用いる。また、より線の場合は、必要に応じて圧着端子を用いる。
　(2) クリップ端子接続による方法：クリップ端子で使う電線は、0.4～0.9mmとする。クリップ式端子に接続する場合の工具は、必ず定められた工具を使用する。
　(3) ラッピング接続による方法：ビットは必ず定められたビットを使用する。

第2章 施　　工

第1節　共通事項

2.1.1　開　梱

(a) 開梱前の注意事項
　(1) 梱包されている機器（以下「梱包機器」という）は、貸与される梱包明細表と対照し、品名・数量を確認する。
　(2) 梱包機器の取扱いは、変形・破損等を生じないように十分に注意する。
　(3) 結露を防止するために梱包機器を室内に搬入後、機器温度が室内温度に到達するまで開梱作業を行わない。
　(4) 開梱場所は、じんあい・湿気の少ない屋内とし、十分な作業スペースを確保できる場所を選ぶ。

(b) 開梱時の注意事項
　(1) 開梱の順序は、機器の設置順序に合わせるものとする。
　(2) 開梱にあたっては、内部の機器に損傷を与えないように注意し、丁寧に取扱う。次の機器については、特に注意する。
　　(イ) TSR・ARSR等空中線反射板のラス網
　　(ロ) 保守用指示装置のパネル面
　　(ハ) 各機器の突出部分
　　(ニ) がいし・セラミック等の製品
　　(ホ) その他のガラス製品
　　(ヘ) 光ディスク、磁気ディスク等の製品
　(3) 開梱した機器は、梱包明細表と対比し内容品名および数量を確認する。
　(4) 開梱した機器に、塗装のはく離・傷痕・部品脱落・ねじ等の緩みがないことを確認する。

(c) 開梱後の注意事項
　(1) 開梱後の機器の保管は、機器の変形・破損・汚損等を防止するため、保管場所および置き方に注意する。
　(2) 開梱後の機器は、速やかに設置する。

2.1.2　機器配置計画

設置機器類の相対する面相互間または機器類と壁・柱等との間隙は、工事上、保守上および運用上支障のない間隙としなければならない。

2.1.3　機器設置

(a) 機器設置に先立ち、設計図書により示された床面・壁面・天井面等に、機器の設置位置、アンカーボルトの位置、取付けボルトの位置および貫通口の位置等の工作する位置をマーキングにより明示する。
(b) マーキングを行った後に、アンカーボルトおよび取付けボルト位置の中心が狂わないように穴あけを行う。
(c) 穴あけに際しては、次の事項に注意する。
　(1) 建築物の鉄筋および埋込配管等に損傷を与えない。
　(2) 周辺に既設機器がある場合は、切屑・粉じん等が飛散しないように処置する。
(d) 機器を床面に水平かつ垂直に設置するために、水準器またはトランシット等により床面基準レベルを決定

する。
- (1) 基準レベルは、1室または架列ごとに決定する。
- (2) レベルの測定は、アンカーボルト位置にて行い、測定箇所中で最高のレベルをもって床面基準レベルとする。
- (e) 機器の設置は、設置位置のレベル差をライナーで調節して行う。なお、ライナーは、使用枚数をなるべく少なくし、厚い方を上側とする。
- (f) アンカーボルトは、耐震強度を確認し、その条件を満足する方法で施工を行う。
- (g) 機器の設置は、耐震対策を十分検討したうえで設置する。

2.1.4 耐震金具
- (a) 耐震金具は、次の機器に設置する。
  - (1) 機器収容架は、奥行が300mm以下のもの。
  - (2) その他の機器は、高さおよび横幅に対して奥行きが狭く、不安定なもの。
  - (3) 耐震設備のないフリーアクセスフロア上に設置する機器。
  - (4) キャスターにより移動する構造の機器。
- (b) 耐震金具は、次の測定器等にも設置する。
  - (1) キャスターにより移動する構造の測定器類。
  - (2) 機器室内に設置する物品保管庫等。

2.1.5 ケーブルラック布設
- (a) ケーブルラックは、水平・垂直方向とも曲がりのないように直線状に布設する。
- (b) 水平ケーブルラックの端末は、支持ボルトまたは壁面にて支持する。
- (c) 最終端の支持ボルトから300mm以内の張出し部分は、支持しないものとする。
- (d) 垂直ケーブルラックは、床面または壁面にて支持する。
- (e) ケーブルラックの支持間隔を特に指示しない場合は、鋼製のラックでは2.0m以下、アルミ製のラックでは1.5m以下とし、フレームおよびアンカーボルト等により造営材に堅固に取付ける。

2.1.6 ケーブル布設
- (a) ケーブルラック上の布設は、次による。
  - (1) 2段ケーブルラックへの布設は、上側ラックに電力ケーブルを、下側ラックに通信ケーブル・制御用ケーブルおよび信号線等を整然と布設し、3m以下の間隔でナイロンバンド等を使用して用途別に固縛する。
  - (2) 電力線と通信線を同一の1段ケーブルラックに配線する場合は、相互にできるだけ間隔をとる。
  - (3) 水平ケーブルラック上のケーブルは、固縛しない。ただし、湾曲部等の必要な箇所は、クレモナロープ等で500mm以内の間隔で固縛する。
  - (4) 垂直ケーブルラック上のケーブルは、1.5m以内の間隔で固縛する。
- (b) ケーブルの接続は、屋外および地中管路における施工は圧入工法によるものとするほかは、第2編「電力設備工事」および第5編「通信・情報設備工事」による。
- (c) 同軸ケーブルについては、途中接続は行わない。
- (d) ケーブルは、設計図書の系統図に示すとおりに布設する。
  - (1) 実線で示すケーブルは、工事手配であることを示す。
  - (2) 破線で示すケーブルは、機器付属であることを示す。
  - (3) ※印は、官給（機器付属を含む）機材を示す。

第2章　施　工

　　(4)　●印は、端末処理を要する箇所を示す。
　　(5)　◎印は、同軸接栓を示す。
　　(6)　※印を付けた同軸接栓およびコネクタ等は、機器に付属添付されている。
　　(7)　ケーブル等のコネクタ等への接続は、貸与される工事要領書により指定されたピンに行う。
　　(8)　NDS規格の電線は、各コネクタごとに束線の太さに応じたナイロン編組みジャケットによりカバーする。
　　(9)　各線の端末は、マーカチューブ等により識別符号を付与する。
　　(10)　ケーブル心線の太さに適合したピンを使用する。
　(e)　端末処理は、次の事項以外は、第2編2.1.2および第5編2.1.1による。
　　(1)　端子にラッピング接続を行う場合は、有効巻付回数を6回以上とする。
　　(2)　はんだ上げ端子への接続は、ヤニ入りはんだを使用し、電気的・機械的に完全に行い、他の端子との接触の危険がないように行う。
　　(3)　同軸接栓へのはんだ上げは、特に注意し、いもはんだによる接触不良等を生じないように十分注意する。
　(f)　工事手配ケーブルの端末は、指定された端子・接栓を使用し、ケーブル製造業者の指定する方法により行う。
　(g)　架内に布設するケーブルは、架内に設置されている装置構成品に影響を与えないように固縛する。
　(h)　コネクタ部にケーブルの重量をかけないようにケーブルを支持する。

2.1.7　管路布設

　　　管路については、次の事項以外は、第2編「電力設備工事」および第5編「通信・情報設備工事」による。
　(a)　管路の内径は、収容するケーブルの外径の1.5倍以上とする。
　(b)　通信用および信号用ケーブルの管路の内径は最低30mmとする。
　(c)　管路への導入ケーブル条数は、次による。
　　(1)　高圧および低圧の幹線ケーブルは1管1条とする。
　　(2)　枝線として一般ケーブルを1管に収容する場合のケーブル条数は最大3条までとする。
　　(3)　60V以下の制御用および通信・信号ケーブルと電力ケーブルは同一管内に収容しない。
　　(4)　400V系と200V系・100V系のケーブルは、同一管内に収容することができる。
　　(5)　通信ケーブルは1管1条、同種ケーブルの場合は1管に最大4条まで収容することができる。
　　(6)　電線管等の開口部は、すべてシリコンコーキング材を充てんする。

2.1.8　通信用接地線

　　　接地線は600Vビニル電線（3.5mm^2、5.5mm^2、8mm^2、14mm^2、22mm^2、38mm^2）とする。なお、接地線の色は次による。
　(a)　通信用は白色
　(b)　保安用は緑色

2.1.9　点　検

　(a)　各ケーブルは、布設前の全心線を通じて、対照試験および絶縁抵抗試験を監督職員立会いのうえで行い、その結果を試験成績書として提出する。
　(b)　設置終了後、次の事項について点検し確認を行う。
　　(1)　設置機器の数量
　　(2)　設置機器等の据付け位置
　　(3)　各機器の外観

(イ) 湾曲・凹凸等、機械的な異常がないこと。
(ロ) 塗装のはく離・傷痕等がないこと。
(4) ケーブル布設
(イ) 誤接続がないこと（コネクタの番号とマーカチューブ符号との対比および接続図との照合）。
(ロ) 工事手配ケーブルの導通の確認。
(ハ) コネクタピンに曲がり、凹凸等がないこと。
(ニ) ケーブルコネクタの接続に緩みがないこと。
(ホ) 屋外に布設されるケーブルおよびハンドホール内のコネクタ部が防水処理されていることを確認する。
(ヘ) ケーブルの被覆に傷等がないこと。
(ト) 必要な接地が取られていること。

第2節　TSR装置設置

2.2.1　一般事項

(a) 空港監視レーダー装置（TSR装置）は精密機器であり、設置工事の質が航空機の安全性に係ることに留意し、慎重、確実に施工する。
　TSR装置はPSR機能部位とSSR機能部位を有し、PSR機能部位はS-Bandを使用した中距離一次レーダー機能をもち、SSR機能部位は、L-Bandを使用した二次レーダー機能をもつ。
(b) 空中線の設置にあたっては、高所において長大かつ重量の大きい機材を扱うため、安全について格別の注意をもって作業する。
(c) 空中線の取付けに使用するボルトは、JIS B 1180「六角ボルト」によるねじ精度1級、機械的性質4.6に適合するものとする。
(d) (c)の締付けトルクは、表2.2.1による。

表2.2.1　ねじ締付けの適性トルク

ねじの呼び径	（N·m）
M6	3.3
M8	8.1
M10	16.0
M12	28.0
M16	70.3
M20	137.2
M24	237.2
M27	350.3
M42	1,332.1

(e) 本節以外の事項は、第1節「共通事項」による。

2.2.2　機器設置

機器の設置は、次による。
(a) 架台の取付けを、次により行う。
(1) 各機器の架台を、マーキングした位置に仮止めする。

(2) 架台は、次により水準器を使用して水平に設置する。
　(イ) 架台間にすき間が生じない。
　(ロ) 架台前面および上部の並びは、一直線で凹凸がない。
(b) 機器の据付けを、次により行う。
(1) 機器配置図により、架列の中心に設置する機器を最初に据付ける。
(2) 機器架上部の角部より、さげ振りを吊り下げて垂直を確認し、架台と機器架を規定のボルトにて結合する。
(3) 各機器を、架間のすき間がないように、また架列の前面が一直線になるように設置する。

2.2.3　確認事項
(a) 空中線鉄塔のペデスタル取付け面の水平レベルが、0.2度以下であることを確認する。水平レベルが0.2度を超える場合は、監督職員と協議のうえ、ライナー等により0.2度以下とする。
(b) 空中線鉄塔のペデスタル取付け面に、ボルト穴が正しくあいていることを確認する。ボルト穴は、局舎方向を中心として取付け直径1,600mmの円周上に直径30mmの穴が16等分されているのが正規となる。
(c) 組立て前に、必ず部品類を点検し数量に不足がないことを確認する。

2.2.4　準備作業
空中線の設置に先立ち、次の準備を行う。
(a) クレーン車を用意する。クレーン車は、所要の重量を所要の高さまで吊り上げる能力をもつものとする。
(b) ワイヤロープ・ナイロンスリング・チェーンブロック等の吊り上げ用具を準備する。
(c) トルクレンチほかの工具を用意する。

2.2.5　吊り上げ
(a) 吊り上げは、毛布等の緩衝材料をはさんでロープ掛けを行い、スリングの角度が60度以下になるように行う。
(b) 作業は、風速約10m/s以下で行うことが望ましい。作業中に風が強まった場合は、作業を中止する。
(c) 空中線反射板の取扱いは、特に注意する。

2.2.6　ペデスタル設置
(a) ペデスタル取付けボルト16組を用意する。
(b) ペデスタルを吊り上げ、導波管取付け部が局舎方向を向くように鉄塔の取付け面に置き、4本のボルトで仮止めする。
(c) ターンテーブル上の2ヵ所にある水準器を見ながら、ターンテーブルを手動にて回転させ、全周において水準器の気泡の読みの差の1/2が12分（0.2度）以下であることを確認する。
(d) 12分（0.2度）を超える場合は、ペデスタルと取付け面との間にライナーを入れて調整する。
(e) 調整・確認後、16ヵ所のボルトを本締めする。
(f) ペデスタルと取付け面との接合部および取付けボルトの周囲をシールし、ペデスタル内部に水が入らないようにする。
(g) シーリング材が乾燥した後に、取付けボルトに白色ペイントによりマーキングを行う。

2.2.7 反射板設置

旋回台・傾動機構・ホーンサポート・反射板・偏波切換器・一次ホーン・SSR空中線取付け台およびロータリジョイントを、工事要領書により組立て、ペデスタル上に設置する。

2.2.8 空中線部導波管類布設

(a) 導波管は、必ずチョークフランジ（C）とフラットフランジ（F）とを結合する。
(b) Oリングを、必ず結合部に挿入する。
(c) 導波管の接続順序は、一次ホーン側からとロータリジョイント側から順番に接続し、最後にフレキシブル導波管を接続する。
(d) 次の区間にケーブルを布設接続する。
　(1) 偏波切換器（ロービーム）〜ケーブル接続箱
　(2) 偏波切換器（ハイビーム）〜ケーブル接続箱
　(3) ロータリジョイント〜ケーブル接続箱
　(4) ロータリジョイント〜同軸・導波管変換器（ハイビームおよびウェザーチャンネル系）

2.2.9 空中線部の確認

(a) 各部のねじ締付けトルクおよび緩み防止処置を確認する。
(b) ケーブルの接続に異常がないことを確認する。
(c) 水準器を反射板に取付け、気泡が中心にくるように傾動装置のハンドルを回転させ、チルト目盛が銘板のデータ値に合致することを確認する。

2.2.10 接続導波管の設置

(a) 導波管切換器は、導波管取付け口の中心を、床面から規定の高さに設置する。
(b) 同切換器支持金具の造営材への取付けは、設計図書により行う。
(c) 接続導波管は、同切換器と電力増幅部との間に導波管支持金具を使用して布設する。
(d) 接続導波管は、同切換器と空中線ロータリジョイント部との間に導波管支持金具を使用して、布設する。
(e) 導波管の布設要領は、次による。
　(1) 導波管は、必ずチョークフランジ（C）とフラットフランジ（F）とを結合する。
　(2) Oリングは、必ず結合部に挿入する。
　(3) フランジ面に、傷をつけないように取扱いに注意する。
　(4) 管内の乾燥材等は、布設前に除去する。
　(5) 現地調整用導波管は、1次組立てを行って必要長を確認のうえ製造業者に連絡し、測定寸法長の導波管が到着後に再度組立てを実施する。
　(6) 導波管は耐震金具にて支持する。
(f) 同軸切換器は、導波管切換器支持金具上に設置する。
(g) 同軸ケーブルは、同軸切換器と受信装置との間およびロータリジョイントとの間に布設する。

2.2.11 空気用配管

デカボンチューブを、乾燥空気充てん装置と導波管の各加圧口との間に布設接続する。

2.2.12 点　　検

設置工事終了後、2.1.9のほか、次の点検を行う。

(a) 空中線反射板を、手動にて回転させ、異常音・異常振動のないことを確認する。
(b) 各導波管は、機械的なひずみがなく、確実に接続されていることを確認する。
(c) ハイビーム系同軸ケーブルおよびウェザー系同軸ケーブルが、規定の経路上にひずみがなく布設され、誤接続がないことを確認する。
(d) 空気用配管が、規定の経路上に布設され、誤接続がないことを確認したのち、次の圧力試験を行う。
(e) 圧力計付きの手動ポンプを用意し、導波管に圧力計表示にて規定充てん圧力まで加圧し、規定運転時間後の圧力計の表示が規定圧力値以上であることを確認する。なお、規定充てん圧力、規定運転時間および規定圧力値は、各製造者の工事要領書または機器個別仕様書による。
(f) 設置工事要領書に記載されている検査項目を満たす。

2.2.13 SSR機能部位設置
(a) 一般事項
　　SSR機能部位設置については、(b)、(c)の事項以外は、第1節「共通事項」から第2節2.2.12までの事項を準用する。
(b) 空中線装置の設置
　(1) 空中線装置は、PSR空中線装置または空中線鉄塔製作において取付け架台または取付け柱が用意されており、PSR空中線装置の設置工事に合わせて、工事要領書により取付ける。
　(2) 設置する空中線装置の方式は、設計図書による。
(c) 機器設置
　(1) 送受信装置は、レーダーサイトに設置する。
　(2) 庁舎側に設置するレーダーシステム監視盤は、管制室の管制卓に設置する。

第3節　PAR装置設置

2.3.1　一般事項
(a) 精測進入レーダー装置（PAR装置）は、精密機器であり、設置工事の質が航空機の安全性に係ることに留意し、慎重、確実に施工する。
(b) PAR空中線の設置にあたっては、長大かつ重量の大きい機材を立型にして扱うため、安全について格別の注意をもって作業する。

2.3.2　機器設置
　機器の設置については、2.2.2による。

2.3.3　確認事項
(a) 設置にあたっては、PAR局舎の現場状況が設計図書に記載されている位置、角度等に合致しているか確認する。
(b) 高低空中線取付け部の天井に装備用のチェーンブロックが、設けられていることを確認する。
(c) レーダー窓取付け用の金具が取付けられていることを確認する。
(d) 組立て前に必ず部品類を点検し、数量に不足がないことを確認する。

2.3.4　準備作業
　空中線の設置に先立ち、次の準備を行う。

(a) レーダー窓取付け用に、高さ1.5mと4mの足場を準備する。
(b) ナイロンスリング・シャックル等の吊り上げ用具を準備する。
(c) レンチ・スパナ他の工具を用意する。
(d) レーダー窓シール用のシール剤を準備する。

2.3.5 吊り上げ

吊り上げについては、2.2.5(a)、(b)によるほか、高低空中線の取扱いは、特に注意する。

2.3.6 空中線基台および空中線の設置
(a) 4分割された空中線基台を、指定された位置へ設置する。この位置が重要となるため、設計図書を参照し、実施する。
(b) 方位空中線を基台上に取付け、組立てる。
(c) 高低空中線をチェーンブロックにて吊り上げ、基台へ取付け、組立てる。
(d) 各種、駆動部ほかを設計図書を参照し、組立てる。

2.3.7 レーダー窓設置
(a) PAR局舎のレーダー窓取付け部に、方位、高低の両レーダー窓を準備した足場を利用し、取付ける。
(b) レーダー窓設置後、枠周囲を防水シールする。

2.3.8 空中線部導波管類布設
(a) 導波管は、必ずチョークフランジ（C）とフラットフランジ（F）とを結合する。
(b) 導波管の接続順序は、設計図書によるほか、最後にフレキシブル導波管を接続する。
(c) 設計図書に従い、各駆動装置、ほかのケーブルを布設接続する。

2.3.9 空中線部の確認

空中線部の確認については、2.2.9(a)、(b)による。

2.3.10 接続導波管の設置
(a) 導波管切換器を、送受信装置の規定の位置へ設置する。
(b) 接続導波管を同切換器と送受信架との間に導波管支持金具を使用して、布設する。
(c) 接続導波管を同切換器と空中線立体回路部との間に、ケーブルラダー、導波管支持金具を使用して布設する。
(d) 導波管は、必ずチョークフランジ（C）とフラットフランジ（F）とを結合する。

2.3.11 点　　検

設置工事終了後、2.1.9のほか、次の点検を行う。
(a) 空中線駆動装置を手動にて回転させ、異常音、異常振動およびひっかかり等ないことを確認する。
(b) 各導波管は、機械的なひずみがなく、確実に接続されていることを確認する。

第2章 施　工

第4節　ORSR装置設置

2.4.1　一般事項

一般事項については、2.2.1(b)～(e)によるほか、洋上航空路監視レーダー装置は精密機器であり、設置工事の質が航空機の安全性に係ることに留意し、慎重、確実に施工する。

2.4.2　確認事項

(a) 空中線鉄塔のペデスタル取付け面の水平レベルが0.1度以内であることを確認する。水平レベルが0.1度以上ある場合は監督職員と協議のうえ、ライナー等により0.1度以下とする。
(b) 空中線鉄塔のペデスタル取付け面に、ボルト穴が正しくあいていることを確認する。
(c) 空中線鉄塔のペデスタル取付け面の両サイドにジャッキ用取付けボルト穴が正しくあいていることを確認する。
(d) ペデスタル取付け面とジャッキ取付け面は同一高さにあることを確認する。
(e) 空中線設置の中心とレドーム取付け用アンカーボルト穴の中心との間隔は、全周を通して最近と最遠との差が50mm以内であることを確認する。
(f) レドーム取付け用アンカーボルト穴が正しくあいていることを確認する。アンカーボルト穴は、取付け直径8,580mmの円周上に直径28.5mmの穴が48等分されているのが正規となる。
(g) 組立て前には必ず部品類の数量を点検し、部品の不足がないことを確認する。

2.4.3　機器設置

機器の設置については、2.2.2による。

2.4.4　吊り上げ

吊り上げについては、2.2.5(a)、(b)によるほか、SSR空中線の取扱いは、特に注意する。

2.4.5　ペデスタル設置

(a) ペデスタル取付けボルト8組を用意する。
(b) ペデスタルを吊り上げ、ベアリング引出方向を確認のうえ、鉄塔の取付け面に置き、仮止めする。
(c) ペデスタルアーム上（SSRアンテナ取付け面）で水準器を見ながらペデスタルを手動にて回転させ、水平レベルが0.1度以下であることを確認する。
(d) 水平レベルが0.1度以上ある場合は、ペデスタルと取付け面との間にライナーを入れて調整する。
(e) ジャッキ取付け面にジャッキを設置し、ペデスタルアーム上のボルト穴位置が合っていることを確認する。
(f) 調整・確認後、8カ所のボルトをダブルナットにて本締めし、取付けボルトに白色ペイントによりマーキングを行う。

2.4.6　空中線設置

SSR空中線を吊り上げ、ペデスタル上に設置する。

2.4.7　空中線の水平調整

(a) SSR空中線の水準器取付け台に水準器を置く。
(b) 傾動ロッドの両端の固定ナットを緩め、傾動ロッドにチルトバー（またはスパナ）を取付け、水準器の気

泡が中央（±0.1度以下）にくるように調整する。
- (c) 傾斜角目盛板を注意銘板に刻印された角度に合わせ、再び固定する。
- (d) 傾動ロッドの両端の固定ナットを締付ける。

2.4.8 レドーム設置
- (a) 準備作業
  - (1) クレーン車を用意する。クレーン車は、所要の重量を所要の高さまで吊り上げる能力をもつものとする。
  - (2) ワイヤロープ・ナイロンスリング・チェーンブロック等の吊り上げ用具を準備する。
  - (3) トルクレンチほかの工具を用意する。
- (b) レドームの組立て作業
  - (1) 1段目のレドームは、付与番号を取付け架台の番号に合わせて、全周にわたって仮止めする。
  - (2) すべてのパネルを、無理のない状態で結合できるようにボルトを締付ける。
  - (3) パネルの結合部に無理が生ずる場合は、アンカーボルトを緩めて取付け架台の位置を調整しながら、順次組立てる。
  - (4) 1段目のパネルは、全周の組立てを終了した後に、取付け架台および各パネルの結合ボルトを、確実に本締めする。
  - (5) 2段目以降のパネルを、順次同様に組立てる。この際、パネル結合部に無理が生ずる場合は周囲のボルトを緩めて調整する。
  - (6) (1)〜(5)によるほか、工事要領書により設置する。

2.4.9 シェルタ設置
- (a) シェルタの取付け面にアンカーボルトが正しく取付けられていることを確認する。
- (b) シェルタはクレーンにて基礎上に設置する。
- (c) 空調機は工事手配とし、工事要領書により設置する。

第5節　航空路用SSR装置設置

2.5.1　一般事項
一般事項については、2.2.1(b)〜(e)によるほか、航空路監視レーダー装置は精密機器であり、設置工事の質が航空機の安全性に係ることに留意し、慎重、確実に施工する。

2.5.2　確認事項
確認事項については、2.4.2による。

2.5.3　機器設置
機器の設置については、2.2.2による。

2.5.4　吊り上げ
吊り上げについては、2.2.5(a)、(b)による。

2.5.5 ペデスタル設置

(a) ペデスタル取付けボルト16組を用意する。
(b) ペデスタルを吊り上げ、ベアリング引出方向を確認のうえ、鉄塔の取付け面に置き、仮止めする。
(c) ペデスタルアーム上（SSRアンテナ取付け面）で水準器を見ながらペデスタルを手動にて回転させ、水平レベルが0.2度以下であることを確認する。
(d) 水平レベルが0.2度以上ある場合は、ペデスタルと取付け面との間にライナーを入れて調整する。
(e) ジャッキ取付け面にジャッキを設置し、ペデスタルアーム上のボルト穴位置が合っていることを確認する。
(f) 調整・確認後、16カ所のボルトをダブルナットにて本締めし、取付けボルトに白色ペイントによりマーキングを行う。

2.5.6 空中線設置

空中線設置については、2.4.6による。

2.5.7 空中線の水平調整

(a) SSR空中線の水準器取付け台に水準器を置く。
(b) 傾動ロッドの両端の固定ナットを緩め、傾動ロッドにチルトバー（またはスパナ）を取付け、水準器の気泡が中央（±0.2度以下）にくるように調整する。
(c) 傾斜角目盛板を注意銘板に刻印された角度に合わせ、再び固定する。
(d) 傾動ロッドの両端の固定ナットを締付ける。

2.5.8 レドーム設置

レドーム設置については、2.4.8による。

2.5.9 シェルタ設置

シェルタ設置については、2.4.9による。

第6節　空港面探知レーダー装置（ASDE）設置

2.6.1 一般事項

(a) ASDEは空港内管制塔屋上に設置され、空港内の航空機等を監視するもので、飛行場管制業務において視程不良時等に使用される。設置工事の質が航空機の安全に係ることに留意し、慎重、確実に実施する。
(b) ASDE空中線の設置にあたっては、高所において重量物を扱うため、安全について格別の注意をもって作業する。
(c) 空中線の取付け基礎部に使用するアンカーボルトは、JIS B 1180「六角ボルト」によるねじ精度1級、機械的性質4.6に適合し、呼び径はM30とする。
(d) 空中線取付け用ベースリングは、(c)により施工した取付け基礎部のアンカーボルトで固定する。ベースリング上面は、水平度1/1,000以内にレベル調整後、熱収縮モルタルを充てんし、止めナット、ナットにて締付ける。
(e) レドーム据付け基礎部は建屋工事において製作、施工するもので、この製作にあたってはレドームベースリング用テンプレートを使用し、基礎部、ベースリングの取付け寸法上の整合をとる。

2.6.2 機器設置

機器の設置については、2.2.2による。

2.6.3 確認事項

(a) 空中線取付け用ベースリング上面の水平レベルが、1/1,000以下であることを確認する。水平レベルが1/1,000以上ある場合は、監督職員と協議のうえ、ライナー等により1/1,000以下とする。

(b) 空中線ベースリングの取付け面に、ボルト穴が正しくあいていることを確認する。ボルト穴は、取付け直径680mmの円周上にM12の穴が12等分されているのが正規となる。

(c) 組立て前に必ず部品類を点検し、数量に不足がないことを確認する。

2.6.4 準備作業

準備作業については、2.2.4による。

2.6.5 吊り上げ

吊り上げについては、2.2.5による。

2.6.6 ペデスタル設置

(a) ペデスタル取付けボルト12組を用意する。

(b) ペデスタルを吊り上げ、空中線駆動用モータが滑走路と反対方向を向くように防振ゴムを介してベースリング上に置き、12本のボルトで仮止めする。

(c) ペデスタルのターンテーブル上を清掃し異物を取除いておく。

2.6.7 反射鏡設置

(a) 反射鏡部を吊り上げペデスタルにボルト止めする。

(b) 反射鏡下部には導波管が張出しているので無理な力が加わらないように注意深く作業する。

(c) 反射鏡部取付けボルトは194～233kg-cmのトルクで締付け、折曲げ座金端を曲げ、ボルトの緩み止めをする。

(d) ペデスタル部および反射鏡部の吊り上げ用アイボルトを取除き、反射鏡部3カ所のみメクラ穴用ボルトを取付ける。

(e) ベルトカバーを取付ける。

2.6.8 配管・配線

(a) 導波管の接続を行う。

Oリングを使用する。ボルトはMS51957-15を使用する。

(b) 角度信号用ケーブル、GNDケーブルおよび導波管をペデスタル下面よりベースリング側面貫通孔を通して配線する。

(c) ベースリングから建屋貫通口まではケーブル、導波管を適宜クランプし、保護カバーで覆う。

(d) モータ用ケーブルの配線はモータが±5cm程度移動（ベルト交換時）できるように余裕をもたせる。

(e) 角度信号用ケーブルとモータ用ケーブルはできるだけ離して配線する。

2.6.9 空中線回転軸垂直度調整

(a) 垂直度が1.5/1,000以内になるようにペデスタル固定ボルトを全周囲（12個のボルト）にわたって平均的に

締付ける。
- (b) 締付けは自由厚さ18mmの防振ゴムを16mmまで圧縮する程度とする。締付けトルクは、190kg-cm程度（参考値）。
- (c) 回転軸の垂直度を回転軸まわり30度ごとに測定し記録に残す。
- (d) 調整完了後、ペデスタル固定ボルト2個1組として安全線を逆S字型になるようにかける。

2.6.10　レドーム用基礎ボルトの修正
レドーム取付け用基礎ボルトの傾きが1度以内となるように修正する。

2.6.11　レドームベースリングの取付け
- (a) ベースリング5分割の1個（フランジに1、2と番号記入のもの）を据付ける。
- (b) 現合によるベースリング穴の加工を併用しながら合マークに従い、ベースリングを順次据付ける。ベースリンクの固定後のレドーム据付け面平面度は8mm以下とする。

2.6.12　レドームの組立て
- (a) レドーム組立て用足場として、レドーム内側および外側に構築する。
- (b) レドーム組立て用足場を用いてベースリングの上に、下のパネルから順次組上げていく。
- (c) レドームパネル間のすき間には、シール材のコーキングを行う。
- (d) レドームの天井部に空中線装置整備用電動ホイストを取付けておく。電源および制御テーブルが垂れ下がらないように電動ホイストに固定しておく。
- (e) レドームの組立てに関しては、工事、現場、費用の点から次の3つの方法が選択できる。
  - (1) 地上で組立て、クレーンで吊り上げる。
  - (2) 地上で組立て、ヘリコプターで吊り上げる。
  - (3) 据付け場所まで部品で送り込み、据付け位置で組立て、吊り上げ作業をなくす。
- (f) レドーム据付け基礎部とレドームベースリング、レドームベースリングとレドームをすき間が1mm以下となるように、スペーサを併用して固定する。すき間部にはシール材にてコーキングを行う。

第7節　VOR/DME装置設置

2.7.1　一般事項
- (a) VOR/DME装置は、飛行中の航空機に対し方位および距離の情報を提供するものであり、設置工事の質が航空機の安全性に係ることに留意し、慎重、確実に施工する。
- (b) 本節以外の事項は、第1節「共通事項」による。

2.7.2　方位線の表示
- (a) 真北の方位線を決定するにあたっては、キャリア空中線設置位置の中心点において監督職員立会いのうえ、天測またはGPSコンパスによる測定等により実施する。
- (b) 磁北の方向を真北より決定し、カウンターポイズ中心点を基点として、磁方方位の0度、90度、180度、270度および30度、150度、210度、330度の方向に100mm以上の長さで基準線をけがき、表示塗装を行う。
- (c) カウンターポイズ上のサイドバンド空中線取付け帯およびカウンターポイズ周縁に、(b)の表示塗装のほか、磁方位の0度から360度まで7度30分間隔で48等分の方位線をけがき、表示塗装を行う。

2.7.3　キャリア空中線設置

キャリア空中線を、次によりカウンターポイズの中心点に設置する。

(a)　レドーム内カウンターポイズの設置
(1)　4枚の接地板と台座を組合わせ、設計図書の指示する箇所のはんだ上げを行い組立てる。
(2)　はんだ上げに際し、塩酸を使用した場合は、ふきとり等の後始末を十分に行う。
(3)　接地板の穴位置に合わせて、レドーム内カウンターポイズの穴加工を行う（M6用68カ所、W3/8用24カ所）。
(4)　接地板を仮止め後、けがき線を引き、磁北の表示（黒色）を行う。
(5)　台座の支柱取付け面が水平になるように、レベル等で測定しながらレベル調整ボルトで調整し、止め金具を用いて固定する。レベルの精度は0.06度（1/1,000mm）以内とする。

(b)　空中線の設置
(1)　台座にスタンドをボルトで固定し、アンテナエレメント固定用スタッド（4本）を取付ける。
(2)　スタッドにアンテナエレメントを位置合わせし、固定する。
(3)　支柱をアンテナエレメント上部より挿入し、スタンドと固定する。
(4)　支柱（2本）上部にフランジを取付けボルトにて固定する。

(c)　レドームの設置
(1)　基礎穴加工図および接地板設置詳細図により、レドーム内カウンターポイズの穴加工を行う。
(2)　レドームは、扉方向（2カ所）を磁北から90度の方向に向け、レドームをカウンターポイズに設置する。
(3)　レドームとカウンターポイズの接触部に緩衝板（ゴム）を置き、レドームを固定する。
(4)　レドームカバー（A）をレドームに合わせ取付け、付属のナイロンボルトにて固定する（レドーム上部の通風孔とカバー（A）の握手部の位置を合わせる）。カバー（A）とフランジ部との間にはパッキンを挿入しフランジを支持させ、その上にカバー（B）を取付ける（航空無線工事標準図面集による）。
(5)　防水シーリング材をレドームの各接合部に充てんする。

2.7.4　サイドバンド空中線設置

サイドバンド空中線を、次により設置する。

(a)　サイドバンド空中線取付け板48基を製作する。
(b)　同取付け板を、サイドバンド空中線取付け帯に48等分のけがき線上に水平に設置する。
(c)　空中線支柱48本を、同取付け板に垂直に各1本ずつ取付ける。
(d)　アンテナカバー取付け板を、空中線支柱上部のフランジにスペーサで水平に取付ける。
(e)　アンテナエレメントを、スペーサに水平に取付ける。この際、エレメントを傷つけないように十分注意する。
(f)　キャリア空中線のエレメント頂部と48本のアンテナエレメント頂部の高低差は設計図書および工事要領書による。
(g)　アンテナカバーを、各空中線支柱に取付ける。
(h)　磁北に設置した空中線をNo.1とし、反時計回りに空中線番号を空中線支柱に表示する。
(i)　アンテナ番号の表示は表示プレート（アクリル板）にて表示する。

2.7.5　DME空中線設置

DME空中線を、キャリア空中線支柱上部にねじ込み設置する。

(a)　DME空中線のセットスクリュー部およびねじ込み部下部には、シリコンコンパウンドを充てんして、防湿・防水処理を行う。
(b)　取外した支柱の蓋は、移設等の場合再使用できるよう保管する。

2.7.6 モニタ空中線設置

モニタ空中線3基を、次により設置する。

(a) 設置位置等
 (1) モニタ空中線の設置位置は、設計図書による。
 (2) モニタ空中線の方位は、トランシット等により測位して決定する。
 (3) モニタ空中線は、カウンターポイズ中心のレベルより2,000±200mmの高さに設置する。

(b) 空中線支柱
 (1) モニタ空中線の支柱は、コンクリート柱を使用する。ただし、山頂式カウンターポイズの場合等で高い支柱を必要としない場合は、付属のモニタ空中線支柱（3m）を使用し、基礎架台で調整する。
 (2) コンクリート柱の頂部とモニタ空中線との間隔は、100～1,500mmとする。
 (3) 金属製の支線は、使用しないものとする。やむを得ず使用する場合は、カウンターポイズのレベルから5m以上低い位置に取付ける。

(c) モニタ空中線の組立て
 (1) アンテナアームのエレメント支持台に反射器、導波器を取付ける。
 (2) 放射器は取付けネジ部にM24スプリングワッシャを通しアンテナアームに固定する。
 (3) ケーブルの接続は、アンテナ側の接栓に接続する接栓を固く取付け、自己融着テープ、粘着テープ等にて防水処置を行う。
 (4) アンテナアームと当て板を、Uボルトにて固定する。
 (5) 支柱を回り止めピンに位置合わせし、押さえバンドにて固定する。
 (6) アンテナアームと支柱間をステーにてアンテナ位置の水平に注意しながら固定する。
 (7) アースの取付けは、アース線を端子にかしめた後、はんだ上げにて固定し、防錆のためシール剤にてシールする。
 (8) 位置表示、方向、センターからの距離を表示プレート（アクリル板）にて表示する。

(d) モニタ受信部の取付け
 (1) モニタ受信部は、局舎内の適宜な場所の壁面に取付け、ケーブルの布設に際しては、モニタ受信部上部のコネクタ接続口のスペースを考慮して行う。
 (2) モニタ受信部は、送信機からの放射RFの誘導を避けるため、送信架より3m以上離して設置する。
 (3) アースはA種接地を行い、大地に最も近いところから接続する。

2.7.7 ケーブル布設

(a) キャリア空中線装置
 (1) キャリア系給電線はRG-9B/Uとする。なお、制御架からディストリビュータ架までの布設ケーブルが30m以上離れて設置される場合は、キャリア給電線（本体装置⇔ディストリビュータ架）を15D-5AFにする。ただし、このキャリア給電線の両端はRG-9B/Uを使用する。
 (2) キャリア空中線とスタブ（キャリアレドーム内設置）との間のケーブルは、調整作業において製作するため布設しない。
 (3) 本装置からのキャリア給電ケーブル（装置⇔スタブ）は、接続に十分な余長をとる。ただし、余長については設計図書および工事要領書による。

(b) サイドバンド空中線装置
 (1) サイドバンド系給電線はRG-9B/Uとする。なお、制御架からディストリビュータ架までの布線ケーブルが30m以上離れて設置される場合は、設計図書および工事要領書による。ただし、このサイドバンド給電線の両端はRG-9B/Uを使用する。

(2) ケーブルの接栓は、サイドバンド空中線側だけを接続しディストリビュータ側は接続しない（機器調整作業で、ケーブルの電気長を測定後に取付ける）。
(3) 48本のケーブルは、同一工程で製造されたものを使用し、同一長（公差±100mm以内）とする。
(4) 48本のケーブルは、十分な余長をとる。ただし、余長については設計図書および工事要領書による。
(5) 48本のケーブルは、ディストリビュータ架上のケーブルラックでケーブルを整理し、架上部のケーブル導入口から約4mの長さで均一に引出す。

(c) ディストリビュータ架・遠隔制御架
　　ディストリビュータ架および遠隔制御架の接続ケーブルは、設計図書により工事手配し、布設する。また、VOR局舎外に設置する場合は、避雷器を設ける必要がある。

(d) モニタ受信部
(1) モニタ空中線からモニタ受信部への給電線はRG-9B/Uとし、他のキャリア系、サイドバンド系の給電線から離隔する。
(2) モニタ受信部装置本体はRG-55A/Uとする。
(3) モニタ空中線からモニタ受信部へのCH2およびCH3の入力ケーブルは、モニタ受信部の接続に十分な余長（約3m）をとる。また、このケーブルのモニタ受信号入力側（CH2、3）の接栓は、接続しない。
(4) 本体装置（制御架）からモニタ受信部へのキャリア信号補正用ケーブルはモニタ受信部の接続に十分な余長（約3m）をとる。また、このケーブルのモニタ受信部入力側の接栓は、接続しない。

第8節　TACAN装置設置

2.8.1　一般事項
(a) TACAN装置は、飛行中の航空機に対し方位および距離の情報を提供するものであり、設置工事の質が航空機の安全性に係ることに留意し、慎重、確実に施工する。
(b) 空中線装置の設置にあたっては、高所において重量の大きい機材を扱うため、安全について格別の注意をもって作業する。また、工事要領書により設置する。
(c) 本節以外の事項は、第1節「共通事項」による。

2.8.2　確認事項
(a) 空中線取付け用基礎のレドーム取付け面の水平レベルが0.1度（1.75/1,000mm）以下であることを確認する。水平レベルが0.1度以上ある場合は、監督職員と協議のうえ、ライナー等により0.1度以下とする。
(b) 空中線取付け用基礎のレドーム取付け面にアンカーボルトが正しく配置していることを確認する。アンカーボルトは、真北方向を振り分けとして取付け直径2,970mmの円周上にねじの呼び径および本数を工事要領書にて選定し、配置する必要がある。
(c) 組立て前には、必ず部品類の数量を点検し、部品の不足がないことを確認する。

2.8.3　準備作業
準備作業については、2.2.4による。

2.8.4　吊り上げ
吊り上げについては、2.2.5(a)、(b)によるほか、空中線の放射部表面の材質はFRP製であり、取扱いは特に注意する。

2.8.5 レドーム設置

以下は、標準タイプとなるコニカル型レドームに関しての設置要領となる。

(a) レドームの分割パネルは、梯子側が南側に、ドア側が西側に位置するように、付与番号順に接合面にガスケットを挿入して、空中線取付け用基礎の上に仮組立てする。

(b) すべてのパネルを、無理のない状態で結合できるように調整した後に、各パネルの結合ボルトを確実に本締めする。

(c) 梯子およびステップを、分割パネルに合わせ順次組立てる。

(d) 外周部の接合面および外面に出るボルト頭部に、シーリング材を塗布し防水処理を行う。

(e) 手すり連結用ガセットをリベットにて固定し、手すりを連結する。

2.8.6 TACANアダプタ設置

(a) TACANアダプタを、N-S方向を確認のうえケーブル貫通口が北側に位置するように、レドームの上に取付ける。

(b) TACANアダプタ上面の水平レベルが0.2度（3.5/1,000mm）以下であることを確認する。水平レベルが0.2度を超える場合は、レドームと取付け面との間にライナーを入れて調整する。

(c) TACANアダプタとレドームとの接合面をシールし、レドーム内部に水が入らないようにする。

2.8.7 ケーブル布設

空中線装置用ケーブルは、空中線設置後ではレドーム内からの引上作業が困難となるので、空中線を設置する前に行う。

(a) レドーム内からケーブルを引上げ、TACANアダプタの中心の長穴を通し、ケーブルクランプ板に沿わせ、ケーブル貫通口からケーブルを外に出す。

(b) 空中線設置後、コネクタ盤への接続長さを合わせ端末工事を行い、ケーブル貫通口をシールドし、レドーム内部に水が入らないようにする。

(c) コネクタ接続部は防水処理する。

2.8.8 空中線設置

(a) 空中線を輸送架台または輸送木台上で頂部のアイボルトを利用して引起こし、吊り上げ治具またはアイボルトにワイヤロープを通して吊り上げる。

(b) 空中線N-S方向を確認のうえTACANアダプタのN-Sマークおよびボルトに合わせ、点検窓が南側に位置するように、TACANアダプタの上に取付ける。

(c) 空中線とTACANアダプタとの接合面をシールし、レドーム内部に水が入らないようにする。

2.8.9 空中線部の確認

(a) 各部のネジの締付けトルクおよび緩み防止を確認する。

(b) ケーブルの接続に異常がないことを確認する。

第9節　ILS装置設置

2.9.1 ローカライザー装置

2.9.1.1 一般事項

(a) ローカライザー装置は航空機の着陸に際し、電波による水平方向の進入経路を形成するものであり、設置

工事の質が航空機の安全性に係ることに留意し、慎重、確実に施工する。
(b) 空中線装置（LPDA）は、設計図書により空中線架台を製作し、設置する。
(c) 空中線装置の設置にあたっては、高所において重量の大きい機材を扱うため、安全について十分注意し作業する。
(d) 以降の事項以外は、第1節「共通事項」による。

2.9.1.2 確認事項
(a) 設置にあたっては、現場状況が設計図書に記載されている位置レベル等に合致しているか確認する。
(b) 空中線架台の取付け面に空中線取付け用ボルト穴が正しくあいていることを確認する。
(c) 組立て前には必ず部品類を点検し、数量に不足がないことを確認する。

2.9.1.3 準備作業
空中線およびシェルタの設置に先立ち、次の準備をする。
(a) クレーン車を用意する。
　(1) クレーン車は、所要の重量を所要の高さまで吊り上げる能力をもつものとする。
　(2) シェルタ設置時は、所定の機材を所要の高さまで吊り上げる能力をもつものとする。
(b) 麻ロープ・ナイロンスリング・滑車等の吊り上げ用具を準備する。
(c) トランシット・トルクレンチほかの工具を用意する。

2.9.1.4 空中線設置
(a) 空中線の設置は、クレーン等を使用して行い、空中線素子の取扱いは特に注意する。
(b) 設置にあたっては、空中線素子および架台の水平度、直交度、センター誤差、取付けピッチ等をトランシットで確認し、工事要領書の規格値内に調整する。

2.9.1.5 ケーブル布設
(a) 給電ケーブルは、RG-9B/Uおよび15D-5AFを使用しVSWR 1.2以下とする。
(b) 給電ケーブルは、電気長を等しくし、全長で±5度以内とする。
(c) コネクタ接続部は、防水処理する。

2.9.1.6 モニタ空中線設置
モニタ空中線は、位置調整が可能なチャンネルベース上に設置する。

2.9.1.7 空中線部の確認
(a) ケーブルコネクタの接続に異常がないことを確認する。
(b) コネクタ接続部が防水処理されていることを確認する。
(c) 各部のねじの締付けトルクおよび緩み防止を確認する。

2.9.1.8 シェルタ設置
(a) シェルタは、クレーンまたはフォークリフトにて、基礎上に設置する。
(b) シェルタ本体と前室接合部は、シールする。
(c) 外部ケーブル接続は、コネクタ等にて行う。
(d) 各部のねじの締付けトルクおよび緩み防止を確認する。

2.9.2　グライドスロープ装置

2.9.2.1　一般事項

(a) グライドスロープ装置は、航空機の着陸に際し、電波による垂直方向の進入経路を形成するものであり、設置工事の質が航空機の安全性に係ることに留意し、慎重、確実に施工する。

(b) 空中線装置の設置にあたっては、高所において重量の大きい機材を扱うため、安全について十分注意し作業する。

(c) 以降の事項以外は、第1節「共通事項」による。

2.9.2.2　確認事項

(a) 設置にあたっては、現場状況が設計図書に記載されている位置レベル等に合致しているか確認する。

(b) 空中線柱基礎の水平レベルが0.06度（1/1,000mm）以下であることを確認する。水平レベルが0.06度以上ある場合は、ゲージ板の調整ナットを調整することにより0.06度以下とする。

(c) 空中線柱基礎にアンカーボルトが正しく配置されていることを確認する。

(d) 組立て前に必ず部品類を点検し、数量に不足がないことを確認する。

2.9.2.3　準備作業

準備作業については、2.9.1.3による。

2.9.2.4　空中線設置

(a) 空中線柱の建柱は、クレーン等を使用して行い、建柱後トランシットにて建入れを確認し、垂直に建柱を行う。建柱に際し空中線素子取付けレールの垂直度は、0.06度（1/1,000mm）以下とする。

(b) 空中線の設置高さは、設計図書による。

(c) 空中線のオフセット調整は、中間空中線を中心として、上側空中線は、滑走路側に設計値どおりに固定し、下側空中線は、滑走路から反対側に設計値どおりに固定する。

2.9.2.5　ケーブル布設

(a) 給電ケーブルは、RG-9B/Uおよび15D-5AFを使用し、VSWR 1.2以下とする。

(b) 設計図書で指定されたケーブルは電気長を等しくし、全長で±5度以内とする。

(c) コネクタ接続部は、防水処理する。

2.9.2.6　モニタ空中線設置

(a) モニタ空中線は、位置調整が可能なチャンネルベース上に設置する。

(b) モニタ反射板の設置は、設計図書による。

2.9.2.7　空中線部の確認

空中線部の確認については、2.9.1.7による。

2.9.2.8　シェルタ設置

シェルタ設置については、2.9.1.8による。

2.9.3 マーカー装置
2.9.3.1 一般事項
(a) マーカー装置は、アウターマーカー、ミドルマーカー、インナーマーカーがあり、航空機の着陸に際し、空港からの距離情報を提供するものであり、設置工事の質が航空機の安全性に係ることに留意し、慎重、確実に施工する。
(b) 空中線装置の設置にあたっては、高所作業となるため、安全に十分注意し作業する。
(c) 以降の事項以外は、第1節「共通事項」による。

2.9.3.2 確認事項
組立て前に必ず部品類を点検し、数量に不足がないことを確認する。

2.9.3.3 準備作業
準備作業については、2.9.1.3による。

2.9.3.4 空中線設置
空中線の設置は、次による。
(a) マーカー空中線は、コンクリート柱等（パンザーマスト）に自在アームタイレスバンド等により固定する。
(b) 空中線を設置する場合、エレメントに力を加えないこと（付け根の部分が絶縁物で壊れやすいため注意する）。

2.9.3.5 ケーブル布設
給電ケーブルは、設計図書によることとし、防水処理を施す。

2.9.3.6 空中線部の確認
空中線部の確認については、2.9.1.7による。

2.9.3.7 シェルタ設置
装置構成品にシェルタがある場合は、次による。
(a) シェルタは、クレーンまたはフォークリフトにて、基礎上に設置する。
(b) シェルタと前室接合部は、シールする。
(c) 空調機の配管接続を行い、空調機に異常のないことを確認する。
(d) 各部のねじの締付けトルクおよび緩み防止を確認する。

第10節　通信制御装置設置

2.10.1 一般事項
(a) 通信制御装置は、航空機を安全かつ正確に運航させるための総合通信情報機能を有し、空港および管制部等における管制機能に影響を及ぼすことが大きいので、設置工事の質が航空機の安全性に係ることに留意し、慎重、確実に施工する。
(b) 通信制御装置の設置にあたっては、長大かつ重量の大きい機材を扱うため、安全については格別の注意をもって作業する。
(c) 直流電源装置および蓄電池類の運搬ならびに設置にあたっては、容器の破損および液漏れ等がないように

十分注意して作業する。
(d) 本節以外の事項は、第1節「共通事項」による。

2.10.2 機器設置
機器の設置は、次による。
(a) 設置床面がビニル床タイル仕上げの場合
 (1) 一般的な設置は、2.1.3による。
 (2) 機器の設置になる場合は、第1節「共通事項」による。
(b) 設置床面がフリーアクセスフロアの場合
機器設置は次の手順で行う。
 (1) 設置床面のフリーアクセスフロアに取付け穴のマーキングおよびケーブル通線口に、切欠きマーキングを施し、正確に加工仕上げをする。なお、フロアプレートは、取外す際に各プレートの関係位置、方向を表示し、加工後は同一場所、同一方向に設置する。
 (2) フリーアクセス下モルタル面の該当箇所に標準耐震金具を取付け、高さおよび水平レベルを水準器、ライナーで調整する。
 (3) 機器本体を乗せ、水準器「さげ振り」、薄手のライナーでレベルを取りながら、フリーアクセスフロアを耐震金具で、共締め固定をする。
 (4) フロアプレートは、必要以外の箇所に損傷および汚れ等を残さないように加工する。
 (5) 全面じゅうたん貼りの場合には、一旦じゅうたんを巻き取った後にフロアプレートの加工を行い、プレートおよびじゅうたんを復旧した後に機器を設置する。この場合、機器設置位置部分のじゅうたんは、原則として切除しないものとする。

2.10.3 確認作業
(a) 機器取付け面の垂直レベルは0.1度以下であることを確認する。垂直レベルが0.1度以上の場合は、架台、床面間にライナーを入れ、調度をとり0.1度以下にする。
(b) 組立て前に必ず部品類を点検し、数量に不足がないことを確認する。

2.10.4 準備作業
機器の設置に先立ち、次の準備を行う。
(a) 設置場所近辺および搬入経路の養生作業を行っておく。
(b) 設置に必要な治工具を用意しておく。

2.10.5 点検
設置工事終了後、2.1.9のほか次の点検を行う。
(a) IDF、MDFでのジャンパー線布設対照試験。
(b) 布設ケーブルの種類、数量の確認チェック。
(c) 最終工程のジャンパー線はんだ上げ箇所等の仕上げと確認。
(d) 回線原簿記入とチェック。

第11節　対空通信装置設置

2.11.1　一般事項

(a) 対空通信装置は、航空機の運航を管制するための通信施設であり、設置工事の質が航空機の安全性に係ることに留意し、慎重、確実に施工する。

(b) 空中線の設置は、概ね高所で作業を行うことになるので、安全について十分な配慮を行う。

(c) 本節以外の事項は、第1節「共通事項」による。

2.11.2　機器設置

(a) 対空通信装置の使用電源電圧は、原則として200Vとするが、工場出荷時の設定電圧が機器製造業者により100Vまたは200Vの2通りがあるので、電源盤内部の電源トランス1次側の配線を必要に応じて切替えを行う。また、空港用の予備装置はDC36Vにて使用する場合があるので設計図書に注意する。

(b) 送受信装置の場合は、工場出荷時には送受共用空中線使用の接続になっているので、個別空中線が使用できるように切替える。

2.11.3　空中線設置

(a) 空中線の取付けに使用するボルト等は、溶融亜鉛めっきまたはこれと同等以上の防食効果があるものを使用する。

(b) 空中線柱の取付け穴等の加工は、防食処理前に行う。やむを得ず現場にて再加工する場合は、ローバル（常温亜鉛めっき）等により十分な防食加工を行う。

2.11.4　同軸ケーブル布設

(a) 空中線への接続部は、自己融着テープ、粘着テープ等を使用して十分に防水処理を行い、ビニルテープにて保護する。

(b) 同軸ケーブルの重量を、空中線接続接栓にかけないように、空中線柱または付近の造営材にて支持する。

(c) 前項の支持を行う場合は、ケーブルの被覆を損傷しないように注意し、適合するステンレスバンド等により固定する。

(d) 空中線のケーブル損失等の関係で、サイズの異なるケーブルを接続する場合は、適合する接栓を使用して行い、(a)と同じく十分な防水処理を行う。

(e) ケーブルの変換を機器室内で行う場合は、装置架付近のケーブルラック上にて行い、空中線付近で行う場合は、点検の容易な箇所にて行う。また、変換点の両側を、ケーブルラック、空中線支柱または造営材等にて固定する。

(f) 送信空中線のケーブル損失は、VHFの場合3dB以下とする。

第12節　デジタル録音再生装置設置

2.12.1　一般事項

(a) デジタル録音再生装置は、航空管制通信およびその他の通信を、長時間にわたって録音するものであり、ハードディスクを装備しており、重量が大きいので、取扱いに十分注意して設置する。

(b) 本節以外の事項は、第1節「共通事項」による。

2.12.2 機器設置

(a) デジタル録音再生装置は、その構造上重心位置が高いので、作業に注意する。
(b) デジタル録音再生装置は、その性能上周囲に強力な磁界があってはならないので、電圧安定器および電動機等の磁束の漏洩する機器から十分に離して設置する。

2.12.3 ケーブル布設

(a) 本装置の入出力信号線は、すべて2心シールド線を使用する。
(b) (a)の信号線は、コネクタで確実に接続する。

第13節　ORM装置設置

2.13.1 一般事項

ORMはMDPとシステム統制装置の後継システムとなる。ORMのシステム管理業務は技術管理センターで一括管理されている。

(a) ORM装置は精密電子機器で構成されているので、設置にあたっては、設置工事要領書に基づき慎重、確実に施工する。
(b) 本節以外の事項は、第1節「共通事項」による。

2.13.2 機器設置

(a) 一般的な設置は、2.1.3による。
(b) 端末専用卓の背面は保守スペースとして600mm以上あける。
(c) 各端末は、液晶ディスプレイを使用しているので、画面への映り込みを避けるため、照明器具や窓の位置に留意して設置する。

2.13.3 ケーブル布設

(a) ケーブルの布設は、2.1.6によるほか、次による。
(b) イーサネット用同軸ケーブルは、電力線からできるだけ離して布設する。
(c) イーサネット用同軸ケーブルには、2.5m間隔で印（マーキング）があり、タップトランシーバをこの印の位置に取付ける。すなわち、同軸ケーブル上で2.5mの整数倍の位置にタップトランシーバを取付けるものとする。タップトランシーバの取付けは専門技術者が行う。

第14節　TDU装置設置

2.14.1 一般事項

(a) TDU装置は、航空交通管制業務の遂行上必要な情報を一括処理し任意の管制席に必要とする情報を提供する。
(b) 装置は精密機器のため取扱いに十分注意して設置する。
(c) 本節以外の事項は、第1節「共通事項」による。

2.14.2 機器設置

(a) 一般的な設置は、2.1.3による。
(b) 機器設置にあたっては、保守スペースを確保する。

(c) 接続ケーブル長が決まっているため、機器設置レイアウトには十分注意する。

2.14.3 ケーブル布設

(a) イーサネット用同軸ケーブル、映像用同軸ケーブルは、電力線からできるだけ離して布設する。

(b) イーサネット用同軸ケーブルには、2.5m間隔でマーキングがあり、タップトランシーバをこのマーキングの位置に取付ける。またタップトランシーバのタップ、ターミネータの取付けは専門技術者が行う。

(c) 複合同軸ケーブル成端部ケーブル長を極力同一長とする。

第7編　情報処理機器設置工事

第1章　機　　材
　　第1節　電　線　類・・・・・・・・・・・・・・・・・・・・・・7-1-1
　　第2節　電線保護物類・・・・・・・・・・・・・・・・・・・・7-1-1
　　第3節　耐　震　装　置・・・・・・・・・・・・・・・・・・・・7-1-1

第2章　施　　工
　　第1節　共　通　事　項・・・・・・・・・・・・・・・・・・・・7-2-1

第1章　機　　　材

第1節　電　線　類

1.1.1　電線類

機器設置工事に使用する電線類は、第2編表1.1.1および第5編表1.1.1に規定するもののほか、表1.1.1によるものとする。

表1.1.1　情報処理機器用電線・ケーブル

呼　　　　称	規格番号	規格名称等	記　号
計装用ケーブル	JIS C 3102	SPEV（SB）AWG24	SPEV（SB）
制御用ケーブル	UL 2803	UL2803	UL2803
シールド付き対ケーブル	MIL-W-16878D	UL2464-SB	UL2464
耐熱ビニルシールドケーブル	MIL-W-16878D	B-18（19）U-26J-9×1	B-18（19）U
多心ビニールジャケットケーブル	UL VW-1	UL2464・AWG♯28×5P-SBケーブル	IFC
トランクケーブル	NEC社内規格	通信用LANケーブル	TCB
ブランチケーブル	ISO 802.3	通信用LANケーブル	BCB-E
トランクケーブルE	ISO 802.3	通信用LAN同軸ケーブル	TCB-E
コンピュータ用ポリエチレン絶縁ビニルシースケーブル	製造者規格	C 0-SPEV-SB	ACE
架橋ビニル絶縁電線	UL VW-1	UL1430・AWG♯24-8X3Y	IFC
	UL VW-1	UL7/0.2×7P-100ケーブル	IFC
ポリエチレン絶縁ケーブル	UL VW-1相当	UL7/0.2×6P-100ケーブル	―
2心光ケーブル		7/0.254×3P + 7/0.32×1P	1P 2C-OPT
	JIS C 6830準拠	D-CP-2C-G・50/125- 4 FC-L	D-CP
2心光ファイバケーブル	ISO 802.3	GI50　2心ケーブル	OPT-LC
4心光ファイバケーブル	ISO 802.3	GI50　4心屋内ケーブル	OPT-LC

第2節　電線保護物類

第5編第1章第2節「電線保護物類」による。

第3節　耐震装置

第6編第1章第3節「耐震装置」による。

第2章 施　　工

第1節　共通事項

2.1.1　開　梱

(a) 開梱前の注意事項
  (1) 梱包されている機器（以下「梱包機器」という）は、梱包明細表と対照し、品名・数量を確認する。
  (2) 梱包機器の取扱いは、変形・破損等を生じないように十分に注意する。
  (3) 結露を防止するために梱包機器を室内に搬入後、機器温度が室内温度に到達するまで開梱作業を行わない。
    (イ) 雨天時および梅雨時：5時間以上
    (ロ) 冬季：10時間以上
  (4) 開梱場所は、じんあい・湿気の少ない室内とし、十分なスペースを確保できる場所を選ぶ。

(b) 開梱時の注意事項
  (1) 開梱の順序は、機器の設置順序に合わせる。
  (2) 開梱にあたっては、内部の機器に損傷を与えないように注意し、丁寧に取扱う。次の機器については、特に注意する。
    (イ) 表示装置
    (ロ) 調整席端末装置
    (ハ) 分岐切替装置
    (ニ) 中央処理装置
    (ホ) 各機器の突出部分
    (ヘ) 光ディスク装置、磁気ディスク装置等のディスク製品
    (ト) その他のガラス製品
  (3) 開梱した機器は、梱包明細表と対比し、内容品名・数量を確認する。
  (4) 開梱した機器に、塗装のはく離・傷痕・部品脱落・ねじ等の緩みがないことを確認する。

(c) 開梱後の注意事項
  (1) 開梱後の機器の保管は機器の変形・破損・汚損等を防止するため、保管場所および置き方に注意する。
  (2) 開梱後の機器は、速やかに設置する。

2.1.2　機器配置計画

設置機器類の相対する面相互間または機器類と壁・柱等との間隙は、工事上、保守上および運用上支障のない間隔としなければならない。

2.1.3　機器設置

機器設置は設置工事要領書に基づき行う。

(a) 機器設置に先立ち、設計図書により示された床面・壁面・天井面等に、機器の設置位置・アンカーボルトの位置・取付けボルトの位置・貫通口の位置および空調吹出グリルの取付け位置等の位置をマーキングにより明示する。
(b) 設置にあたっては振動・衝撃のないように注意する。

(c) マーキングを行った後に、アンカーボルトおよび取付けボルト位置の中心が狂わないように穴あけを行う。
(d) 穴あけに際しては、次の事項に注意する。
 (1) 建築物の鉄筋および埋込配管等に損傷を与えない。
 (2) 周辺に既設機器がある場合は、切屑・粉じん等が飛散しないように処理する。
(e) 機器の設置は、設置位置のレベル差をライナーで調節して行う。なお、ライナーは、使用枚数をなるべく少なくし厚い方を上側とする。
(f) アンカーボルトの寸法に応じて、必要な直径および深さの穴をあける。

2.1.4 耐震金具
第6編2.1.4による。

2.1.5 ケーブルラック布設
第6編2.1.5による。

2.1.6 ケーブルの布設
(a) ケーブルラックの布設は、次による。
 (1) ケーブルラックの布設は、通信ケーブル、制御用ケーブルおよび信号ケーブル等を整然と布設し、2m以下の間隔でナイロンバンド等を使用して用途別に固縛する。
 (2) 電力ケーブルと通信ケーブルを同一のケーブルラックに配線する場合は、相互にできるだけ間隔をとる。
 (3) 水平ケーブルラック上のケーブルは、原則として固縛しない。ただし、湾曲部等の必要な箇所は、クレモナロープ等で500mm以内の間隔で固縛する。
 (4) 垂直ケーブルラック上のケーブルは、1.5m以内の間隔で固縛する。
(b) フリーアクセスフロア下の布設は、次による。
 (1) 電源ケーブルと信号ケーブルを同一ルートに布設する場合は、相互にできるだけ間隔をとる。
 (2) 光ケーブル等、外圧に弱いケーブルについてはケーブルに損傷を与えないようにビニルダクト等により養生を行う。
 (3) コンセントボックス等、コンクリートスラブ面に直置きする場合は、嵩上げ処理を行う。
 (4) 電源ケーブル、通話ケーブル等を整然と布設し、等間隔でナイロンバンド等を使用し用途別に固縛する。
(c) 全面ラック上の布設は、次による。
 (1) 電源ケーブルと信号ケーブルを同一ルートに布設する場合は、相互にできるだけ間隔をとる。
 (2) 電源ケーブル、通信ケーブル等を整然と布設し、ナイロンバンド等を使用し、用途別に固縛を行う。
(d) 同軸ケーブルについては、原則として途中接続は行わない。
(e) 端末処理は、次の事項以外は、第2編2.1.2および第5編2.1.1による。
 (1) 端子にラッピング接続を行う場合は、有効巻付け回数を6回以上とする。
 (2) はんだ上げ端子への接続は、ヤニ入りはんだを使用し、電気的・機械的に完全に行い、他の端子との接触のないように行う。
 (3) 同軸接栓への付け線は圧着またははんだ上げとする。特にはんだ上げは、いもはんだによる接触不良等を生じないように十分注意する。
(f) 工事手配ケーブルの端末は、指定された端子・接栓を使用し、ケーブル製造業者の指定する方法により行う。
(g) 架内に布設するケーブルは、架内に搭載されている装置構成品に影響を与えないように固縛する。
(h) ケーブル等のコネクタ等への接続は、貸与される工事要領書により指定されたピンに行う。
(i) NDS規格の電源は、各コネクタごとに束線の太さに応じたナイロン編組みジャケットによりカバーする。

(j) 各線の端末は、マーカチューブ等により識別符号を付与する。

2.1.7 配　　線

(a) トランクケーブルの布設は、次による。

金属管・硬質ビニル管の湾曲時、曲率半径は管内径の6倍以上とし、最小曲げ半径は250mmとする。

(b) トランクケーブル（同軸ケーブル）に対するタップトランシーバ等の接続は、次による。

(1) 接続はシステムが停止している状態で行う。

(2) トランクケーブル上2.5mごとのレングスマーク上に取付ける。

(3) 接続箇所の外被上の汚れ、油等を除去する。

(4) アースタップを取付ける場合、600Vビニル電線（5.5mm^{2}以上）により接地を行う。

2.1.8 コンピュータ用接地線

コンピュータ用として単独接地線がコンピュータ用分電盤に接続されているものとする。なお、接地抵抗は100Ω以下、接地線の太さは600Vビニル電線（5.5mm^{2}以上）とする。また、コンピュータ用接地線と分電盤フレーム用接地線とは絶縁する。なお、接地線の色は緑色とする。

2.1.9 点　　検

(a) 各ケーブルは、布設前に全心線を通して、対照試験および絶縁抵抗試験を監督職員立会いのうえで行い、その結果を試験成績書として提出する。機器付属ケーブルを除く。

(b) 設置終了後、次の事項について点検し確認を行う。

(1) 設置機器の数量。

(2) 設置機器等の据付け位置。

(3) 各機器の外観。

(イ) 湾曲・凹凸等、機械的な異常がないこと。

(ロ) 塗装のはく離・傷痕等がないこと。

(4) 耐震金具が正しく取付けてあり、緩みがないこと。

(5) フリーアクセスフロアの浮き（ガタ）がないこと。

(6) 前面扉・背面扉が正しく取付けられており、扉の開閉がスムーズであること。

(7) ケーブル布設

(イ) 誤接続がないこと（コネクタの番号とマーカチューブ符号との対比および接続図との照合）。

(ロ) 工事手配ケーブルの導通の確認。

(ハ) ケーブルの行き先札等が正しく取付けられていること。

第8編　無線用鉄塔

第1章　一般事項
　　第1節　一般事項⋯⋯⋯⋯⋯⋯⋯⋯ 8-1-1

第2章　施　　工
　　第1節　材　　料⋯⋯⋯⋯⋯⋯⋯⋯ 8-2-1
　　第2節　工場製作⋯⋯⋯⋯⋯⋯⋯⋯ 8-2-3
　　第3節　仮設工事⋯⋯⋯⋯⋯⋯⋯⋯ 8-2-11
　　第4節　建て方⋯⋯⋯⋯⋯⋯⋯⋯⋯ 8-2-13
　　第5節　電気設備工事等⋯⋯⋯⋯⋯ 8-2-16

第1章　一般事項

第1節　一般事項

1.1.1　適用範囲
本編は、四角形トラス構造の標準的な無線鉄塔を対象にしたものであり、当局で建設する無線鉄塔について適用する。ただし、それぞれの工事の細目に対する設計図書に記されている事項が、本仕様書と相違する場合には、設計図書による。

1.1.2　適用法令等
工事仕様書および本仕様書に定めのない事項は、次の関連規定による。
(a) 建築基準法
(b) 航空法
(c) 電波法
(d) 労働安全衛生法
(e) 建築物荷重指針・同解説（(一社) 日本建築学会）
(f) 通信鉄塔設計要領・同解説　通信鉄塔・局舎耐震診断基準（案）・同解説（(一社) 建設電気技術協会/(一財) 日本建築防災協会）
(g) 煙突構造設計指針（(一社) 日本建築学会）
(h) 鋼管トラス構造設計施工指針・同解説（(一社) 日本建築学会）
(i) 鋼構造設計規準-許容応力度設計法-（(一社) 日本建築学会）
(j) 建築基礎構造設計指針（(一社) 日本建築学会）
(k) 鉄筋コンクリート構造計算規準・同解説（(一社) 日本建築学会）
(l) 鋼構造接合部設計指針（(一社) 日本建築学会）
(m) 建築工事標準仕様書 JASS 6 鉄骨工事（(一社) 日本建築学会）
(n) その他関連基準および規格

1.1.3　施工計画書
工事の実施に先立ち、実施工程表とともに、次の事項について現場施工計画書を提出する。
(a) 鉄骨部材搬入および保管計画
(b) 仮設設備計画
(c) 現場建て方計画
(d) 現場塗装計画

第2章 施 工

第1節 材 料

2.1.1 材 料

(a) 品質および形状寸法

材料の品質および形状寸法は、表2.1.1～表2.1.3に示す規格品とし、材料はすべて形状正しく、有害な傷や、はなはだしいさびのないものとする。なお、規格に種別のあるものは、設計図書による。

表2.1.1 品質の規格

材　料	規格名称等
構造材料	JIS G 3101　一般構造用圧延鋼材　SS400、SS490、SS540
	JIS G 3106　溶接構造用圧延鋼材　SM400：A、B、C SM490：A、B、C
	JIS G 3112　鉄筋コンクリート用棒鋼
	JIS G 3114　溶接構造用耐候性熱間圧延鋼材　SMA400：AP、BP、CP SMA490：AP、BP、CP
	JIS G 3136　建築構造用圧延鋼材　SN400：A、B、C SN490：B、C
普通ボルト・ナット鋼材	JIS B 1051　炭素鋼及び合金鋼製締結用部品の機械的性質-第1部：ボルト，ねじ及び植込みボルト
溶接用ガス	JIS K 1101　酸素
	JIS K 1105　アルゴン
	JIS K 1106　液化二酸化炭素（液化炭酸ガス）

表2.1.2 形状・寸法および質量規格

規格番号	規格名称
JIS G 3191	熱間圧延棒鋼及びバーインコイルの形状，寸法，質量及びその許容差
JIS G 3192	熱間圧延形鋼の形状，寸法，質量及びその許容差
JIS G 3193	熱間圧延鋼板及び鋼帯の形状，寸法，質量及びその許容差
JIS G 3194	熱間圧延平鋼の形状，寸法，質量及びその許容差
JIS B 1186	摩擦接合用高力六角ボルト・六角ナット・平座金のセット
JIS B 1180	六角ボルト
JIS B 1181	六角ナット
JIS B 1251	ばね座金

表2.1.3 品質・形状・寸法および質量規格

材　料	規格名称等
構造材料	JIS G 3350　一般構造用軽量形鋼　SSC400
	JIS G 3352　デッキプレート　SDP1T、SDP2
	JIS G 3444　一般構造用炭素鋼鋼管　STK400、490
	JIS G 3452　配管用炭素鋼鋼管　SGP
溶接棒等	JIS Z 3211　軟鋼，高張力鋼及び低温用鋼用被覆アーク溶接棒
	JIS Z 3312　軟鋼，高張力鋼及び低温用鋼用のマグ溶接及びミグ溶接ソリッドワイヤ
	JIS Z 3313　軟鋼，高張力鋼及び低温用鋼用のアーク溶接フラックス入りワイヤ

(b) 材料指定
(1) 表2.1.4の鋼材はJISに準ずるものとする。

表2.1.4 JISに準ずる鋼材

等辺山形鋼	L-50×50×4 以下	SS400
鋼　板	6 mm以下	SS400
溶融亜鉛めっき高力ボルト	径16mm以下	F 8 T
ボルト・ナット	径13mm以下	4.6
棒　鋼		SR235

(2) 径16mm以上の普通ボルトおよびアンカーボルトは二重ナットを使用し、ナットの形式は設計図書による。その他のボルトは、JIS B 1251「ばね座金」による2号を使用する。ただし、摩擦接合用高力六角ボルトを使用した場合を除く。
(3) ボルト・ナットの仕上りおよびねじ精度については、中級程度とし亜鉛めっきの付着量を考慮する。
(4) アンカーボルトの長さは、ナットを締付けた後、表2.1.5に示す値以上余長があるものとする。

表2.1.5 アンカーボルトの余長（鉄骨工事技術指針より）
（単位：mm）

アンカーボルトの呼び	ナット締付け後の余長
6以上16未満	4以上
16以上24未満	6以上
24以上	10以上

(5) 高力ボルトの長さは、JIS B 1186「摩擦接合用高力六角ボルト・六角ナット・平座金のセット」に示す首下寸法とする。首下寸法は、ナット締付け後の長さに表2.1.6の長さを加えたものとし、ねじ長さの不足のため締付け不良を生じない長さとする。

表2.1.6 締付け長さに加える長さ（JASS 6より）
（単位：mm）

呼　び	長　さ
M16	30以上
M20	35以上
M22	40以上
M24	45以上
M27	50以上
M30	55以上

(6) (1)～(5)以外の材料を使用する場合は、設計図書による。

2.1.2　材料試験

材料試験を行う場合は、設計図書による。

第2節　工場製作

2.2.1　工作一般

(a) 加工精度

　　加工の精度は、設計図書に指定のない限り、(一社) 日本建築学会「建築工事標準仕様書 JASS 6 鉄骨工事 付則 6　鉄骨精度検査基準」による。

(b) 製作図および現寸図
  (1) 設計図書に基づき製作図を提出する。
  (2) 各部製作図（縮尺は 1/20、1/25、1/30、必要に応じ 1/10）により現寸図を作成し、必要に応じ形板および定規をつくる。

(c) スチールテープの確認

　　鉄骨の製作に用いるスチールテープについては校正点検された有効期限内のものを使用し、工事に支障のないようにする。

(d) 鋼材の識別

　　鋼材は、材質が明瞭に識別できるように塗色で識別を行う。

(e) けがき
  (1) 引当てられた材料に定規および型板の指示事項（基準線・取付け位置・穴位置など）を、墨さし・水糸・けがき針・ポンチ・たがねなどを使用して転記する。
  (2) 曲げ加工される表面および高張力鋼のけがきには、ポンチ・たがねなどを使用しない。
  (3) けがきに際しては、溶接による収縮代を考慮した部材寸法とし、最終の矯正・仕上げ後、正確な寸法となるようにする。

(f) 切断
  (1) 各材の切断面は、特に指定するものを除き軸線と直角とする。
  (2) 切断法は、ガス切断、プラズマ切断、レーザー切断、機械切断とする。
  (3) ガス切断は、原則として自動ガス切断とするが、スカラップ等やむを得ない場合は、手動ガス切断とする。
  (4) 切断面には著しい凹凸・切欠き・まくれ・スラグの付着等がないようにする。
  (5) せん断切断による場合の鋼材の板厚は、13mm以下とする。

(g) ひずみの矯正
  (1) 素材のひずみおよび切断の際に発生したひずみは、矯正する。
  (2) 溶接および加熱その他の加工により発生したひずみは、その目的に適合するように矯正する。
  (3) 加熱によるひずみの矯正は、材質を害さない温度で行う。

(h) 曲げ加工

　　曲げ加工を要する鋼材は、常温または熱間加工とする。なお、熱間加工する場合は、赤熱状態で行う。

(i) 受圧面

　　ペデスタル等の接合面は、十分密着するようにする。

(j) ボルト穴
  (1) ボルト穴の直径は、ボルトの直径より大きくし、表2.2.1を標準とする。

表2.2.1　ボルト穴　（単位：mm）

ボルト	直径	拡大直径
中ボルト	M20未満	1.0
	M20以上	1.5
高力ボルト	M27未満	2.0
	M27以上	3.0
柱脚アンカーボルト		5.0
その他		3.0

(2) 主要部材の高力ボルト用穴は、ドリル穴あけとする。

(3) 普通ボルト用穴は、ドリル穴あけを原則とするが、板厚13mm以下の場合には、せん断穴あけとすることがある。

(4) 穴周辺のまくれは、グラインダ等で除去する。

(k) 水抜き対策

鋼管鉄塔で水抜き対策が必要な場合は、鉄塔ベースプレート下部に止水板（水抜き用溝のある板）等を設ける。

2.2.2　溶接工作

(a) 一般事項

(1) 2.2.2は、鉄塔各部材の接合部分を、次の溶接工法により工作する場合に適用する。

　(イ) アーク手溶接（以下「手溶接」という）

　(ロ) ガスシールドアーク半自動溶接（以下「ガスシールドアーク溶接」という）

　(ハ) サブマージアーク自動溶接（以下「自動溶接」という）

(2) 設計図書および本仕様書に記載のない事項は、各溶接工法ごとに（一社）日本建築学会の次の規準を適用する。

　(イ) 溶接工作規準・同解説 I　アーク溶接（手溶接）

　(ロ) 溶接工作規準・同解説 VI　ガスシールドアーク半自動溶接

　(ハ) 溶接工作規準・同解説 IV　サブマージアーク自動溶接

(3) 溶接工法の適用区分は、設計図書の指定による。

(4) 溶接に使用する設備・材料およびそれらの組合わせ等は、指定された鋼材・開先形状および溶接工法に適したものを選ぶ。

(b) 溶接工

溶接を行う溶接工は、JIS Z 3801「手溶接技術検定における試験方法及び判定基準」またはJIS Z 3841「半自動溶接技術検定における試験方法及び判定基準」の有資格者とする。

(c) 材料準備

(1) 継手の開先は設計図書および工作図指定の形状に正確に加工する。やむを得ず手動ガス切断による場合は、切断面をよく点検し、必要によりグラインダ等によって切断面を平滑に仕上げる。

(2) 溶接材料（溶接棒・ワイヤ・フラックスおよびガスの類）は、入念に取扱い、被覆材のはく脱・汚損・変質・吸湿およびさびの発生したもの等は使用しない。

(3) 溶接材料は、湿気を吸収しないように保管し、吸湿の疑いあるものは、乾燥炉で十分乾燥してから使用する。

(d) 材片の集結

(1) 材片の集結は、適当な治具を用い正確な集結を行う。すみ肉溶接する部分は、できるだけ密着させる。突合わせ溶接の開先形状は設計図書により、開先角度・間隔および目違いを生じないように集結する。

(2) 材片の集結に際して、その構造・溶接形式および溶接順序から推定した変形に対する拘束をなるべく少なくし、かつ、溶接完了後の構造物の形状を正確にするため、必要に応じて逆ひずみまたは適当な拘束方法をとる。

(3) 部材を正確に保つとともに、過度の拘束を与えないよう、適当に仮締めまたは仮付け溶接を行う。仮付け溶接はショートビードを避ける。

(e) 溶接機と付属設備

　溶接材および付属設備は、構造部材の材質・方法および継手の形状に適した構造・機能を有し、安定した溶接が行えるものを用いる。なお、溶接機は遠隔制御装置を備え、溶接位置付近で容易に電流を調整し得るものとする。

(f) 母材の清掃

　母材の溶接面は、溶接に先立ち清掃し、スラグ・水分・ごみ・さび・油および塗料その他の不純物を除去する。

(1) 溶接施工

　溶接は、工法・溶接棒または溶接用ワイヤの種類・太さおよび作業姿勢に応じて適当な電流・電圧・溶接速度で実施する。直流溶接機を使用する場合は、溶接材料その他の条件に応じその極性も考慮する。

(2) 工場におけるアーク溶接は、回転治具またはポジショナーその他を用いて、できるだけ下向きで行う。

(3) 溶接の作業方法および順序は、ひずみと残留応力とを最小にするように選定する。溶接作業は十分な溶込みを確保するとともに、気孔とスラグの混入・アンダーカット・脚の不揃い・オーバラップ等の欠陥を防止する。ウィービングの幅は、溶接棒径の3倍以下とする。なお、鋼材の種類・板厚および溶接工法により必要な場合は適当な予熱を行う。

(4) 溶接の表面は、できる限り平滑で規則正しい波形とし、溶接の大きさは、いかなる場合でも設計寸法を下まわらないようにする。設計寸法を多少超過することは差支えない。ただし、過度の盛り過ぎまたは表面形状が著しく不規則にならないようにする。

(5) 突合わせ溶接

　(イ) 突合わせ溶接は、特に指定のある場合を除き最小の余盛りをする。

　(ロ) 両側より溶接する場合は、裏はつりをした後に裏溶接を行う。ただし、裏はつりをしないことが指定された場合を除く。裏はつりの深さは、表側の第1層を除去する程度または健全な溶着金属部分の現れるまでとし、はつりの深さおよび幅はできるだけ一様にする。

　(ハ) 片側より溶接する場合は、裏面に裏あて金を用い、特にルート部分の溶接が良好になるように注意する。

　(ニ) 裏あて金を取去る必要のあるときは、取除きに際しては、母材および溶着材を損傷することのないように注意し、溶接部は平らまたはわずかに凸にし、完全な断面をもつようにする。設計図書の指定により、裏あて金を用いず裏はつりも行わない場合は、第1層の溶接が十分良好となるように作業する。

　(ホ) 溶接する板または材の表面の高さに段違いのあるときは、低い方の表面から高い方の表面に滑らかに形が移行するように、溶着金属を盛るものとする。ただし、T形突合わせ溶接を除く。高さの差が手溶接またはガスシールドアーク溶接で4mm、自動溶接で3mmを超えるときは、高い方の材を開先部分で低い方と同一の高さに合わせ、さらに1:5以下の緩い傾斜に表面を削成する。

(6) すみ肉溶接の両脚は、はなはだしく差があってはならない。ただし、特に不等脚を指示された場合は、その寸法を確保し溶接表面をなるべく平滑にするよう注意する。断続溶接の長さは、有効寸法よりすみ肉の大きさの2倍以上長くする。

(7) 突合わせ溶接およびすみ肉溶接は、両端に継目と同じ形状のエンドタブを仮付けして、一方のエンドタ

ブの端部から溶接を行い、溶接完了後エンドタブを除去して端部を仕上げる。
- (8) アーク溶接の開始点での、溶込み不足とスラグの巻込みには特に注意する。アークの終了点およびビード終端では、割れが発生しないように注意する。なお、健全な溶着金属でその溶接のクレータ部を十分に埋めておく。
- (9) 溶接完了後、スラグおよびスパッタ等を除去する。

(g) 仮ボルト

溶接すべき部材を組立てるために、仮ボルト穴をあける場合は、製作図により承認を受ける。

(h) 現場溶接部材の塗装

現場溶接を行う部分およびこれに隣接する両側それぞれ200mm（薄板鋼構造については50mm）かつ、溶接部の超音波探傷検査に支障を来す範囲には、めっきおよび工場塗装を行わない。ただし、めっき鋼材用の溶接材料を使用する場合や溶接に無害な塗料を使用する場合においてはその限りでない。

(i) 不良溶接の補正
- (1) 溶接継目のブローホールまたは有孔性の部分・スラグの巻込みのある部分、オーバラップの部分あるいは溶込み不良の部分等は、はつり、グラインダまたはガスガウジング等によって、他の溶着金属または母材に損傷を与えないように削除して再溶接を行う。溶着金属にき裂の入った場合は、その溶着金属を全長にわたり削除して再溶接を行う。ただし、腐食検査・磁気検査またはその他の方法でき裂の限界を明らかにし得た場合は、き裂の端から50mm以上の距離にある溶着金属は、削除しなくともよい。溶接のため母材にき裂が入った場合は、監督職員と協議して適当な対策を講ずるものとする。
- (2) アンダーカットまたは溶接の大きさの不足部分は、溶着金属を付加して規定の寸法とする。欠陥の修正に使用する溶接棒は、比較的小径のものを使用し、アンダーカットの修正には、4mmより太い溶接棒を使用しない。

(j) ひずみの矯正

溶接熱によって生じたひずみは、機械的方法または加熱方法により、材質を損なわないように矯正する。

(k) 溶接部の検査
- (1) 溶接部は、少なくとも次の各工程において検査し、適正なゲージおよび計器等により溶接の品質を確認する。
  - (イ) 溶接前

    はだつき、開先の角度・間隙の寸法および溶接面の清掃の良否。
  - (ロ) 溶接中

    溶接順序・心線およびワイヤの径・溶接電流・アーク電圧・溶接速度・運棒法・アークの長さ・溶込みおよび各層間のスラグの清掃ならびに裏はつり。
  - (ハ) 溶接後

    ビード表面の整否・すみ肉の大きさの適否・有害な欠陥の有無・クレータの状態・スラグおよびスパッタの除去の良否および突合わせ溶接の余盛りの寸法。
- (2) 超音波探傷検査またはその他の検査を行う。
  - (イ) 超音波探傷検査

    検査および結果の判定は、(一社)日本建築学会「鋼構造建築溶接部の超音波探傷検査規準・同解説」の基準によって行う。
- (3) 現場溶接部の検査は設計図書による。
- (4) 検査の結果発見された不良溶接箇所は、(j)によって補正し再確認する。
- (5) 検査の結果およびその処置は記録し報告する。

2.2.3 仮組立て

(a) 一般事項
 (1) 設計図書に指定のない限り、主要部材について仮組立てをし検査を行う。
 (2) 仮組立ては、横組みとする。仮組立てを分割したり、縦組みを行う場合は、あらかじめ監督職員の承認を受ける。
 (3) 3次元CADを用いた仮想の仮組立て等の検査方法により、実際の仮組立てと同等の精度で組立て状態や加工精度が確認できる場合は、あらかじめ監督職員の承認を得て、実際の仮組立ての代替とすることができる。

(b) 組立て用基礎
 (1) 基礎は沈下・浮上りおよび移動のない構造とする。
 (2) 組立てに際しては、基礎と脚部の固定を確実に行う。

(c) 部材
　組立てに先立ち、部材を検査し、曲がり・ねじれおよび有害な傷等のあるものは、修正あるいは部材の取替えを行う。

(d) 組立て
 (1) 鉄塔脚部は既設基礎に応じた寸法で据付けを行う。
 (2) 組立てボルトは、部材接合部ごとに最小2本、かつ、設計ボルトの1/3以上を十分に締付ける。
 (3) 穴のわずかなくい違いは、リーマで穴仕上げを行う。この際ドリフトピンを用いて穴を拡大してはならない。

(e) 検査
 (1) 組立て精度は、表2.2.2および表2.2.3による。

表2.2.2 主要寸法

	スタンス（B：根開き）	節点間の距離等	プラットホーム不陸
許容誤差	$B<10$mのとき ±3mm $B≧10$mのとき ±5mm	±3mm	±10mm

表2.2.3 部材寸法

	部材長	部材大曲がり	鋼管継目の目違い
許容誤差	±3mm	1/1,000	板厚の1/5

 (2) 検査は次について行い、結果を監督職員に提出する。
  (イ) 使用材料
  (ロ) 主要寸法
  (ハ) 部材寸法
  (ニ) ボルト本数およびボルト穴
  (ホ) 溶接部材とその接合部
  (ヘ) その他監督職員の指示による

2.2.4 亜鉛めっき

(a) 部材はコンクリート埋込部分を除き、すべて溶融亜鉛めっきを行う。
(b) 亜鉛めっきの作業標準および試験方法等の規格は表2.2.4による。

表2.2.4　亜鉛めっきの作業標準と規格

溶融亜鉛めっき	JIS H 0401　溶融亜鉛めっき試験方法
	JIS H 2107　亜鉛地金
	JIS H 8641　溶融亜鉛めっき

(c) めっきの付着量は表2.2.5による。

表2.2.5　亜鉛めっき付着量規格　（単位：g/m²）

種　別	記　号	付着量
形鋼・鋼板類、高力六角ボルト	HDZ55	550以上
ボルト・ナット類、アンカーボルト類	HDZ35	350以上

(d) めっきの完了した部材は、ひずみの矯正を行うとともに外観検査により材質の欠陥を調査し、不良部材は取替える。なお、現場搬入後、めっきの汚損部分は監督職員の指示により補修する。

(e) 付着量試験はJIS H 0401「溶融亜鉛めっき試験方法」により行い、試験結果を整理して提出する。

2.2.5　塗装工事

(a) 材料

(1) 材料は、JIS規格品を使用する。ただし、設計図書に指定のある材料については、これにより選定する。

(2) 一般塗装用塗料は、同一メーカの材料で一貫施工するように選定する。

(3) 塗料以外の補助材料は、使用する塗料製造メーカの指定する製品とする。

(4) 塗料は、内容表示の完全なもので、未開封状態のまま現場に搬入し、会社名・製造年月日および種別・色あいならびに数量等を確認する。

(5) 施工後は、種類別に残量等を確認する。

(6) 搬入された塗料で、確認のできない塗料および表示の異なる塗料は、直ちに現場外に搬出する。

(b) 塗料の適用

使用する塗料種別と、適用箇所は表2.2.6による。

表2.2.6　塗料適用表

下地状態	下地処理	下塗り	中塗り	上塗り
鉄面	各種ブラスト（C級）またはウォッシュプライマー（1種または2種）	アルキド樹脂系プライマー	アルキド樹脂系塗料	同左
	2種ケレン	油性さび止め塗料		
亜鉛めっき	ウォッシュプライマー（1種または2種）	塩化ゴム系プライマー	塩化ゴム系塗料	同左
		アルキド樹脂系プライマー	アルキド樹脂系塗料	同左

（注）油性さび止め塗料はJIS K 5623の1種とし、当該工事で使用する塗料メーカの製品とする。

(c) 工程および工法

工程および工法については、塗装に先立ち専門業者と十分打合わせのうえ決定し、各段階の工程では、全面について検査を行う。

(d) 塗り見本

各塗り層ごとの塗り見本を監督職員に提出し、色あい・つやおよび仕上り状態等について承認を受ける。

(e) 素地ごしらえおよび下層面の調整
 (1) さび・ミルスケールおよび有害な付着物（ごみ・泥土・グリス・タールおよび水分等）は、スクレーパ・電動ブラシ・各種ブラスト処理・揮発油・サンドペーパまたは布等を、適宜使用して十分に除去する。
  (イ) 鉄部の鉄面は、設計図書の指定により2種ケレン以上または各種ブラスト処理(C級)程度以上とする。
  (ロ) その他の素地ごしらえは、設計図書の指定による。
  (ハ) ケレンおよびブラスト処理は、次による。
   (i) 2種ケレンとは、塗付面に付着しているミルスケール・さび・塗料・油脂・その他の有害物をスクレーパ・ワイヤブラシ・電動ブラシ・バフおよび研磨紙等で除去し、表面は一様にやや赤味がかった灰色とする。ただし、固着したミルスケール・塗料等は、除去しなくてもよい。
   (ii) ブラスト（C級）処理とは、指定した種類の研磨剤を用いたブラストにより、塗付面に付着したミルスケール・さび・塗料・油脂・その他の有害物を除去し、表面は一様にやや赤味がかった灰色とする。
 (2) 塗装面の欠点（傷・ひずみ・吸収性の不揃い等）は、合成樹脂エマルションパテおよび金属用パテ等を用い、下地面として支障ない状態に調整する。
 (3) 塗装種別ごとの各下層面調整（着色・色むら直し・目止めおよび研磨等）は、それぞれ塗料および工法に最も適した材料・方法および回数等で行う。

(f) 乾燥時間
 各工程ごとの乾燥時間は、それぞれの塗料ならびに気象条件・環境条件および全体工程等に、最も適したものとし、その乾燥時間経過後、次の工程に移る。

(g) 環境および気象
 (1) 塗装中および乾燥期間中は、塗装場所の環境および気象の状況に注意して施工する。
 (2) 塗装は、降雨雪時・強風時・寒冷時・じんあい飛散時およびそれらのおそれのある場合は施工しない。ただし、やむを得ず塗装する場合は、仮設設備および養生方法等を十分に考慮して施工する。

(h) 塗付量および塗り方
 (1) 塗付量は、(j)に参考塗付量を示してあるが、さらに塗り見本および設計図書等により定める。
 (2) 塗付量は、塗付面に塗付けられた塗料でうすめる前の原塗料の標準量であり、作業中のロスは含まないものとする。なお、使用塗量の算出は塗付量に作業中のロス等を加算して行う。
 (3) 塗り方は、たまり・むら・流れ・はけ目・しわ等の欠点のないように、塗料の性質、塗装器具の性能、塗付面の状態ならびに気象条件等を十分考慮し、均等に塗る。なお、記載してある塗り回数は、参考塗付量を塗付けるための回数をいう。

(i) 養生
 塗装作業中は、塗装面、既塗装面および塗装箇所の周辺や他の器物等に、汚染または損傷等を与えないよう十分注意して施工する。特に周辺部およびほかの器物等には、必要に応じてあらかじめ適切な養生を施す。

(j) 塗装
 (1) 一般事項
  (イ) シンナー類は、使用塗料に指定されたもので、希釈は塗料の固有性能を損なわない範囲内で行う。
  (ロ) エアスプレーは、使用しない。
  (ハ) 1種ウォッシュプライマー塗りの場合は、乾燥具合を見計らい速やかに、また、2種ウォッシュプライマー塗りの場合も、なるべく早めにそれぞれ次の工程にかかる。
  (ニ) 工場塗装は、中塗りまでとする。
 (2) 鉄部

鉄部の塗装は、表2.2.7により施工する。

表2.2.7 塗料の標準使用量（鉄部）　　　　　　　（単位：g/m²）

塗料種別	規格等	標準使用量
下塗り塗料 鉛系さび止めペイント1種、2種	JIS K 5623、1種、2種	140
下塗り塗料 塩化ゴム系下塗り塗料		200
下塗り塗料 エポキシ樹脂下塗り塗料	変性エポキシにも適用する	200
下塗り塗料 鉛酸カルシウムさび止め塗料		140
下塗り塗料 タールエポキシ樹脂塗料		230
下塗り塗料 フェノール樹脂系MIO塗料		250
中上塗り塗料 合成樹脂調合ペイント（長油性フタル酸樹脂塗料）（中塗り）	JIS K 5516、2種	120
中上塗り塗料 合成樹脂調合ペイント（長油性フタル酸樹脂塗料）（上塗り）	〃	110
中上塗り塗料 塩化ゴム系塗料（中塗り）		170
中上塗り塗料 塩化ゴム系塗料（上塗り）		150
中上塗り塗料 ポリウレタン樹脂　中塗り塗料		140
中上塗り塗料 ポリウレタン樹脂　上塗り塗料		120
中上塗り塗料 変性エポキシ樹脂塗料		200
希釈剤		塗料標準使用量の5％

（注）希釈剤（比重0.85）は、塗料用シンナー、塩化ゴム系塗料用シンナー、エポキシ樹脂塗料用シンナーで、使用率には、使用器具等の洗浄用を含む。

(3) 亜鉛めっき部（めっき表面未処理）

亜鉛めっき部の塗装は表2.2.8により施工する。

表2.2.8 亜鉛めっき（めっき表面処理）の塗装工程

工程	処理および塗装	塗り回数	塗付量（g/m²）
素地調整	油脂、その他異物の除去	溶剤拭き等	—
下塗り	エポキシ樹脂塗料溶融亜鉛めっき用	1	200
中塗り	ポリウレタン樹脂中塗り塗料	1	140
上塗り	ポリウレタン樹脂上塗り塗料	1	120

(k) 昼間障害標識塗装

(1) 塔体の色は、JIS W 8301「航空標識の色」の中の航空黄赤色（マンセル10R5/16）および航空白色（マンセルN9.5）とする。

(2) 避雷針支柱、空中線支柱等鉄塔頂部より上部に出るものは、黄赤とする。

(3) 塗り分区分および色分けの詳細は、監督職員の承認を受ける。

(l) その他の塗装

昼間障害標識塗装以外の色分けによる場合は、設計図書による。

(m) 検査

塗装中は必要に応じ、仕上げ完了後は全面にわたって、検査または手直し確認を行う。

(n) 検査方法

検査は、目視検査および膜厚計等を使用した機械検査を行い、たまり・むら・流れ・はけ目・しわ等の欠点の有無ならびに標準塗布量以上となっていることを確認する。

2.2.6 製品検査および発送

(a) 製品検査
　(1) 工場製作および工場塗装の完了した部材は、工場検査を行う。
　(2) 工場検査の完了した部材は、請負者が製品検査を行い、検査合格証を提出する。

(b) 組立て符号
　製作した部材には、組立て符号図（部材符号および取合符号）により必要な符号を付ける。

(c) 製品の保管
　製品検査の完了した製品は、損傷しないように十分注意する。また、保管中に油および塗料等が付着しないように注意する。

(d) 発送および運搬
　(1) 発送は、現場における建て方等の施工計画に合わせ、組立て符号等により順次行う。
　(2) 運搬は、部材を損傷しないように慎重に行う。

第3節　仮設工事

2.3.1 測量等

(a) 工事に先立ち、鉄塔基礎部分の高低測量および現況測量等を行い測量図を提出する。
(b) 周辺の状況および近隣建物、工作物、その他鉄塔位置内障害物および工作物等の現状を撮影し、工事施工前の鉄塔位置内外状況を明確に記録する。

2.3.2 仮設計画

仮設物の配置、使用機械器具の容量および数量、山留め排水等重要な仮設物の施工計画は、工事の内容、規模および工期等に見合ったものを、設計図書および関係諸法規等に基づいて計画する。

2.3.3 仮囲い

(a) 位置、構造および仕様等は、設計図書により計画する。
　特に指定のない場合は、関係諸法規に基づいて必要に応じ計画する。
(b) 仮囲いを設置する場合は、材料搬入口の位置および構造等を十分検討する。
(c) 仮囲いが破損した場合は、臨時措置を行い、安全に留意して直ちに修復あるいは改造する。必要により移転する場合等も同様とする。

2.3.4 受注者事務所等

受注者事務所等については、第1編2.1.3.1による。

2.3.5 工事用排水

工事中の排水は、下水の流通を妨げないように注意し、やむを得ないときは仮下水設備等を設置する。

2.3.6 ベンチマーク

当該工事に支障がなく、見やすい位置に、不動のベンチマークを設置し、監督職員の確認を受ける。なお、ベンチマークは工事中十分養生する。

2.3.7 遣り方および墨出し

(a) 遣り方は、鉄塔を建設する場所の近くで、鉄塔の主要な位置に設け、鉄塔の正確な位置および水平の基準高さを明確に表示する。

(b) 遣り方は、常時精度を保つように点検および補修を行う。

(c) 墨出しは、各部詳細図等により行い、基準墨等を出す。これらの重要な基準墨は、見やすくかつ不動の構築物等に逃げ墨をとっておく。

2.3.8 測器等

(a) 各種測器は、調整済のものを搬入して使用する。工事中も必要に応じ調整し、常に精度を良好に保つ。

(b) テープは原則としてスチールテープとし、JIS B 7512「鋼製巻尺」による規格品を使用する。

2.3.9 足場および桟橋等

(a) 足場および桟橋等は、関係諸法規に従った材料および構造とし、破損した箇所は直ちに補修または取替え、支障のないようにする。

(b) 特に材料および構造を指定する場合は、設計図書による。

2.3.10 機械類

(a) 工事に使用する機械類の種別・性能および数量等は、工事の内容・期間・規模および近隣への影響等を十分考慮して定める。

(b) 設備する機械類は、常に正常な性能を発揮するように整備し、異常を発見した場合は、使用を停止して直ちに整備する。

(c) 近隣への影響の大きな機械を、やむを得ず使用する場合は、必要な対策を施して使用する。

2.3.11 工事用諸設備

(a) 動力・給水・排水・消火・ガスおよび電灯等の各設備は、関係諸法規および所轄官公署等の指示により、安全かつほかの支障にならないように設備する。

(b) 既設設備を使用するときは、設計図書による。なお、使用するときは、当該設備の管理者と支障がないように打合わせを行う。

2.3.12 防寒設備

(a) 各工事の施工にあたり、必要に応じて防寒または保温の設備を設ける。この際、火災等には特に注意する。

(b) 特に指定する防寒・保温の設備および期間等は、設計図書による。

2.3.13 危険防止

工事に先立ち、あらかじめ工程の進捗に応じた転落防止・防塵設備および防音設備等、危険防止に対する必要な仮設計画を作成し、その工程に達したときは、速やかに事前に措置をし、必要期間中は徹底した保守確認を行う。

2.3.14 養生

工事にあたり、各種の養生を必要とする場合は、該当各項の記載事項により、必要かつ適切な養生を行う。

第4節　建　て　方

2.4.1　集　積
部材は、適当な受台の上に置き、部材に曲がりおよびねじれ等の損傷を与えないように注意する。

2.4.2　部材の修正
部材に、曲がりおよびねじれ等を発見した場合には、建て方に先立ち、直ちにこれを修正する。

2.4.3　建　て　方
(a) 建て方は各節ごとに仮結合のうえ、建入れ測定を実施し、矯正後、ボルト本締めまたは現場溶接を行い、建て方に移る。
(b) ボルト接合の場合は、次による。
　(1) ナットを損傷しないようにレンチ等により十分締付ける。なお、可能な限りナットを部材の片面にそろえる。
　(2) 溝形鋼・I形鋼のフランジ・テーパー部にはテーパーワッシャを使用する。
　(3) 本締め完了後、受注者がボルト全数検査を行い、その結果を報告する。
(c) 溶接接合の場合は、次による。
　(1) 溶接すべき部材は、仮ボルトにより、曲がりおよびねじれがないように十分締付けのうえ、組立てる。
　(2) 現場における溶接は、2.2.2の該当各項により行う。
　(3) 溶接完了後、設計図書に指定のない箇所についても、受注者が全溶接箇所の検査を行い、その結果を報告する。
　(4) 建て方精度は、高さ方向1/1,000以内、プラットホームの水平材は、±10mm以内とし、建て方完了時に測定した記録を3部提出する。

2.4.4　建て方養生
(a) 建て方途中の風圧力その他の荷重に対しては、必要に応じ臨時の筋かいその他の支持材で補強する。
(b) 部材その他の吊り上げまたは建て方に際しては、必要に応じ補強する。
(c) 建て方中、水平材上に諸材料・機械等の重量物を積載しまたは柱に大きな引張荷重を負わせるときは、必要に応じ補強する。

2.4.5　災害予防
建て方に際しては、建て方に要する各種の機械器具の運転および整備、その他の諸設備の完備に注意し、災害に対し万全の措置を行う。

2.4.6　現場塗装
(a) 現場塗装は、輸送中のはく離等を修正したのちに行う。
(b) 塗料は、工場製作時に使用した塗料と同一メーカおよび同一組合わせの上塗り材料を使用する。
(c) 現場塗装は、2.2.5により塗装を施す。

2.4.7　アンカーボルトの埋込み
(a) 位置の決定

ボルトの芯は、柱芯に対して正確に定める。型板等を用いて、ボルトの頭部、出の高さ等を正確に保持し、下部のアンカーの状態を確認して、その振れを止める。
(b) ボルト埋込みの種別
ボルトの埋込みは表2.4.1により、その種別は設計図書による。設計図書に記載のない場合は、A種とする。

表2.4.1 ボルトの埋込み

種別	ボルトの保持	ボルトの埋込み
A種	型枠等による場合	可動式
B種	型枠等による場合	固定式
C種	鉄製等のフレームによる場合	固定式

(c) ボルトの保持
(1) 鉄製等のフレームによる場合
型枠と別個に鉄製等のフレームを設け、これに柱芯を出し、型板等を用いて、ボルトを正確に保持する。フレームはコンクリート打ちの衝撃等にも、移動変形を生じないような堅固な構造とする。
(2) 型枠による保持
型枠と柱芯出し用材を適当な方法で設置し、型板等を用いてボルトを正確に保持する。型枠は、移動・変形を生じないように、特に堅ろうに組立てる。
(d) ボルトの埋込み
(1) 固定埋込み工法
保持されたボルトに移動その他支障が生じないように注意して、コンクリート打ちを行う。
(2) 可動埋込み工法
(イ) ボルトの頭部の位置が調整できるようにボルトの上部を薄鋼板製漏斗状筒等で囲み、コンクリート打ちを行う。漏斗状筒はコンクリートの硬化開始後、固着しないうちに静かに取除き、穴の周囲を養生しておく。
(ロ) ボルトの芯出しを行い、ボルトの位置を調整して、速やかにボルトの周囲にモルタルを入念に充てんする。
(e) ボルトの養生
ボルトの露出部は、建て方までに曲がり・ねじ山のつぶれ等が生じないように注意し、必要により適当に養生する。
(f) 柱の底均し仕上げ
(1) 柱底の基礎コンクリートは表面を十分均したのち、水平かつ平滑にモルタルで塗り仕上げ、正確に高さを定める。
仕上げモルタルの塗厚は約25mm以上とし、必要に応じ監督職員と協議して適当に定める。
(2) 工法
次に示す工法を標準とし、監督職員と協議のうえ施工する。
(イ) 全面塗り仕上げ工法
柱底の周辺より広げて全面にモルタルを塗り、金ごて仕上げを行う。
(ロ) 後詰め工法
中心塗り・十字塗り等のうち、適切な工法を定め、柱底の中央部をモルタル塗りで仕上げる。建柱後、柱の建入れを調整してから適切な方法で周囲にモルタルを空隙のないように入念に充てんする。
(3) モルタルの場合

仕上げモルタルの調合は特記ある場合のほかは、容積比でセメント1：砂1　堅練りとする。

2.4.8　高力ボルト接合
(a)　高力ボルトの取扱い
(1)　ボルト製品は、JIS B 1186「摩擦接合用高力六角ボルト・六角ナット・平座金のセット」の14項に規定された「表示」によるセットの組合わせどおりのものとし、使用上の混同を避ける。
(2)　製品の運搬・貯蔵、その他の取扱いにあたっては、ねじ山を損じないようにし、じんあいその他の付着物を防ぎ、防錆にも十分注意する。なお、トルク係数値の種類Aのセットについては、ナットまたは座金のいずれか一方または両方に表面処理を施してあるものが多いので、その特性を変動させないように特に注意する。

(b)　高力ボルト接合部の組立て
(1)　接合部材はその接触面が密着するよう特に留意し、ひずみ・そり・曲がりは必ず矯正しておく。
(2)　接合部材間にすべり耐力を低減させるような肌すき（鉄骨表面通しの間隙）がある場合は、フィラー板を挿入する等してこれを補うようにする。

(c)　摩擦面の処理
(1)　摩擦接合で摩擦力が生ずる接触面（摩擦面）は組立てに先立ち、ミルスケール・浮きさび・じんあい・油・塗料、その他の摩擦力を低減させるものは取除かなければならない。
(2)　摩擦面は組立て前に監督職員の検査を受けるものとし、検査後も摩擦面の管理に注意する。
(3)　摩擦面に特別な処置を要する場合は、設計図書による。

(d)　高力ボルトの締付け
(1)　ボルトの締付けは、ボルト頭およびナット下に座金を1枚ずつ敷き、ナットを締付けて行う。ただし、やむを得ない場合に限り、監督職員の承認を得てボルト頭を締付けることができる。
(2)　ボルト頭またはナット下面と接合部材との接触面が1/20以上傾斜している場合は、勾配座金等を使用する。
(3)　締付けに際しては表2.4.2に示す標準ボルト張力が得られるよう、よく点検整備された機器を用いて慎重に行う。

表2.4.2　標準ボルト張力　　　　　　　　（単位：kN）

セットの種類	等級（ボルトの機械的性質による）	呼び径	設計ボルト張力	標準ボルト張力
1種	F8T	M16	85.2	93.7
		M20	133	146
		M22	165	182
		M24	192	211
		M30	305	336
2種	F10T	Ml6	106	117
		M20	165	182
		M22	205	226
		M24	238	262

(4)　ボルト群の締付けは、すべてのボルトが有効に働くような順序で行うとともに、はじめは標準ボルト張力の80％程度に全ボルトを締付け、2回目以降の締付けで標準ボルト張力が得られるように行う。
(5)　溶融亜鉛めっき高力ボルト（F8T）の締付けは、1次締付けを表2.4.3のトルク値で行った後、マーキングを行いナット回転法（標準＝120°±30°）で本締めを行う。

表2.4.3　1次締付けトルク（単位：N・m）

ボルトの呼び径	1次締付けトルク値
M16	100
M20、M22	150
M24	200
M30	250

(e) 高力ボルトの締付け検査
(1) 締付け完了後のボルトは、監督職員立会いの下で逐次検査し、その締付け力の確認を行う。この場合、その検査方法は監督職員の指示による。
(2) 締付け検査数は各ボルト群について、ボルト数の10％以上、かつ1以上とする。ただし、監督職員がその必要がないと認めた場合は、実情に応じてその検査数を低減することができる。
(3) 検査に用いる計器は常に点検整備しておく。
(4) 検査の結果、締付け力が不合格の場合は補正する。
(5) 溶融亜鉛めっき高力ボルトの検収は本締め完了後、全数について一次締付けの際に付けたマークから所定のナット回転角に対して±30°の範囲にあることを確認する。

2.4.9　ボルト接合
(a) 戻り止め
　　ボルトあるいはアンカーボルトその他、特に設計図書に指示するボルトのナットは十分締付けたのち、コンクリートに埋込まれる場合のほかは、ばね座金あるいはロックナットを使用する等適当な方法でナットの戻りを防止する。
(b) せん断ボルト
　　せん断を受けるボルトは座金を用い、ねじ部がクリップの外部にあるようにする。

第5節　電気設備工事等

2.5.1　一般事項
　　本節は鉄塔に取付ける照明設備・特殊配線設備・電話配管設備および避雷針設備工事に適用する。

2.5.2　材料
(a) 配管材料
　　配管支持金具・ボックス等は溶融亜鉛めっきを施したものとし、細かいねじ類は黄銅製とする。
(b) 白熱灯器具
(1) 白熱灯器具の材料は、JIS C 7501「一般照明用白熱電球」による。
(2) 白熱灯器具は形状・仕上げ・強度および耐久性が優良なもので製作図を提出して監督職員の承認を受ける。
(3) ランプの照射方向が変えられる構造とする。
(4) 口出線は太さ1.25mm^{2}以上のより線で600V架橋ポリエチレンケーブルを使用する。
(5) 器具はさび止め処理のうえ、標準色合成樹脂系塗料焼付けとする。
(c) 航空障害灯および付属機器

(1) 航空障害灯は航空局制定の「航空灯火用機器仕様書」により製作されたもので、当局の認定品とする。また「航空障害灯/昼間障害標識の設置等に関する解説・実施要領」による。

(2) 航空障害灯の種類は表2.5.1による。

表2.5.1 航空障害灯の種類および性能

種 類	使 用 灯 器	灯 光	実 効 光 度
高光度	FX-7-200K型	航空白の閃光	下表参照
中光度白色	FX-7-20K型 FX-7S-20K型	航空白の閃光	下表参照
中光度赤色	OM-6型（OM-7×2）	航空赤の明滅光	1,500cd以上2,500cd以下（700cd以上＊）
低光度	OM-3A型	航空赤の不動光	10cd以上
	OM-3B型 OM-3C型		32cd以上
	OM-7LA型 OM-7LB型 OM-7LC型		100cd以上150cd以下

（注）＊ アンテナ等で1,500cd以上の灯器（OM-6型）を設置不可能な場合は、原則として700cd以上の灯器（OM-7型）2個をできるだけ接近（概ね50cm間隔）させて組合わせたものであって、かつ、同時に明滅させたものにより代用できる。

表2.5.2 高光度航空障害灯および中光度白色航空障害灯の水平面における実効光度

背景輝度	光源の中心を含む水平面における実効光度	
	高光度航空障害灯	中光度白色航空障害灯
50cd/m^{2}未満	1,500 ～ 2,500cd	1,500 ～ 2,500cd
50 ～ 500cd/m^2	15,000 ～ 25,000cd	15,000 ～ 25,000cd
500cd/m^{2}以上	150,000 ～ 250,000cd	

(d) 避雷針

(1) 避雷突針は、JIS A 4201「建築物等の雷保護」による中型（尖端部金めっき）とする。

(2) 避雷導線はJIS C 3105「硬銅より線」またはJIS C 3102「電気用軟銅線」を素線とする軟銅より線（断面積50mm^{2}以上）とする。

(3) 自立型支持柱の支線はJIS G 3537「亜鉛めっき鋼より線」とする。

(4) 支持柱取付け金物・導線支持金物・支線取付け用付属金物は黄銅製・溶融亜鉛めっきを施した鋼製またはステンレス製のものとする。

(5) 避雷針支持金具は、避雷針および避雷導線を取付けた後、割入れ先端部にて締付け、防水シーリングを施す。

(6) 接地極の大きさは、縦横0.9×0.9m、厚さ1.5mm以上の銅板またはこれと同等以上の接地効果のあるものとする。接地極の種類および数量等は設計図書による。

(e) 連結式接地棒は、直径10mm、長さ1.5mの銅覆鋼棒相当品とする。

2.5.3 施 工

(a) 総則

(1) 配線および機器類は鉄塔部材を加工しないように取付ける。

(2) 支持金物はすべて、溶融亜鉛めっきを施した鋼材・ステンレス製品または黄銅製品とする。

(b) 配線工事

(1) 高周波同軸ケーブル以外の配線は、原則として電線管に収容する。

(2) 鉄塔の配管およびケーブルは、フィーダラックに沿わせて布設する。取付けに際しては配管支持用金物等を使用し、鉄塔に堅固に固定する。なお支持間隔は1mとする。

　(3) 管と管および管とボックスとの接続箇所は防水に留意する。

　(4) 管およびケーブルの露出部分は、できるだけ曲がり部分を少なくし、納まりよく布設する。

　(5) 垂直に配線した電線のこう長が20mを超える場合には、ボックス等の内で電線を支持する。

　(6) 配管終了後、管および付属品は塗装を行う。塗装は2.2.5による。

(c) 機器類

　(1) 照明器具はボックスにゴムパッキング等を用い、防水に留意し、黄銅製ねじで堅固に固定する。照明器具の位置は保守点検を考慮して定める。

　(2) 航空障害灯は電線管・軽量形鋼・Uボルトおよびプルボックス等を使用して堅固に固定する。

　(3) 点滅装置および自動開閉器は、ボルトにより壁または床に固定する。屋外に取付ける場合は防水に留意する。

(d) 避雷針

　(1) 突針と支持柱、支持柱相互間および支持柱と支持台は、ボルトにより固定する。

　(2) 側面支持型の支持柱は、ボルト・アングル・サドル等を使用して固定する。自立形の支持柱は支持台に垂直に取付ける。支持台は銅材およびボルトを用いて固定する。

　(3) 自立型の支持柱には不均等な力が加わらないよう取付け位置・張力を考慮して、支柱または支線を取付ける。

　(4) 自立型避雷針の避雷導線は、支持柱に沿わせて導線支持金物により取付ける。導線支持金物の取付け間隔は1m以下とする。

　(5) 避雷導線の接続は端子および蓄力コネクタ（高低架空電線路において張力のかからない銅電線の接続に使用するもので、内蔵の強力なスプリングで緩みを防ぐ）等を使用して行う。

　(6) 避雷導線の曲げ箇所はできる限り少なくする。

　(7) 接地工事についてはJIS A 4201「建築物等の雷保護」により実施し、接地標柱を設置する。

(e) D種接地

　(1) 銅覆鋼棒は、柱脚付近に基礎コンクリートにより約1m離した場所に埋設する。

　(2) 接地導線は、柱脚基部に銅管端子をボルトより接続する。

2.5.4　試　　験

(a) 総則

　工事完了後、絶縁抵抗試験、点灯試験、動作試験および接地抵抗測定等の社内検査を行い、試験成績表を監督職員に提出する。

(b) 絶縁抵抗試験

　絶縁抵抗はJIS C 1302「絶縁抵抗計」を使用して電線相互間および電線と大地間について測定する。絶縁抵抗は表2.5.3による。

表2.5.3　絶縁抵抗値

電路の区分	絶縁抵抗計の電圧	絶縁抵抗値
対地電圧150V以下	500V	1.5MΩ以上
弱電流電路	250V	1.5MΩ以上

(c) 点灯試験

　　点灯試験は絶縁抵抗試験を終了し、絶縁状態に異常がないと確認された後に行う。白熱灯・航空障害灯・コンセントがすべて正常な状態で点滅することを確認する。

(d) 接地抵抗測定

　　接地抵抗は直読式接地抵抗測定器により測定する。試験方法および試験成績書等の細目については監督職員の指示による。

2.5.5　付属品

付属品の種類および数量は設計図書による。

2.5.6　雑工事

(a) 標識板

　　標識板については、設計図書による。

(b) 囲障材・防護柵

　(1) 囲障材については、設計図書による。

　(2) 水平フィーダラックの下を車両が通行する場合は、フィーダラックの両側に防護柵を設けるものとし、その詳細は、設計図書による。

(c) 植栽

　　芝張り・植樹等は、設計図書による。

付録-1　工事写真撮影手引書

第1章　総　　則
　第1節　一 般 事 項……………………………………付録1-1
　第2節　写真の種別、撮影の実施および整理………付録1-1

第2章　撮影の要点
　第1節　一 般 事 項……………………………………付録1-2
　第2節　出来形管理写真………………………………付録1-4
　第3節　品質管理写真…………………………………付録1-4
　第4節　写真の整理……………………………………付録1-5
　第5節　写真撮影対象、枚数、撮影対象の例………付録1-6
　第6節　撮 影 方 法……………………………………付録1-6
　第7節　デジタルカメラ ―参考　国土交通省HPより―……付録1-8

第1章 総　　則

第1節 一般事項

1.1.1 目的
この手引書は、国土交通省航空局、地方航空局、航空交通管制部および航空保安大学校等が発注する航空無線工事等の監督および検査の適正化を図るため、工事記録写真の撮影ならびに整理について、基本的な事項の手引について記載する。

1.1.2 適用範囲
この手引書は、航空無線工事等に適用する。
この手引書に定めのないものについても監督職員の指示により撮影することがある。

第2節 写真の種別、撮影の実施および整理

1.2.1 写真の種別
この手引書でいう工事記録写真とは、次に示すものとする。

```
工事記録写真 ─┬─ 出来形管理写真 ─┬─ 工事着工前の写真
              │                    ├─ 工事進捗状況写真（仮設建物・足場・荷場設備・安全管理等）
              │                    ├─ 施工状況および出来形測定写真
              │                    ├─ 材料検収写真
              │                    ├─ 参考写真（図面と現地との不一致、工事中の災害、その他監督職員の指示するもの）
              │                    └─ 工事竣工写真
              └─ 品質管理写真 ──── 品質測定および試験写真
```

1.2.2 撮影計画
前記写真の撮影に先立ち、撮影担当者を定め、写真の種別ごとに実施工程表に基づき、撮影の箇所・時期・方法・撮影頻度（枚数）等の計画表を作成し、監督職員と協議する。

1.2.3 撮影の実施
撮影担当者は撮影計画表に基づき、他の工事担当者に説明・協力を求め、時期を逸しないように配慮する。また撮影担当者はその工事の内容および撮影目的をよく理解しておく。

1.2.4 写真の整理
撮影済みの写真は、工事の進捗順序に整理してアルバムに貼付し、監督職員に提出する。デジタル写真の管理は「デジタル写真管理情報基準」（平成22年9月　国土交通省）による。

第2章　撮影の要点

第1節　一般事項

2.1.1　撮影位置の表示
　　撮影位置を明確にするよう留意し、アルバムに撮影位置を示す簡単な平面図等を添付する等の処理を講ずる。

2.1.2　形状・寸法仕様の確認法
　　被写体付近を整理・整頓し、形状・寸法が判別できるよう黒板・白板・ポール・箱尺または帯尺等を目的物に添える。この場合、位置の確認を容易にするため、遣り方または背景を入れ、黒板または白板は工事名称・受注者名・撮影箇所・仕様・形状・寸法等を記入する。

2.1.3　撮影時期
　　工事は、常に進捗しているので撮影時期を逸しないよう常に注意し、各工種・工程ごとに監督職員の検査を受け、合格した時点の状態を撮影するものとし、必要に応じ作業中のものも撮影する。

2.1.4　撮影の方法
　　撮影は、常に一定方向から被写体に平行または直角に撮影し、同一箇所を施工の段階で撮影する場合は、位置の確認を容易にするため同一背景を画面に入れ、全景写真の場合は同一地点から撮影する。

2.1.5　拡大写真
　　ある箇所の一部を拡大して撮影する必要がある場合は、まずその箇所の全景を撮影した後、拡大する部分を撮影して、その位置が確認できるようにする。

2.1.6　番号等による表示
　　撮影する被写体が他の被写体と類似しているものは、その箇所が明確となるよう番号を付けて判別できるようにする。

2.1.7　重複する被写体の処置
　　被写体が重なり判別が困難な場合は、中間に遮へい物をあてがうなどして撮影する。

2.1.8　照明
　　夜間工事・床下ピット・共同溝・基礎工事等の撮影については、照明に注意し、鮮明な映像が得られるよう注意する。

2.1.9　カラー写真
　　色彩の識別を必要とするものおよび工事の竣工写真は、カラー写真とする。

2.1.10 緊急報告

災害・事故等が発生した場合は、大小にかかわらずその状況を撮影し、速やかに現像して監督職員に報告する。

2.1.11 撮影済みの写真

撮影済みの写真は、常に整理しておかなければならない。

2.1.12 撮影の注意事項

(a) ピント、絞りの調節、ハレーションの防止等に注意する。
(b) 撮影にあたり黒板または白板の位置、角度、種類（大小）等に留意し、被写体の妨げにならず、黒板または白板の記載内容が確認できるように注意する。
(c) 黒板または白板の記載事項の確認および消し残しの確認。
(d) カメラの撮影角度に留意し、何を、何のために、どのように撮影するのか十分検討する。また、撮影目的以外のものを写さないようフレーミングに注意する。
(e) 設計図書で施工の立会いを指定されているときは、立会者も入れた立会状況を撮影する。

2.1.13 撮影に使用する機材等

(a) カメラ

写真は、一般的に撮り直しがきかず後日点検ができない見え隠れ部分等を撮影するので、2台のカメラを用意する配慮が必要となる。

(b) 黒板または白板

(1) 写真撮影に必要な黒板または白板は、大小の黒板または白板を用意し、撮影対象物、撮影場所等により使い分ける。
(2) 黒板または白板の寸法は、次の図面を標準とする。

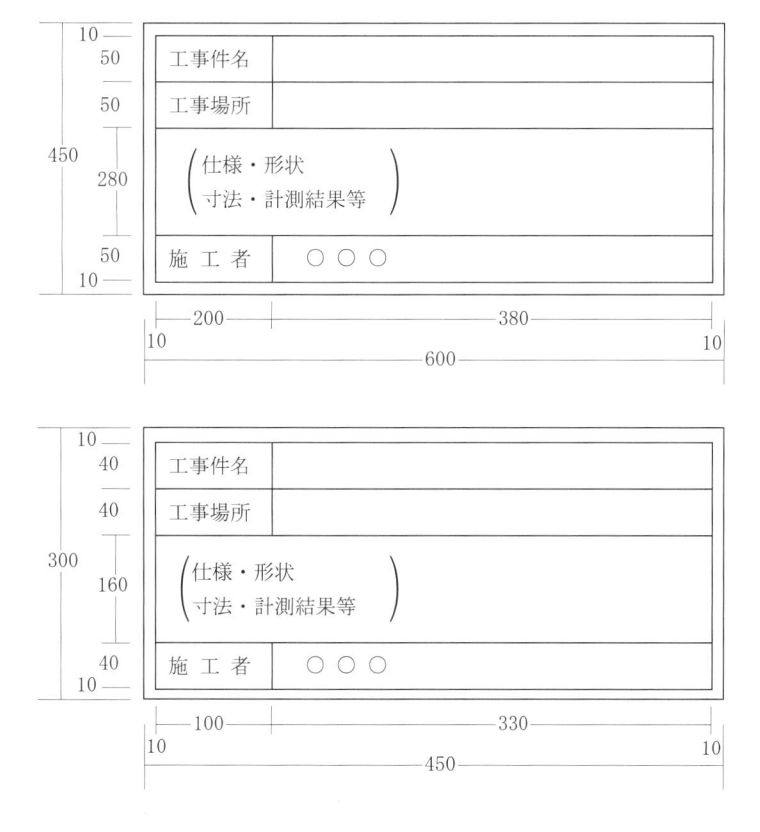

(c) 測定尺（折尺、箱尺、帯尺、ポール等）

測定尺は、写真で寸法がはっきり読み取れるものを使用する。

第2節　出来形管理写真

2.2.1　工事着工前の写真

(a) 工事着工前に工事現場全体の状況が判別できる写真とし、工事現場が広範囲に及ぶ場合は、つなぎ写真とする。

(b) 工事完成までの関連付けのため、施工状況写真と同一の位置から撮影することが望ましい。

2.2.2　施工状況および出来形測定写真

(a) 明示困難な部分について、各種検査（既済部分検査・竣工検査・会計検査等）の検査官に立証できるよう撮影する。

(b) 出来形測定写真等は、配管等でコンクリートに埋め込まれるもの、天井・壁の仕上げで見え隠れ部分となるものおよび地中配線工事等で地中に埋設される地中管路・マンホール等を撮影する。

(c) 出来形測定写真の撮影においては、寸法を明示する必要のある場合には、測定尺（折尺・箱尺・帯尺・ポール）等により被写体の形状・寸法が明確になるよう撮影する。

(d) 斜め位置からの撮影は、正確な寸法が得られない場合があるので避ける。

(e) 測定尺の目盛が、はっきりと読み取れるように絞り、シャッター速度、カメラのぶれを起こさないようにする。

2.2.3　材料検収の写真

工事に使用する材料のうち、施工後は形状・寸法の確認ができないものについて搬入時に撮影する。

2.2.4　参　考　写　真

(a) 図面と現場の不一致を発見したときは、実測結果とともに資料として相違の確認ができる写真を撮影する。

(b) 工事施工中に工事現場で災害・事故等が発生した場合は、大小にかかわらず撮影する。この写真は、原因究明・損害負担区分の判定等重要な資料となる。

2.2.5　工事竣工写真

(a) 工事竣工写真は、全景および部分写真の2種類に区分する。

(b) 部分写真は、工事の主要箇所を撮影する。

第3節　品質管理写真

2.3.1　品質管理写真

品質には、材料の品質・施工中および施工後の機材の品質があり、品質管理写真は、その品質について、測定および試験の実施状況を撮影するもので、試験成績書等とともに品質確認の資料とする。なお、写真管理は表2.3.1による。

表2.3.1 写真管理表（土工の写真管理）

工種	撮影区分	撮影項目	撮影基準 撮影箇所	撮影時期および方法	提出枚数	注意事項および説明
土工	施工管理	使用機械	主要機械	施工時	機械ごと各1枚	使用機械の種類が判明できるように撮影する
		土取場および土捨て場	土取場および土捨て状況	〃	施工工区ごとに2枚	各作業状況が判明できるように撮影する
		伐開および除根	伐開および除根状況	〃	〃	各作業状況が判明できるように撮影する
		切土	切土、穿孔および発破状況	〃	〃	埋設物等は、その状況が判明できるように撮影する
		盛土	盛土各層の転圧状況	〃	〃	
		掘削	掘削、穿孔および発破状況	〃	〃	埋設物等は、その状況が判明できるように撮影する
		法面	切取りおよび盛土状況	〃	〃	各作業状況が判明できるように撮影する
		セメント類吹付け	清掃状況	清掃後	〃	
			ラス、鉄鋼の重ね合せ寸法	吹付前	〃	
			厚さ（観測孔）	吹付後	〃	
		運搬	土砂の搬入および搬出状況	施工時		
		埋戻しおよび裏込め	材料の投入および均し状況	〃	〃	
		コンクリート法枠工	裏込厚	〃	〃	
	品質管理	材料および施工の確認	材料ならびに試験および測定の状況が判明できるように撮影する	試験および測定時	試験項目ごとに2枚	撮影項目は、「空港土木工事共通仕様書」別表-1品質管理表1-1「土工の品質管理」による
	出来形管理	出来形の確認	盛土の各層の仕上厚さおよび裏込めの出来形測定状況が判明できるように撮影する	測定時	測定項目ごとに2枚	撮影項目は、「空港土木工事共通仕様書」別表-2出来形管理表2-1「土工の出来形管理」による
		完成	完成全景	完成時	各1枚	

第4節　写真の整理

2.4.1　撮影写真の確認

　　　撮影済みのフィルムは、速やかに現像を行い、焼付け後直ちに点検する。

2.4.2　写真の大きさ

　　　工事竣工写真は、キャビネ判（11.0×16.2cm）程度とし、他の写真は、サービス判とする。

2.4.3　写真の整理

　(a)　工事着工前の写真・施工状況および出来形測定写真は、アルバムにキープランを添付して、撮影箇所を明示し、説明を要する写真には説明書を添付して、施工順序に従い系統立てて整理する。

(b) 材料検収写真、品質管理写真は、一括して順序よく整理する。
(c) 参考写真は、それぞれの該当箇所に挿入し整理する。

2.4.4 アルバムの大きさ
　　　アルバムの大きさはA4判（21.0×29.7cm）程度を標準とする。

2.4.5 アルバムの表示
　　　アルバムの表紙には、次により記入し、文字は工事仕様書による。

第5節　写真撮影対象、枚数、撮影対象の例

撮影対象および撮影枚数は、工事種別・工事規模・現場の状況・施工の難易等を勘案し、写真撮影計画書を作成して監督職員の承諾を受ける。

第6節　撮影方法

2.6.1 一般事項
　　　撮影は大別して、施工前、施工中、完成時の3項目に分ける。

2.6.2 ハンドホール等土工事
(a) 掘削施工時、掘削状況
(b) 掘削完了時、縦、横、深さ等の判断ができる。
(c) 基礎材敷均し時、縦、横、敷均し、厚さ等が判断できる。
(d) 均しコンクリート打設時、使用コンクリート（生コン、手練り）の区別ならびに縦、横および打設厚さが判断できる。
(e) 鉄筋配筋時、使用配筋の太さが判断できる。
(f) 鉄筋配筋完了時、全体の配筋状況、縦、横、高さおよび配筋間隔が判断できる。なお、構造物の形状によって型枠等と並行して行う場合は、配筋施工時に随時行う。
(g) 遣り方枠施工時、型枠の状況、内枠等がある場合は内枠完了時および外枠完了時に各々撮影する。なお、型枠の大きさ（縦、横、高さ等）が判断できる。
(h) コンクリート打設時、(d)に準じて行う。
(i) 型枠取外し後、構造物の設置状況（縦、横、高さ等）が判断できる。

(j) 埋戻し施工時、埋戻し状況（転圧を含む）が判断できる。

(k) 完成時、設置状況が判断できる。

(l) 舗装部施工時

 (1) 掘削

  既設舗装の掘削状況（カッティングした場合は、カッティング施工時、カッティング幅等）が判断できる。

 (2) 路床

  各層ごとに、路床施工時の状況（路床厚さ、転圧等）が判断できる。

 (3) 舗装復旧時、各層ごとにプライムコートまたはタックコートの散布状況、転圧状況、舗装厚さが判断できる。

2.6.3　管路布設

(a) 掘削時

2.6.2(a)に準ずる。

(b) 掘削完了時

2.6.2(b)に準ずる。

(c) 管布設時

管の布設状況（管の間隔等）が判断できる。なお、保護砂で保護する場合は保護砂の敷均し、転圧等の状況が判断できる。また、コンクリート保護の場合は2.6.2の各該当項目に準ずる。

(d) 接地線布設時

布設状況および接地極との接続状況が判断できる。

(e) 埋戻し施工時

2.6.2(j)に準ずる。

(f) 完成時

2.6.2(k)に準ずる。

2.6.4　杭打ち、接地極埋設等の特殊工事ケーブル布設

(a) 材料

施工前に撮る、特に材料等の規格が判断できる。

(b) 施工時

杭打ち、接地極埋設等施工状況が判断できる。

(c) 測量時

測量している状況が判断できる。

(d) 仮設物

仮設物等完成時撤去される部分の撮影方法は前記2.6.2、2.6.3および2.6.4(a)〜(c)各該当事項に準ずる。

2.6.5　ケーブル布設

(a) 施工時

ケーブル布設の施工状況が判断できる。なお、掘削、埋戻し、管路布設、トラフ布設等を同時作業として施工する場合は2.6.2および2.6.3の該当事項に準ずる。

2.6.6 機器設置
(a) 施工時

設置状況、盤内結線状況が判断できる。

(b) 完成時

設置状況が判断できる。

2.6.7 キュービクル、鉄塔等の設置
(a) 施工時

設置状況（鉄塔等の場合は特に組立て状況、組上げ状況等）が判断できる。

(b) 完成時

設置状況が判断できる。

2.6.8 撤去品

撤去品が発生した場合は撤去品を1カ所にまとめ撮影する（数量等の概数が判断できるように）。

第7節　デジタルカメラ ―参考　国土交通省HPより―

2.7.1 工事写真に必要とされるデジタルカメラ等の仕様

仕様項目	内　容	備　考
総画素数	130万画素以上	監督職員と相談して定める
記録画素数	1,280×960以上	監督職員と相談して定める
ファイル形式	JPEG	
圧縮率	1/1＞圧縮率≧1/10	
提出記憶媒体	CD-ROM、CD-R、DVD-R等	

2.7.2 工事写真用デジタルカメラの機能

機　能	内　容
レンズ	狭い室内や撮影距離に制約が多いので$f=28～120mm$程度の光学ズームレンズが搭載されているものが望ましい
ストロボ	暗い室内撮影が多いので強力なストロボがあるものが望ましい
防水性	工事現場では、ホコリ等が多いので防塵、防水機能の高いものが望ましい
操作性	現場では手袋等で操作することが多いので、手振れ防止機能等があるものが望ましい

2.7.3 写真編集等

原則写真編集は認めない。

2.7.4 ウィルス対策
(a) 受注者は、写真を電子媒体に格納した時点で、ウィルスチェックを行う。

(b) ウィルス対策ソフトは指定はしないが、信頼性の高いものを利用する。

(c) 最新のウィルスも検出できるように、ウィルス対策ソフトは常に最新のデータに更新（アップデート）したものを利用する。

(d) 電子媒体の表面には、「使用したウィルス対策ソフト名」等を明記する。

付録-2 制限区域内工事実施要領

(航空保安業務処理規程「第10制限区域内工事実施規程」)

Ⅰ．総　則	付録2-1
1．目　的	付録2-1
2．用語の定義	付録2-1
3．適用の範囲	付録2-1
4．工事の実施に当たっての責務	付録2-1
5．工事関係者の制限区域内立入りに必要な手続等	付録2-1
Ⅱ．運航制限に必要な手続等	付録2-2
1．運航制限の区分	付録2-2
2．運航制限の事務処理	付録2-2
Ⅲ．工事の実施に必要な保安措置	付録2-3
1．工事案内板及び工事境界標識	付録2-3
2．見張人	付録2-3
3．工事仮設物及び工事機械の保安措置	付録2-3
4．工事請負者の安全管理体制	付録2-3
Ⅳ．工事実施要領	付録2-3
1．一　般	付録2-3
2．滑走路又は過走帯における工事	付録2-6
3．滑走路ショルダーにおける工事	付録2-6
4．着陸帯(1)における工事	付録2-6
5．着陸帯(2)における工事	付録2-6
6．誘導路又はエプロンにおける工事	付録2-6
7．誘導路ショルダーにおける工事	付録2-7
8．誘導路帯又はエプロンショルダーにおける工事	付録2-7
9．その他の区域における工事	付録2-7
別図(1)　工事区分説明図	付録2-7
別図(2)　禁止標識	付録2-8
別図(3)　臨時滑走路末端標識（白色又は黄色）	付録2-8
別図(4)　臨時滑走路末端灯	付録2-9
別図(5)　滑走路末端仮標識（白色又は黄色）	付録2-9
別図(6)　滑走路の長さの短縮制限標準方法	付録2-10
別図(7)　工事用機材置場位置図	付録2-10
別図(8)　誘導路、誘導路帯およびエプロンにおける工事区域設定標準図	付録2-11
様式(1)　運航制限の年間予定表	付録2-12
様式(2)　運航制限実施計画表	付録2-12
様式(3)　工事案内板の様式	付録2-13

航空保安業務処理規程「第10制限区域内工事実施規程」

Ⅰ．総　　則

1. 目　的

　　この規程は、空港の制限区域内において実施される工事の実施要領を定めるとともに、工事の実施に伴う空港又は航空保安施設の供用の休止又は使用方法の制限により生じる航空機の運航制限に関する手続等を定め、もって航空機の運航の安全確保と工事の安全管理に万全を期すことを目的とする。

2. 用語の定義

　　この規定における用語の定義は、次のとおりとする。
　⑴ 「制限区域」とは、空港管理規則（昭和27年　運輸省令第44号）第5条に定める制限区域をいう。
　⑵ 「供用の休止」とは、1暦日以上空港又は航空保安施設の供用を全面的に停止することをいう。
　⑶ 「施設制限」とは、滑走路、誘導路、エプロン及びその他の空港の施設又は航空保安施設の一部について使用を禁止する制限をいう。
　⑷ 「時間制限」とは、空港の施設又は航空保安施設の運用時間を短縮し、又は変更する制限をいう。
　⑸ 「工事発注者」とは、国の直轄工事においては地方航空局長、地方整備局長、北海道開発局各開発建設部長、沖縄総合事務局開発建設部長等、民間工事においては施設の利用者等で工事の発注を行った者をいう。
　⑹ 「工事請負者」とは、請負契約により工事を施工する者をいう。
　⑺ 「重要な運航制限」とは、供用の休止並びに施設制限及び時間制限のうち、航空運送事業のスケジュール若しくは機材の大幅な変更又は当該空港の最低気象条件の変更を要するものをいう。
　⑻ 「軽微な運航制限」とは、重要な運航制限以外の運航制限をいう。
　⑼ 「大型機械」とは、ブルドーザ、モータグレーダ、トラック、バックホウ、アスファルトフィニッシャ、トラクタ牽引式草刈機及びこれらに類する大型の建設工事用機械をいう。
　⑽ 「小型機械」とは、小型草刈機、ランマその他の大型機械以外の建設工事用機械をいう。

3. 適用の範囲

　　この規程は、空港の制限区域内において実施される新設工事、改良工事、撤去工事、維持修繕工事（除雪工事を除く。）及び測量・調査に適用する。

4. 工事の実施に当たっての責務

　　工事の実施に当たっては、航空機の運航の安全確保と工事の安全管理について常に留意するとともに、当該工事の実施に伴う航空機の運航制限を最小にとどめるよう努めなければならない。

5. 工事関係者の制限区域内立入りに必要な手続等

　　工事関係者の制限区域内立入りに必要な手続等は、第4運航情報業務処理規程Ⅲ飛行場情報業務（Ⅳ）工事等作業のための制限区域立入りに必要な手続き、第6無線業務処理規程Ⅱ(Ⅰ)7制限区域の設定等の定めによること。

Ⅱ．運航制限に必要な手続等

1．運航制限の区分

　運航制限の区分は、次のとおりとする。
(1) 供用の休止
(2) 使用方法の制限
　① 施設制限
　② 時間制限

2．運航制限の事務処理
(1) 運航制限の年間予定表の作成
　① 空港長は、翌年度に実施を予定する工事について、別記様式(1)により、当該工事に伴う運航制限の年間予定表を作成し、地方航空局長に報告しなければならない。
　② 地方航空局長は、①の規定により報告のあった管内各空港の運航制限の年間予定表をとりまとめ、毎年3月末日までに航空局長に報告しなければならない。
(2) 運航制限の実施計画の作成
　　空港長は、工事の実施に伴い運航制限を行おうとするときは、工事発注者、航空会社及び関係機関（防衛省との共用空港については、自衛隊の現地部隊及び防衛局を含む。）と協議し、運航制限の実施計画書を別記様式(2)により作成しなければならない。ただし、維持修繕工事（大規模なものを除く。）及び測量・調査に伴う運航制限については、この限りでない。
(3) 重要な運航制限の手続
　① 空港長は、運航制限の実施計画書を地方航空局長に上申しなければならない。
　② 地方航空局長は、①の規定により上申のあった運航制限の実施計画書を審査のうえ、運航制限の実施計画を決定し空港長に通知するとともに、航空局長に報告しなければならない。
　③ 運航制限の実施計画を決定することが困難な事案については、地方航空局長より航空局長に上申しなければならない。
　④ 航空局長は、③の規定により上申のあった事案について審査のうえ、運航制限の実施計画を決定し、地方航空局長を経由して空港長に通知しなければならない。
　⑤ 空港長は、運航制限の実施計画の決定の通知の受領後、速やかに工事発注者に通知しなければならない。
(4) 軽微な運航制限の手続
　　空港長は、運航制限の実施計画を決定し、工事発注者に通知するとともに、地方航空局長に報告しなければならない。
(5) 運航制限の実施計画の決定期日
　　運航制限の実施計画の決定は、第4の2航空情報業務処理規程に従い、航空情報通報締切日の時期以前にしなければならない。
(6) 供用の休止の告示
　　決定しようとする運航制限の実施計画が供用の休止を含む場合は、地方航空局長より航空局の関係課長に航空法に基づく告示の手続を依頼しなければならない。
(7) 運航制限の実施計画の変更
　　実施計画を変更する場合は、(2)から(6)までの定めに準じて事務の処理を行わなければならない。

Ⅲ．工事の実施に必要な保安措置

空港長は、工事の実施に当り、工事発注者及び工事請負者と次に定める保安措置について、着工に先立ち、調整しなければならない。

1. 工事案内板及び工事境界標識
   (1) 工事区域の出入口附近に別記様式(3)に示す工事案内板を設置しなければならない。ただし、維持修繕工事、測量・調査及び空港長が安全上支障がないと認めた新設工事、改良工事及び撤去工事はこの限りでない。
   (2) 空港長が安全を確保するため必要と認めた場合は、工事区域に工事境界標識（バリケード等）を設置しなければならない。

2. 見　張　人
   空港長が安全を確保するため必要と認めた場合は、制限区域の出入口、工事車両が航空機の移動区域を横断する箇所などに見張人を配置しなければならない。

3. 工事仮設物及び工事機械の保安措置
   (1) 工事仮設物及び工事機械は、航空機から容易に識別される鮮明な色の塗装又は第4運航情報業務処理規程に定める車両用標識旗を車両外に掲げなければならない。
   (2) 空港長が安全を確保するため必要と認めた場合は、工事仮設物又は工事機械に航空障害灯又は点滅灯を設置しなければならない。

4. 工事請負者の安全管理体制
   (1) 工事請負者は、あらかじめ安全管理体制を確立し、責任の所在を明確にするとともに、事故又は緊急の事態に対応できるよう全ての労務者を対象とした指揮系統をあらかじめ定めておかなければならない。
   (2) 工事請負者の安全管理の責任者は、工事の実施中においては、工事現場に常駐し、空港事務所の担当者及び工事発注者の現場担当者と常に連絡がとれる措置をあらかじめ講じておかなければならない。

Ⅳ．工事実施要領

1. 一　般
   (1) 工事区分
      工事の区分は、次のとおりとする。
      ① 工事の場所による区分（別図(1)参照）
         a．滑走路又は過走帯における工事
         b．滑走路ショルダー（所定の幅、強度及び表面を有し、滑走路の両側に接する区域をいう。以下同じ。）における工事
         c．着陸帯(1)（着陸帯のうち非計器用着陸帯として確保すべき部分であって滑走路、滑走帯及び滑走路ショルダーを除いたものをいう。以下同じ。）における工事
         d．着陸帯(2)（着陸帯のうち滑走路、過走帯、滑走路ショルダー及び着陸帯(1)を除いた部分をいう。以下同じ。）における工事
         e．誘導路又はエプロンにおける工事
         f．誘導路ショルダー（所定の幅、強度及び表面を有し、誘導路の両側に接する区域をいう。以下同じ。）

における工事

  g．誘導路帯（固定障害物の設置が禁止されている誘導路に接した区域であって誘導路ショルダーを除いた部分をいう。以下同じ。）又はエプロンショルダー（所定の幅、強度及び表面を有し、エプロンの縁に接する区域をいう。以下同じ。）における工事

  h．その他の区域（上記 a．～ g．に掲げる区域以外の区域をいう。以下同じ。）における工事

 ② 使用する機械等による区分

  a．大型機械を使用する工事

  b．小型機械のみを使用する工事

  c．人力のみによる工事

(2) 工事期間中における臨時の飛行場標識施設及び飛行場灯火

 ① 次の施設の新設工事を実施する場合（施設制限を行う場合を除く。）

  a．滑走路

   (a) 飛行場標識施設のうち滑走路末端標識、指示標識及び目標点標識（改正前の接地点標識を含む。以下同じ。）については、供用開始まで航空機から視認できないようにするための措置を講じなければならない。

   (b) 供用中の滑走路と識別するため舗装面上に別図(2)に示す禁止標識を設置しなければならない。

  b．誘導路

   供用中の誘導路と識別するため、舗装面上に別図(2)に示す禁止標識を設置しなければならない。また、供用中のエプロンと識別する必要が生じた場合においても舗装面上に別図(2)に示す禁止標識を設置しなければならない。

  c．エプロン

   供用中の誘導路又はエプロンと識別するため必要が生じた場合、舗装面上に別図(2)に示す禁止標識を設置しなければならない。

 ② 供用の休止により工事を実施する場合

  a．飛行場標識施設のうち滑走路末端標識、指示標識及び目標点標識については、供用開始まで航空機から視認できないようにするための措置を講じなければならない。

  b．滑走路上に別図(2)に示す禁止標識を設置しなければならない。

 ③ 次の施設の施設制限を伴う工事を実施する場合

  a．滑走路

   (a) 飛行場標識施設のうち滑走路末端標識、指示標識及び目標点標識については、供用開始まで、航空機から視認できないようにするための措置を講じなければならない。

   (b) 供用中の滑走路と識別するため舗装面上に別図(2)に示す禁止標識及び別図(3)及び(4)に示す臨時滑走路末端標識、臨時滑走路末端灯を設置しなければならない。

  b．誘導路

   供用中の誘導路と識別するため、舗装面上に別図(2)に示す禁止標識を設置しなければならない。また、供用中のエプロンと識別する必要が生じた場合においても舗装面上に別図(2)に示す禁止標識を設置しなければならない。

  c．エプロン

   供用中のエプロンと識別するため、舗装面上に別図(2)に示す禁止標識を設置しなければならない。また、供用中の誘導路と識別する必要が生じた場合においても舗装面上に別図(2)に示す禁止標識を設置しなければならない。

 ④ 告示で示される期日により一部廃止される滑走路、誘導路及びエプロンの供用の廃止により工事を実施す

る場合は、速やかに既設飛行場標識施設を撤去し、別図(2)に示す禁止標識を設置しなければならない。
⑤ 時間制限により又は運用時間外に工事を実施する場合
　a．滑走路
　　以下に掲げる飛行場標識施設又は飛行場灯火について工事を実施する際には、少なくとも空港の運用の開始までに復元し、又は新たに設置するものとし、これら以外の施設もできる限り復元に努めなければならない。
　　(a) 飛行場標識施設：指示標識（滑走路両端のうちどちらか一方のみで足りる。）、滑走路中心線標識、目標点標識、滑走路末端仮標識（別図(5)に示す。）及び誘導路中心線標識
　　(b) 飛行場灯火：臨時滑走路末端灯（別図(4)に示す。）その他空港長が必要と認めるもの
　b．誘導路及びエプロン
　　以下に掲げる飛行場標識施設又は飛行場灯火について工事を実施する際には、少なくとも空港の運用の開始までに復元し、又は新たに設置するものとし、これら以外の施設もできる限り復元に努めなければならない。
　　(a) 飛行場標識施設：誘導路中心線標識及び停止位置標識並びにエプロン標識のうち空港長が必要と認めるもの
　　(b) 飛行場灯火：空港長が必要と認めるもの
(3) 工事期間中における舗装面のすり付け及び地盤面の処理
　工事を時間制限により又は運用時間外に実施する場合は、工事期間中に航空機が運航されるので、その安全を確保するため、舗装面及び地盤面は、運用の開始までに、次に定めるところにより処理しなければならない。ただし、空港長が安全上支障ないと認めた場合及び安全上必要と認めた場合は、この限りでない。
① 舗装面のすり付け最大勾配（既設舗装面を基準とする。）

種別＼方向	横断方向 中央部（滑走路幅の2/3）	横断方向 縁部	縦断方向
滑走路	1.5%	1/2勾配	1.0%
過走帯	1.5%	1/2勾配	1.5%
誘導路	3 %		
エプロン	航空機が通行する方向3 %、その他の方向1/2勾配		

② 地盤面の処理
　a．滑走路ショルダー
　　上層路盤又は15cmの深さまでを仕上げ、路盤面はアスファルト等の材料で防塵処理をしなければならない。既設部分とのすり付けは、最大勾配1/2とする。
　b．着陸帯(1)
　　現地盤面から30cm以上掘削する場合は、30cm以内の深さまで埋め戻し、平たんに仕上げなければならない。既設部分とのすり付けは、最大勾配1/2とする。埋戻土の仮置は、現地盤面からの高さ30cm以内とし、すり付けは最大勾配1/2とする。排水工事、ケーブル布設工事などによるおおむね30cm以下の幅の掘削溝は埋め戻すことなく溝状のままにしておくことができる。
　c．着陸帯(2)
　　工事により発生した掘削面は、埋め戻すことなくそのままにしておくことができる。埋戻土の仮置は、現地盤面からの高さ1.5m以内とする。
　d．誘導路ショルダー
　　現地盤面から30cm以上掘削する場合は、30cm以内の深さまで埋め戻さなければならない。航空機のエ

ンジンが近接する恐れがある場合には、掘削面又は埋戻面はアスファルト等の材料で防塵処理をしなければならない。既設部分とのすり付けは、最大勾配1/2とする。ただし、高速脱出誘導路ショルダーについてはa.の規定、平行誘導路の直線部のショルダー及びエプロン誘導路ショルダーについてはe.の規定に準じて実施しなければならない。

　　e．誘導路帯及びエプロンショルダー
　　　工事により発生した地盤面の掘削面は、埋め戻すことなくそのままにしておくことができる。埋戻土の仮置は、現地盤面からの高さ30cm以内とする。ただし、航空機のエンジンが近接する恐れがある場合には、掘削面及び仮置土の表面はアスファルト等の材料で防塵処理をしなければならない。

2．滑走路又は過走帯における工事
　(1)　いかなる工事も、運航制限を行うことにより、航空機の離発着しない時間帯を確保し、又は空港の運用時間外において実施することを原則とする。
　(2)　やむを得ず、施設制限（滑走路の長さを短縮して使用する制限）により、運用時間内において工事を実施する場合は、別図(6)に示す工事区域を確保しなければならない。この場合において、航空機が工事区域側から離着する場合を除き、航空機の離発着時には、空港長が指定する区域（以下「指定区域」という。）に労務者、工事機械等を退避させなければならない。
　(3)　人力のみによる測量・調査等は、空港長が安全上支障がないと認めた場合は、運航制限をしないで実施することができる。

3．滑走路ショルダーにおける工事
　　2．の規定に準じて実施しなければならない。

4．着陸帯(1)における工事
　(1)　大型機械を使用する工事は、使用方法の制限を行うことにより、航空機の離発着しない時間帯又は別図(6)に示す工事区域を確保するか若しくは空港の運用時間外に実施しなければならない。
　(2)　小型機械のみを使用する工事及び人力のみによる工事は、運航制限をしないで実施することができる。滑走路に近接する場所において工事を実施する場合は、航空機の離発着時には、指定区域に労務者、工事機械等を退避させなければならない。

5．着陸帯(2)における工事
　(1)　原則として運航制限をしないで実施することができる。ただし、杭打機械等のように高さの高い大型機械を使用する工事については、4(1)の規定に準じて実施しなければならない。
　(2)　着陸帯(2)のうち別図(7)に示す部分は、空港長が安全上支障がないと認めた場合は、工事用機材置場として使用することができる。

6．誘導路又はエプロンにおける工事
　(1)　誘導路又はエプロンの使用方法の制限を行うことにより、航空機の通行若しくは停留しない時間帯、又は別図(8)に示す工事区域を確保して実施することを原則とする。
　(2)　人力のみによる維持修繕工事（大規模なものを除く。）及び測量・調査は、運航制限をしないで実施することができる。

7．誘導路ショルダーにおける工事
　(1) 誘導路又はエプロンの使用方法の制限を行うことにより、航空機の通行若しくは停留しない時間帯又は別図(8)に示す区域を確保して実施することを原則とする。
　(2) 時間制限により又は運用時間外に工事を実施する場合は、ビーズ入り塗装を行う等、常に誘導路中心線が明瞭に視認できる措置を講じなければならない。
　(3) 人力のみによる維持修繕工事（大規模なものを除く。）及び測量・調査は、運航制限をしないで実施することができる。

8．誘導路帯又はエプロンショルダーにおける工事
　(1) 原則として運航制限をしないで実施することができる。
　(2) 大型機械を使用する工事は、別図(8)に示す工事区域を確保して実施しなければならない。もし、当該工事区域が確保できない場合は、6(1)の規定に準じて実施しなければならない。

9．その他の区域における工事
　(1) 工事の場所及び内容に応じ1.から8.までの規定に準じて実施しなければならない。
　(2) 施工にあたっては空港事務所と協議しなければならない。

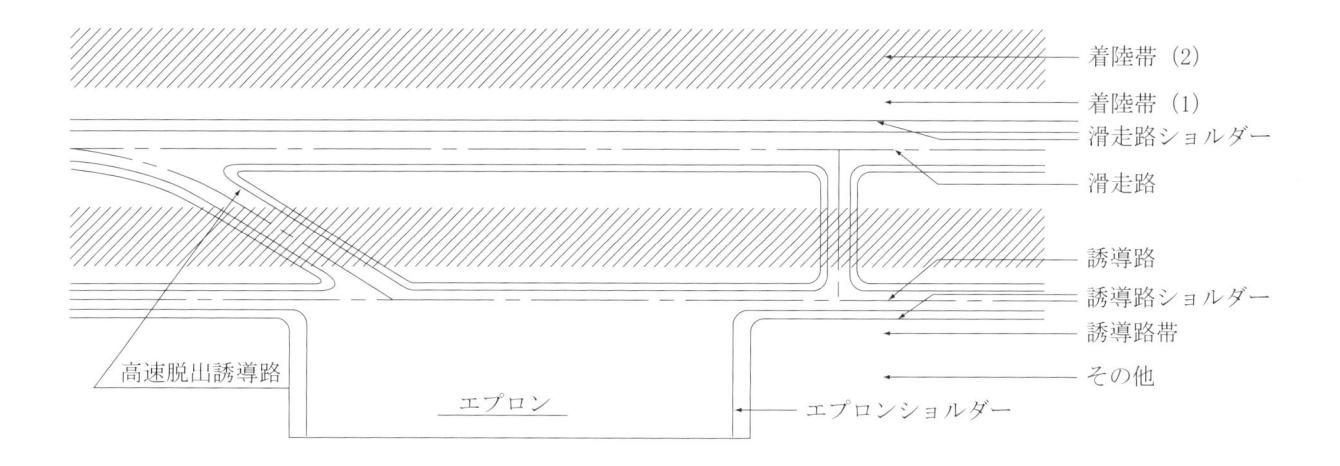

別図(1)　工事区分説明図

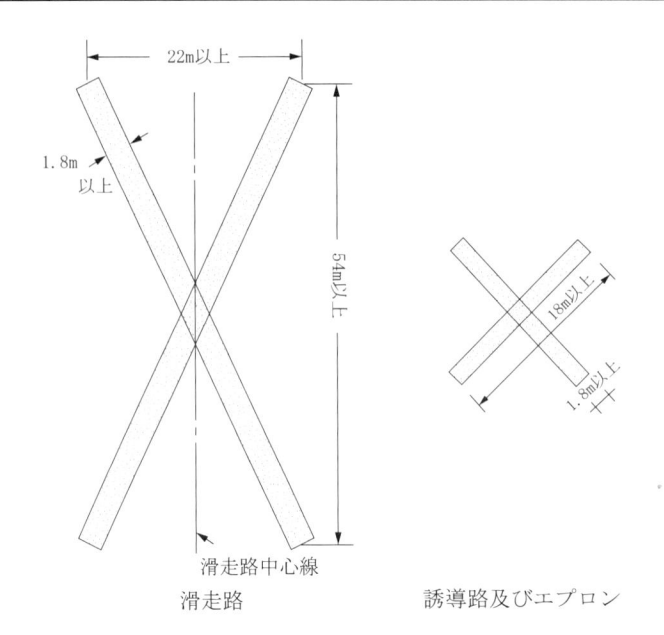

備考
1 禁止標識の色彩は、滑走路は白色、誘導路及びエプロンは黄色とする。また、コンクリート舗装や積雪寒冷地の空港等においては、視認性等を検討の上、他の色を用いることができる。
2 滑走路上の禁止標識は工事区間の両端に設置しなければならない。また、標識間の最大間隔が300mを超えないように追加の禁止標識を設置しなければならない。
3 誘導路及びエプロンの設置個所については、空港長が必要と認める場合に設置しなければならない。
4 禁止標識は、テープ等による方式を用いなければならない。

別図(2) 禁止標識

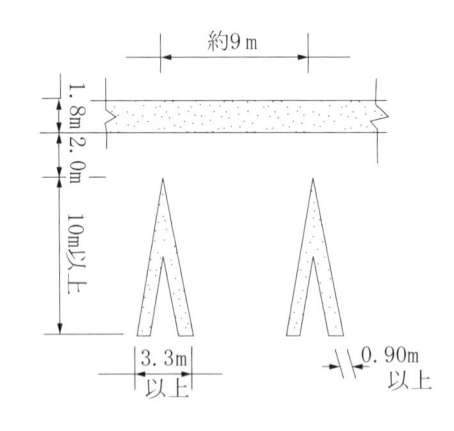

備考
臨時滑走路末端標識は、テープ等による方式を用いなければならない。

別図(3) 臨時滑走路末端標識（白色又は黄色）

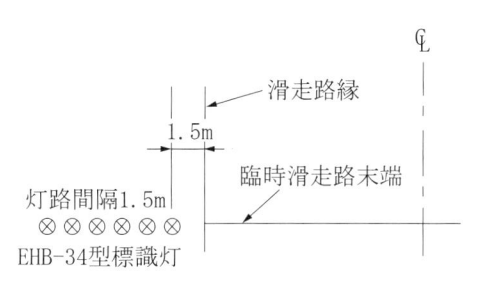

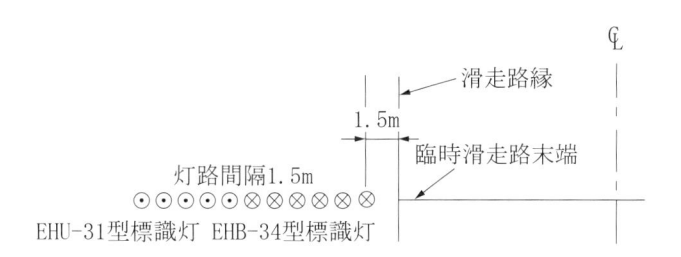

```
                                    ℄
                           ┌滑走路縁
                     1.5m
            灯路間隔1.5m     臨時滑走路末端
            ⊗⊗⊗⊗⊗
            EHB-34型標識灯

                    非精密進入滑走路の場合


                                    ℄
                           ┌滑走路縁
                     1.5m
            灯路間隔1.5m     臨時滑走路末端
            ⊙⊙⊙⊙⊙⊗⊗⊗⊗⊗
            EHU-31型標識灯 EHB-34型標識灯

                    精密進入滑走路の場合
```

別図(4)　臨時滑走路末端灯

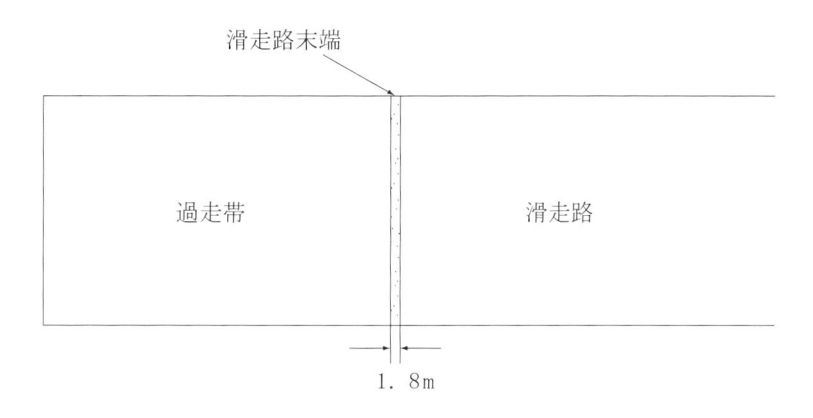

```
                    滑走路末端
        ┌─────────┬─────────┐
        │         │         │
        │  過走帯  │  滑走路  │
        │         │         │
        └─────────┴─────────┘
                  │←1.8m→│
```

別図(5)　滑走路末端仮標識（白色又は黄色）

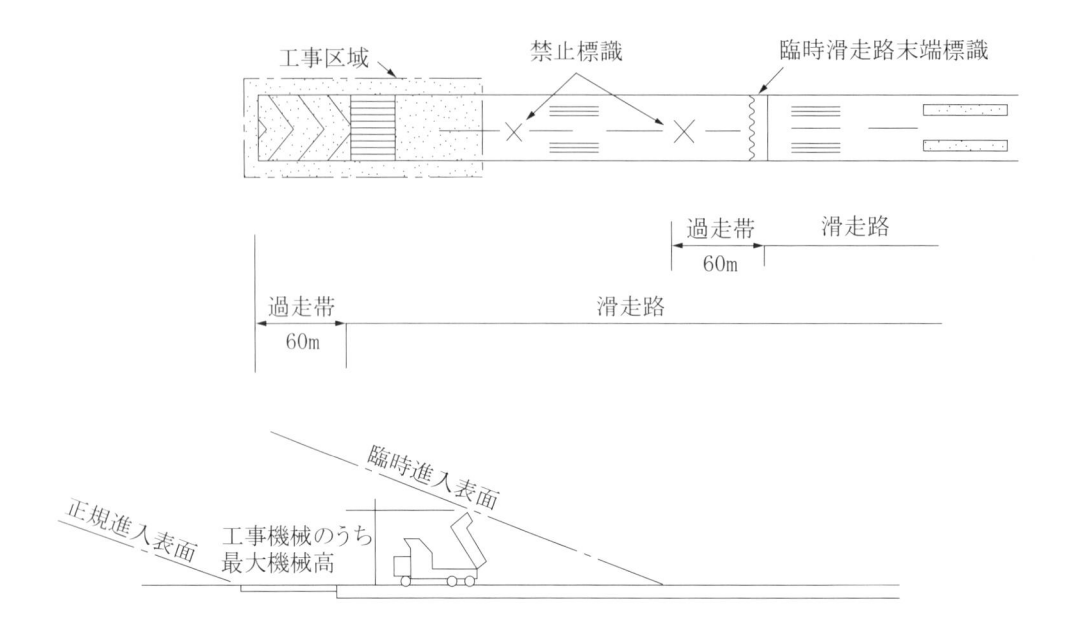

備考
　　工事区域が臨時滑走路末端に接近する場合は航空機のブラストの影響も考慮しなければならない。

別図(6)　滑走路の長さの短縮制限標準方法

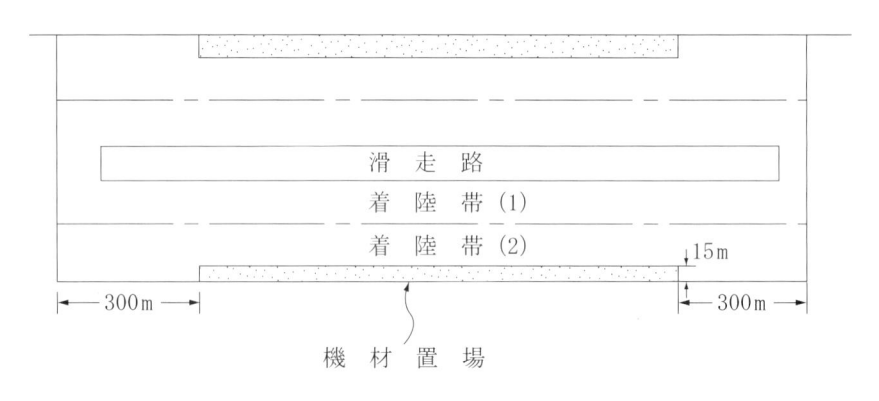

別図(7)　工事用機材置場位置図

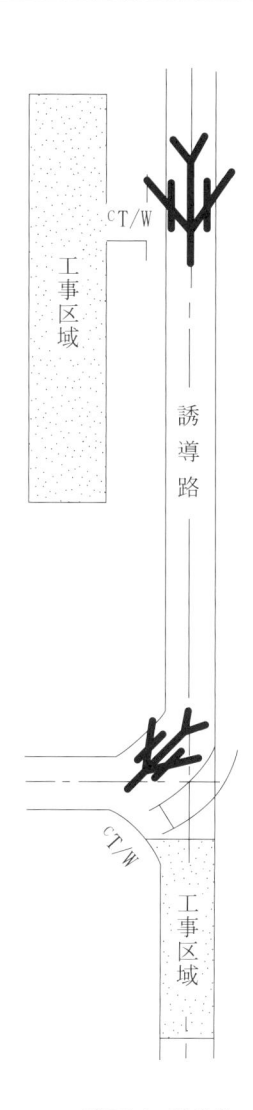

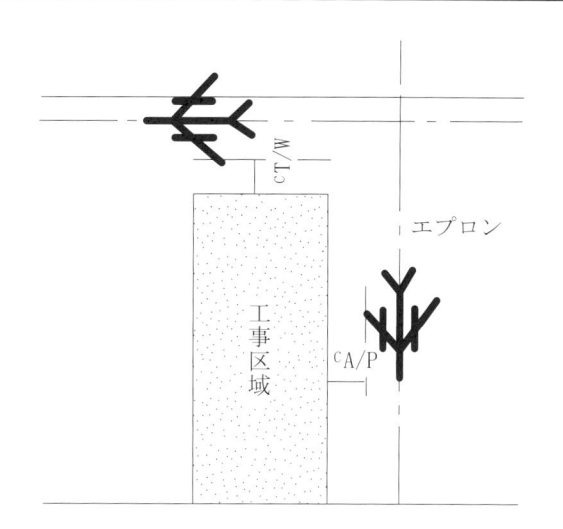

航空機コード	ᶜT/W	ᶜA/P
A	8.75m 以上	4.5m 以上
B	9.5m 以上	4.5m 以上
C	8m 以上	6.5m 以上
D	14.5 以上	10m 以上
E	15m 以上	10m 以上
F	15m 以上	10.5m 以上

ᶜT/W：誘導路を通行する最大航空機と工事区域の
　　　クリアランス（エプロン誘導路を含む）
ᶜA/P：エプロンを通行する最大航空機と工事区域
　　　のクリアランス

別図(8)　誘導路、誘導路帯およびエプロンにおける工事区域設定標準図

付録-2　制限区域内工事実施要領

様式(1)

年　月　日
○○航空局

運航制限の年間予定表

空港名	工事名	工事発注者	制限予定の内容			── 制限期間　　----- 工事期間												備考
			施設名	施設制限	時間制限	4月	5	6	7	8	9	10	11	12	1	2	3	

(注)　1．制限内容が関係機関との協議のうえ決定しているものについては、その旨備考欄に記入すること。
　　　2．予定が困難な場合は、その旨備考欄に記入すること。

様式(2)

年　月　日
○○航空局

運航制限実施計画表

空港名	工事名	工事発注者	制限予定の内容			── 制限期間　　----- 工事期間												備考
			施設名	施設制限	時間制限	4月	5	6	7	8	9	10	11	12	1	2	3	
○○空港	AR/W嵩上工事	○○地方整備局	AR/W	全長制限	22:00～07:00													運用時間24時間
||| CT/W	AR/W縁より75m制限	〃														
	排水管渠工事	〃	BR/W	14側1,000m短縮	24時間												

(注)　1．平面図を添付すること。
　　　2．本省航空局長に上申する場合、下記資料を添付すること。
　　　　(1)　工事概要（平面図及び主要標準構造図を含む）
　　　　(2)　工事期間中における臨時飛行場標識等
　　　　(3)　関係機関との協議の概要
　　　　(4)　その他

様式(3)

工事案内板の様式

案内板の大きさは、およそ縦90cm、横180cmとする。

掲示する内容は下記のとおりとする。

1．工事件名
2．工事期間
3．工事概要
4．工事発注者名及び工事請負者名
5．工事略図（主要工事及び工事区域を明示。）

(例)

工　事　案　内　板

1．○○空港エプロン拡張その他工事　　　　　　　工　事　略　図

2．工事期間
　　自　平成○○年○○月○○日
　　至　平成○○年○○月○○日

4．工事発注者　　　○○地方整備局○○工事事務所　Tel.　000-000
　　工事請負者　　　○○建設株式会社○○支店　　　Tel.　000-000

約90cm

約180cm

付録2-13

付録-3　提出書類

1. 提出書類　　　　　　　　　　　　付録3-1
　様式-1　現場代理人等通知書 …………付録3-2
　様式-2　請負代金内訳書 ………………付録3-3
　様式-3　工程表、変更工程表 …………付録3-4
　様式-5　請　求　書 ……………………付録3-5
　様式-7　品質証明員通知書 ……………付録3-6
　様式-8　施工体制台帳 …………………付録3-7
　様式-9　工事打合せ簿 …………………付録3-9
　様式-10　材料確認書 ……………………付録3-10
　様式-11　段階確認書 ……………………付録3-11
　様式-12　確認・立会依頼書 ……………付録3-12
　様式-13　事　故　速　報 ………………付録3-13
　様式-14　工事履行報告書 ………………付録3-14
　様式-16　指定部分完成通知書 …………付録3-15
　様式-17　指定部分引渡書 ………………付録3-16
　様式-18　工事出来高内訳書 ……………付録3-17
　様式-19　請負工事既済部分検査請求書 …付録3-18
　様式-20　修補完了報告書 ………………付録3-19
　様式-21　修補完了届 ……………………付録3-20
　様式-22　部分使用承諾書 ………………付録3-21
　様式-23　工期延期届 ……………………付録3-22
　様式-24　支給品受領書 …………………付録3-23
　様式-25　支給品精算書 …………………付録3-24
　様式-28　現場発生品調書 ………………付録3-25
　様式-29　完成通知書 ……………………付録3-26
　様式-30　引　渡　書 ……………………付録3-27
　様式-A　工　事　日　報 ………………付録3-28
　様式-B　工事旬（月）報 ………………付録3-28

1. 提出書類

提出図書、書式、部数、期限等は、監督職員の指示を受けて提出する。参考として、次に提出図書名および主な書式を示す。

工事関係書類の標準様式

No.	書 類 名 称
様式-1	現場代理人等通知書
様式-2	請負代金内訳書
様式-3	工程表、変更工程表
様式-5	請求書
様式-7	品質証明員通知書
様式-8	施工体制台帳
様式-9	工事打合せ簿
様式-10	材料確認書
様式-11	段階確認書
様式-12	確認・立会依頼書
様式-13	事故速報
様式-14	工事履行報告書
様式-16	指定部分完成通知書
様式-17	指定部分引渡書
様式-18	工事出来高内訳書
様式-19	請負工事既済部分検査請求書
様式-20	修補完了報告書
様式-21	修補完了届
様式-22	部分使用承諾書
様式-23	工期延期届
様式-24	支給品受領書
様式-25	支給品精算書
様式-28	現場発生品調書
様式-29	完成通知書
様式-30	引渡書
様式-A	工事日報*
様式-B	工事旬（月）報*

国土交通省の工事関連の提出書類の様式は次のURLに記載されている。

「www.nilim.go.jp」→研究成果・技術情報→工事関連の様式集→「土木工事共通仕様書」を適用する請負工事に用いる帳票様式

（注）＊ 上記のURLには記載されていない。

様式-1　現場代理人等通知書

様式-1

現場代理人等通知書

年月日：

（発注者）殿

（受注者）　　　　　　　　印

　　　年　　月　　日付けをもって請負契約を締結した　　　　　　　工事について工事請負契約書第10条に基づき現場代理人等を下記のとおり定めたので別紙経歴書を添えて通知します。

記

現場代理人氏名

主任技術者又は
監理技術者氏名※

専門技術者氏名

※「資格者証（写し）」を添付する。

様式-1　現場代理人等通知書

様式-2　請負代金内訳書

様式－2

年月日：

（発注者）殿

（受注者）　　　　　　　　　　　印

請負代金内訳書

工事名
契約年月日
工　期　　　　　　　　　　～　　　　　　　　　　　　　迄

費　目	工　種	種　別	細　別	規　格	単　位	員　数	単　価	金　額

様式-3 工程表、変更工程表

様式-3(1)

工 程 表

年月日：

(発注者)　　　　　　　　殿

工事名
工　期　自　　　　　　至　　　　　　　　　　　　(受注者)　　　　　　　印

工種＼月日	月			月			月			月			月			月			月
	1	11	21	1	11	21	1	11	21	1	11	21	1	11	21	1	11	21	

記載要領　1　工種は工事数量総括表の工種を記載する。(工種以外でも必要なものは、記載する。)
　　　　　2　予定工程は黒実線をもって表示する。

様式-3(2)

変 更 工 程 表

年月日：

(発注者)　　　　　　　　殿

工事名
工　期　自　　　　　　至　　　　　　　　　　　　(受注者)　　　　　　　印
変更工期自　　　　　　至

工種＼月日	月			月			月			月			月			月			月
	1	11	21	1	11	21	1	11	21	1	11	21	1	11	21	1	11	21	

記載要領　1　工種は工事数量総括表の工種を記載する。(工種以外でも必要なものは、記載する。)
　　　　　2　当初契約の工程は黒実線をもって表示する。また、変更契約の工程は下段に黒点線もしくは赤実線をもって表示する。

様式-5　請求書

様式-5（1）

年月日：

請求書（　　　　　　　　　）

支出官又は資金前渡官吏（官職氏名）
　　　　　　　　殿

　　　　　　　　　　　　　　　　請求者　　（住所）

　　　　　　　　　　　　　　　　　　　　　（氏名）　　　　　　　印

下記のとおり請求します。

　　請求金額　¥

ただし、次の工事の　　　　　　　　　　　　）として

工事名

契約日

契約金額　¥

振込希望金融機関名　　　　　　　　　　○銀行　○金庫　　　　　店

預金の種別

口座番号

口座名義

フリガナ

振込指定コード番号

　　　　（注）1.（　）には前払金、中間前払金、部分払金、指定部分完済払金、
　　　　　　　　完成代金の別を記入すること。
　　　　　　2. 部分払金を請求する場合は、請求内訳書（部分払の場合又は国債
　　　　　　　　部分払の場合）を添付すること。
　　　　　　3. 指定部分完済払代金を請求する場合には、請求内訳書（指定部分
　　　　　　　　払の場合）を添付すること。

様式-7　品質証明員通知書

様式-7

品 質 証 明 員 通 知 書

年月日：

（発注者）　殿

（受注者）　　　　　　　　　　　印

　　年　　月　　日付けをもって請負契約を締結した　　　　　工事の品質証明員を下記のとおり定めたので、資格及び経歴を添えて通知します。

記

品質証明員氏名

生年月日

資格

経歴

工事名	職名	工期	従事期間
計			

※「資格者証（写し）」を添付する。

様式-8　施工体制台帳

様式－8(1)
《参考》　　　　　　　　　　　　　　　　　　　　　年月日：

施工体制台帳　様式例-1

施 工 体 制 台 帳

[会 社 名]　　　　　　　　　　　　　　　　　　　　　　　　　　　　　　
[事業所名]　　　　　　　　　　　　　　　　　　　　　　　　　　　　　　

建設業の許可	許可業種	許可番号		許可（更新）年月日
	工事業	大臣　特定 知事　一般	第　　　　号	年　　月　　日
	工事業	大臣　特定 知事　一般	第　　　　号	年　　月　　日

工事名称 及び 工事内容	
発注者名 及び 住　所	〒
工　期	自　　　　　年　　月　　日 至　　　　　年　　月　　日　　契約日　　　　　年　　月　　日

契約営業所	区分	名　　称	住　　所
	元請契約		
	下請契約		

健康保険等の加入状況	保険加入の有無	健康保険	厚生年金保険	雇用保険
		加入　未加入 適用除外	加入　未加入 適用除外	加入　未加入 適用除外
	事業所 整理記号 等	区　分　営業所の名称	健康保険　厚生年金保険	雇用保険
		元請契約		
		下請契約		

発注者の 監督員名		権限及び意見 申出方法	

監督員名		権限及び意見 申出方法	
現　場 代理人名		権限及び意見 申出方法	
監　理 技術者名	専任 非専任	資格内容	
専　門 技術者名		専　門 技術者名	
資格内容		資格内容	
担　当 　工事内容		担　当 　工事内容	

付録3-7

（記入要領）
1 上記の記載事項が発注者との請負契約書や下請負契約書に記載ある場合は、その写しを添付することにより記載を省略することができる。
2 監理技術者の配置状況について「専任・非専任」のいずれかに○印を付けること。
3 専門技術者には、土木・建築一式工事を施工する場合等でその工事に含まれる専門工事を施工するために必要な主任技術者を記載する。（監理技術者が専門技術者としての資格を有する場合は専門技術者を兼ねることができる。）
4 健康保険等の加入状況の記入要領は次の通り。
　① 各保険の適用を受ける営業所について、届出を行っている場合には「加入」、行っていない場合（適用を受ける営業所が複数あり、そのうち一部について行っていない場合を含む）は「未加入」に○印を付けること。元請契約又は下請契約に係る全ての営業所で各保険の適用が除外される場合は「適用除外」に○を付けること。
　② 元請契約欄には元請契約に係る営業所について、下請契約欄には下請契約に係る営業所について記載すること。なお、元請契約に係る営業所と下請契約に係る営業所が同一の場合には、下請契約の欄に「同上」と記載すること。
　③ 健康保険の欄には、事業所整理記号及び事業所番号（健康保険組合にあっては組合名）を記載すること。一括適用の承認に係る営業所の場合は、本店の整理記号及び事業所番号を記載すること。
　④ 厚生年金保険の欄には、事業所整理記号及び事業所番号を記載すること。一括適用の承認に係る営業所の場合は、本店の整理記号及び事業所番号を記載すること。
　⑤ 雇用保険の欄には、労働保険番号を記載すること。継続事業の一括の認可に係る営業所の場合は、本店の労働保険番号を記載すること。

様式-9　工事打合せ簿

様式-9

工事打合せ簿

発議者	□発注者　　□受注者	発議年月日	
発議事項	□指示　　□協議　　□通知　　□承諾　　□報告　　□提出 □その他　（　　　　　　　　　　　　　　　　　　　　　　　）		
工事名			

（内容）

添付図　　　　　葉、その他添付図書

処理・回答	発注者	上記について　□指示　□承諾　□協議　□提出　□受理　します。 □その他（　　　　　　　　　　） 　　　　　　　　　　　　　　　　年月日：
	受注者	上記について　□承諾　□協議　□提出　□報告　□受理　します。 □その他（　　　　　　　　　　） 　　　　　　　　　　　　　　　　年月日：

総括監督員	主任監督員	監督員

現場代理人	主任(監理)技術者

様式-10　材料確認書

様式－10

材　料　確　認　書

年月日：

工事名　_____

標記工事について、下記の材料について確認されたく提出します。

記

材料名	品質規格	単位	搬入数量	確　認　欄				備考
				確認年月日	確認方法	合格数量	確認印	

主　任 監督員	監督員

現　場 代理人	主　任 (監理) 技術者

様式-10　材料確認書

様式-11　段階確認書

様式-11

段 階 確 認 書
施 工 予 定 表

年月日：

特記仕様書第　　　条に基づき、下記のとおり施工段階の予定時期を報告いたします。

工事名　　　　　　　　　　　　受注者名：
　　　　　　　　　　　　　　　現場代理人名等：　　　　　　印

種　別	細　別	確認時期項目	施工予定時期	記　事

年月日：

通　知　書

下記種別について、段階確認を行う予定であるので通知します。
監督職員名：

確認種別	確認細別	確認時期項目	確認時期予定日	確認実施日等

年月日：

確　認　書

上記について、段階確認を実施し確認した。

監督職員名：　　　　　　印

様式-12　確認・立会依頼書

様式-12

確認・立会依頼書

主　任　監督員	監督員

現　場代理人	主　任（監理）技術者

確認・立会事項

工事名　　　　　　　　　　　　　　　　　年月日：

　　　下記について　　確　認　・　立　会　　されたく提出します。

記

工　　種	
場　　所	
資　　料	
希望日時	時

確認立会員		
実施日時	時	
記　　事		

付録3-12

様式-13　事故速報

様式-13

事　故　速　報（第　　　報）

情報の通報者名	（受注者名、第三者名等）		

平成　　年　　月　　日　　時　　分受

発信者		受信者	
事故発生月日	平成　　年　　月　　日（　）　　時　　分	天候(温度)	
事故発生場所			
工事名			
工期	平成　年　　月　　日から 平成　年　　月　　日まで	契約区分	本　官　・　分任官
受注者名			

事故の内訳	氏　名	年　齢	性　別	職　種	被害の程度	備　考（病院名等）

事故の概要	※事故の原因、経緯、処置等

備考	※関係機関（労働基準監督署、警察署等）対応状況 ・被災者の装備、自然環境の状況（河川水位等） ・下請負人等の商号又は名称 ・物的被害の場合は、規模、被害額等 ・連絡先等

※　①この様式はA4で使用し、事故現場の平面図及び簡単な状況図を添付すること。
　　②工事事故発生確認後、直ちに電話により担当部署に連絡する。また、状況を把握でき次第、早急にメール又はFAXで担当部署に本様式により報告を行うものとし、更に詳細な状況が把握された段階で逐次報告するものとする。

様式-14　工事履行報告書

様式－14

工 事 履 行 報 告 書

工事名	
工期	～
日付	（　　　月分）

月　別	予定工程　％ （　）は工程変更後	実施工程　％	備　考

（記事欄）

主任 監督員	監督員

現　場 代理人	主　任 （監理） 技術者

様式-14　工事履行報告書

様式-16　指定部分完成通知書

様式－16

　　　　　　　　　　　　　　　　　　　　　　　　　　年月日：

支出又は分任支出負担行為担当官（官職氏名）
　　　殿

　　　　　　　　　　　　　　　　　（受注者）　　　　　　　　　　　　印

指 定 部 分 完 成 通 知 書

　　　下記工事の指定部分は、　　年　　月　　日　　をもって完成したので工事請負契約書第31条第1項に基づき通知します。

　　　　　　　　　　　　　　　　　記

工事名

工　期　　自　　　　　　　　　　　　　　至

請負代金額　￥

指定部分工期　　自　　　　　　　　　　　　至

指定部分に対する請負代金額　￥

（注）　国庫債務負担行為に基づく契約の場合は請負代金額欄の下段に各年度の出来高
　　　　予定額を記入すること。
　　　【記載例】
　　　　（出来高予定額）　　平成〇〇年度　　　￥　　△△△
　　　　　　　　　　　　　　　　〜　　　　　　　　　〜
　　　　　　　　　　　　　平成□□年度　　　￥　　×××

様式-17　指定部分引渡書

様式－17

　　　　　　　　　　　　　　　　　　　　　　　　　　年月日：

支出又は分任支出負担行為担当官（官職氏名）
　　　殿

　　　　　　　　　　　　　　　　　　（受注者）　　　　　　　　　　印

指 定 部 分 引 渡 書

下記工事の指定部分を工事請負契約書第38条第1項に基づき引渡します。

工　　事　　名	
指　定　部　分	
全　体　工　期	自　　　　　　　　　　　　至
指定部分に係る工期	自　　　　　　　　　　　　至
請　負　代　金　額	¥
指定部分に係る請負代金額	¥
指定部分に係る検査年月日	

様式-18　工事出来高内訳書

様式-18

工事出来高内訳書

○○○○○○○工事　　　　　　　　　　　　　　　　　　　　　　　　　　　　○○○○建設株式会社　○○支店

費目	工種	種別	単位	契約数量(A)	構成比(B)	前回までの出来形数量	今回出来形数量	今回までの出来形累計数量(C)	残数量	出来形比率(D) %	摘要
直接工事費											
共通仮設費											

様式-19　請負工事既済部分検査請求書

様式－19

年月日：

支出又は分任支出負担行為担当官（官職氏名）
　　　殿

（受注者）　　　　　　　　　印

請負工事既済部分検査請求書

工事請負契約書第37条第2項により既済部分検査を請求します。

記

工　事　名	
工　期	自
	至

様式-20　修補完了報告書

様式－20

年月日：

監督職員（官職氏名）　　殿

（現場代理人氏名）　　　　　印

　　年　　月　　日　の（　　　　　　　　　）検査において、修補指示されました部分につきましては、下記のとおり完了しましたので報告します。

修補完了報告書

工事名	

検査職員の修補指示箇所及び修補内容

（注）本文（　　　　）内には検査種類を記入する。

付録3-19

様式-21　修補完了届

様式－21

　　　　　　　　　　　　　　　　　　　　　　　　　　　年　　月　　日

支出又は分任支出負担行為担当官（官職氏名）

　　　　　　　　　　殿

　　　　　　　　　　　　　　　（受注者）

　　　　　　　　　　　　　　　　　　　　　　　　　　　　　　　　印

修　補　完　了　届

　　　　　　年　　月　　日　　の（　　　）検査において、指示されました
修補部分については、下記のとおり完了しましたのでお届けいたします。

　　　　　　　　　　　　　　　記

工　事　名
契　約　額
工　事　場　所
契　　　約　　　　　　　　　　　年　　　月　　　日
期　　　限　　　　　　　　　　　年　　　月　　　日
完　　　了　　　　　　　　　　　年　　　月　　　日
修補、改造箇所

（注）本文（　　　　）内には検査種類を記入する。

様式-22　部分使用承諾書

様式－22

　　　　　　　　　　　　　　　　　　　　　　　　年月日：

受信者：「受注者名」又は『支出又は分任支出負担行為担当官（官職氏名）』
　　　　　　殿

発信者：『支出又は分任支出負担行為担当官（官職氏名）』又は『受注者名』
　　　　　　　　　　　　　　　　　　　　　　　　　　　　　　印

工事の部分使用について

　標記について、下記のとおり部分使用することを、工事請負契約書第33条第1項に基づき（　協議　・　承諾　）する。

記

1. 使用目的

2. 使用部分

3. 使用期間　　自
　　　　　　　　至

4. 使用者

5. その他

（注）1.（協議・承諾）には、いずれかに印をつける。
　　　2. 協議の場合は、受信者を「受注者名」、発信者を「支出又は分任支出負担行為担当官（官職氏名）」として、発注者が作成する。
　　　3. 承諾の場合は、受信者を『支出又は分任支出負担行為担当官（官職氏名）』、発信者を『受注者名』として、受注者が作成する。

付録－3　提出書類

様式-23　工期延期届

様式－23

年月日：

支出又は分任支出負担行為担当官（官職氏名）
　　　　殿

（受注者名）　　　　　　　印

工　期　延　期　届

工事請負契約書第21条による工期の延長を下記のとおり請求します。

記

工　事　名	
契　約　月　日	
工　　　期	自 至
延　長　工　期	自 至
理　　　由	

(注)
1　必要により下記書類を添付すること。
　a　工程表（契約当初工程と現在迄の実際の工程及び延長工程の3工程を対象させ、詳細に記入）
　b　天候表、気温表、湿度表、雨量表、積雪表、風速表等工期中と過去の平均とを対照し最寄気象台等の証明等をうけること。
　c　写真、図面等
2　理由は詳細に記入すること。

様式-24

支　給　品　受　領　書

物品又は分任物品管理官（官職氏名）
　　　　　　　殿

　　　　　　　　　　　　　　　　　　　年月日：

　　　　　　　　　　　　　受注者　（住所）

　　　　　　　　　　　　　　　　（氏名）
　　　　　　　　　　　　　（現場代理人氏名）　　　　　　　　　　　印

下記のとおり支給品を受領しました。

記

工事名						契約年月日	
品　目	規　格	単　位	数　量			備　考	
			前回まで	今　回	累　計		

様式-25　支給品精算書

様式-25

支 給 品 精 算 書

年月日：

物品又は分任物品管理官（官職氏名）
　　　　　　　　　　　　　　　殿

受注者　　（住所）

（氏名）
（現場代理人氏名）　　　　　　　　　印

下記のとおり支給品を精算します。

記

工　事　名			契約年月日		
品　　目	規　格	単位	数　　　　　量		備　　考
			支給数量 | 使用数量 | 残数量		

※主任監督員証明欄	上記精算について調査したところ事実に相違ないことを証明する。 年月日： （官職氏名）　　　　　　　印	※物品管理簿登記 印

（注）　※は主任監督員が記入する。

様式-28　現場発生品調書

様式−28

年月日：

物品又は分任物品管理官（官職氏名）
　　　　　殿
　　　　　　　　　　　受注者　（住所）

　　　　　　　　　　　　　　　（氏名）
　　　　　　　　　　　（現場代理人氏名）　　　　　　　　　印

現　場　発　生　品　調　書

　　年　　月　　日　付けをもって請負契約を締結した　　　　　　工事
における下記の発生品を引き渡します。

記

品　　名	規　　格	単位	数　　量	摘　　要

様式-29　完成通知書

様式－29

年月日：

支出又は分任支出負担行為担当官（官職氏名）
　　　　殿

(受注者)　　　　　　　　　　　　　　印

完　成　通　知　書

　下記工事は　　年　　月　　日　をもって完成したので工事請負契約書第31条第1項に基づき通知します。

記

1. 工　事　名

2. 請負代金額　￥

2. 契約年月日

4. 工　　期　自　　　　　　　　　　至

（注）本文の年月日は実際に完成した年月日を記載する

様式-30

年月日：

支出又は分任支出負担行為担当官（官職氏名）
　　殿

（受注者）　　　　　　　　　印

引　渡　書

下記工事を工事請負契約書第31条第4項に基づき引渡します。

1. 工　事　名

2. 請負代金額　￥

3. 検査年月日

様式-A 工事日報

工事日報No.		搬入材料（主要）
監督職員		
	天候	
工事名	請負者	

作業実施状況　　作業時間
　　　　　　　　作業責任者

作業予定

使用材料（主要）

監督職員指示事項

請負者確認印

連絡事項

様式-B 工事旬（月）報

工事旬（月）報

工事名	
期間	自 平成　年　月　日 / 至 平成　年　月　日
工期	自 平成　年　月　日 / 至 平成　年　月　日
監督職員	請負者 現場代理人

今旬（月）の作業実施状況

翌旬（月）の作業予定

搬入材料（主要）

使用材料（主要）

監督職員指示事項

請負者確認印

付録-4　施工計画手引書

第1章　一般事項　　　　　　　　　　付録4-1
　1.1.1　目　　的……………………付録4-1
　1.1.2　適用範囲……………………付録4-1

第2章　施工計画書　　　　　　　　　付録4-2
　2.1.1　基本的事項…………………付録4-2
　2.1.2　提出の時期…………………付録4-2
　2.1.3　施工計画書…………………付録4-2
　2.1.4　品質計画……………………付録4-3
　2.1.5　監督職員の承諾……………付録4-4
　2.1.6　施工計画書の記載例………付録4-4
　　Ⅰ．工事概要………………………付録4-5
　　Ⅱ．現場管理………………………付録4-5
　　Ⅲ．施工管理………………………付録4-10
　　Ⅳ．安全管理体制…………………付録4-12

第1章 一般事項

1.1.1 目　　的

　　この手引書は、国土交通省航空局、地方航空局、航空交通管制部および航空保安大学校等が施工する航空無線工事等の適正化を図るため、工事施工計画書の作成について、基本的な事項を定めることを目的とする。

1.1.2 適用範囲

　　この手引書は、航空無線工事等に適用する。

第2章　施工計画書

2.1.1　基本的事項

施工計画書は、受注者が工事の着工に先立ち、当該工事で実際に施工することを具体的な文書にし、そのとおりに施工すると約束したものとなる。施工計画書は、共通仕様書、設計図書、各施工業者の施工要領書等の単純な転記とせず、当該工事に適合したものとする。記載内容は、工期、使用機器、施工方法、品質計画、安全・環境対策、工程計画、養生計画等とする。

2.1.2　提出の時期

施工計画書の提出時期は、工事着工前および各工程の施工前とし、十分余裕を持って監督職員に提出する。

2.1.3　施工計画書

施工計画書は工事種別、工事規模、現場の状況、施工の難易等を勘案し、主に次の事項等について記載する。施工計画書には次の2種類がある。

(a)　総合施工計画書

工事の着手に先立ち、総合的な計画書として受注者によって作成される。総合仮設を含めた工事の全般的な進め方や、主要工事の施工方法、品質目標と管理方針、重要管理事項等の大要を定める。記載の要点は、次による。

(1)　請負者の組織（組織表）
　　(イ)　現場施工体制（現場職員構成、工種別責任者、電気保安技術者）
　　(ロ)　現場安全・衛生管理体制（統括安全衛生責任者等）
(2)　現場仮設計画
　　(イ)　仮設建物の大きさおよび位置
　　(ロ)　電力、電話、給排水、ガス等の引込みならびに火を扱う場所
　　(ハ)　工事施工のための仮設（揚重、運搬、ストックヤード、養生等）
(3)　予想される災害、公害の種類および対策
(4)　出入口の管理
　　(イ)　関係者以外の立入禁止
　　(ロ)　出入口の交通安全
(5)　危険個所の点検方法
(6)　緊急時の連絡方法（掲示）
(7)　火災予防（消火器、すいがら入れ等）
(8)　夜間警戒（火災、盗難、安全の必要な時期および範囲）

(b)　工種別施工計画書

工種別施工計画書は、品質計画、一工程の施工の確認を行う段階および施工の具体的な計画を定めたもので、原則として設計図書と相違があってはならない。しかし、工種別施工計画書には、設計図書に明示されていない施工上必要な事項、あるいは所定の手続きにより設計図書と異なる施工を行う事項についても記載をしなければならない。品質計画で記載する内容としては、「使用機材」「仕上げの程度」「性能」「精度等の目標」「品質管理および体制」等があり、個別の工事における作業のフロー、管理項目、管理水準、管理方法、監理者・管理者の確認、管理資料・記録等を記載した管理表等に基づいて具体的に記載する。記載の要点は、次による。

(1) 工事一般
　(イ) 建築、機械設備工事等との施工区分
　　(i) 梁貫通口、壁・床開口およびその補強
　　(ii) 盤類等の基礎等
　　(iii) 自動制御用配線
　　(iv) 電気事業者等の施工区分
　(ロ) 機材等の搬入方法（時期、方法、養生等）
　(ハ) 機材等の保管場所
　(ニ) 作業場所（位置、面積、足場）
　(ホ) 作業工具と工法
　(ヘ) 施工に必要な資格者（第1種・第2種電気工事士、溶接工、消防設備士等）
(2) 配管配線工事
　(イ) コンクリート埋設配管
　　(i) 管相互の接続方法
　　(ii) 管とボックス類の接続方法
　　(iii) 鉄筋等への結束方法およびその間隔
　　(iv) 管相互および管と型枠との間隔
　　(v) 平面打継ぎ部分の養生方法等
　　(vi) ボンディングの要否およびその種類、方法
　(ロ) 天井内等隠ぺい配管および露出配管
　　(i) 支持金物の種類および支持方法
　　(ii) 支持間隔
　　(iii) 防火区画貫通部の処理方法
　　(iv) 外壁貫通部の防水処理方法
　　(v) 塗装の要否、種別、方法、色別等
　　(vi) ボンディングの要否およびその種類、方法
　(ハ) 配線
　　(i) 電線の種類およびその色別
　　(ii) 心線相互の接続方法
　　(iii) 接続部分の絶縁処理方法
　　(iv) 耐火電線等の接続、その耐火処理方法等
(3) 機器据付工事
　(イ) 機器の支持および機器の据付方法（アンカー、据付精度等）
　(ロ) 関連工事の別途機器との取合い条件等
　(ハ) 機器据付け後の養生
(4) 接地工事
(5) 耐震施工
(6) 試験、検査（種類、方法）
(7) 試運転調整等（種類、方法）

2.1.4　品質計画

　2.1.1にあるように、請負者は工事に先立って、施工計画書で品質計画を作成し、監督職員はこれを検

討・調整して承諾することにより、発注者と施工者の合意による品質が定まり、施工が行われる。監督職員の承諾のない品質計画により作業が行われることのないよう、監督職員は速やかに計画の内容を検討し承諾する必要がある。

2.1.5 監督職員の承諾

施工計画書には受注者の責任において実施する仮設計画等が記載されている。監督職員が提出された施工計画書を承諾するのは、「品質計画」に関する部分であり、その他については承諾を必要としない。

2.1.6 施工計画書の記載例

記載例を以下に示す。

(記載例)

平成○○年○月○日

施 工 計 画 書

工事名

工事場所

請負会社名

作成年月日　　　　　　　　　平成○○年○月○日

監督職員（航空局）

現場代理人

計画修正状況表

年 月 日	記　　事	職員確認

Ⅰ. 工事概要

1. 契約内容

工事名

契約番号・年月日

工期　　　　　　自　平成　　年　　月

　　　　　　　　至　平成　　年　　月

工事場所

請負業者名

現場代理人

主任技術者

2. 工事概要及び関連工程

（工事概要）　　（関連工事）

Ⅱ. 現場管理

1. 管理要員体制

担　　　務		氏　　名	年　齢	備　考
現場代理人				
主任技術者				
総括安全責任者				
工程管理	正			
	副			
物品管理	正			
	副			
危険物　責任者	正			
火気取締	副			

工　程　名	作業班別責任者 （安全責任者）	年　齢	会　社　名

2. 作業班の構成

班名 _____

担　務	氏　名	年齢	経験年数	血液型	備　考

班名 _____

担　務	氏　名	年齢	経験年数	血液型	備　考

3．有資格者配置状況

資　格　等	氏　　　名		氏　　　名	
電気工事士				
電気主任技術者				
ガス溶接作業責任者				
溶接作業者				
酸素欠乏危険作業主任者				
酸素欠乏危険作業者				
デリック運転者				
玉掛作業者（1t以上）				
玉掛作業者（1t未満）				
足場組立作業主任者				
危険物取扱者				
地山掘削作業主任者				
鉄筋組立作業主任者				
土木施工管理技士				
造園施工管理技士				
管工事施工管理技士				
建設機械施工技士				
建築施工管理技士				
電気工事施工管理技士				
陸上無線技術士				

付録4-7

4．現場事務所設営
 (1) 管理責任者

 (2) 所在地略図

種別	所在地	ＴＥＬ	期　間	記　事
事務所				
倉庫				

 (3) 盗難・火災等の予防対策

5．資材管理
　(1) 官給機器
　　　(ア) 管理責任者

　　　(イ) 保管場所

　　　(ウ) 管理方法

　　　(エ) 盗難・事故防止対策

　(2) 資材
　　　(ア) 入荷時期
　　　　　仮設物品
　　　　　ケーブル関係
　　　　　その他
　　　(イ) 検査願提出時期
　　　　　入荷次第、材料検査願により現場監督官の検査を受けます。

6．各種届・願
　(1) 保険関係成立届

　(2) 道路使用許可申請書

　(3) 道路通行許可申請書

　(4) 特定建設作業実施届書

　(5) その他

Ⅲ. 施工管理
  1．工事予定線表

  2．特記事項
   (1) 工事の特徴

   (2) 工事の留意事項

  3．保守者との連絡、打合せ

  4．品質向上対策
   (1) 工法の指導

   (2) 社内検査

   (3) 工事障害防止対策

5．主要工程実施時期及び施工者
　(1)　施工工程、時期、施工者名

施　工　工　程	時　　期	施　工　者

　(2)　現場管理体制

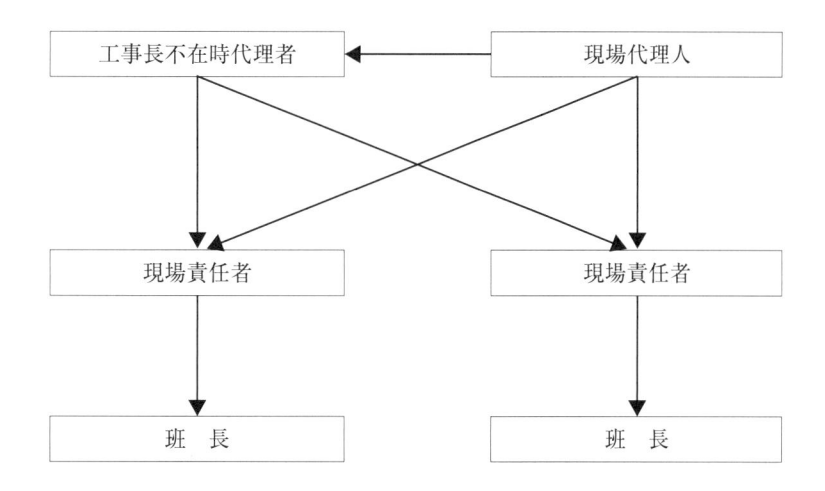

```
        ┌──────────────┐         ┌──────────────┐
        │ 工事長不在時代理者 │◄────────│   現場代理人   │
        └──────────────┘         └──────────────┘
                │  ╲           ╱        │
                │   ╲         ╱         │
                │    ╲       ╱          │
                ▼     ╲     ╱           ▼
        ┌──────────────┐         ┌──────────────┐
        │   現場責任者   │         │   現場責任者   │
        └──────────────┘         └──────────────┘
                │                        │
                ▼                        ▼
        ┌──────────────┐         ┌──────────────┐
        │    班　　長    │         │    班　　長    │
        └──────────────┘         └──────────────┘
```

　　(ｱ)　定期打合せ

　　(ｲ)　作業打合せ

　　(ｳ)　巡回指導

付録4-11

Ⅳ. 安全管理体制

1. 安全管理組織表

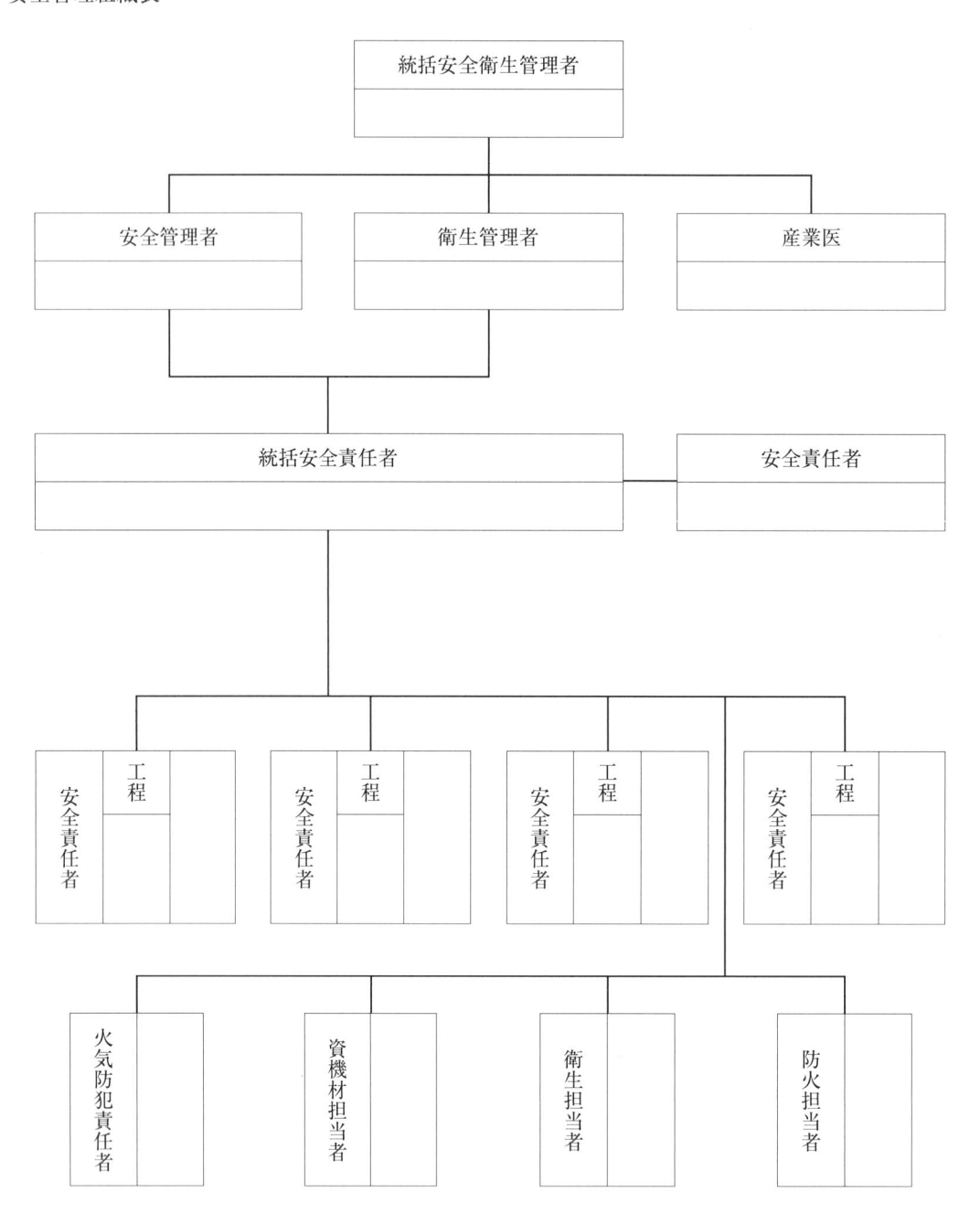

```
                        統括安全衛生管理者
            ┌───────────────┼───────────────┐
        安全管理者         衛生管理者          産業医
            │
            │
    ┌───────┴───────────────────────┐
 統括安全責任者                    安全責任者
            │
    ┌───────┬───────┬───────┐
 安全責任者  安全責任者  安全責任者  安全責任者
   工程      工程      工程      工程
                      │
        ┌───────┬───────┬───────┐
   火気防犯    資機材    衛生      防火
   責任者    担当者    担当者    担当者
```

付録4-12

2．緊急連絡体制

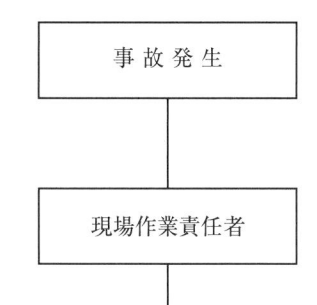

```
           ┌─────────────┐
           │  事 故 発 生  │
           └──────┬──────┘
                  │
           ┌──────┴──────┐
           │ 現場作業責任者 │
           └──────┬──────┘
```

現 場 事 務 所（工 事 長 等）			
職　名	氏　名	電　話	
		昼　間	夜　間

会　社（含協力会社）			
会社名	職氏名	電　話	
		昼間	夜間

会社名	職氏名	電　話	
		昼間	夜間

関係諸機関			
機　関	名　称	電　話	
		昼間	夜間

機関名	職氏名	電　話	
		昼間	夜間

3．安全施策

(1) 本工事における安全施策

項　目	内　　容
ミーティング	
指差呼称	
危険予知活動	
作業手順	

(2) 人身事故防止対策

項　目	実 施 内 容
高所作業における事故防止	
物品搬入時の事故防止	
MH等作業の事故防止	
無人局作業の事故防止	
交通事故防止	
工事用機械による事故防止	

(3) 設備事故防止対策

項 目	実 施 内 容
現用設備に対する予防措置	
養生の徹底工具等の養生	
緊急連絡体制の充実	
火災盗難防止	

付録-5 報告・提出・承諾・協議・指示・検査・立会事項一覧表

（監督職員と受注者との関連ある事項）

第1章　一般共通事項　　　　　　　付録5-1
第2章　共 通 工 事　　　　　　　付録5-3

第1章　一般共通事項

事項			報告	提出	承諾	協議	指示	検査	立会い	備考
第1節 1.1.10	一般事項 請負者の異議	発注者または監督職員からの指示に異議がある場合		○						
	申立書の提出	異議申立書の提出があった場合					○			
		異議申立書を監督職員に提出しなかった場合				○				
1.1.11	官公署その他への手続き	手続きの結果	○							
第2節 1.2.5	工事現場管理 環境保全	工事の施工にあたり環境が阻害されるおそれがある場合	○							
		第三者から環境対策について苦情が生じた場合					○			
1.2.7	災害時の安全確保	災害および事故が発生した場合	○							
1.2.11	養生	既設物等に損傷・汚染を与えた場合	○							
第3節	工程表、施工計画書その他									
1.3.1	実施工程表	実施工程表				○				
		変更実施工程表				○				
		週間または月間工程表、工種別工程表等		○			○			指示により提出
1.3.2	施工計画書	工事全般についての施工計画書		○	○					
		変更施工計画書		○	○					
1.3.3	製作図・施工図・見本その他	製作図・施工図・見本等		○	○					
1.3.4	色の指示	色					○			

付録5-1

付録-5 報告・提出・承諾・協議・指示・検査・立会事項一覧表

事項			報告	提出	承諾	協議	指示	検査	立会い	備考
第4節 1.4.1	機器および材料 使用材料	契約書類に規定されたまたは監督職員が指示した工事に使用する材料および製品		○	○					
		調合を要する材料（調合表）		○	○					
		現地搬入時の材料および製品						○		
		検査不合格または変質もしくは不良品						○		
1.4.3	機材の検査	軽易な機材の報告の省略					○			
		監督職員の機材の検査（契約書類の機材）	○					○		
		契約書類に定められた場合						○		試験
1.4.4	機材検査に伴う試験	試験によらなければ、契約書類に定められた条件に適合することが証明できない場合						○		試験
		試験成績書		○						
第5節 1.5.4	施　工 工事検査	契約書類に定められた施工等の段階の出来形、品質および材料についての検査						○	○	
		工事の完成検査ならびに既済部分の出来形および品質検査						○	○	
		立会いまたは検査に代わる他の方法					○			
第7節 1.7.1	記　録 指示および協議事項の記録	監督職員の指示事項の記録		○						
		監督職員との協議事項の記録		○						
1.7.2	施工状況の記録	工事写真、見本品、試験成績書、計画書等		○				○		
1.7.3	完成図その他	完成図その他		○				○		

第2章　共通工事

事項			報告	提出	承諾	協議	指示	検査	立会い	備考
第1節 2.1.4	仮設工事 仮設物の撤去	仮設物が支障となる場合				○				
第2節 2.2.2	土工事 根切り	予期し得ない給排水管・ガス管・ケーブル等があった場合				○				
		予想外に重大な障害を発見した場合				○				
		根切りが完了した場合						○		
第4節 2.4.3	コンクリート工事 コンクリートの調合	日本工業規格表示許可工場でない場合の工場の資料		○	○					
		一部現場手練りコンクリート使用				○				

付録5-3

付録-6　工事請負契約書

(国土交通省航空局　標準契約書)

制定	平成 8年 3月19日	空経第	212号
改正	平成12年12月 1日	空経第	１０６４号
改正	平成14年 5月29日	国空経	第323号
改正	平成18年 3月30日	国空予管第858号	
改正	平成22年 9月30日	国空予管第583号	
改正	平成23年11月18日	国空予管第212号	
改正	平成24年 3月23日	国空予管第453号	

付録6-1

平成　年度
第　　号

工 事 請 負 契 約 書

工事名

受注者

付録6-1

工事請負契約書

1　工事名

2　工事場所

3　工　期　　　　自　平成　　年　　月　　日

　　　　　　　　　至　平成　　年　　月　　日

4　請負代金額　　￥　－
　　　　　　　　（うち取引に係る消費税及び地方消費税の額￥　－）

5　契約保証金　　￥　－

6　調停人

7　解体工事に要する費用等

8　住宅建設瑕疵担保責任保険

　上記の工事について、発注者と受注者は、各々の対等な立場における合意に基づいて、別添の条項によって公正な請負契約を締結し、信義に従って誠実にこれを履行するものとする。
　また、受注者が共同企業体を結成している場合には、受注者は別紙の共同企業体協定書により契約書記載の工事を共同連帯して請け負う。

(総則)
第1条　発注者及び受注者は、この契約書（頭書を含む。以下同じ。）に基づき、設計図書（別冊の図面、仕様書、入札説明書及び入札説明に対する質問回答書をいう。以下同じ。）に従い、日本国の法令を遵守し、この契約（この契約書及び設計図書を内容とする工事の請負契約をいう。以下同じ。）を履行しなければならない。

2　受注者は、契約書記載の工事を契約書記載の工期内に完成し、工事目的物を発注者に引き渡すものとし、発注者は、その請負代金を支払うものとする。

3　仮設、施工方法その他工事目的物を完成するために必要な一切の手段（以下「施工方法等」という。）については、この契約書及び設計図書に特別の定めがある場合を除き、受注者がその責任において定める。

4　受注者は、この契約の履行に関して知り得た秘密を漏らしてはならない。

5　この契約書に定める請求、通知、報告、申出、承諾及び解除は、書面により行わなければならない。

6　この契約の履行に関して発注者と受注者との間で用いる言語は、日本語とする。

7　この契約書に定める金銭の支払いに用いる通貨は、日本円とする。

8　この契約の履行に関して発注者と受注者との間で用いる計量単位は、設計図書に特別の定めがある場合を除き、計量法（平成4年法律第51号）に定めるものとする。

9　この契約書及び設計図書における期間の定めについては、民法（明治29年法律第89号）及び商法（明治32年法律第48号）の定めるところによるものとする。

10　この契約は、日本国の法令に準拠するものとする。

11　この契約に係る訴訟については、日本国の裁判所をもって合意による専属的管轄裁判所とする。

12　受注者が共同企業体を結成している場合においては、発注者は、この契約に基づくすべての行為を共同企業体の代表者に対して行うものとし、発注者が当該代表者に対して行ったこの契約に基づくすべての行為は、当該企業体のすべての構成員に対して行ったものとみなし、また、受注者は、発注者に対して行うこの契約に基づくすべての行為について当該代表者を通じて行わなければならない。

(関連工事の調整)
第2条　発注者は、受注者の施工する工事及び発注者の発注に係る第三者の施工する他の工事が施工上密接に関連する場合において、必要があるときは、その施工につき、調整を行うものとする。この場合においては、受注者は、発注者の調整に従い、当該第三者の行う工事の円滑な施工に協力しなければならない。

(請負代金内訳書及び工程表)
第3条　受注者は、この契約締結後14日以内に設計図書に基づいて、請負代金内訳書（以下「内訳書」という。）及び工程表を作成し、発注者に提出しなければならない。

2　内訳書及び工程表は、発注者及び受注者を拘束するものではない。

(契約の保証)
第4条(A)　受注者は、この契約の締結と同時に、次の各号のいずれかに掲げる保証を付さなければならない。ただし、第五号の場合においては、履行保証保険契約の締結後、直ちにその保険証券を発注者に寄託しなければならない。
　一　契約保証金の納付
　二　契約保証金に代わる担保となる有価証券等の提供
　三　この契約による債務の不履行により生ずる損害金の支払いを保証する銀行、発注者が確実と認める金融機関又は保証事業会社（公共工事の前払金保証事業に関する法律（昭和27年法律第184号）第2条第4項に規定する保証事業会社をいう。以下同じ。）の保証
　四　この契約による債務の履行を保証する公共工事履行保証証券による保証

五　この契約による債務の不履行により生ずる損害をてん補する履行保証保険契約の締結
2　前項の保証に係る契約保証金の額、保証金額又は保険金額（第4項において「保証の額」という。）は、請負代金額の10分の○以上としなければならない。
3　第1項の規定により、受注者が同項第二号又は第三号に掲げる保証を付したときは、当該保証は契約保証金に代わる担保の提供として行われたものとし、同項第四号又は第五号に掲げる保証を付したときは、契約保証金の納付を免除する。
4　請負代金額の変更があった場合には、保証の額が変更後の請負代金額の10分の○に達するまで、発注者は、保証の額の増額を請求することができ、受注者は、保証の額の減額を請求することができる。

第4条(B)　受注者は、この契約の締結と同時に、この契約による債務の履行を保証する公共工事履行保証証券による保証（瑕疵担保特約を付したものに限る。）を付さなければならない。
2　前項の場合において、保証金額は、請負代金額の10分の○以上としなければならない。
3　請負代金額の変更があった場合には、保証金額が変更後の請負代金額の10分の○に達するまで、発注者は、保証金額の増額を請求することができ、受注者は、保証金額の減額を請求することができる。

（権利義務の譲渡等）
第5条　受注者は、この契約により生ずる権利又は義務を第三者に譲渡し、又は承継させてはならない。ただし、あらかじめ、発注者の承諾を得た場合は、この限りでない。
2　受注者は、工事目的物、工事材料（工場製品を含む。以下同じ。）のうち第13条第2項の規定による検査に合格したもの及び第37条第3項の規定による部分払のための確認を受けたもの並びに工事仮設物を第三者に譲渡し、貸与し、又は抵当権その他の担保の目的に供してはならない。ただし、あらかじめ、発注者の承諾を得た場合は、この限りでない。

（一括委任又は一括下請負の禁止）
第6条　受注者は、工事の全部若しくはその主たる部分又は他の部分から独立してその機能を発揮する工作物の工事を一括して第三者に委任し、又は請け負わせてはならない。

（下請負人の通知）
第7条　発注者は、受注者に対して、下請負人の商号又は名称その他必要な事項の通知を請求することができる。

（特許権等の使用）
第8条　受注者は、特許権、実用新案権、意匠権、商標権その他日本国の法令に基づき保護される第三者の権利（以下「特許権等」という。）の対象となっている工事材料、施工方法等を使用するときは、その使用に関する一切の責任を負わなければならない。ただし、発注者がその工事材料、施工方法等を指定した場合において、設計図書に特許権等の対象である旨の明示がなく、かつ、受注者がその存在を知らなかったときは、発注者は、受注者がその使用に関して要した費用を負担しなければならない。

（監督職員）
第9条　発注者は、監督職員を置いたときは、その氏名を受注者に通知しなければならない。監督職員を変更したときも同様とする。
2　監督職員は、この契約書の他の条項に定めるもの及びこの契約書に基づく発注者の権限とされる事項のうち発注者が必要と認めて監督職員に委任したもののほか、設計図書に定めるところにより、次に掲げる権限を有する。

一　この契約の履行についての受注者又は受注者の現場代理人に対する指示、承諾又は協議
　二　設計図書に基づく工事の施工のための詳細図等の作成及び交付又は受注者が作成した詳細図等の承諾
　三　設計図書に基づく工程の管理、立会い、工事の施工状況の検査又は工事材料の試験若しくは検査（確認を含む。）
3　発注者は、二名以上の監督職員を置き、前項の権限を分担させたときにあってはそれぞれの監督職員の有する権限の内容を、監督職員にこの契約書に基づく発注者の権限の一部を委任したときにあっては当該委任した権限の内容を、受注者に通知しなければならない。
4　第2項の規定に基づく監督職員の指示又は承諾は、原則として、書面により行わなければならない。
5　この契約書に定める請求、通知、報告、申出、承諾及び解除については、設計図書に定めるものを除き、監督職員を経由して行うものとする。この場合においては、監督職員に到達した日をもって発注者に到達したものとみなす。

（現場代理人及び主任技術者等）
第10条　受注者は、次の各号に掲げる者を定めて工事現場に設置し、設計図書に定めるところにより、その氏名その他必要な事項を発注者に通知しなければならない。これらの者を変更したときも同様とする。
　一　現場代理人
　二　(a)［専任の］主任技術者
　　　(b)［専任の］監理技術者
　三　専門技術者（建設業法（昭和24年法律第100号）第26条の2に規定する技術者をいう。以下同じ。）
2　現場代理人は、この契約の履行に関し、工事現場に常駐し、その運営、取締りを行うほか、請負代金額の変更、工期の変更、請負代金の請求及び受領、第12条第1項の請求の受理、同条第3項の決定及び通知、同条第4項の請求、同条第5項の通知の受理並びにこの契約の解除に係る権限を除き、この契約に基づく受注者の一切の権限を行使することができる。
3　発注者は、前項の規定にかかわらず、現場代理人の工事現場における運営、取締り及び権限の行使に支障がなく、かつ、発注者との連絡体制が確保されると認めた場合には、現場代理人について工事現場における常駐を要しないこととすることができる。
4　受注者は、第2項の規定にかかわらず、自己の有する権限のうち現場代理人に委任せず自ら行使しようとするものがあるときは、あらかじめ、当該権限の内容を発注者に通知しなければならない。
5　現場代理人、(a)［専任の］主任技術者又は(b)［専任の］監理技術者及び専門技術者は、これを兼ねることができる。

（履行報告）
第11条　受注者は、設計図書に定めるところにより、この契約の履行について発注者に報告しなければならない。

（工事関係者に関する措置請求）
第12条　発注者は、現場代理人がその職務（(a)［専任の］主任技術者又は(b)［専任の］監理技術者）又は専門技術者と兼任する現場代理人にあっては、それらの者の職務を含む。）の執行につき著しく不適当と認められるときは、受注者に対して、その理由を明示した書面により、必要な措置をとるべきことを請求することができる。
2　発注者又は監督職員は、(a)［専任の］主任技術者又は(b)［専任の］監理技術者又は専門技術者（これらの者と現場代理人を兼任する者を除く。）その他受注者が工事を施工するために使用している下請負人、労働者等で工事の施工又は管理につき著しく不適当と認められるものがあるときは、受注者に対して、その理由を明示した書面により、必要な措置をとるべきことを請求することができる。
3　受注者は、前二項の規定による請求があったときは、当該請求に係る事項について決定し、その結果を請求を受けた日から10日以内に発注者に通知しなければならない。

4　受注者は、監督職員がその職務の執行につき著しく不適当と認められるときは、発注者に対して、その理由を明示した書面により、必要な措置をとるべきことを請求することができる。

5　発注者は、前項の規定による請求があったときは、当該請求に係る事項について決定し、その結果を請求を受けた日から10日以内に受注者に通知しなければならない。

（工事材料の品質及び検査等）

第13条　工事材料の品質については、設計図書に定めるところによる。設計図書にその品質が明示されていない場合にあっては、中等の品質を有するものとする。

2　受注者は、設計図書において監督職員の検査（確認を含む。以下この条において同じ。）を受けて使用すべきものと指定された工事材料については、当該検査に合格したものを使用しなければならない。この場合において、当該検査に直接要する費用は、受注者の負担とする。

3　監督職員は、受注者から前項の検査を請求されたときは、請求を受けた日から7日以内に応じなければならない。

4　受注者は、工事現場内に搬入した工事材料を監督職員の承諾を受けないで工事現場外に搬出してはならない。

5　受注者は、前項の規定にかかわらず、第2項の検査の結果不合格と決定された工事材料については、当該決定を受けた日から7日以内に工事現場外に搬出しなければならない。

（監督職員の立会い及び工事記録の整備等）

第14条　受注者は、設計図書において監督職員の立会いの上調合し、又は調合について見本検査を受けるものと指定された工事材料については、当該立会いを受けて調合し、又は当該見本検査に合格したものを使用しなければならない。

2　受注者は、設計図書において監督職員の立会いの上施工するものと指定された工事については、当該立会いを受けて施工しなければならない。

3　受注者は、前二項に規定するほか、発注者が特に必要があると認めて設計図書において見本又は工事写真等の記録を整備すべきものと指定した工事材料の調合又は工事の施工をするときは、設計図書に定めるところにより、当該見本又は工事写真等の記録を整備し、監督職員の請求があったときは、当該請求を受けた日から7日以内に提出しなければならない。

4　監督職員は、受注者から第1項又は第2項の立会い又は見本検査を請求されたときは、当該請求を受けた日から7日以内に応じなければならない。

5　前項の場合において、監督職員が正当な理由なく受注者の請求に7日以内に応じないため、その後の工程に支障をきたすときは、受注者は、監督職員に通知した上、当該立会い又は見本検査を受けることなく、工事材料を調合して使用し、又は工事を施工することができる。この場合において、受注者は、当該工事材料の調合又は当該工事の施工を適切に行ったことを証する見本又は工事写真等の記録を整備し、監督職員の請求があったときは、当該請求を受けた日から7日以内に提出しなければならない。

6　第1項、第3項又は前項の場合において、見本検査又は見本若しくは工事写真等の記録の整備に直接要する費用は、受注者の負担とする。

（支給材料及び貸与品）

第15条　発注者が受注者に支給する工事材料（以下「支給材料」という。）及び貸与する建設機械器具（以下「貸与品」という。）の品名、数量、品質、規格又は性能、引渡場所及び引渡時期は、設計図書に定めるところによる。

2　監督職員は、支給材料又は貸与品の引渡しに当たっては、受注者の立会いの上、発注者の負担において、当該支給材料又は貸与品を検査しなければならない。この場合において、当該検査の結果、その品名、数量、品質又は規格若しくは性能が設計図書の定めと異なり、又は使用に適当でないと認めたときは、受注者は、その旨を直ちに発

注者に通知しなければならない。
3 受注者は、支給材料又は貸与品の引渡しを受けたときは、引渡しの日から7日以内に、発注者に受領書又は借用書を提出しなければならない。
4 受注者は、支給材料又は貸与品の引渡しを受けた後、当該支給材料又は貸与品に第2項の検査により発見することが困難であった隠れた瑕疵があり使用に適当でないと認めたときは、その旨を直ちに発注者に通知しなければならない。
5 発注者は、受注者から第2項後段又は前項の規定による通知を受けた場合において、必要があると認められるときは、当該支給材料若しくは貸与品に代えて他の支給材料若しくは貸与品を引き渡し、支給材料若しくは貸与品の品名、数量、品質若しくは規格若しくは性能を変更し、又は理由を明示した書面により、当該支給材料若しくは貸与品の使用を受注者に請求しなければならない。
6 発注者は、前項に規定するほか、必要があると認めるときは、支給材料又は貸与品の品名、数量、品質、規格若しくは性能、引渡場所又は引渡時期を変更することができる。
7 発注者は、前二項の場合において、必要があると認められるときは工期若しくは請負代金額を変更し、又は受注者に損害を及ぼしたときは必要な費用を負担しなければならない。
8 受注者は、支給材料及び貸与品を善良な管理者の注意をもって管理しなければならない。
9 受注者は、設計図書に定めるところにより、工事の完成、設計図書の変更等によって不用となった支給材料又は貸与品を発注者に返還しなければならない。
10 受注者は、故意又は過失により支給材料又は貸与品が滅失若しくはき損し、又はその返還が不可能となったときは、発注者の指定した期間内に代品を納め、若しくは原状に復して返還し、又は返還に代えて損害を賠償しなければならない。
11 受注者は、支給材料又は貸与品の使用方法が設計図書に明示されていないときは、監督職員の指示に従わなければならない。

（工事用地の確保等）
第16条　発注者は、工事用地その他設計図書において定められた工事の施工上必要な用地（以下「工事用地等」という。）を受注者が工事の施工上必要とする日（設計図書に特別の定めがあるときは、その定められた日）までに確保しなければならない。
2 受注者は、確保された工事用地等を善良な管理者の注意をもって管理しなければならない。
3 工事の完成、設計図書の変更等によって工事用地等が不用となった場合において、当該工事用地等に受注者が所有又は管理する工事材料、建設機械器具、仮設物その他の物件（下請負人の所有又は管理するこれらの物件を含む。）があるときは、受注者は、当該物件を撤去するとともに、当該工事用地等を修復し、取り片付けて、発注者に明け渡さなければならない。
4 前項の場合において、受注者が正当な理由なく、相当の期間内に当該物件を撤去せず、又は工事用地等の修復若しくは取片付けを行わないときは、発注者は、受注者に代わって当該物件を処分し、工事用地等の修復若しくは取片付けを行うことができる。この場合においては、受注者は、発注者の処分又は修復若しくは取片付けについて異議を申し出ることができず、また、発注者の処分又は修復若しくは取片付けに要した費用を負担しなければならない。
5 第3項に規定する受注者のとるべき措置の期限、方法等については、発注者が受注者の意見を聴いて定める。

（設計図書不適合の場合の改造義務及び破壊検査等）
第17条　受注者は、工事の施工部分が設計図書に適合しない場合において、監督職員がその改造を請求したときは、当該請求に従わなければならない。この場合において、当該不適合が監督職員の指示によるときその他発注者の責

めに帰すべき事由によるときは、発注者は、必要があると認められるときは工期若しくは請負代金額を変更し、又は受注者に損害を及ぼしたときは必要な費用を負担しなければならない。
2　監督職員は、受注者が第13条第2項又は第14条第1項から第3項までの規定に違反した場合において、必要があると認められるときは、工事の施工部分を破壊して検査することができる。
3　前項に規定するほか、監督職員は、工事の施工部分が設計図書に適合しないと認められる相当の理由がある場合において、必要があると認められるときは、当該相当の理由を受注者に通知して、工事の施工部分を最小限度破壊して検査することができる。
4　前二項の場合において、検査及び復旧に直接要する費用は受注者の負担とする。

（条件変更等）
第18条　受注者は、工事の施工に当たり、次の各号のいずれかに該当する事実を発見したときは、その旨を直ちに監督職員に通知し、その確認を請求しなければならない。
　一　図面、仕様書、入札説明書及び入札説明に対する質問回答書が一致しないこと（これらの優先順位が定められている場合を除く。）。
　二　設計図書に誤謬又は脱漏があること。
　三　設計図書の表示が明確でないこと。
　四　工事現場の形状、地質、湧水等の状態、施工上の制約等設計図書に示された自然的又は人為的な施工条件と実際の工事現場が一致しないこと。
　五　設計図書で明示されていない施工条件について予期することのできない特別な状態が生じたこと。
2　監督職員は、前項の規定による確認を請求されたとき又は自ら同項各号に掲げる事実を発見したときは、受注者の立会いの上、直ちに調査を行わなければならない。ただし、受注者が立会いに応じない場合には、受注者の立会いを得ずに行うことができる。
3　発注者は、受注者の意見を聴いて、調査の結果（これに対してとるべき措置を指示する必要があるときは、当該指示を含む。）をとりまとめ、調査の終了後14日以内に、その結果を受注者に通知しなければならない。ただし、その期間内に通知できないやむを得ない理由があるときは、あらかじめ受注者の意見を聴いた上、当該期間を延長することができる。
4　前項の調査の結果において第1項の事実が確認された場合において、必要があると認められるときは、次に掲げるところにより、設計図書の訂正又は変更を行わなければならない。
　一　第1項第一号から第三号までのいずれかに該当し設計図書を訂正する必要があるもの　発注者が行う。
　二　第1項第四号又は第五号に該当し設計図書を変更する場合で工事目的物の変更を伴うもの　発注者が行う。
　三　第1項第四号又は第五号に該当し設計図書を変更する場合で工事目的物の変更を伴わないもの　発注者と受注者とが協議して発注者が行う。
5　前項の規定により設計図書の訂正又は変更が行われた場合において、発注者は、必要があると認められるときは工期若しくは請負代金額を変更し、又は受注者に損害を及ぼしたときは必要な費用を負担しなければならない。

（設計図書の変更）
第19条　発注者は、前条第4項の規定によるほか、必要があると認めるときは、設計図書の変更内容を受注者に通知して、設計図書を変更することができる。この場合において、発注者は、必要があると認められるときは工期若しくは請負代金額を変更し、又は受注者に損害を及ぼしたときは必要な費用を負担しなければならない。

（工事の中止）
第20条　工事用地等の確保ができない等のため又は暴風、豪雨、洪水、高潮、地震、地すべり、落盤、火災、騒乱、

暴動その他の自然的又は人為的な事象（以下「天災等」という。）であって受注者の責めに帰すことができないものにより工事目的物等に損害を生じ若しくは工事現場の状態が変動したため、受注者が工事を施工できないと認められるときは、発注者は、工事の中止内容を直ちに受注者に通知して、工事の全部又は一部の施工を一時中止させなければならない。

2 　発注者は、前項の規定によるほか、必要があると認めるときは、工事の中止内容を受注者に通知して、工事の全部又は一部の施工を一時中止させることができる。

3 　発注者は、前二項の規定により工事の施工を一時中止させた場合において、必要があると認められるときは工期若しくは請負代金額を変更し、又は受注者が工事の続行に備え工事現場を維持し若しくは労働者、建設機械器具等を保持するための費用その他の工事の施工の一時中止に伴う増加費用を必要とし若しくは受注者に損害を及ぼしたときは必要な費用を負担しなければならない。

（受注者の請求による工期の延長）
第21条　受注者は、天候の不良、第2条の規定に基づく関連工事の調整への協力その他受注者の責めに帰すことができない事由により工期内に工事を完成することができないときは、その理由を明示した書面により、発注者に工期の延長変更を請求することができる。

2 　発注者は、前項の規定による請求があった場合において、必要があると認められるときは、工期を延長しなければならない。発注者は、その工期の延長が発注者の責めに帰すべき事由による場合においては、請負代金額について必要と認められる変更を行い、又は受注者に損害を及ぼしたときは必要な費用を負担しなければならない。

（発注者の請求による工期の短縮等）
第22条　発注者は、特別の理由により工期を短縮する必要があるときは、工期の短縮変更を受注者に請求することができる。

2 　発注者は、この契約書の他の条項の規定により工期を延長すべき場合において、特別の理由があるときは、延長する工期について、通常必要とされる工期に満たない工期への変更を請求することができる。

3 　発注者は、前二項の場合において、必要があると認められるときは請負代金額を変更し、又は受注者に損害を及ぼしたときは必要な費用を負担しなければならない。

（工期の変更方法）
第23条　工期の変更については、発注者と受注者とが協議して定める。ただし、協議開始の日から14日以内に協議が整わない場合には、発注者が定め、受注者に通知する。

2 　前項の協議開始の日については、発注者が受注者の意見を聴いて定め、受注者に通知するものとする。ただし、発注者が工期の変更事由が生じた日（第21条の場合にあっては発注者が工期変更の請求を受けた日、前条の場合にあっては受注者が工期変更の請求を受けた日）から7日以内に協議開始の日を通知しない場合には、受注者は、協議開始の日を定め、発注者に通知することができる。

（請負代金額の変更方法等）
第24条　請負代金額の変更については、発注者と受注者とが協議して定める。ただし、協議開始の日から14日以内に協議が整わない場合には、発注者が定め、受注者に通知する。

2 　前項の協議開始の日については、発注者が受注者の意見を聴いて定め、受注者に通知するものとする。ただし、請負代金額の変更事由が生じた日から7日以内に協議開始の日を通知しない場合には、受注者は、協議開始の日を定め、発注者に通知することができる。

3 　この契約書の規定により、受注者が増加費用を必要とした場合又は損害を受けた場合に発注者が負担する必要な

費用の額については、発注者と受注者とが協議して定める。

（賃金又は物価の変動に基づく請負代金額の変更）
第25条　発注者又は受注者は、工期内で請負契約締結の日から12月を経過した後に日本国内における賃金水準又は物価水準の変動により請負代金額が不適当となったと認めたときは、相手方に対して請負代金額の変更を請求することができる。
2　発注者又は受注者は、前項の規定による請求があったときは、変動前残工事代金額（請負代金額から当該請求時の出来形部分に相応する請負代金額を控除した額をいう。以下同じ。）と変動後残工事代金額（変動後の賃金又は物価を基礎として算出した変動前残工事代金額に相応する額をいう。以下同じ。）との差額のうち変動前残工事代金額の1000分の15を超える額につき、請負代金額の変更に応じなければならない。
3　変動前残工事代金額及び変動後残工事代金額は、請求のあった日を基準とし、物価指数等に基づき発注者と受注者とが協議して定める。ただし、協議開始の日から14日以内に協議が整わない場合にあっては、発注者が定め、受注者に通知する。
4　第1項の規定による請求は、この条の規定により請負代金額の変更を行った後再度行うことができる。この場合においては、同項中「請負契約締結の日」とあるのは、「直前のこの条に基づく請負代金額変更の基準とした日」とするものとする。
5　特別な要因により工期内に主要な工事材料の日本国内における価格に著しい変動を生じ、請負代金額が不適当となったときは、発注者又は受注者は、前各項の規定によるほか、請負代金額の変更を請求することができる。
6　予期することのできない特別の事情により、工期内に日本国内において急激なインフレーション又はデフレーションを生じ、請負代金額が著しく不適当となったときは、発注者又は受注者は、前各項の規定にかかわらず、請負代金額の変更を請求することができる。
7　前二項の場合において、請負代金額の変更額については、発注者と受注者とが協議して定める。ただし、協議開始の日から14日以内に協議が整わない場合にあっては、発注者が定め、受注者に通知する。
8　第3項及び前項の協議開始の日については、発注者が受注者の意見を聴いて定め、受注者に通知しなければならない。ただし、発注者が第1項、第5項又は第6項の請求を行った日又は受けた日から7日以内に協議開始の日を通知しない場合には、受注者は、協議開始の日を定め、発注者に通知することができる。

（臨機の措置）
第26条　受注者は、災害防止等のため必要があると認めるときは、臨機の措置をとらなければならない。この場合において、必要があると認めるときは、受注者は、あらかじめ監督職員の意見を聴かなければならない。ただし、緊急やむを得ない事情があるときは、この限りでない。
2　前項の場合においては、受注者は、そのとった措置の内容を監督職員に直ちに通知しなければならない。
3　監督職員は、災害防止その他工事の施工上特に必要があると認めるときは、受注者に対して臨機の措置をとることを請求することができる。
4　受注者が第1項又は前項の規定により臨機の措置をとった場合において、当該措置に要した費用のうち、受注者が請負代金額の範囲において負担することが適当でないと認められる部分については、発注者が負担する。

（一般的損害）
第27条　工事目的物の引渡し前に、工事目的物又は工事材料について生じた損害その他工事の施工に関して生じた損害（次条第1項若しくは第2項又は第29条第1項に規定する損害を除く。）については、受注者がその費用を負担する。ただし、その損害（第51条第1項の規定により付された保険等によりてん補された部分を除く。）のうち発注者の責めに帰すべき事由により生じたものについては、発注者が負担する。

（第三者に及ぼした損害）
第28条　工事の施工について第三者に損害を及ぼしたときは、受注者がその損害を賠償しなければならない。ただし、その損害（第51条第1項の規定により付された保険等によりてん補された部分を除く。以下この条において同じ。）のうち発注者の責めに帰すべき事由により生じたものについては、発注者が負担する。

2　前項の規定にかかわらず、工事の施工に伴い通常避けることができない騒音、振動、地盤沈下、地下水の断絶等の理由により第三者に損害を及ぼしたときは、発注者がその損害を負担しなければならない。ただし、その損害のうち工事の施工につき受注者が善良な管理者の注意義務を怠ったことにより生じたものについては、受注者が負担する。

3　前二項の場合その他工事の施工について第三者との間に紛争を生じた場合においては、発注者及び受注者は協力してその処理解決に当たるものとする。

（不可抗力による損害）
第29条　工事目的物の引渡し前に、天災等（設計図書で基準を定めたものにあっては、当該基準を超えるものに限る。）で発注者と受注者のいずれの責めにも帰すことができないもの（以下この条において「不可抗力」という。）により、工事目的物、仮設物又は工事現場に搬入済みの工事材料若しくは建設機械器具に損害が生じたときは、受注者は、その事実の発生後直ちにその状況を発注者に通知しなければならない。

2　発注者は、前項の規定による通知を受けたときは、直ちに調査を行い、同項の損害（受注者が善良な管理者の注意義務を怠ったことに基づくもの及び第51条第1項の規定により付された保険等によりてん補された部分を除く。以下この条において「損害」という。）の状況を確認し、その結果を受注者に通知しなければならない。

3　受注者は、前項の規定により損害の状況が確認されたときは、損害による費用の負担を発注者に請求することができる。

4　発注者は、前項の規定により受注者から損害による費用の負担の請求があったときは、当該損害の額（工事目的物、仮設物又は工事現場に搬入済みの工事材料若しくは建設機械器具であって第13条第2項、第14条第1項若しくは第2項又は第37条第3項の規定による検査、立会いその他受注者の工事に関する記録等により確認することができるものに係る額に限る。）及び当該損害の取片付けに要する費用の額の合計額（以下この条において「損害合計額」という。）のうち請負代金額の100分の1を超える額を負担しなければならない。

5　損害の額は、次に掲げる損害につき、それぞれ当該各号に定めるところにより、算定する。
　一　工事目的物に関する損害
　　　損害を受けた工事目的物に相応する請負代金額とし、残存価値がある場合にはその評価額を差し引いた額とする。
　二　工事材料に関する損害
　　　損害を受けた工事材料で通常妥当と認められるものに相応する請負代金額とし、残存価値がある場合にはその評価額を差し引いた額とする。
　三　仮設物又は建設機械器具に関する損害
　　　損害を受けた仮設物又は建設機械器具で通常妥当と認められるものについて、当該工事で償却することとしている償却費の額から損害を受けた時点における工事目的物に相応する償却費の額を差し引いた額とする。ただし、修繕によりその機能を回復することができ、かつ、修繕費の額が上記の額より少額であるものについては、その修繕費の額とする。

6　数次にわたる不可抗力により損害合計額が累積した場合における第2次以降の不可抗力による損害合計額の負担については、第4項中「当該損害の額」とあるのは「損害の額の累計」と、「当該損害の取片付けに要する費用の額」とあるのは「損害の取片付けに要する費用の額の累計」と、「請負代金額の100分の1を超える額」とあるのは「請負代金額の100分の1を超える額から既に負担した額を差し引いた額」として同項を適用する。

（請負代金額の変更に代える設計図書の変更）
第30条　発注者は、第8条、第15条、第17条から第22条まで、第25条から第27条まで、前条又は第33条の規定により請負代金額を増額すべき場合又は費用を負担すべき場合において、特別の理由があるときは、請負代金額の増額又は負担額の全部又は一部に代えて設計図書を変更することができる。この場合において、設計図書の変更内容は、発注者と受注者とが協議して定める。ただし、協議開始の日から14日以内に協議が整わない場合には、発注者が定め、受注者に通知する。
2　前項の協議開始の日については、発注者が受注者の意見を聴いて定め、受注者に通知しなければならない。ただし、発注者が同項の請負代金額を増額すべき事由又は費用を負担すべき事由が生じた日から7日以内に協議開始の日を通知しない場合には、受注者は、協議開始の日を定め、発注者に通知することができる。

（検査及び引渡し）
第31条　受注者は、工事を完成したときは、その旨を発注者に通知しなければならない。
2　発注者又は発注者が検査を行う者として定めた職員（以下「検査職員」という。）は、前項の規定による通知を受けたときは、通知を受けた日から14日以内に受注者の立会いの上、設計図書に定めるところにより、工事の完成を確認するための検査を完了し、当該検査の結果を受注者に通知しなければならない。この場合において、発注者又は検査職員は、必要があると認められるときは、その理由を受注者に通知して、工事目的物を最小限度破壊して検査することができる。
3　前項の場合において、検査又は復旧に直接要する費用は、受注者の負担とする。
4　発注者は、第2項の検査によって工事の完成を確認した後、受注者が工事目的物の引渡しを申し出たときは、直ちに当該工事目的物の引渡しを受けなければならない。
5　発注者は、受注者が前項の申出を行わないときは、当該工事目的物の引渡しを請負代金の支払いの完了と同時に行うことを請求することができる。この場合においては、受注者は、当該請求に直ちに応じなければならない。
6　受注者は、工事が第2項の検査に合格しないときは、直ちに修補して発注者又は検査職員の検査を受けなければならない。この場合においては、修補の完了を工事の完成とみなして前五項の規定を適用する。

（請負代金の支払い）
第32条　受注者は、前条第2項（同条第6項後段の規定により適用される場合を含む。以下この条において同じ。）の検査に合格したときは、請負代金の支払いを請求することができる。
2　発注者は、前項の規定による請求があったときは、請求を受けた日から40日以内に請負代金を支払わなければならない。
3　発注者がその責めに帰すべき事由により前条第2項の期間内に検査をしないときは、その期限を経過した日から検査をした日までの期間の日数は、前項の期間（以下この項において「約定期間」という。）の日数から差し引くものとする。この場合において、その遅延日数が約定期間の日数を超えるときは、約定期間は、遅延日数が約定期間の日数を超えた日において満了したものとみなす。

（部分使用）
第33条　発注者は、第31条第4項又は第5項の規定による引渡し前においても、工事目的物の全部又は一部を受注者の承諾を得て使用することができる。
2　前項の場合においては、発注者は、その使用部分を善良な管理者の注意をもって使用しなければならない。
3　発注者は、第1項の規定により工事目的物の全部又は一部を使用したことによって受注者に損害を及ぼしたときは、必要な費用を負担しなければならない。

（前金払）
第34条　受注者は、公共工事の前払金保証事業に関する法律（昭和27年法律第184号）第2条第4項に規定する保証事業会社（以下「保証事業会社」という。）と、契約書記載の工事完成の時期を保証期限とする同条第5項に規定する保証契約（以下「保証契約」という。）を締結し、その保証証書を発注者に寄託して、請負代金額の10分の○以内の前払金の支払いを発注者に請求することができる。

2　発注者は、前項の規定による請求があったときは、請求を受けた日から14日以内に前払金を支払わなければならない。

3　受注者は、第1項の規定により前払金の支払いを受けた後、保証事業会社と中間前払金に関し、契約書記載の工事完成の時期を保証期限とする保証契約を締結し、その保証証書を発注者に寄託して、請負代金額の10分の2以内の中間前払金の支払いを発注者に請求することができる。前項の規定は、この場合について準用する。

4　受注者は、前項の中間前払金の支払いを請求しようとするときは、あらかじめ、発注者又は発注者の指定する者の中間前金払に係る認定を受けなければならない。この場合において、発注者又は発注者の指定する者は、受注者の請求があったときは、直ちに認定を行い、当該認定の結果を受注者に通知しなければならない。

5　受注者は、請負代金額が著しく増額された場合においては、その増額後の請負代金額の10分の○（第3項の規定により中間前払金の支払いを受けているときは10分の○）から受領済みの前払金額（中間前払金の支払いを受けている場合には、中間前払金を含む。以下この条から第36条まで、第40条、第43条、第46条及び第50条において同じ。）を差し引いた額に相当する額の範囲内で前払金の支払いを請求することができる。この場合においては、第2項の規定を準用する。

6　受注者は、請負代金額が著しく減額された場合において、受領済みの前払金額が減額後の請負代金額の10分の○（第3項の規定により中間前払金の支払いを受けているときは10分の○）を超えるときは、受注者は、請負代金額が減額された日から30日以内にその超過額を返還しなければならない。ただし、本項の期間内に第37条又は第38条の規定による支払いをしようとするときは、発注者は、その支払額の中からその超過額を控除することができる。

7　前項の期間内で前払金の超過額を返還する前にさらに請負代金額を増額した場合において、増額後の請負代金額が減額前の請負代金額以上の額であるときは、受注者は、その超過額を返還しないものとし、増額後の請負代金額が減額前の請負代金額未満の額であるときは、受注者は、受領済みの前払金の額からその増額後の請負代金額の10分の○（第3項の規定により中間前払金の支払いを受けているときは10分の○）の額を差し引いた額を返還しなければならない。

8　発注者は、受注者が第6項の期間内に超過額を返還しなかったときは、その未返還額につき、同項の期間を経過した日から返還をする日までの期間について、その日数に応じ、年○パーセントの割合で計算した額の遅延利息の支払いを請求することができる。

（保証契約の変更）
第35条　受注者は、前条第5項の規定により受領済みの前払金に追加してさらに前払金の支払いを請求する場合には、あらかじめ、保証契約を変更し、変更後の保証証書を発注者に寄託しなければならない。

2　受注者は、前項に定める場合のほか、請負代金額が減額された場合において、保証契約を変更したときは、変更後の保証証書を直ちに発注者に寄託しなければならない。

3　受注者は、前払金額の変更を伴わない工期の変更が行われた場合には、発注者に代わりその旨を保証事業会社に直ちに通知するものとする。

（前払金の使用等）
第36条　受注者は、前払金をこの工事の材料費、労務費、機械器具の賃借料、機械購入費（この工事において償却される割合に相当する額に限る。）、動力費、支払運賃、修繕費、仮設費、労働者災害補償保険料及び保証料に相当す

る額として必要な経費以外の支払いに充当してはならない。

（部分払）
第37条　受注者は、工事の完成前に、出来形部分並びに工事現場に搬入済みの工事材料及び製造工場等にある工場製品（第13条第2項の規定により監督職員の検査を要するものにあっては当該検査に合格したもの、監督職員の検査を要しないものにあっては設計図書で部分払の対象とすることを指定したものに限る。）に相応する請負代金相当額の10分の9以内の額について、次項から第7項までに定めるところにより部分払を請求することができる。ただし、この請求は、工期中○回を超えることができない。

2　受注者は、部分払を請求しようとするときは、あらかじめ、当該請求に係る出来形部分又は工事現場に搬入済みの工事材料若しくは製造工場等にある工場製品の確認を発注者に請求しなければならない。

3　発注者は、前項の場合において、当該請求を受けた日から14日以内に、受注者の立会いの上、設計図書に定めるところにより、同項の確認をするための検査を行い、当該確認の結果を受注者に通知しなければならない。この場合において、発注者は、必要があると認められるときは、その理由を受注者に通知して、出来形部分を最小限度破壊して検査することができる。

4　前項の場合において、検査又は復旧に直接要する費用は、受注者の負担とする。

5　受注者は、第3項の規定による確認があったときは、部分払を請求することができる。この場合においては、発注者は、当該請求を受けた日から14日以内に部分払金を支払わなければならない。

6　部分払金の額は、次の式により算定する。この場合において第1項の請負代金相当額は、発注者と受注者とが協議して定める。ただし、発注者が第3項前段の通知をした日から10日以内に協議が整わない場合には、発注者が定め、受注者に通知する。

　　部分払金の額≦第1項の請負代金相当額×（9/10－前払金額/請負代金額）

7　第5項の規定により部分払金の支払いがあった後、再度部分払の請求をする場合においては、第1項及び前項中「請負代金相当額」とあるのは「請負代金相当額から既に部分払の対象となった請負代金相当額を控除した額」とするものとする。

（部分引渡し）
第38条　工事目的物について、発注者が設計図書において工事の完成に先だって引渡しを受けるべきことを指定した部分（以下「指定部分」という。）がある場合において、当該指定部分の工事が完了したときについては、第31条中「工事」とあるのは「指定部分に係る工事」と、「工事目的物」とあるのは「指定部分に係る工事目的物」と、同条第5項及び第32条中「請負代金」とあるのは「部分引渡しに係る請負代金」と読み替えて、これらの規定を準用する。

2　前項の規定により準用される第32条第1項の規定により請求することができる部分引渡しに係る請負代金の額は、次の式により算定する。この場合において、指定部分に相応する請負代金の額は、発注者と受注者とが協議して定める。ただし、発注者が前項の規定により準用される第31条第2項の検査の結果の通知をした日から14日以内に協議が整わない場合には、発注者が定め、受注者に通知する。

　　部分引渡しに係る請負代金の額＝指定部分に相応する請負代金の額×（1－前払金額/請負代金額）

（国庫債務負担行為に係る契約の特則）
第39条　国庫債務負担行為に係る契約において、各会計年度における請負代金の支払いの限度額（以下「支払限度額」という。）は、次のとおりとする。

　　　　年度　　　　　　円
　　　　年度　　　　　　円
　　　　年度　　　　　　円

2　支払限度額に対応する各会計年度の出来高予定額は、次のとおりである。
　　　　　年度　　　　　　　円
　　　　　年度　　　　　　　円
　　　　　年度　　　　　　　円
3　発注者は、予算上の都合その他の必要があるときは、第1項の支払限度額及び前項の出来高予定額を変更することができる。

（国庫債務負担行為に係る契約の前金払の特則）
第40条　国庫債務負担行為に係る契約の前金払については、第34条中「契約書記載の工事完成の時期」とあるのは「契約書記載の工事完成の時期（最終の会計年度以外の会計年度にあっては、各会計年度末）」と、同条及び第35条中「請負代金額」とあるのは「当該会計年度の出来高予定額（前会計年度末における第37条第1項の請負代金相当額（以下この条及び次条において「請負代金相当額」という。）が前会計年度までの出来高予定額を超えた場合において、当該会計年度の当初に部分払をしたときは、当該超過額を控除した額）」と読み替えて、これらの規定を準用する。ただし、この契約を締結した会計年度（以下「契約会計年度」という。）以外の会計年度においては、受注者は、予算の執行が可能となる時期以前に前払金の支払いを請求することはできない。

2　前項の場合において、契約会計年度について前払金を支払わない旨が設計図書に定められているときには、同項の規定により準用される第34条第1項の規定にかかわらず、受注者は、契約会計年度について前払金の支払いを請求することができない。

3　第1項の場合において、契約会計年度に翌会計年度分の前払金を含めて支払う旨が設計図書に定められているときには、同項の規定により準用される第34条第1項の規定にかかわらず、受注者は、契約会計年度に翌会計年度に支払うべき前払金相当分（　　　　　　　　円以内）を含めて前払金の支払いを請求することができる。

4　第1項の場合において、前会計年度末における請負代金相当額が前会計年度までの出来高予定額に達しないときには、同項の規定により準用される第34条第1項の規定にかかわらず、受注者は、請負代金相当額が前会計年度までの出来高予定額に達するまで当該会計年度の前払金の支払いを請求することができない。

5　第1項の場合において、前会計年度末における請負代金相当額が前会計年度までの出来高予定額に達しないときには、その額が当該出来高予定額に達するまで前払金の保証期限を延長するものとする。この場合においては、第35条第3項の規定を準用する。

（国庫債務負担行為に係る契約の部分払の特則）
第41条　国庫債務負担行為に係る契約において、前会計年度末における請負代金相当額が前会計年度までの出来高予定額を超えた場合においては、受注者は、当該会計年度の当初に当該超過額（以下「出来高超過額」という。）について部分払を請求することができる。ただし、契約会計年度以外の会計年度においては、受注者は、予算の執行が可能となる時期以前に部分払の支払いを請求することはできない。なお、中間前払金制度を選択した場合には、出来高超過額について部分払を請求することはできない。

2　この契約において、前払金の支払いを受けている場合の部分払金の額については、第37条第6項及び第7項の規定にかかわらず、次の式により算定する。
　(a)　部分払金の額≦請負代金相当額×9/10－（前会計年度までの支払金額＋当該会計年度の部分払金額）－｛請負代金相当額－（前会計年度までの出来高予定額＋出来高超過額）｝×当該会計年度前払金額/当該会計年度の出来高予定額
　(b)　部分払金の額≦請負代金相当額×9/10－前会計年度までの支払金額－（請負代金相当額－前会計年度までの出来高予定額）×（当該会計年度前払金額＋当該会計年度の中間前払金額）/当該会計年度の出来高予定額

3　各会計年度において、部分払を請求できる回数は、次のとおりとする。

年度	回
年度	回
年度	回

（第三者による代理受領）

第42条　受注者は、発注者の承諾を得て請負代金の全部又は一部の受領につき、第三者を代理人とすることができる。

2　発注者は、前項の規定により受注者が第三者を代理人とした場合において、受注者の提出する支払請求書に当該第三者が受注者の代理人である旨の明記がなされているときは、当該第三者に対して第32条（第38条において準用する場合を含む。）又は第37条の規定に基づく支払いをしなければならない。

（前払金等の不払に対する工事中止）

第43条　受注者は、発注者が第34条、第37条又は第38条において準用される第32条の規定に基づく支払いを遅延し、相当の期間を定めてその支払いを請求したにもかかわらず支払いをしないときは、工事の全部又は一部の施工を一時中止することができる。この場合においては、受注者は、その理由を明示した書面により、直ちにその旨を発注者に通知しなければならない。

2　発注者は、前項の規定により受注者が工事の施工を中止した場合において、必要があると認められるときは工期若しくは請負代金額を変更し、又は受注者が工事の続行に備え工事現場を維持若しくは労働者、建設機械器具等を保持するための費用その他の工事の施工の一時中止に伴う増加費用を必要とし若しくは受注者に損害を及ぼしたときは必要な費用を負担しなければならない。

（瑕疵担保）

第44条　発注者は、工事目的物に瑕疵があるときは、受注者に対して相当の期間を定めてその瑕疵の修補を請求し、又は修補に代え若しくは修補とともに損害の賠償を請求することができる。ただし、瑕疵が重要ではなく、かつ、その修補に過分の費用を要するときは、発注者は、修補を請求することができない。

2　前項の規定による瑕疵の修補又は損害賠償の請求は、第31条第4項又は第5項（第38条においてこれらの規定を準用する場合を含む。）の規定による引渡しを受けた日から〇年以内に行わなければならない。ただし、その瑕疵が受注者の故意又は重大な過失により生じた場合には、当該請求を行うことのできる期間は10年とする。

3　発注者は、工事目的物の引渡しの際に瑕疵があることを知ったときは、第1項の規定にかかわらず、その旨を直ちに受注者に通知しなければ、当該瑕疵の修補又は損害賠償の請求をすることはできない。ただし、受注者がその瑕疵があることを知っていたときは、この限りでない。

4　この契約が、住宅の品質確保の促進等に関する法律（平成11年法律第81号）第94条第1項に規定する住宅新築請負契約である場合には、工事目的物のうち住宅の品質確保の促進等に関する法律施行令（平成12年政令第64号）第5条に定める部分の瑕疵（構造耐力又は雨水の浸入に影響のないものを除く。）について修補又は損害賠償の請求を行うことのできる期間は、10年とする。

5　発注者は、工事目的物が第1項の瑕疵により滅失又はき損したときは、第2項又は前項の定める期間内で、かつ、その滅失又はき損の日から6月以内に第1項の権利を行使しなければならない。

6　第1項の規定は、工事目的物の瑕疵が支給材料の性質又は発注者若しくは監督職員の指図により生じたものであるときは適用しない。ただし、受注者がその材料又は指図が不適当であることを知りながらこれを通知しなかったときは、この限りでない。

（履行遅滞の場合における損害金等）

第45条　受注者の責めに帰すべき事由により工期内に工事を完成することができない場合においては、発注者は、損

害金の支払いを受注者に請求することができる。
2　前項の損害金の額は、請負代金額から出来形部分及び部分引渡しを受けた部分に相応する請負代金額を控除した額につき、遅延日数に応じ、年○パーセントの割合で計算した額とする。
3　発注者の責めに帰すべき事由により、第32条第2項（第38条において準用する場合を含む。）の規定による請負代金の支払いが遅れた場合においては、受注者は、未受領金額につき、遅延日数に応じ、年○パーセントの割合で計算した額の遅延利息の支払いを発注者に請求することができる。

（談合等不正行為があった場合の違約金等）
第45条の2(A)　受注者（共同企業体にあっては、その構成員）が、次に掲げる場合のいずれかに該当したときは、受注者は、発注者の請求に基づき、請負代金額（この契約締結後、請負代金額の変更があった場合には、変更後の請負代金額。）の10分の1に相当する額を違約金として発注者の指定する期間内に支払わなければならない。
　一　この契約に関し、受注者が私的独占の禁止及び公正取引の確保に関する法律（昭和22年法律第54号。以下「独占禁止法」という。）第3条の規定に違反し、又は受注者が構成事業者である事業者団体が独占禁止法第8条第1号の規定に違反したことにより、公正取引委員会が受注者に対し、独占禁止法第7条の2第1項（独占禁止法第8条の3において準用する場合を含む。）の規定に基づく課徴金の納付命令（以下「納付命令」という。）を行い、当該納付命令が確定したとき（確定した当該納付命令が独占禁止法第51条第2項の規定により取り消された場合を含む。）。
　二　納付命令又は独占禁止法第7条若しくは第8条の2の規定に基づく排除措置命令（これらの命令が受注者又は受注者が構成事業者である事業者団体（以下「受注者等」という。）に対して行われたときは、受注者等に対する命令で確定したものをいい、受注者等に対して行われていないときは、各名宛人に対する命令すべてが確定した場合における当該命令をいう。次号において「納付命令又は排除措置命令」という。）において、この契約に関し、独占禁止法第3条又は第8条第1号の規定に違反する行為の実行としての事業活動があったとされたとき。
　三　納付命令又は排除措置命令により、受注者等に独占禁止法第3条又は第8条第1号の規定に違反する行為があったとされた期間及び当該違反する行為の対象となった取引分野が示された場合において、この契約が、当該期間（これらの命令に係る事件について、公正取引委員会が受注者に対し納付命令を行い、これが確定したときは、当該納付命令における課徴金の計算の基礎である当該違反する行為の実行期間を除く。）に入札（見積書の提出を含む。）が行われたものであり、かつ、当該取引分野に該当するものであるとき。
　四　この契約に関し、受注者（法人にあっては、その役員又は使用人を含む。）の刑法（明治40年法律第45号）第96条の6又は独占禁止法第89条第1項若しくは第95条第1項第1号に規定する刑が確定したとき。
2　受注者が前項の違約金を発注者の指定する期間内に支払わないときは、受注者は、当該期間を経過した日から支払いをする日までの日数に応じ、年○パーセントの割合で計算した額の遅延利息を発注者に支払わなければならない。

第45条の2(B)　受注者（共同企業体にあっては、その構成員）が、次に掲げる場合のいずれかに該当したときは、受注者は、発注者の請求に基づき、請負代金額（この契約締結後、請負代金額の変更があった場合には、変更後の請負代金額。次項において同じ。）の10分の1に相当する額を違約金として発注者の指定する期間内に支払わなければならない。
　一　この契約に関し、受注者が私的独占の禁止及び公正取引の確保に関する法律（昭和22年法律第54号。以下「独占禁止法」という。）第3条の規定に違反し、又は受注者が構成事業者である事業者団体が独占禁止法第8条第1号の規定に違反したことにより、公正取引委員会が受注者に対し、独占禁止法第7条の2第1項（独占禁止法第8条の3において準用する場合を含む。）の規定に基づく課徴金の納付命令（以下「納付命令」という。）を行い、当該納付命令が確定したとき（確定した当該納付命令が独占禁止法第51条第2項の規定により取り消された

場合を含む。）。
二　納付命令又は独占禁止法第7条若しくは第8条の2の規定に基づく排除措置命令（これらの命令が受注者又は受注者が構成事業者である事業者団体（以下「受注者等」という。）に対して行われたときは、受注者等に対する命令で確定したものをいい、受注者等に対して行われていないときは、各名宛人に対する命令すべてが確定した場合における当該命令をいう。次号において「納付命令又は排除措置命令」という。）において、この契約に関し、独占禁止法第3条又は第8条第1号の規定に違反する行為の実行としての事業活動があったとされたとき。
三　納付命令又は排除措置命令により、受注者等に独占禁止法第3条又は第8条第1号の規定に違反する行為があったとされた期間及び当該違反する行為の対象となった取引分野が示された場合において、この契約が、当該期間（これらの命令に係る事件について、公正取引委員会が受注者に対し納付命令を行い、これが確定したときは、当該納付命令における課徴金の計算の基礎である当該違反する行為の実行期間を除く。）に入札（見積書の提出を含む。）が行われたものであり、かつ、当該取引分野に該当するものであるとき。
四　この契約に関し、受注者（法人にあっては、その役員又は使用人を含む。次項第二号において同じ。）の刑法（明治40年法律第45号）第96条の6又は独占禁止法第89条第1項若しくは第95条第1項第1号に規定する刑が確定したとき。
2　この契約に関し、前項第四号に規定する場合に該当し、かつ、次の各号に掲げる場合のいずれかに該当したときは、受注者は、発注者の請求に基づき、前項に規定する請負代金額の10分の1に相当する額のほか、請負代金額の100分の5に相当する額を違約金として発注者の指定する期間内に支払わなければならない。
一　前項第一号に規定する確定した納付命令について、独占禁止法第7条の2第7項の規定の適用があるとき。
二　前項第四号に規定する刑に係る確定判決において、受注者が違反行為の首謀者であることが明らかになったとき。
三　受注者が発注者に国土交通省航空局競争契約入札者心得第4条の3の規定に抵触する行為を行っていない旨の誓約書を提出しているとき。
3　受注者が前二項の違約金を発注者の指定する期間内に支払わないときは、受注者は、当該期間を経過した日から支払いをする日までの日数に応じ、年○パーセントの割合で計算した額の遅延利息を発注者に支払わなければならない。

（公共工事履行保証証券による保証の請求）
第46条　第4条第1項の規定によりこの契約による債務の履行を保証する公共工事履行保証証券による保証が付された場合において、受注者が次条第1項各号のいずれかに該当するときは、発注者は、当該公共工事履行保証証券の規定に基づき、保証人に対して、他の建設業者を選定し、工事を完成させるよう請求することができる。
2　受注者は、前項の規定により保証人が選定し発注者が適当と認めた建設業者（以下この条において「代替履行業者」という。）から発注者に対して、この契約に基づく次の各号に定める受注者の権利及び義務を承継する旨の通知が行われた場合には、代替履行業者に対して当該権利及び義務を承継させる。
一　請負代金債権（前払金、部分払金又は部分引渡しに係る請負代金として受注者に既に支払われたものを除く。）
二　工事完成債務
三　瑕疵担保債務（受注者が施工した出来形部分の瑕疵に係るものを除く。）
四　解除権
五　その他この契約に係る一切の権利及び義務（第28条の規定により受注者が施工した工事に関して生じた第三者への損害賠償債務を除く。）
3　発注者は、前項の通知を代替履行業者から受けた場合には、代替履行業者が同項各号に規定する受注者の権利及び義務を承継することを承諾する。
4　第1項の規定による発注者の請求があった場合において、当該公共工事履行保証証券の規定に基づき、保証人か

ら保証金が支払われたときには、この契約に基づいて発注者に対して受注者が負担する損害賠償債務その他の費用の負担に係る債務（当該保証金の支払われた後に生じる違約金等を含む。）は、当該保証金の額を限度として、消滅する。

（発注者の解除権）
第47条　発注者は、受注者が次の各号のいずれかに該当するときは、この契約を解除することができる。
　一　正当な理由なく、工事に着手すべき期日を過ぎても工事に着手しないとき。
　二　その責めに帰すべき事由により工期内に完成しないとき又は工期経過後相当の期間内に工事を完成する見込みが明らかにないと認められるとき。
　三　第10条第1項第二号に掲げる者を設置しなかったとき。
　四　前三号に掲げる場合のほか、この契約に違反し、その違反によりこの契約の目的を達することができないと認められるとき。
　五　第49条第1項の規定によらないでこの契約の解除を申し出たとき。
　六　受注者（受注者が共同企業体であるときは、その構成員のいずれかの者。以下この号において同じ。）が次のいずれかに該当するとき。
　　イ　役員等（受注者が個人である場合にはその者を、受注者が法人である場合にはその役員又はその支店若しくは常時建設工事の請負契約を締結する事務所の代表者をいう。以下この号において同じ。）が暴力団員による不当な行為の防止等に関する法律（平成3年法律第77号）第2条第6号に規定する暴力団員（以下この号において「暴力団員」という。）であると認められるとき。
　　ロ　暴力団（暴力団員による不当な行為の防止等に関する法律第2条第2号に規定する暴力団をいう。以下この号において同じ。）又は暴力団員が経営に実質的に関与していると認められるとき。
　　ハ　役員等が自己、自社若しくは第三者の不正の利益を図る目的又は第三者に損害を加える目的をもって、暴力団又は暴力団員を利用するなどしたと認められるとき。
　　ニ　役員等が、暴力団又は暴力団員に対して資金等を供給し、又は便宜を供与するなど直接的あるいは積極的に暴力団の維持、運営に協力し、若しくは関与していると認められるとき。
　　ホ　役員等が暴力団又は暴力団員と社会的に非難されるべき関係を有していると認められるとき。
　　ヘ　下請契約又は資材、原材料の購入契約その他の契約にあたり、その相手方がイからホまでのいずれかに該当することを知りながら、当該者と契約を締結したと認められるとき。
　　ト　受注者が、イからホまでのいずれかに該当する者を下請契約又は資材、原材料の購入契約その他の契約の相手方としていた場合（ヘに該当する場合を除く。）に、発注者が受注者に対して当該契約の解除を求め、受注者がこれに従わなかったとき。
2　前項の規定によりこの契約が解除された場合においては、受注者は、請負代金額の10分の〇に相当する額を違約金として発注者の指定する期間内に支払わなければならない。
3　第1項第一号から第五号までの規定により、この契約が解除された場合において、第4条の規定により契約保証金の納付又はこれに代わる担保の提供が行われているときは、発注者は、当該契約保証金又は担保をもって前項の違約金に充当することができる。

第48条　発注者は、工事が完成するまでの間は、前条第1項の規定によるほか、必要があるときは、この契約を解除することができる。
2　発注者は、前項の規定によりこの契約を解除したことにより受注者に損害を及ぼしたときは、その損害を賠償しなければならない。

（受注者の解除権）

第49条　受注者は、次の各号のいずれかに該当するときは、この契約を解除することができる。

一　第19条の規定により設計図書を変更したため請負代金額が3分の2以上減少したとき。

二　第20条の規定による工事の施工の中止期間が工期の10分の5（工期の10分の5が6月を超えるときは、6月）を超えたとき。ただし、中止が工事の一部のみの場合は、その一部を除いた他の部分の工事が完了した後3月を経過しても、なおその中止が解除されないとき。

三　発注者がこの契約に違反し、その違反によってこの契約の履行が不可能となったとき。

2　受注者は、前項の規定によりこの契約を解除した場合において、損害があるときは、その損害の賠償を発注者に請求することができる。

（解除に伴う措置）

第50条　発注者は、この契約が解除された場合においては、出来形部分を検査の上、当該検査に合格した部分及び部分払の対象となった工事材料の引渡しを受けるものとし、当該引渡しを受けたときは、当該引渡しを受けた出来形部分に相応する請負代金を受注者に支払わなければならない。この場合において、発注者は、必要があると認められるときは、その理由を受注者に通知して、出来形部分を最小限度破壊して検査することができる。

2　前項の場合において、検査又は復旧に直接要する費用は、受注者の負担とする。

3　第1項の場合において、第34条（第40条において準用する場合を含む。）の規定による前払金があったときは、当該前払金の額（第37条及び第41条の規定による部分払をしているときは、その部分払において償却した前払金の額を控除した額）を同項前段の出来形部分に相応する請負代金額から控除する。この場合において、受領済みの前払金額になお余剰があるときは、受注者は、解除が第47条の規定によるときにあっては、その余剰額に前払金の支払いの日から返還の日までの日数に応じ年〇パーセントの割合で計算した額の利息を付した額を、解除が前二条の規定によるときにあっては、その余剰額を発注者に返還しなければならない。

4　受注者は、この契約が解除された場合において、支給材料があるときは、第1項の出来形部分の検査に合格した部分に使用されているものを除き、発注者に返還しなければならない。この場合において、当該支給材料が受注者の故意若しくは過失により滅失若しくはき損したとき、又は出来形部分の検査に合格しなかった部分に使用されているときは、代品を納め、若しくは原状に復して返還し、又は返還に代えてその損害を賠償しなければならない。

5　受注者は、この契約が解除された場合において、貸与品があるときは、当該貸与品を発注者に返還しなければならない。この場合において、当該貸与品が受注者の故意又は過失により滅失又はき損したときは、代品を納め、若しくは原状に復して返還し、又は返還に代えてその損害を賠償しなければならない。

6　受注者は、この契約が解除された場合において、工事用地等に受注者が所有又は管理する工事材料、建設機械器具、仮設物その他の物件（下請負人の所有又は管理するこれらの物件を含む。）があるときは、受注者は、当該物件を撤去するとともに、工事用地等を修復し、取り片付けて、発注者に明け渡さなければならない。

7　前項の場合において、受注者が正当な理由なく、相当の期間内に当該物件を撤去せず、又は工事用地等の修復若しくは取片付けを行わないときは、発注者は、受注者に代わって当該物件を処分し、工事用地等を修復若しくは取片付けを行うことができる。この場合においては、受注者は、発注者の処分又は修復若しくは取片付けについて異議を申し出ることができず、また、発注者の処分又は修復若しくは取片付けに要した費用を負担しなければならない。

8　第4項前段及び第5項前段に規定する受注者のとるべき措置の期限、方法等については、この契約の解除が第47条の規定によるときは発注者が定め、前二条の規定によるときは受注者が発注者の意見を聴いて定めるものとし、第4項後段、第5項後段及び第6項に規定する受注者のとるべき措置の期限、方法等については、発注者が受注者の意見を聴いて定めるものとする。

（火災保険等）
第51条　受注者は、工事目的物及び工事材料（支給材料を含む。以下この条において同じ。）等を設計図書に定めるところにより火災保険、建設工事保険その他の保険（これに準ずるものを含む。以下この条において同じ。）に付さなければならない。
2　受注者は、前項の規定により保険契約を締結したときは、その証券又はこれに代わるものを直ちに発注者に提示しなければならない。
3　受注者は、工事目的物及び工事材料等を第1項の規定による保険以外の保険に付したときは、直ちにその旨を発注者に通知しなければならない。

（賠償金等の徴収）
第52条　受注者がこの契約に基づく賠償金、損害金又は違約金を発注者の指定する期間内に支払わないときは、発注者は、その支払わない額に発注者の指定する期間を経過した日から請負代金額支払いの日まで年〇パーセントの割合で計算した利息を付した額と、発注者の支払うべき請負代金額とを相殺し、なお不足があるときは追徴する。
2　前項の追徴をする場合には、発注者は、受注者から遅延日数につき年〇パーセントの割合で計算した額の延滞金を徴収する。

（あっせん又は調停）
第53条(A)　この契約書の各条項において発注者と受注者とが協議して定めるものにつき協議が整わなかったときに発注者が定めたものに受注者が不服がある場合その他この契約に関して発注者と受注者との間に紛争を生じた場合には、発注者及び受注者は、契約書記載の調停人のあっせん又は調停によりその解決を図る。この場合において、紛争の処理に要する費用については、発注者と受注者とが協議して特別の定めをしたものを除き、発注者と受注者とがそれぞれ負担する。
2　発注者及び受注者は、前項の調停人があっせん又は調停を打ち切ったときは、建設業法による〇〇建設工事紛争審査会（以下「審査会」という。）のあっせん又は調停によりその解決を図る。
3　第1項の規定にかかわらず、現場代理人の職務の執行に関する紛争、(a)［専任の］主任技術者又は(b)［専任の］監理技術者又は専門技術者その他受注者が工事を施工するために使用している下請負人、労働者等の工事の施工又は管理に関する紛争及び監督職員の職務の執行に関する紛争については、第12条第3項の規定により受注者が決定を行った後若しくは同条第5項の規定により発注者が決定を行った後、又は発注者若しくは受注者が決定を行わずに同条第3項若しくは第5項の期間が経過した後でなければ、発注者及び受注者は、第1項のあっせん又は調停を請求することができない。
4　発注者又は受注者は、申し出により、この契約書の各条項の規定により行う発注者と受注者との間の協議に第1項の調停人を立ち会わせ、当該協議が円滑に整うよう必要な助言又は意見を求めることができる。この場合における必要な費用の負担については、同項後段の規定を準用する。
5　前項の規定により調停人の立会いのもとで行われた協議が整わなかったときに発注者が定めたものに受注者が不服がある場合で、発注者又は受注者の一方又は双方が第1項の調停人のあっせん又は調停により紛争を解決する見込みがないと認めたときは、同項の規定にかかわらず、発注者及び受注者は、審査会のあっせん又は調停によりその解決を図る。

第53条(B)　この契約書の各条項において発注者と受注者とが協議して定めるものにつき協議が整わなかったときに発注者が定めたものに受注者が不服がある場合その他この契約に関して発注者と受注者との間に紛争を生じた場合には、発注者及び受注者は、建設業法による〇〇建設工事紛争審査会（以下「審査会」という。）のあっせん又は調停によりその解決を図る。

2　前項の規定にかかわらず、現場代理人の職務の執行に関する紛争、(a)［専任の］主任技術者又は(b)［専任の］監理技術者又は専門技術者その他受注者が工事を施工するために使用している下請負人、労働者等の工事の施工又は管理に関する紛争及び監督職員の職務の執行に関する紛争については、第12条第3項の規定により受注者が決定を行った後若しくは同条第5項の規定により発注者が決定を行った後、又は発注者若しくは受注者が決定を行わずに同条第3項若しくは第5項の期間が経過した後でなければ、発注者及び受注者は、前項のあっせん又は調停を請求することができない。

（仲裁）
第54条　発注者及び受注者は、その一方又は双方が前条の調停人又は審査会のあっせん又は調停により紛争を解決する見込みがないと認めたときは、同条の規定にかかわらず、仲裁合意書に基づき、審査会の仲裁に付し、その仲裁判断に服する。

（情報通信の技術を利用する方法）
第55条　この契約書において書面により行わなければならないこととされている請求、通知、報告、申出、承諾、解除及び指示は、建設業法その他の法令に違反しない限りにおいて、電子情報処理組織を使用する方法その他の情報通信の技術を利用する方法を用いて行うことができる。ただし、当該方法は書面の交付に準ずるものでなければならず、その具体的な取扱は設計図書に定めるものとする。

（補則）
第56条　この契約書に定めのない事項については、必要に応じて発注者と受注者とが協議して定める。

本契約の証として本書二通を作成し、発注者及び受注者が記名押印の上、各自一通を保有する。

平成　　　年　　　月　　　日

発注者　　　　　　　　　　　　　印

受注者　　　　　　　　　　　　　印

付録-7 用語集

1. 土木・建築用語編 ……………………………… 付録7-1
2. 無線用鉄塔編 …………………………………… 付録7-9
3. 一般用語編（環境関連も含む）………………… 付録7-14
4. 航空無線施設略語編 …………………………… 付録7-16

1．土木・建築用語編

あ　行

あそび：余裕のあること。あるいは空隙をいう。

圧縮材：柱の部材のように、材軸の方向に圧縮力を受ける材をいう。

圧密沈下：透水と変形とがからみ合った現象で生じる。水で満たされた土に圧力を加えると土粒子間の間隙水が排水される。排水されると、これと同量の体積が変化する。これを圧密という。粘土のような透水性の低い土では、この間隙水の排出に長時間を要する。一方、砂質土は、透水性が高いため圧密が短時間に終了しその量もわずかなため、通常圧密沈下は問題にならない。

安息角（あんそくかく）：単に息角（そくかく）ともいい、内部摩擦角ともいう。自然状態において、土の急傾斜面は自然に崩壊して、ある安定した斜面を成形する。この安定した角度を土の安息角という。記号はθで表す。土の種類による安息角は右表による。

土　質	安息角 （空気中）	安息角 （水中）
砂（乾燥）	32°	2°
砂（やや湿）	40°	26°
砂（粘土質）	37°	18°
粘土（乾燥）	38°	—
粘土（湿）	25°	16°
砂利（粘土混）	35°	27°
砂利（砂混）	35°	18°
砕石	40°	35°
普通土	40°	30°

内法（うちのり）：構造物の内側の寸法。

埋殺し：基礎工事などで、仮設材料（矢板等）を引抜かないで、そのまま埋込んでしまうこと。また、不要になった地下埋設ケーブル等を引抜かないで、そのまま埋込んでしまうこと。

裏込め：擁壁（ようへき）などの裏側に詰める割栗石、砂利、砕石などのこと。また、擁壁などの裏側にこれらの材料を詰める作業のこと。

上端（うわば）：構造物などの上側の面のこと。例えば、うわば〇〇cmとは、上端での幅を指す場合と、上端におけるクリアランスを指す場合とがある。

液状化：地下水位以下にある緩く堆積した砂地盤が、強い地震動を受けて液体のようになる現象をいう。緩い砂地盤は土粒子間のすき間が大きく、配列が不安定なため地震時に強い繰返し荷重が作用すると、次第に土粒子がすき間を埋める方向に移動し、安定な状態を形成しようとする動きをする。この結果、地盤は低下し、砂水を吹出す動きをする。

エキスパンションジョイント：複数の建物を一体化して使用するための接合部のことをいう。建物形状や地震・強風による振動性状が異なるものは、場合によっては構造体を分離する必要がある。これは、温度変化や地震のゆれ等により、躯体損傷が生じるからで、このような分離した建物を接合するためのものとなる。

N　値：地盤の固さを示す値。具体的には、重さ63.5kgのおもりを75cmの高さから落として、サンプラーと呼ばれる鉄管を、ある地層に30cm貫入させるのに要する打撃回数をいう。N値からその土の強さを推定する式がいろいろと提案されているが、N値自体にも試験者によるばらつきがあり、設計に利用するには、別の詳細な試験を併用するなど注意して評価する必要がある。土の種類が同じならN値が大きいほど地盤の強度も高くなるが、同じ値だからといって、例えば砂層と粘土層では同じ強度とはいえない。地盤は大きく分けて砂質土と粘性土があり、同じN値＝10の地盤でも砂質土の場合は「軟らかい地盤」となり、粘性土の場合は「固い地盤」となる。また、同じ砂質土でも砂レキのように粒径の大きい地盤は、N値が過大に出る可能性があるので、まず周辺の既存データと比較する用心深さも求められている。

応　力：架構や部材に外力が作用すると反力が生じ、外力と反力は部材を介してつり合う。このときに部材内部に生じる力を応力という。応力には、外力の作用形態によって3つの種類がある。

	軸（方向）力（N図）	せん断力（Q図）	曲げモーメント（M図）
簡易図	→　□　← 圧縮 ←　□　→ 引張	↓	／＼
内容	軸（方向）力は外力が材軸方向に作用したときに部材内部に生じる力をいい、圧縮応力と引張応力がある	せん断力は外力が材軸方向と直角方向に作用し、部材を切断しようとする力	曲げモーメントは部材を曲げようとする力
力の方向	引張力（＋）の場合は材軸の上側、圧縮力（－）の場合は下側に描く	せん断力が時計回りのずれ（＋）の場合は材軸の上側、反時計回りのずれ（－）の場合は材軸の下側に描く	下側が引張られる場合（材軸が下側に凸（＋））は材軸の下側に、上側が引張られる場合（材軸が上側に凸（－））は材軸の上側に描く

応力集中：部材断面が急変していたり、欠損や切欠き等の部位に発生する。欠損部近傍の応力度は、平均応力度と比べて、何十倍もの値となることがある。応力集中の度合は、切欠きや欠損が幾何学的になめらかな形状なほど少なく、鋭角的なほど多くなる。過度な応力集中は、割れや破断の起点となることがある。応力集中を完全になくすことは難しいが、断面の急変を避けたり、入隅部の切欠き円弧の半径を大きく取る等の対策をして、力がなめらかに流れるようにすれば、緩和することができる。

オフセット：支距。見出し。測量上の用語で、ある既知の線（測線または本線ともいう）または点から求めようとする地物または構造物に至る直角あるいは斜めに測った距離（支距という）をいう。なお、現場で見出しという場合は、鉄塔の中心点など掘削等により失われてしまう位置またはその示す場所をいう。

か　行

片押し：工事を一方（片側）から施工していくこと。

片勾配：道路の曲線部の外側を、高くして勾配をつけること。または一方への勾配をつけることをいう。

被り・冠り（かぶり）：地下を掘削する工事などでは、その天端から上の地山の厚さのこと。鉄筋工事においては、鉄筋埋込みの深さのこと。鉄筋のかぶり厚さは、耐力壁以外の壁または床においては2cm以上、耐力壁、柱またははりにあっては3cm以上、直接土に接する壁、柱、床、梁または布基礎の立上がり部分においては4cm以上、基礎（布基礎の立上がり部分を除く）においては捨てコンクリートの部分を除いて6cm以上としなければならない（建築基準法施行令第79条）。

が　ら：コンクリートその他の壊したもの、すなわち屑（くず）のこと。

基礎杭：構造物基礎の補強方法で、基礎杭を打込み、その上に基礎構造物を乗せる。機能上から、支持杭と摩擦杭とに区別する。支持杭とは、支持できる地盤まで打込んで基礎を支えるもの。摩擦杭とは、支持できる地盤までの距離が長い場合に、杭と土との摩擦力を利用して基礎を支えるもの。

切取り：掘削のことをいい、土を掘ったり、削取ったりすることをいう。削取る場所によっては、すき取り（平面的に余分な土を取ること）という。

キンク：ワイヤロープなどのよれた状態。このままの状態で使用すると切れやすい。

躯体（くたい）：構造物の本体をいう。

クラック：ひび割れのこと。

桁かけ覆工（けたかけふっこう）

・桁　　：覆工板を保持するために、土留杭（矢板）などの上に渡す横桁をいい、I形鋼、H形鋼などが使用される。

- 覆　工：築造工事箇所が、道路交通事情等で昼間は掘削したまま放置できない場合、夜間に掘削・搬出した後、昼間は、掘削孔の表面を鋼材（覆工板）等で覆うことをいう。
- 覆工板（ふっこうばん）：桁の上に架設し、直接道路活荷重を受けるものをいい、角材または鋼板が使用される。

ケレン：鋼材のさび落としをすること。または型枠材に付着したコンクリートを落とすこと。

構造物：外力に対する、柱・梁等の棒状の線材や、床・壁等の面材で構成する仕組みを構造といい、これらで構成されたものをいう。

コーキング：鋼管の継手や鋲（びょう）の緩みなどを締めるために、タガネによってまわりをたたき締めること。また、ケーブル貫通部やサッシュのまわりなどに、防水用材料を充てんすること。

混和材・混和剤：混和材・混和剤の区別は、無機質の粉末で、コンクリートの容積に計算されるものを混和材、比較的少量で使用するものを混和剤という。使用目的は「施工性の改善」と「耐久性の改善」となる。

混和材・混和剤の表

大分類	分類	機能	概要
混和材	フライアッシュ	品質と規格：JIS A 6201「コンクリート用フライアッシュ」がある ①水和熱の低減や化学抵抗性の改善効果がある	石炭を燃焼させる火力発電所等から発生する微粒の石炭灰をいう。灰白色または灰黒色の乾燥粉末。フライアッシュ自体に水硬性はないが、セメントと共存することによって、可溶性のけい酸成分がセメントの水和反応で生成された水酸化カルシウムと緩やかに反応し、不溶性のけい酸カルシウム塩を生成し、長期にわたって緻密な硬化体を形成する
	高炉スラグ微粉末	品質と規格：JIS A 6206「コンクリート用高炉スラグ微粉末」がある。この規格の特徴は、比表面積を指標として3種類のグレードが設定されている ①強度性：比表面積の大きいほど高強度になる ②発熱性：初期の発熱を抑制する ③耐久性：海水抵抗性がよい	高炉スラグは溶鉱炉で銑鉄を製造する際に副生される。溶融状態の高炉スラグに大量の加圧水を噴射して急冷することによりガラス質（非晶質）の高炉水砕スラグが得られる。得られたガラス質高炉スラグの粉末は、長時間水分に接触すると自然に硬化し、さらにアルカリ類が共存するとその硬化性が著しく促進される。高炉スラグ微粉末は高炉水砕スラグを乾燥・粉砕したもの
	シリカヒューム	品質と規格：JIS A 6207「コンクリート用シリカフューム」がある ①強度増加効果がある	金属シリコン等のけい素合金を電気炉で製造する際に生じる産業副産物で、排ガス中に含まれる二酸化けい素を主成分とする1μm以下の超微粒子。主成分は非晶質の二酸化けい素で、その含有率は金属シリコン等の種類や製造方法によって異なるが、70～98％の範囲にある。製品形態には、粉体、流体、スラリーの3種類がある
	膨張材	品質と規格：JIS A 6202「コンクリート用膨張材」がある ①コンクリートを膨張させ、ひび割れ低減効果がある	セメントおよび水と練り混ぜた場合、水和反応によりエトリンガイトまたは水酸化カルシウムなどを生成し、コンクリートを膨張させる。わが国で現在市販されている膨張材は、主成分がエトリンガイト系のものと石灰系のものの2種類に大別される
混和剤	AE減水剤	品質と規格：JIS A 6204「コンクリート用化学混和剤」がある ①ワーカビリティの改善や減水効果がある	空気連行性能をもち、減水剤のもつ効果に加え、凍結融解に対する抵抗性を高めている
	高性能AE減水剤	品質と規格：JIS A 6204「コンクリート用化学混和剤」がある ①AE減水剤よりも減水効果とスランプ保持効果が高い	主成分で分類すると、ナフタレン系、メラミン系、アミノスルホン酸系およびポリカルボン酸系に分けられる。高性能減水剤と主成分は同じで、現在の主流は、ポリカルボン酸系高性能AE減水剤となる

大分類	分類	機能	概要
混和剤	防水剤	評価方法としては、JIS A 1404「建築用セメント防水剤の試験方法」がある ①防水効果がある	モルタル防水剤またはセメント防水剤と呼ばれている。モルタル防水工法（下地コンクリート上に20mm 程度の防水モルタルを塗る工法）において用いられる混和剤を指す
	収縮低減剤	①コンクリートの収縮を低減し、ひび割れ低減効果がある	無機系の材料としては、せっこうをセメント中に混合する。硬せっこうおよび生石灰系からなる膨張材は、硬化時に十分な拘束を受ければ、その後の乾燥収縮を小さくできる。大膨張時からの乾燥収縮は、普通コンクリートの70〜80％程度になる
	その他	AE剤、減水剤、流動化剤、防錆剤、促進剤、遅延剤、分離抵抗剤	

さ 行

皿　板：足場等が荷重でめり込まないように支柱の下に敷く板のこと。

敷均しコンクリート：割栗地業（基礎に割栗石・玉石などを入れて、地固めすること）、砕石地業の上などに打つコンクリートのことをいい、「捨てコン」ともいう。

地業（じぎょう）：（一社）日本建築学会「建築基礎構造設計規準」（昭和27年、49年（改））によれば、「基礎スラブを支えるために、それより下に割栗・杭などを設けた部分」をいう。またこの基礎スラブとは、「上部構造の応力を地業に伝えるために設ける構造部分、フーチング基礎ではそのフーチング部分をベタ基礎ではスラブ部分」をいう。

下端（したば）：工事における各種構造物の最下部面をいう。

地縄張り（じなわはり）：敷地の建物の建つ位置にビニル紐などを張る作業のこと。建物が敷地内にきちんと納まっているかどうか、山留めなどの作業を行うスペースがあるかなどの確認作業の意味もある。作業は、隅に地杭を打ち、そこにビニル紐を張って行う。規模の大きな現場ではトランシットなどを用いることが多い。

CBR：Cariforunia Bearing Ratioの略称で、路床および路盤の支持力比をいう。JIS A 1211「CBR試験方法」で定められており、径5cmのピストンを供試体に一定速度で圧入し、その貫入抵抗から支持力についての係数を求めるもので、次式により計算する。

　　　CBR＝試験単位荷重／標準単位荷重×100％

地山（じやま）：天然の地盤のこと。

伸縮接手：ビニル電線管等に使用される配管用接手。

伸縮継目：温度変化による部材の伸縮を調整するもの。構造物の伸縮・移動がなるべく自由になるように、あらかじめ構造物を切り離して伸縮継目を設ける。

伸縮目地：屋根・外壁などに伸縮継目として、コーキング材をつめたもの。

芯芯・真真（しんしん）：中心線から中心線までの距離のこと。

素掘り（すぼり）：土留めまたは支保工なしで行う掘削のこと。陸上では、地盤の固いところ、掘削の浅い場合、土質の良い（粘度の高い）ところ、河床では玉石混じりで砂利層の締まったところなどで行われる。

スラブ：床板のような面状の構造要素をいう。

スランプ（Slump）：コンクリートの柔らかさの程度を示すもの。まだ固まらないコンクリートの性質をコンシステンシーといい、この柔らかさをスランプ（下がり）で表示する。スランプ試験は、高さ30cm、上端直径10cm、下端直径20cmの円錐形鉄枠にコンクリートを3層に分けて突き固め、直ちに鉄枠を静かに鉛直に引上げ、コンクリートの頂部の下がりを測定する。この下がりをcmで測定し、これをスランプ何cmと表示する。

ず　り：掘削により生じた土砂や岩石などをいう。

セメントペースト：セメントと水とを練り混ぜてできたもの。セメント糊ともいう。

総掘り（そうぼり）：べた掘りともいい、一面に掘削すること。

た　行

蛸（たこ）：長さ36～45cmの堅木（かたぎ）の丸太に2～4本の取手をつけ、杭あるいは土留板等を打込むのに使用する。また、埋戻し土の突固（つきかた）めにも使われる。最近は機械化され、ランマ・タンパなどが使用されるが、小規模の場合は依然として蛸が使用されている。

地耐力：その土地における支持力となり、地盤の種類によって次表の数値となる。

	地盤の種類	許容地耐力 （t/m²）	標準値 （t/m²）
岩	1．硬岩（硬質切石として使用できる程度）	300～400	300
	2．中硬岩（上等のレンガ程度のもの）	180～240	180
	3．軟岩（普通のレンガ程度のもの）	60～120	60
	4．非常に軟らかい岩・風化した岩	40～60	40
砂利	5．硬く結合されたもの	50～70	50
	6．砂利地盤	35～40	35
	7．砂混じり砂利	25～35	25
砂	8．粗粒砂	20～30	20
	9．細砂	10～20	10
	10．砂質粘土	7～15	7
粘土	11．特に堅固な粘土	35～50	35
	12．固い粘土	20～30	20
	13．真土および粘土（水分の少ないもの）	10～20	10
	14．真土および粘土（水分の多いもの）	5～10	5

丁張り（ちょうはり）：レンガ積みなどを行う場合、壁厚・段数を表示しうる縦方をつくり、これに水糸を張り渡し、その糸に沿ってレンガを積上げるが、この水糸を張ることを丁張りという。石積み・コンクリート平板およびL形側溝などを施工する場合にも丁張りを行う。

直高（ちょくだか）：盛土の高さ（h）をいう。

つぼ掘り：柱を建込む場合など、つぼ形に円く掘る根掘りをいう。

鉄筋コンクリート構造：RC（Reinforced Concrete）造は引張りに弱いコンクリートを補強するために、鉄筋を配したコンクリートを用いた建築物。（参考：SRC（Steel Reinforced Concrete：鉄骨鉄筋コンクリート）造、S（Steel：鉄骨）造）

デップス（Depth）：D. P.で示されるが、深さのこと。

転　圧：盛土した土を、締固めること。

天井高：① 天井のある場合：床面と天井下面との距離。
　　　　② 天井のない場合：床面と天井スラブ下面との距離。

天端（てんば）：盛土等の最上部分をいう。

床（とこ）：掘削した底部をいう。

床付け（とこづけ）：根切りの底面を仕上げること。または底面まで掘下げること。

土　質：土の分類は、（公社）地盤工学会では粒径によって、次のように分類している。

	0.005	0.075	0.25	0.85	2	4.75	19	75	300	（単位：mm）
粘土	シルト	細砂	中砂	粗砂	細レキ	中レキ	粗レキ	粗石	巨石	
		砂			レキ			石		
細粒分		粗粒分						石分		

通常路床（ろしょう）として出てくる土は、次のとおりとなる（この分類は、土の粘土をシルト以下と、シルト以上に区分している）。

砂　　　：20％以下のシルトと、粘土を含むもの。

砂質ローム：20～50％のシルトと、粘土を含み、多少の凝集性があり、湿るとかなり形を保ちやすい。

ローム：50％以下のシルト粘土を含むもの。ただし、シルトは50％以下、粘土は20％以下のもの。なお、乾燥すれば形を保ち、湿ったものは施工しにくい。

シルト質：50％以上のシルト粘土を含むもの。ただし、シルトは50％以上、粘土は20％以下のもの。一般に施工しにくい。

粘土質：50％以上のシルトと粘土を含むもの。ただし、シルトは50％以下、粘土は20～30％のもの。一般に乾燥すれば固くなるが、水分を含むと極めて軟弱となる。

粘　土：50％以上のシルトと粘土を含むもの。ただし、粘土は30％以上のもの。一般に次のような性質がある。①粒子が小さく収縮性が大きい。②粘着性が大きく水密性も大きい。③排水困難で圧縮性が大きく、水を含むと泥土となる。④締固め困難で、含水比が大きいと施工しにくい。

トレンチパイル（Trench Pile）：簡易シートパイルともいい、軽量鋼矢板のことで、掘削深さが比較的浅い場所の土留めとして使用する。

ト　ロ：石積み・レンガ積みなどに用いるモルタル。

な　行

2次応力：部材の偏心や変形に起因して発生する応力で、1次応力の1/4程度となる。

布掘り（ぬのぼり）：幅を狭く長く掘ることをいう。ローカライザー局舎等のプレハブ局舎の基礎の掘削、管路の掘削等がこれにあたる。

根固め（ねがため）：基礎地業のこと。ハンドホールの砕石基礎などをつくる場合に根固めするという。

根切り（ねぎり）：掘削の土木用語。その形状によって、布掘り・総掘り・つぼ掘り・すき掘りなどがある。

ねこぐるま：「ねこ」ともいい、セメントや砂利・砂等を小運搬するのに使用する二輪車または一輪車をいう。

根掘り（ねぼり）：基礎をつくるために、地盤を掘削する作業をいう。

法先（のりさき）：法尻（のりじり）ともいい、法面の下端をいう。

法面（のりめん）：山等を掘削したときや、盛土をしたときの人工斜面をいう。

は　行

箱尺（はこじゃく）：水準測量用のもの差しの1つで、引伸ばせるような構造となっている。全長3m程度で、最小目盛は5mm程度。

バ　タ：補強材をいう。矢板工などの土留板を横につぐ木材で、片側のみにあるのを片バタ、両側にあるのを挟みバタ、型枠の締付けなどに横・縦・上・下の使用場所によりそ

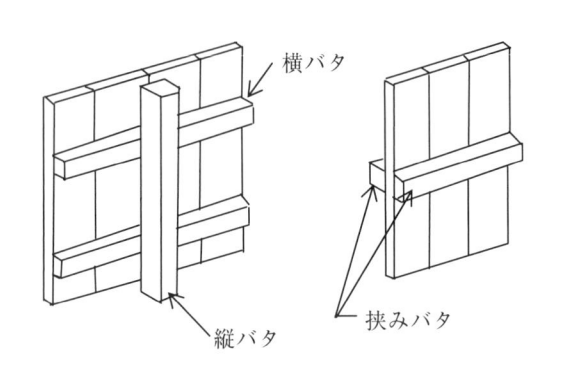

れぞれに付けて○○バタという。

バタ材：バタ用につくられた木材で、正角材・正割材・平割材などのように完全に加工されたものではなく、一部に丸太の形が残ったまま市販されるものをいい、安価。

はつり：たがね・のみ等でコンクリートの表面を削ったり、穴をあけたりすることをいう。現在は機械化されており、カッタで行われることが多い。

は　な：先端のことをいう。

ハンチ（Hunch）：鉄筋コンクリート版あるいは梁の支持部分または種々の接合部などにおいて、版厚を厚くしたり、梁高を高くした部分をいう。

パンチングシャー：鉄筋コンクリートの基礎で柱の軸方向力が基礎スラブを押抜こうとする力。

ピアー（Pier）：柱状の基礎（橋脚等）をいい、構造物荷重を地中深いところに伝えるもの。

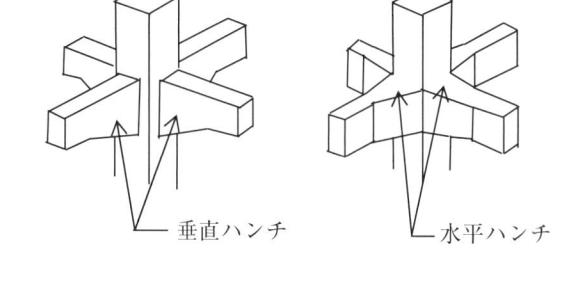

火打ち梁（ひうちばり）：建造物の構造体の補剛のためにT形や十形の取合わせ部分に斜めに取付ける補強材で、三角形を構成するのが特徴となる。昔のタバコの発火具である火打金が三角形であったことに由来している。

ふかす：ジャッキなどにより、構造物を持ち上げること。

伏越し（ふせこし）：河川または用水路等にケーブル等を渡す場合で、橋などがないか、あるいは木橋等で橋梁架設ができない場合等に河床下を掘削してケーブルまたは管等を埋設すること。一般的には河床下1.5mとしている。

フーチング（Footing）：構造物の基礎をつくる場合に、地盤に及ぼす圧力度が地盤の許容支持力以下になるように荷重を均等に分布させる必要がある。このために、柱などの下に右図のような構造物が必要となり、これをフーチングという。

ブーム（Boom）：腕木のこと。ブームを支えるための主柱の根本またはその中途に取付けて荷物を吊ったり、吊った荷物を移動させたりするために用いる。

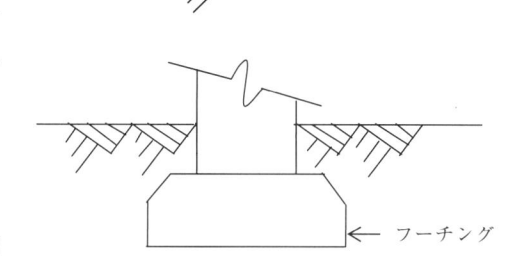

不陸（ふりく）：平らでないこと。水平でないこと。

ブリージング：材料分離現象のこと。セメントやコンクリートの打設後、骨材に比べて比重の小さい水が表面に浮き出てくる現象。

ブリージング率：ブリージング試験で求めたブリージング水の総量を試料中の水量で除した値を百分率で表したもの。

ブレーシング（Bracing）：引張部材で、添架工事では一般に対傾絢構（Survey Bracing）をいう。

べた掘り：一面に掘削すること。総掘りのこと。

ベンチマーク（Bench Mark）：B. M. と示される。測量水準点のことで、国道および主要な地方道に沿って約2kmごとに標石が設けられ、これを基準として種々の測量が行われる。建築物を建てる場合では、建築物の基準位置、基準高を決める原点となる標識。

骨組み構造：柱や梁などの線材で構成された構造物をいう。次の種類がある。

	ラーメン構造	トラス構造	アーチ構造
概略図			
特徴	部材の接合部を剛接続する	部材の接合部をピン接続する	曲線状の部材を使用する

ま 行

豆板（まめいた）：コンクリートの打上がりにおいて、十分に締固めないで打たれたために、仕上り面にスが生じたものをいう。

目通り（めどおり）：立木の太さを表すもので、自分の目の高さの位置で木の直径を測り、目通り○cmという。

盛土（もりど）：運搬した土砂を、敷地造成のために所定の場所に積上げること。

モンケン：杭打ちに使用したり、コンクリートの破砕に使用する鉄製のおもりのことをいう。

や 行

役物（やくもの）：標準型のものに対して、特別型のものをいう。コンクリートブロックの天端等がこれにあたる。

山留め（やまどめ）：掘削面などの地盤が崩れないように、木材や鉄材などで防ぐ仮設工のことをいう。山留めは土留めともいう。なお、山留め材としては鋼矢板（シートパイル（Sheet Pile））が多く使われる。

遣り方（やりかた）：基礎工事に先立ち、柱・壁などの中心線や水平線を設定するため、必要な箇所に杭を打ってつくる仮設物のこと。実際の建築物の位置、高さ、水平の基準となる。遣り方は、基礎コンクリートや土間コンクリートなどの動かないものに基準墨を移した後は必要なくなるため、撤去される。規模の大きな建物などでは遣り方をつくらず、そのつど、測量機器を用いて、ベンチマークや固定物、あるいは新設した杭などに設けられた基準点から、レベルや基準墨を出すことが多い。

有限要素法：Finite Element Method：FEM。数値解析手法で領域全体を小領域に分割し、単純な補間関数を用いて全体の補間精度を上げる方法。

養　生：保設することをいう。
① 塗装工の場合に塗装面以外を汚さないようにマスキング等の保護をすること。
② コンクリートの養生はコンクリート打込み後5日間は、コンクリートの温度が2℃を下がらないようにし、かつ、乾燥、振動等によってコンクリートの凝結及び硬化が妨げられないように養生しなければならない（建築基準法施行令第75条）。

わ 行

割栗石（わりぐりいし）：建築物の基礎に使用する小塊状の砕石、基礎コンクリートと地盤をつなぐために使用する。

2. 無線用鉄塔編

あ 行

アークエアカウンジング：アークを発生させ、金属を溶融させると同時に高速の空気噴流によって、溶融金属を削除する方法。裏はつりで用いられる。

アーク溶接：鉄を母材とし、母材と電極または2つの電極の間に生じるアーク放電（空気中を伝わる電流）により発生するアーク熱を利用して溶接する電気溶接。

アンダーカット：溶接の欠陥で、溶接の止端に沿って母材が掘られ、溶融金属が満たされないで溝となっている部分。開先(かいさき)のままの部分。

裏あて金：開先の底の裏側に、金属板を母材とともに溶接したもの。

裏はつり：突合わせ溶接で、開先の底部の溶込み不良の部分などを裏面から、はつること。

NC：数値データを扱う装置によって行われる工作機械の自動制御のこと。

塩化アンチモン法：塩化アンチモンをインヒビターとして加えた塩酸溶液を用いて、付着している亜鉛を合金層に達するまで溶かすことによって付着量を求める試験。亜鉛の付着量試験に用いられる。

オーバーラップ：溶接の欠陥で、溶接金属の止端が融着しないで、母材と重なっているもの。

か 行

開先（かいさき）：溶接を行う鋼材の突合わせ部分に設ける溝。

ガスシールドアーク半自動溶接：溶融金属をシールドガス（炭酸ガス等の被包ガス）により保護しながら溶接する方法。

かすびき：亜鉛めっき前の表面に、亜鉛酸化物またはフラックスが著しく付着しているものをいう。耐食性に悪影響を及ぼす。

仮組み：本来工事現場で行われる建て方を、工場内で仮に組立ててみる作業のこと。製品精度を確かめる手段。

仮組み受台：仮組みのときに実際の建て方と同一条件となるような仮設の基礎。

仮付け溶接：部材を組立てるときそれらが正しい位置に集結されるように、本溶接に先立って部材を固定するために行う断続溶接で、本溶接の一部となる。

逆ひずみ：主に溶接等の鋼材の加工により生じる変形量を見込んで、あらかじめ反対方向に加えておくひずみのこと。

許容応力度：設計荷重によって、構造体の各部に生じる応力度の許容値。応力種類と材料種別ごとに定められ、材料の基準強度F値や安全率などから求められる。

金属製角度直尺：かね尺といわれるもので、直角と500mmまでの長さ測定に使用する測定器。

金属製直尺：通常はステンレス製で、2m以内の長さ測定に適している測定器。

空気抜き用穴：溶融亜鉛めっきの際、鋼管などの閉空間に溜まった空気の膨張による破裂を避けるための空気抜き用の穴。

組立て溶接：仮付け溶接のこと。

グラインダ：円板状の砥石を高速回転させ、物を研削する工作機械。

クレータ：ビードの終端にできるくぼみ。

黒　皮：鍛造したままの鍛造品の肌。通常は、加熱、酸化などによって、製品表面に生じたはげやすいスケールを取除いた状態のもの。

けがき：鉄骨工事の一工程で、現寸型板や定規によって、鋼材切断や穴あけの位置をしるすこと。

ゲージ：角度や寸法の測定用計器。あるいは角度・寸法の総称。
現　寸：工場の床面に実寸大の作図を行い、複雑な取合部分の確認または型板・定規を作成すること。現在では、コンピュータによる自動作図・自動工作のためのデータ入力工程を現寸と呼ぶこともある。
公　差：規準にそった値と、それに対して許容される限界との差。
鋼材の形状：

形　状	概　略　図	内　　　容
縞鋼板		・圧延ロールの表面に刻み目（縞目）を入れて鋼板の片面にすべり止めなどの模様を規格的に浮き出させた鋼板、通常は床板に用いられる ・グレーチング（grating）：鋼材を格子状に組んだ鋼ふた。素材は鉄、ステンレス、アルミ、FRP製等がある
エキスパンドメタル		・JIS G 3351に規定されている。千鳥状に切れ目を入れながら押広げて製造する
H形鋼	H	細幅、中幅、広幅と3つのタイプがあり、ラーメン構造の各所で使用。柱、梁に使用
角形鋼管	□	正方形と長方形がある。特に正方形のものは耐力に方向性がないので、純ラーメン構造に適している。柱、梁に使用（長方形はほとんど使用されない）
鋼管	○	円形形状を生かした柱やトラスの材料として用いる
山形鋼	L	等辺、不等辺があり下地材やトラスの材料として用いる

高張力鋼：化学成分の調整と熱処理の組合わせにより、引張強さを50kg/mm²以上にした鋼材。
高力ボルト：H. T. B.。普通ボルトの約2.5倍の強度をもつボルトで、部材間の摩擦力により接合部の剛性を得る摩擦接合に用いられるボルト。リベットやボルト接合とは異なり軸断面のせん断力や接合材の側圧力に期待しないため、摩擦がきれて滑り出すまでは剛接合となる。このため品質面では接合材間の摩擦面が、施工時にはボルトの締付けが重要となる。
コンベックスルール：鋼製巻尺の一種。わん曲面のある帯鋼のため伸直性があり、小型、軽量。

さ　行

座　屈：柱、梁などの部材が軸圧縮力（部材を軸方向に圧縮する力）を受けて、全体がく字形や弓形に曲がる現象を座屈という。口形・H形などの部材断面を形づくる板要素が、軸圧縮力や曲げ、せん断力などを受けて面外に変形する現象も座屈で、局部座屈という。
サブマージアーク自動溶接：潜弧溶接またはユニオンメルト溶接ともいう。溶接部にあらかじめ粒状のフラックスを散布し、その中に電極を挿入して行う溶接法。アークはフラックス内で発生するため、外部からは見えない。
ざらつき：めっき浴中の個体浮遊物がめっき層の中に入り込んで生じた小突起。
サンドブラスト：圧縮空気または遠心力などで、砂または粒状の研磨材を鋼材に吹付けて行う表面処理の方法。
残留応力：加熱された鋼材が常温に戻っても、溶接部等に残っている変形しようとする力。
治　具：工作物・部材などの加工位置を、容易にかつ正確に固定する道具。
仕口（しぐち）：2つ以上の部材をある角度で接合する部分。
地組み（じぐみ）：鉄骨部材をある程度のブロックに現場の地上で組立てること。

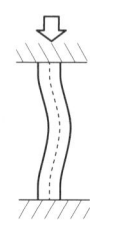

止端（したん）：部材の面と溶接ビード表面の交わる点。

自動ガス遮断：鋼の切断局部をガス炎にて高温加熱（予熱）し、次いで高圧酸素を吹付けて鋼を燃焼させると同時に燃焼部分を吹飛ばし、その部分に生じる切れ目により切断する。

磁粉探傷検査：磁性材料に欠陥がある場合、それによって生じる磁気的ひずみを利用して、磁性材料の欠陥の有無を調べる検査。

シーム：線状の凹凸を生じた異常めっき。

締付けトルク試験：金具のボルト、ナット、袋ねじ、押しねじなどを、トルクレンチなどによって徐々に締付け、金具部の変形、破壊、ひずみなどを調べる試験。

シャコ万（力）：締付けや固定に用いる道具。B型クランプ。

ショットブラスト：鋼粒ショット（せん鋭な稜角（りょうかく）のない粒）を圧縮空気その他の方法で金属表面に吹付けて、スケール・さび・塗膜などを除去する表面処理の方法。

シールドガス：アーク溶接において、溶融池が大気に触れた際の、ブローホール（固まった泡）の発生を抑えるために、二酸化炭素等を主成分とし、溶融池を大気と隔離するためのガス。

白さび：白色のかさばったさびがめっき表面に発生し、白墨の粉が付着したような状態をいう。

ジンポール：鳥居型デリック。2本のマストの先端をつないだ横梁からから荷を吊る荷上げ機。

スタッド溶接：鋼板にボルトなどを、垂直に溶接する方法。

スパッタ：アーク溶接、ガス溶接などにおいて、溶接中に飛散するスラグおよび金属粒。

すみ肉溶接：ほぼ直交する2つの面を溶接する三角形状の断面をもつ溶接。

スラグ：溶接部の表面に生じる非金属物質。

セルフシールドアーク半自動溶接：溶接ワイヤの中のフラックスにより、溶接ワイヤ自身がシールドガスを発生し外部からのシールドガスの供給なしに行うアーク溶接。

線条加熱：線加熱法とも呼び、変形部の凸部を表層だけ線条に連続加熱し、板厚表裏の温度差を利用して変形を矯正する方法。

た　行

たがね：材料の切断またはせぎりに用いる工具の総称。ハンマーと共に用いる。

脱　脂：素地に付着している油脂性の汚れを除去して清浄すること。

柱　脚：柱の最下部で、柱の受ける力を基礎に伝える部分。

中ボルト：座面の表面粗さが上ボルトと同じで、その他の表面粗さおよび形状・寸法の精度が上ボルトよりやや劣るボルト。

突合わせ溶接：すみ肉溶接とは別に、主に直線部の溶接において、開先を設けて行う溶接。

継　手：溶接の際、長さを増すために、材を継ぎたす部分またはその方法をいう。

定　着：コンクリートへの鉄筋の定着について。コンクリートに埋め込まれた鉄筋を引き抜こうとすると、鉄筋はコンクリートから抜けるか、断線するかのどちらかとなる。鉄筋の定着長さが短いと抜けやすく、長いと抜けづらくなる。鉄筋の定着力はコンクリートの付着の力で決まってくる。表面積が大きいと当然抜けづらくなり、これを鉄筋のコンクリートへの定着という。

テストピース：試験片。試験すべき製品と同じ条件の試験材から採取した材片。

トルクレンチ：高力ボルトを締付けるときのトルクが明示される機器。

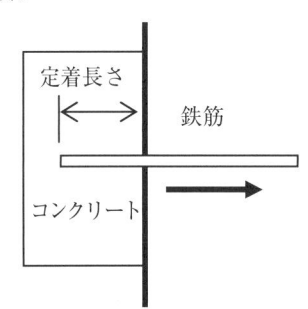

な　行

ノッチ：ガス切断の際生じる切り欠き。

のど厚：溶接において、応力を伝えるのに有効となる「理論のど厚」と、見た目からなる「実際のど厚」とがあるが、通常は「理論のど厚」をさす。溶着金属の厚さ。すみ肉溶接では、溶接部の交わった二辺を結んだ三角形の高さをさす。突合わせ溶接では、二つの接合される母材のうち薄い方の厚みをさす。

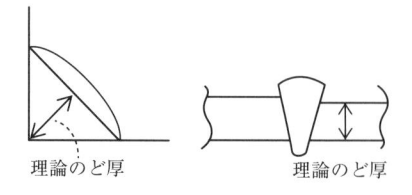

は 行

はつり：表面を平らに削取ること。溶接においては本溶接後に不要となった板付け溶接部を削取ることをいう。
番　線：焼なまし鉄線のこと。
パンチ：打抜きによる穴あけ。
ひずみ：熱的取扱いに起因する鋼材の所定寸法、形状からの片寄り。
ピッチ：同形のものが等間隔に多数並んでいるとき、その中心間隔。鉄骨構造のリベットやボルトの中心間隔。
ピット：ビードの表面に生じた小さなくぼみ穴。
ビード：1回の溶接操作によってつくられた溶接金属（溶融凝固した金属）。
非破壊検査：材料や製品を破壊しないで行う欠陥の有無、材質、状態などの検査。
表面温度計：物質の表面のような局部の温度を測定する温度計。
ピンホール：溶接の欠陥。溶接金属内部に形成された空洞部（ブローホール）のうち1mm程度までのものをさす。
ふくれ：めっき層の一部が素地や下地層と密着しないで浮いている状態。また、塗装による塗膜形成後に、下層面にガス・蒸気・水分などが発生・浸入したときなどに膨れてしまう状態。
ブラスト：圧縮空気流、遠心力などを用いてブラスト材を素材の表面に吹付けて黒皮、酸化物などを除去すると同時に粗面化すること。
プラズマ切断：プラズマアークの熱を利用して行う切断。
フラックス：溶接で用いるシリカやアルミナを主成分とする粉末で、溶接時の母材の酸化を防ぐ役割をもつ。
フランジ：形鋼を組立ててつくったH形の梁のうち、両端の平行な部分をさす。これをつなぐ部分はウェブという。
ブリスター：めっき層の一部が素地や下地層と密着しないで浮いている状態。「ふくれ」のこと。
プレス：材料を上下の台盤の間に挿入して加圧形成加工を行う機械の総称。
ポンチ：鉄骨部材の穴あけや中心位置を示す小穴をあける工具。鉄骨部材にリベット穴・ボルト穴を打抜く工具。

ま 行

μmRy：面の「粗さ」を示す測定方法の1つ。RはRoughness。最大高さRyは粗さ曲線からその平均線の方向に基準長さだけを抜取り、この抜取り部分の山頂線と谷底線との間隔を粗さ曲線の縦倍率の方向に測定し、この値をμmで表示したもの。
回し溶接：すみ肉溶接で取付けた母材の端部を回して溶接する方法。
ミルシート：鉄鋼会社が発行する規格証明書（検査証明書）のことで、納入鋼材の種類・化学成分・強度などが示されている。
ミルスケール：黒皮ともいう。鋼材が工場で生産されたあとにできる酸化皮膜。
面取り：工作物の角を斜めに削取ること。柱の角を丸めること。

や 行

や　け：金属亜鉛の光沢がなく、表面がつや消しまたは灰色になること。耐食性についてはほとんど影響しない。

溶接記号：JIS Z 3021

名　　称	記　号	名　　称	記　号
I形開先	⊥⊥	プラグ溶接 スロット溶接	⊔
V形開先	⋏	ビート溶接	⌣
レ形開先	⋉	肉盛溶接	⌣⌣
J形開先	⊢	キーホール溶接	△
U形開先	⋂	スポット溶接(b) プロジェクション溶接(b)	○
V形フレア溶接	⋏	シーム溶接(c)	⊖
レ形フレア溶接	⊓	サーフェス継手	＝
へり溶接	⊥⊥⊥	スカーフ継手	//
すみ肉溶接(a)	∇	スタッド溶接	⊗

(a) 千鳥継続すみ肉溶接の場合は↘、↗の記号を用いてもよい。
(b) (c) 従来表記の、(b)：✕、(c)：✕✕を用いてもよいが次回JIS改正時廃止予定。

溶接線：ビード、溶接部を1つの線として表すときの仮定線。
溶接棒：母材の接合部をアーク溶接・ガス溶接などで、母材とともに溶融して接合したり、肉盛りを付けたりするのに用いられる金属棒。
溶接ワイヤ：（半）自動溶接の際に、手溶接で用いる溶接棒の変わりに用いるワイヤー線。
溶融亜鉛めっき：高温で溶かした亜鉛（溶融亜鉛）の浴槽に鋼材を浸漬し、鉄素地の表面に亜鉛の皮膜を生成させるもの。
溶融池（ようゆうち）：アーク溶接の際にできる溶接棒と母材が溶融した金属の池。固まったものを溶接金属という。
横組み：仮組みを、本来の構造状態を横に倒した形で行うこと。
予　熱：主として割れの発生や熱影響部の硬化を防ぐため、溶接またはガス切断に先立って母材を熱すること。
余　盛：開先またはすみ肉溶接で必要寸法以上に表面から盛上がった溶着金属。

ら　行

ルート：突合わせ溶接の開先部で、最も狭い部分。
レベル（水平器）：気泡管と光学系による精密な水平測定器具。

3. 一般用語編（環境関連も含む）

あ 行

A型接地極：放射状接地極、垂直接地極または板状接地極から構成し、各引下導線に接続する。接地極の数は2以上とし接地極の最小長さは、放射状接地極の最小単位をl_1、とすると、放射状水平接地極はl_1以上、垂直または傾斜接地極は$0.5l_1$以上とする。板状接地極は表面積が片側$0.35m^2$以上とする。しかし、大地抵抗率が低く10Ω未満の接地抵抗が得られる場合は、最小長さによらなくてもよい。

SPD（Surge Protective Device）：雷害関連。サージ防護デバイス。
SPDC（Surge Protective Device Components）：雷害関連。SPD用部品。
SPS（Surge Protective System）：雷害関連。SPDおよびSPDCを用いたシステム。

か 行

カウンターポイズ：より遠くまで電波を飛ばすために、接地アンテナの接地抵抗を下げるための仮想接地方法。大きな金属メッシュを地表に浮かせ、大地との交流接地を行う。

建築確認申請等：

項 目	申 請 者	申 請 先	備 考
建築確認申請	建築主	建築主事または民間の指定確認検査機関	建築基準法第6条、6条2、6条3に基づく申請行為
完了検査	建築主	特定行政庁または指定確認検査機関	完了後、4日以内に申請すること。検査済証の交付を受けること
建築工事届	建築主	都道府県知事（建築主事を経由して）	
建築除去届	工事を施工する者	都道府県知事（建築主事を経由して）	
定期報告	建築物等の所有者	特定行政庁	特殊建築物等、建築設備、昇降機等
道路位置指定申請	道路となる土地所有権者	特定行政庁	

さ 行

サスティナブル：「持続可能」という意味。例えばサスティナブル建築とは以下をさす。
　　①地球環境に配慮した建築
　　②気候・風土に適した建築
　　③将来にわたって維持向上が図れる建築

CEC（Coefficient of Energy Consumption）：エネルギー消費係数で設備の年間エネルギーの消費効率を表す。
　　エネルギー消費係数＝年間エネルギー消費量／年間仮想熱負荷

スケルトン・インフィル：建物のスケルトン（柱、梁、床等の構造躯体）とインフィル（内装や設備）とを分離できるように設計された工法。

た 行

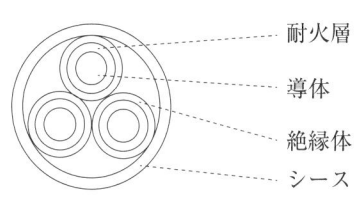

耐火電線（FP）：Fire Proof または Flame Protection。消防庁告示第10号（平成9年12月）に基づく耐火電線の基準に基づき認定された電線。構造は耐火層が施されており絶縁性に優れたマイカテープ等が使用されており、その上に一般ケーブルと同様な絶縁体が施されている。30分間で840℃の火災温度に耐える性能（低圧ケーブル加熱前絶縁抵抗50MΩ以上で、加熱終了直前0.4MΩ、高圧ケーブル加熱前絶縁抵抗100MΩ以上で、加熱終了直前絶縁抵抗1.0MΩ以上）が必要となる。消防法の非常電源の回路などに使用される。布設方法によって、露出配線のみに使用できる（FP）と露出配線および電線管内、ダクト内等に使用できる（FP-C）の2種類がある。

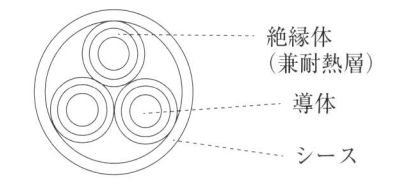

耐火電線の例（耐火層、導体、絶縁体、シース）

耐熱電線：消防庁告示第11号（平成9年12月18日）に基づく耐熱電線の基準に基づき認定された電線。構造は耐熱層が施されており、絶縁体も兼ねて一般的に架橋ポリエチレンが使用されている。15分間で380℃に達する火災温度曲線で加熱されても耐える性能（低圧ケーブル加熱前絶縁抵抗は50MΩ以上で加熱中絶縁抵抗は0.1MΩ以上）が必要となる。非常放送用スピーカ、非常ベル起動装置などの弱電回路の配線に使用する。

耐熱電線の例（絶縁体（兼耐熱層）、導体、シース）

電気二重層キャパシタ：電気二重層という物理現象を利用することで、蓄電効率が著しく高められたキャパシタをいう。バッテリーの代替にも利用されてきた。最近では、需要電力のピークカットオフにも利用されている。

等電位ボンディング：等電位にするため導電性部分を電気的に接続する方式。一般には雷等の影響により発生する異常高電圧を等電位化して接地する方式。雷の影響により発生する過度的な異常高電圧等から設備等を保護するための接地避雷針からの電流を等電位化して接地することにより、雷害が発生しなくなる。

な 行

燃料電池：水素などの燃料に酸素等の酸化剤を供給して電力を取出す。化学エネルギーから直接電気エネルギーに変換できる電池。消防法による電池にも指定されている。

は 行

パッシブシステム：建築を取巻く外的環境（太陽、風、熱）を建築内に取入れて建物の内部環境を良くしようとする建築方法。

ヒートポンプ（Heat Pump）：外部からの電気などの駆動エネルギーにより、水や空気の低温の熱を集めて、圧縮または吸収し、高温の熱に換えてエネルギーを得る装置。

PAL（Perimeter Annual Load）：年間熱負荷係数のことで、建築のペリメータゾーン（平面上でみた窓際部）からの熱の損失を表す係数。

年間熱負荷係数＝屋内周囲空間の年間熱負荷（MJ/年）/屋内周囲空間床面積（m^2）

B型接地極：環状接地極（リングアース）、基礎接地極、網状接地極（メッシュアース）の種類があり、地盤面より0.5m以上の深さに接地し、各引下導線に接続する。

フリーアクセスフロア：二重床のこと。床と床の間の空間を利用して配線等を行うことができる。

4. 航空無線施設略語編

航空無線施設略語表

略　語	英　　名	意　　味
AAM	Aircraft Address Monitoring equipment	航空機アドレス監視装置
ADEX	ATC Data Exchange System	管制データ交換処理システム
AEIS	Aeronautical En-Route Information Service	航空路情報提供業務：FSCより航空路を飛行中の航空機を対象として、対空送受信施設または対空送信施設により、航行の安全に必要な気象情報、航空保安施設に関する情報等を提供する業務
A/G	Air to Ground Radio	対空通信
ARSR	Air Route Surveillance Radar	航空路監視レーダー：レーダーサイトから約200NM以内の空域にある航空機の位置を探知し、航空機の誘導および航空機相互間の間隔設定等の航空路管制業務に使用されるレーダー
ARTS	Automated Radar Terminal System	ターミナルレーダー情報処理システム：空港監視レーダーからの航空機の位置情報とFDMSからの飛行計画ファイルを照会し、表示装置上に航空機の位置、便名、速度、航空機の向き、飛行計画等の情報を表示するシステム
ASDE	Airport Surface Detection Equipment	空港面探知レーダー：空港地表面の航空機や車両等の動きを監視する高分解能レーダー
ASM	Air Space Management	空域管理：空域、飛行経路、飛行方式の設計およびそれらの利用に関する関係者との調整などを行うことにより空域の安全かつ効率的な利用を図る業務
ASR	Airport Surveillance Radar	空港監視レーダー：空港から約60NM以内の空域にある航空機の位置を探知し、出発・進入機の誘導および航空機相互間の管制間隔等のターミナルレーダー管制業務に使用されるレーダー
ATFM	Air Traffic Flow Management	航空交通流管理：飛行経路の調整、飛行計画の承認および交通流制御などの実施により安全で秩序正しく効率的な航空交通流を形成する業務
ATIS	Automatic Terminal Information Service	飛行場情報放送業務：航空機の発着に必要な最新の気象情報、飛行場の状態、航空保安施設の運用状況等情報を自動装置により繰り返し放送する業務
BIRDS	Birds position Information Radar Display System	鳥位置情報レーダー表示装置
CAS. net	CAB Airtraffic Services Network	航空保安情報ネットワーク
CCP	Communication Control Processing	通信制御処理装置
CCS	Communication Control System	通信制御装置（管制卓）
CPDLC	Controller-Pilot Data-Link Communications	管制官パイロット間データ通信：音声通信に代わる管制官とパイロットとの間のデータリンク通信
DLCS	Data Link Center System	データリンクセンターシステム：航空機と地上間のデータ通信メッセージを配信するシステム
DLP	VHF Data Link Processing system	VHFデータリンク処理システム：従来、音声によって行われてきた航空機に対するターミナル情報、エンルート情報のサービスを機上端末からのリクエスト/リプライ方式で実現するシステム
DME	Distance Measuring Equipment	距離測定装置：航空機から地上のDME局へ距離質問電波を発射し、それに応じてDME局から発射された応答電波を受信するまでの時間的経過から地上局までの距離を連続測定する装置

略語	英名	意味
DRDE	Digital Radar data Distribution Equipment	デジタルレーダー情報分配装置
DREC	Digital Voice Recording System	デジタル録音再生装置
DRVT	Digital Radar Video Transmitter	デジタルレーダービデオ伝送装置
ER-VHF	Extended-Range VHF	遠距離対空通信施設
EVA	Emergency VFR system for ATC	非常用管制塔システム
FACE	Flight object Administration Center System	飛行情報管理処理システム
FDMS	Flight Data Management System	飛行情報管理システム
FDPS	Flight Data Processing Section	管制情報処理部：飛行計画ファイル等を集中的に管理・処理し管制官に提供するとともに、他の管制情報処理システムに必要な情報を提供するシステム
FIHS	Flight Service Information Handling System	運航情報提供システム：東京および関西空港事務所に設置されており、CADINの中核をなす通信センターとして、各空港等に設置されたデータ端末等と情報通信ネットワークを形成し、航空機の運航に必要な各種情報の処理・中継を行う
FIMS	Flight Information Management Section	運航情報処理部：国内外の航空関係機関との間で航空機の運航に必要な飛行計画、ノータム、気象情報、捜索救難に関する情報をはじめとする多種多様な情報を管理・処理・提供するシステム
FSC	Flight Service Center	飛行援助センター：航空機の運航に必要な情報の収集および対空通信による提供、航空機の運航の監視等、航空機の安全かつ円滑な運航を支援する機関
GES	Ground Earth Station	航空衛星地球局システム
GMS	Ground Monitor Station	MSAS監視局システム
GNSS	Global Navigation Satellite System	全地球的航法衛星システム：航空機から3つの航法衛星（GNSS用周回衛星）を捕捉することで各衛星からの距離を得るとともに、4つ目の航法衛星からの信号で時刻合わせを行い、航空機の3次元での飛行位置を得ることができる航法システム
GPS	Global Positioning System	全地球的測位システム：米国防省により開発された人工衛星による測位システム
HARP	Hybrid Air-route surveillance sensor Processing equipment	複合型航空路監視センサー処理装置：全国の航空路レーダー、空港レーダー、WAMおよびADS-Bからのターゲットデータの航跡統合処理を行う装置
HF	High Frequency	短波（3～30MHz帯）
HMU	Height Monitoring Unit	高度監視装置：飛行中の航空機が発射しているレーダーデータを受信し、三点測量の考え方により高い精度で航空機の飛行高度を測定する装置であり、空域安全性評価に用いられる
ICAP	Integrated Control Advice Processing System	管制支援処理システム
IECS	Integrated En-route Control System	航空路管制卓システム：FDMSからの飛行計画情報、RDPからの航空機位置情報、EDUからの各種情報等を統合的に表示するとともに、無線や有線の音声系の操作を行うことで、航空交通の増大や航空交通システムの多様化に対応した航空路管制業務を行うためのシステム

略語	英名	意味
ILS	Instrument Landing System	計器着陸装置：着陸のため進入中の航空機に対し、指向性のある電波を発射し滑走路への進入コースを指示する無線着陸援助装置で、滑走路への進入コースの中心から左右のずれを示すローカライザー（LOC）と適切な進入角を示すグライド・スロープ（GS）および滑走路からの所定の位置に設置され、上空に指向性電波を発射し滑走路からの距離を示すマーカー（OM、MM、IM）からなる。パイロットは、機上の指針方向に飛行することにより、適切な進入コースに乗ることができる
MLAT	Multilateration	マルチラテレーション：空港滑走路面の航空機および拡張スキッタ送信装置搭載車両からのモードS信号を、複数局の受信による測位結果で位置を検出する監視装置
MOMS	Mobile Observation Management System	移動物件監視装置
MSAS	MTSAT Satellite Based Augmentation System	MTSAT用衛星航法補強システム：MTSATを利用して、日本のFIRおよびその周辺を飛行する民間航空機に対し、GPSを補強し民間航空で使用できるようにするためのシステム
MSV	MSAS Service Volume monitor system	MSAS性能監視システム
MTSAT	Multi-functional Transport Satellite	運輸多目的衛星
ODP	Oceanic air traffic control Data Processing system	洋上管制データ表示システム：太平洋上の広大な空域を飛行する航空機からの位置通報および衛星を利用したADS（自動位置情報伝送・監視機能）より得られた航空機の位置情報を表示するシステム
ORM	Operation and Reliability Management equipment	運用・信頼性管理装置：自動計測機能やデータ解析機能による効果的な信頼性技術管理業務と無線関係施設の監視を行い効率的なシステム統制業務をSMC等にて行うための装置
ORSR	Oceanic Route Surveillance Radar	洋上航空路監視レーダー：ARSRの覆域が不足している洋上空域にある航空機を監視するためのレーダーであり、レーダーサイトから約250NM以内の空域にある航空機を探知することができ、洋上における航空路管制業務に使用される
PAR	Precision Approach Radar	精測進入レーダー：管制官がレーダーを見ながら、航空機を3次元的に滑走路の接地点へ誘導する着陸援助施設
RAG	Remote Air-Ground Communication	リモート対空通信施設：他飛行場およびその周辺を航行する航空機にVHFにより必要な管制通報の伝達、その他航行の安全に必要な情報を提供する施設
RCAG	Remote Center Air-Ground Communication	遠隔対空通信施設：航空路管制機関（ACC）から遠隔制御されるVHF、UHFの航空路用対空通信施設
RCM	Remote Control and Monitor Equipment	無線電話制御監視装置
RDP	Radar Data Processing System	航空路レーダー情報処理システム：航空路監視レーダーからの位置情報とFDMSからの飛行計画ファイルを照会し、各管制部のIECS表示装置上に航空機の位置、便名、速度、飛行計画等の情報を表示するために必要な情報を生成するシステム
RVR	Runway Visual Range	滑走路視距離：航空機のパイロットが滑走路標識、滑走路灯または滑走路中心線灯を視認できる距離であって、透過率計により測定したもの
SIDE	Ship hight Information Display Equipment	船舶高情報表示装置
SMC	System operation Management Center	システム運用管理センター：航空保安無線施設等の運用状況の把握、運用に必要な信頼性データの解析を行う機関

略語	英名	意味
SSR	Secondary Surveillance Radar	二次監視レーダー：装置の覆域内を航行する航空機に対し質問信号を発射し、機上のATCトランスポンダーから固有の応答信号を受信することで、地上のレーダー表示画面上に航空機の識別、高度ならびに緊急事態の発生等を表示する
TACAN	Tactical Air Navigation	極超短波全方向方位距離測定装置：軍用を目的として開発されたもので、極超短波を使用し方位および距離情報を同時に提供する施設。TACANの距離測定部はDMEと同じ機能のため、VORと併設しVORTACとすることにより、民間航空用の標準施設であるVOR/DMEと同様な使用が可能である
TAPS	Trajectorized Airport traffic data Processing System	空港管制処理システム
TDU	Terminal Data Display Unit	管制情報表示装置
TEPS	Trajectorized En-route traffic data Processing System	航空路管制処理システム
TOPS	Trajectorized Oceanic traffic data Processing System	洋上管制処理システム
TRAD	Terminal Radar Alphanumeric Display System	空港レーダー情報処理システム：ARTSの主要機能を備え、処理内容および表示機数が制限された簡易型
TRCS	Terminal Radar Control System	非常用ターミナルレーダー管制装置
TSR	Terminal Surveillance Radar	空港監視レーダー装置：ターミナル空域における航空機の進入や出発を管制するためのレーダーで、距離と方位を探知し、SSRと組合わせて使用される
TTC	Telemetry Tracking and Command System	衛星制御地球局システム
UHF	Ultra High Frequency	極超短波（200〜400MHz帯）
VHF	Very High Frequency	超短波（100MHz帯）
VOR	VHF Omnidirectional Radio Range	超短波全方向式無線標識施設：超短波を用いて有効通達距離内のすべての航空機に対し、VOR施設からの磁北に対する方位を連続的に指示することができ、航空路の要所にVOR施設を設置することにより、航空機は正確に航空路を飛行することができる
WAM	Wide Aria Multilateration equipment	広域マルチラテレーション装置：空港滑走路面および空港近傍の航空機からのモードS信号を、複数局の受信による測位結果で位置を検出する監視装置。MLATは、滑走路面の監視のみであるが、WAMは空港近傍の空中覆域も監視する
WRU	Weather Information Receiving Unit	気象情報受信装置

航空無線工事共通仕様書　技術資料調査委員会　名簿

(敬称略、順不同)

委員長	松元　宏	サンワコムシスエンジニアリング株式会社　航空部長	
委　員	西垣　倍治	株式会社航空システムサービス　システム部　担当部長	
委　員	長塚　勇	株式会社日本空港コンサルタンツ　航空保安システム部長	
委　員	池上　薫	株式会社ネットアルファ　コンサルティング部　プロジェクトマネージャ	
委　員	西田　廣治	空港エンジニアリング株式会社　設計部長	
委　員	平澤　裕介	成田国際空港株式会社　整備部門　工務部通信無線グループ　主席	
委　員	池田　憲彦	株式会社NTTデータ　第一公共システム事業部　第一システム統括部　開発担当	
委　員	小林　裕朗	日本電気株式会社　電波応用事業部　生産技術部　マネージャ	
委　員	片山　錬三	三菱電機株式会社　通信機製作所　インフラ情報システム部	
委　員	越智　彰	株式会社東芝　社会インフラシステム社　フィールド技術　参事	
委　員	熊岡　信一	沖電気工業株式会社　社会システム事業本部　交通・防災システム事業部	
委　員	藤原　純	日本無線株式会社　ソリューション技術部　レーダシステムグループ	
委　員	藤原　光秋	株式会社コミューチュア　ネットワーク事業本部　総合設備グループ　工事課長	
委　員	山崎　喜道	日本コムシス株式会社　社会基盤事業本部　電気通信システム部　技術長	
委　員	梶　竹勝	沖ウインテック株式会社　施工管理センタ　コンストラクションマネジメントグループ	
委　員	岸本　眞明	岸本無線工業株式会社　相談役	
委　員	山寺　範行	国土交通省　東京航空局　保安部管制技術課　専門官	
委　員	中窪　将博	国土交通省　東京航空局　保安部管制技術課　工事第二係長	
委　員	宮園　誠	国土交通省　大阪航空局　保安部管制技術課　専門官	
委　員	松本　安史	国土交通省　大阪航空局　保安部管制技術課　工事第二係長	
委　員	岩井　亘	国土交通省　航空局　交通管制部管制技術課　航空管制技術調査官	
委　員	平原　勇俊	国土交通省　航空局　交通管制部管制技術課　施設第一係長	
委　員	向　政弘	国土交通省　航空局　交通管制部管制技術課　施設第二係長	
委　員	山路　剛	国土交通省　航空局　交通管制部管制技術課　施設第三係長	
委　員	白澤　仁	国土交通省　航空局　交通管制部管制技術課　器材第一係長	
委　員	谷口　憲一	国土交通省　航空局　交通管制部管制技術課　技術管理センター　主幹技術管理管制技術官	
委　員	河太　宏史	国土交通省　航空局　交通管制部管制技術課　技術管理センター　技術管理管制技術官	
事務局	五嶋　茂夫	一般財団法人航空保安無線システム協会　研究開発部部長	
事務局	田代　英明	一般財団法人航空保安無線システム協会　衛星航法研究室長	
事務局	井上　行親	一般財団法人航空保安無線システム協会　調査役	
事務局	角田　勝治	一般財団法人航空保安無線システム協会　調査役	

平成25年版
コウクウ ム センコウ ジキョウツウシ ヨウショ
航空無線工事共通仕様書

平成26年3月10日　発行

　　　　　　　　　　　　　　監修　国 土 交 通 省 航 空 局
　　　　　　　　　　　　　　編集　一般財団法人 航空保安無線システム協会
　　　　　　　　　　　　　　　　　〒102-0083　東京都千代田区麹町4-5
　　　　　　　　　　　　　　　　　　　　　　　電話(03)5214-1351(代)
　　　　　　　　　　　　　　発行　一般財団法人 経 済 調 査 会
　　　　　　　　　　　　　　　　　〒104-0061　東京都中央区銀座5-13-16
　　　　　　　　　　　　　　　　　　　　　　　電話(03)3542-9343(編集)
　　　　　　　　　　　　　　　　　　　　　　　　　(03)3542-9291(販売)
　　　　　　　　　　　　　　印刷・製本　文唱堂印刷株式会社

複製を禁ずる　　　　　　　　　　　　　　ISBN978-4-86374-147-8　C3052
乱丁・落丁はお取り替えいたします。

印刷・製本　文唱堂印刷株式会社